高等教育轨道交通“十三五”规划教材·交通运输类

集装箱运输与多式联运

（修订本）

朱晓宁 主 编

北京交通大学出版社

·北京·

内容简介

本书系统地介绍了集装箱运输与多式联运的理论和实务，内容包括集装箱运输与多式联运的发展历程及趋势、集装箱运输与多式联运系统的组成、集装箱运输与国际贸易、集装箱及箱务管理、集装箱货流及基本组织形式、集装箱的使用与货物装载、集装箱货运站及码头、集装箱运输组织、集装箱货物运输出口和进口的业务程序与单证、集装箱多式联运的组织与管理、集装箱多式联运的责任与保险、集装箱运输的经济分析与运费计算、集装箱多式联运的信息化等。

本书可供交通运输及相关专业的学生使用，也可供从事集装箱运输与多式联运的人员参考。

图书在版编目（CIP）数据

集装箱运输与多式联运/朱晓宁主编. —北京：北京交通大学出版社，2012.10（2018.11重印）

（高等教育轨道交通“十三五”规划教材）

ISBN 978 - 7 - 5121 - 1158 - 5

Ⅰ. ① 集…　Ⅱ. ① 朱…　Ⅲ. ①集装箱运输-多式联运-高等学校-教材　Ⅳ. ①U169

中国版本图书馆 CIP 数据核字（2012）第 205705 号

责任编辑：吴嫦娥　　特邀编辑：尹　红

出版发行：北京交通大学出版社　　电话：010 - 51686414

地　　址：北京市海淀区高梁桥斜街 44 号　　邮编：100044

印 刷 者：北京鑫海金澳胶印有限公司

经　　销：全国新华书店

开　　本：185×260　　印张：22.75　字数：568 千字

版　　次：2018 年 11 月第 1 版第 1 次修订　　2018 年 11 月第 5 次印刷

书　　号：ISBN 978 - 7 - 5121 - 1158 - 5/U・112

印　　数：9 001～13 000 册　　定价：49.00 元

本书如有质量问题，请向北京交通大学出版社质监组反映。对您的意见和批评，我们表示欢迎和感谢。

投诉电话：010 - 51686043，51686008；传真：010 - 62225406；E-mail：press@bjtu. edu. cn。

出版说明

为促进高等轨道交通专业交通土建工程类教材体系的建设，满足目前轨道交通类专业人才培养的需要，北京交通大学交通机械与电子控制学院、远程与继续教育学院和北京交通大学出版社组织以北京交通大学从事轨道交通研究教学的一线教师为主体、联合其他交通院校教师，并在有关单位领导和专家的大力支持下，编写了本套“高等教育轨道交通‘十二五’规划系列教材·土木工程类”。

本套教材的编写突出实用性。本着“理论部分通俗易懂，实操部分图文并茂”的原则，侧重实际工作岗位操作技能的培养。为方便读者，本系列教材采用“立体化”教学资源建设方式，配套有教学课件、习题库、自学指导书，并将陆续配备教学光盘。本系列教材可供相关专业的全日制或在职学习的本专科学生使用，也可供从事相关工作的工程技术人员参考。

本系列教材得到从事轨道交通研究的众多专家、学者的帮助和具体指导，在此表示深深的敬意和感谢。

本系列教材从2012年1月起陆续推出，首批包括：《交通规划》、《运输组织学》、《运输经济学》、《交通安全工程》、《运输市场营销》、《交通政策法规、环境与可持续发展》、《集装箱运输与多式联运》、《管理信息系统》、《铁路旅客运营管理》、《铁路货运技术》。

希望本套教材的出版对轨道交通的发展、轨道交通专业人才的培养，特别是轨道交通土木工程专业课程的课堂教学有所贡献。

编委会

2012年9月

总 序

我国是一个内陆深广、人口众多的国家。随着改革开放的进一步深化和经济产业结构的调整，大规模的人口流动和货物流通使交通行业承载着越来越大的压力，同时也给交通运输带来了巨大的发展机遇。作为运输行业历史最悠久、规模最大的龙头企业，铁路已成为国民经济的大动脉。铁路运输有成本低、运能高、节省能源、安全性好等优势，是最快捷、最可靠的运输方式，是发展国民经济不可或缺的运输工具。改革开放以来，中国铁路积极适应社会的改革和发展，狠抓制度改革，着力技术创新，抓住了历史发展机遇，铁路改革和发展取得了跨越式的发展。

国家对铁路的发展始终予以高度重视，根据国家《中长期铁路网规划》（2005—2020年）：到2020年，中国铁路网规模达到12万公里以上。其中，时速200公里及以上的客运专线将达到18万公里。加上既有线提速，中国铁路快速客运网将达到5万公里以上，运输能力满足国民经济和社会发展需要，主要技术装备达到或接近国际先进水平。铁路是个远程重轨运输工具，但随着城市建设和经济的繁荣，城市人口大幅增加，近年来城市轨道交通也正处于高速发展时期。

城市的繁荣相应带来了交通拥挤、事故频发、大气污染等一系列问题。在一些大城市和一些经济发达的中等城市，仅仅靠路面车辆运输远远不能满足客运交通的需要。城市轨道交通节约空间、耗能低、污染小、便捷可靠，是解决城市交通的最好方式。未来我国城市将形成地铁、轻轨、市域铁路构成的城市轨道交通网络，轨道交通将在我国城市建设中起着举足轻重的作用。

但是，在我国轨道交通进入快速发展的同时，解决各种管理和技术人才匮乏的问题已迫在眉睫。随着高速铁路和城市轨道新线路的不断增加以及新技术的开发与引进，管理和技术人员的队伍需要不断壮大。企业不仅要对新的员工进行培训，对原有的职工也要进行知识更新。企业急需培养出一支能符合企业要求、业务精通、综合素质高的队伍。

北京交通大学是一所以运输管理为特色的学校，拥有该学科一流的师资和科研队伍，为我国的铁路运输和高速铁路的建设作出了重大贡献。近年来，学校非常重视轨道交通的研究和发展，建有“轨道交通控制与安全”国家级重点实验室、“城市交通复杂系统理论与技术”教育部重点实验室，“基于通信的列车运行控制系统（CBTC)”取得了关键技术研究的突破，并用于亦庄城轨线。为解决轨道交通发展中人才需求问题，北京交通大学组织了学校有关院系的专家和教授编写了这套“高等教育轨道交通‘十二五’规划教材”，以供高等学校学生教学和企业技术与管理人员培训使用。

本套教材分为交通运输、机车车辆、电气牵引和交通土木工程四个系列，共55本，涵盖了交通规划、运营管理、信号与控制、机车与车辆制造、土木工程等领域，每本教材都是由该领域的专家执笔，教材覆盖面广，内容丰富实用。在教材的组织过程中，我们进行了充分调研，精心策划和大量论证，并听取了教学一线的教师和学科专家们的意见，经过作者们的辛勤耕耘以及编辑人员的辛勤努力，这套丛书得以成功出版。在此，我们向他们表示衷心的谢意。

希望这套系列教材的出版能为我国轨道交通人才的培养贡献绵薄之力。由于轨道交通是一个快速发展的领域，知识和技术更新很快，教材中难免会有诸多的不足和欠缺，在此诚请各位同仁、专家不吝批评指正，同时也方便以后教材的修订工作。

编委会

2012 年 9 月

前言

集装箱的出现改变了传统的货物运输形式，在国际贸易货物运输中发挥着重要的作用。在国际贸易和运输领域的从业者，需要了解并掌握集装箱运输与多式联运的理论和知识。本教材适应经济社会发展的需求，在综合已出版的相关论著及国内外理论研究成果和实务经验，以及编写人员多年的研究和教学实践的基础上，结合从业人员、成人网络教育和在校学生学习的特点，概括、系统、整体地介绍了集装箱运输与多式联运涉及的理论和实务知识。

教材内容包括集装箱运输与多式联运的发展历程及趋势、集装箱运输与多式联运系统的组成、集装箱运输与国际贸易、集装箱及箱务管理、集装箱货流及基本组织形式、集装箱的使用与货物装载、集装箱货运站及码头、集装箱运输组织、集装箱货物运输出口和进口的业务程序与单证、集装箱多式联运的组织与管理、集装箱多式联运的责任与保险、集装箱运输的经济分析与运费计算、集装箱多式联运的信息化等。

本教材由北京交通大学朱晓宁教授主编，刘作义教授主审。参加编写的人员有中国国际工程咨询公司交通项目部边彦东高工、上海龙飞国际物流有限责任公司总经理王铮高工、大连海事大学杨华龙教授、北京交通大学李笑红副教授和刘华讲师、中国海洋大学孙福东讲师，以及北京交通大学博士研究生乔瑞军、钱继锋、王力、闫伟，硕士研究生刘韵光、孟国连、汪涛、李波、吴铁锋、李爽、苑文萍、张军伟、王旭晴、刘东啸、高姣蛟、刘胜、宋薇、王琳颖、李雪凯、段文元等同学。

在编写本教材的过程中，参阅了大量的文献资料，其中从吴永富、蒋正雄、刘鼎铭、张敏、真虹、武德春等老师编写的教材中获益最多。在此，向那些在教材编写过程中参阅的书籍、期刊、资料的作者，以及提出指导意见和建议、帮助收集资料的所有人士，表示诚挚的谢意。

由于编写者学术水平和实践经验有限，教材中有不当之处，恳请读者赐教。

编者

2012 年 9 月

教学建议

本书作为高等学校交通运输与物流专业各类学生的课程教材，是按照 32 个学时而设计的，各章学习要点与授课学时的分配见下表。在授课时可酌情增减理论部分内容与案例分析，并对各章之间的授课学时分配做出适当的调整。课堂教学之余，学生应充分利用自学时间，以加深对课程内容的理解，自学学时按照授课学时的两倍估算。

为丰富并拓展学生的知识面，在一些章中增设了知识窗版块，供学生自主阅读。为配合各章教学内容而配备的案例分析，在教学实施中大体分为两类：一是结合案例的讨论与点评，即学生在课内简要讨论，教师点评；二是案例阅读与思考，即主要以学生课外阅读与思考为主，教师在课内作简要点评。

教学内容	学习要点	授课学时	自学学时
第 1 章　绪论	(1) 了解集装箱运输与多式联运的发展历程 (2) 理解集装箱运输与多式联运系统的组成 (3) 理解集装箱运输与多式联运的变化 (4) 掌握与集装箱运输相关的国际贸易价格术语	2	4
第 2 章　集装箱及箱务管理	(1) 理解集装箱的基本概念 (2) 理解集装箱术语及标记 (3) 了解集装箱的种类 (4) 掌握集装箱箱务管理 (5) 理解集装箱空箱调运和管理	4	8
第 3 章　集装箱货流及基本组织形式	(1) 了解散件杂货运输的一般过程 (2) 理解集装箱货运的基本组织形式 (3) 理解集装箱货物分类及箱型选择	2	4
第 4 章　集装箱的使用与货物装载	(1) 了解集装箱使用前的准备与检查 (2) 理解集装箱货物装载的一般要求 (3) 理解典型货物的装载方法 (4) 了解特殊货物的集装箱装载	2	4
第 5 章　集装箱货运站及码头	(1) 了解集装箱货运站 (2) 理解集装箱码头的选址与布置 (3) 理解集装箱码头机械设备 (4) 掌握集装箱码头装卸工艺方案 (5) 理解集装箱码头大门业务 (6) 理解集装箱码头堆场的有关操作	4	8
第 6 章　集装箱运输组织	(1) 理解并掌握水路集装箱运输 (2) 理解公路集装箱运输 (3) 理解铁路集装箱运输 (4) 理解航空集装箱运输 (5) 了解陆桥运输	4	8

续表

教学内容	学习要点	授课学时	自学学时
第7章　集装箱货物运输出口业务	(1) 了解集装箱运输与多式联运提单 (2) 理解集装箱货物出口的一般运输程序及单证 (3) 理解发货人在出口货运中的业务 (4) 掌握船公司在集装箱出口货运中的业务 (5) 理解集装箱码头堆场在出口货运中的业务 (6) 理解集装箱货运站在出口货运中的业务 (7) 了解集装箱码头收据的应用	4	8
第8章　集装箱货物运输进口业务	(1) 了解集装箱货物进口的一般运输程序及单证 (2) 理解收货人在进口货运中的主要业务 (3) 船公司在进口货运中的主要业务 (4) 理解集装箱码头堆场在进口货运中的主要业务 (5) 理解集装箱货运站在进口货运中的主要业务 (6) 了解集装箱交货记录的应用	3	6
第9章　集装箱多式联运	(1) 理解多式联运的组织方法 (2) 了解多式联运经营人与多式联运合同 (3) 了解多式联运经营人的服务范围 (4) 了解多式联运经营人的责任范围与责任期间 (5) 理解多式联运经营人的赔偿责任 (6) 理解集装箱多式联运与保险 (7) 理解多式联运与集装箱综合保险	3	6
第10章　集装箱运输的经济分析	(1) 了解集装箱运输市场的供求关系 (2) 理解集装箱运输的成本分析 (3) 了解集装箱运输的规模效益 (4) 掌握集装箱运费计算 (5) 理解集装箱多式联运运价	2	4
第11章　集装箱多式联运的信息化	(1) 了解信息化与多式联运 (2) 理解 EDI 与电子单证 (3) 理解 RFID 技术 (4) RFID 技术标准介绍	2	4
课时总计		32	64

目 录

第1章

绪　论

【本章内容概要】

本章简要概述了集装箱运输和多式联运的基本概念、发展历程、发展趋势及与集装箱运输相关的国际贸易价格术语。在集装箱运输的发展历程中，虽然集装箱运输有运量大、运价低、装卸效率高、有效保护物品等优势，但由于其存在堆存、装卸需要专业的设备、场地，且基础设施造价较高等问题，曾经一度制约了集装箱运输的发展。随着专业的设备、场地在全世界的普及，集装箱运输得到了迅速发展，其作业分工越来越细，参与者越来越多，竞争也逐步加剧，便形成了多式联运，联运的参与者分工协作，同时专业化发展，共同推动了多式联运的发展。

传统的国际远洋运输是港至港之间的货物运输，货物的交接是港至港的运输交接。与其相对应的适用港至港贸易交接常用的国际贸易价格术语是FOB、CFR、CIF。集装箱多式联运常用的价格术语是FCA、CPT、CIP。本章的主要内容框架如图1-1所示。

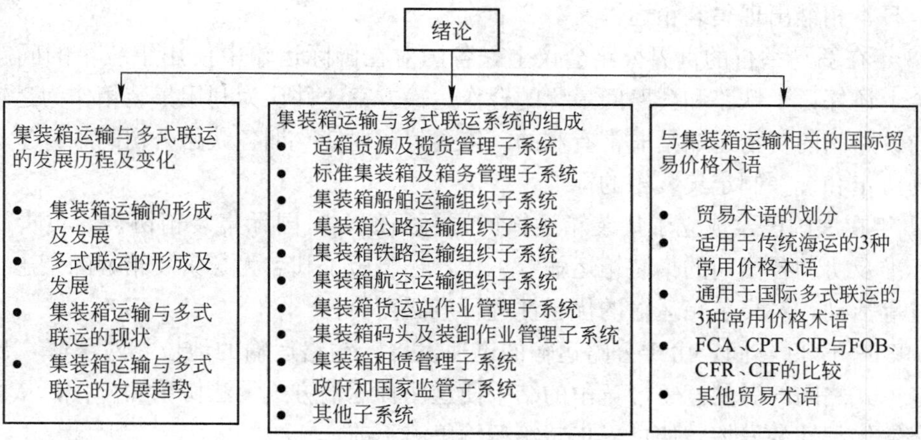

图1-1　本章的主要内容框架

【本章学习重点与难点】

学习重点：集装箱运输与多式联运系统的组成要素。

学习难点：集装箱运输与多式联运系统的组成要素的关系。

1.1 集装箱运输与多式联运的发展历程

集装箱运输是建立在大规模生产方式的基础上，以利于采取多式联运的组织形式发展起来的；同时，集装箱运输的发展促进了多式联运的发展。

1.1.1 集装箱运输的形成及发展

集装箱运输是指以集装箱这种大型容器为载体，将货物集合组装成集装单元，以便在现代流通领域内运用大型装卸机械和大型载运车辆进行装卸、搬运作业和完成运输任务，从而更好地实现货物“门到门”运输的一种新型、高效率和高效益的运输方式。集装箱运输虽然是一种现代化的运输方式，但其发展却经历了漫长的过程。集装箱运输的发展可分为以下几个阶段。

1. 萌芽期（19世纪初—20世纪50年代中期）

集装箱运输起源于英国。1801年，英国的詹姆斯·安德森提出将货物装入集装箱进行运输的构想。1830年，英国铁路上首先出现一种装煤的容器，并使用大容器装运百货。1845年，英国铁路曾使用载货车厢互相交换的方式，可视车厢为集装箱。19世纪中后期，在英国的兰开夏使用一种运输棉纱、棉布的带活动框架的托盘，称为“兰开夏托盘”，可将其看做集装箱的雏形。

正式使用集装箱运输货物是在20世纪初期。1900年，在英国铁路上首次出现简单的集装箱运输。1917年，美国铁路试行集装箱运输。其后，在短短的十余年间，德国、法国、意大利、日本相继出现集装箱运输。

1928年在罗马举行的世界公路会议上，各国对在国际运输中使用集装箱的问题进行了讨论。会上还探讨了铁路和公路间最优的合作运输方案，并认为利用集装箱作为运输容器协调公路与铁路间的货物运输是非常有利的。该会议还促使欧洲各铁路公司间签订了有关集装箱运输的协定和统一制定集装箱的标准。

1931年在法国巴黎成立了集装箱运输的国际组织——国际集装箱协会，负责研究制定集装箱标准及协调各国间的集装箱运输等工作，还出版了刊名为《集装箱》的杂志，并通过举办展览等活动，对集装箱运输的优越性进行广泛宣传。

在1931—1939年间，由于公路运输的迅速发展，铁路运输的地位相对下降，出现了这两种运输方式之间的激烈竞争，竞争的结果使这两种运输方式无法协调和合作，从而影响了集装箱运输优越性的发挥，使世界集装箱运输停滞不前。

第二次世界大战期间，美国军方为了将大量的军需物资以“单元化”和“门到门”的服务方式运抵世界各地的美军驻地，使用了一种名为“Conex”的小型集装箱运输系统。由于其使用效果良好，所以战后美军仍继续研究发展这一运输系统，1952年美国陆军开始建立“军用集装箱快速运输勤务系统”，使用集装箱运输弹药和其他军用品。美军还发明了车辆可直接开上开下的集装箱滚装船，用于向美军的驻外军事基地迅速而大量地输送物资。

20世纪50年代，美国铁路针对公路运输的迅速发展，相继采用了驮背运输（TOFC）

和箱驮运输（COFC），就是把集装箱半挂车或集装箱装到铁路平车上进行运输。这种运输方法的采用为开展铁路与公路之间的联合运输，实现以集装箱为媒介的“门到门”运输奠定了基础，从而加速了货物送达，提高了运输效率，显示了集装箱运输的巨大优越性。

最早提出现代化集装箱运输构想的是美国人马尔康·马克林，他建议集装箱运输应由陆地推向海上，并主张在一个公司控制之下实现海陆联运，以充分发挥集装箱运输的优越性。

在集装箱运输的萌芽期，集装箱运输的发展比较缓慢，主要原因是社会生产力发展水平低，没有达到开展集装箱运输的程度，适箱货源不够充足、稳定，集装箱运输所需物质技术基础与配套的设施落后，集装箱运输组织管理水平差，公路、铁路和水路集装箱运输不统一，使集装箱运输的优越性不能很好发挥出来，影响集装箱运输的开展。

2. 开创期（20世纪50年代中期—20世纪60年代中期）

大力推行集装箱运输是在20世纪50年代后期，即把集装箱运输推向海上运输之后。1956年4月，美国泛大西洋轮船公司在一艘未经改装的T-2型油船“马科斯顿”号的甲板上装载了58只35 ft（英尺）集装箱，在纽约—休斯敦航线上首先进行集装箱试运。3个月后，取得了巨大的经济效益，每吨货物的装卸费由原来的5.83美元降低到0.15美元，仅为原来装卸费的1/39。

泛大西洋轮船公司集装箱试运的成功，显示了集装箱运输的优越性，紧接着于1957年10月，将6艘C-2型杂货船改装为吊装式全集装箱船，舱内设计了格栅结构，船上安装了起重设备，第一艘船命名为“盖脱威城”号。“盖脱威城”号载重为9 000 t，装载8 ft×8.5 ft×35 ft(2.44 m×2.59 m×10.67 m）的集装箱226个，每箱总重25 t，航行于纽约—休斯敦航线上。“盖脱威城”号的投入使用，开创了现代海上集装箱运输的新纪元。该公司随后又将一艘C-2型货轮改装为滚装式集装箱船，航行于波多黎各航线上。为了显示泛大西洋轮船公司在推行海陆集装箱联运中所获得的巨大成功，1960年4月，泛大西洋轮船公司正式宣布更名为“海陆联运公司”。从1961年5月，该公司陆续开辟了纽约—洛杉矶—旧金山航线、阿拉斯加航线，从而奠定了美国国内集装箱运输的基础。1966年该公司开辟了纽约至欧洲的国际海洋集装箱运输航线和美国—日本的国际海洋集装箱运输航线。从此，海上集装箱运输开始发展成为国际贸易中通用的运输方式。除了商业运输外，海陆联运公司还利用集装箱运输的高速度、高质量和高效率的特点，在1966年承包了政府在奥克兰—那坝间的军事物资运输任务，又接受了运往南越、菲律宾等远东地区的军事物资运输任务，并获得了巨额利润。

海陆联运公司开展集装箱运输取得的成就，引起世界航运界的重视，一些大航运公司争相效仿，海上集装箱运输日趋活跃。继海陆联运公司之后，1958年马托松航运公司开始经营加州与夏威夷之间的集装箱运输。1961年，美国总统公司以2艘改装的半集装箱船行驶于远东地区。

1966年以前，虽然集装箱运输取得了一定的发展，但在该阶段集装箱运输仅限于欧美一些先进国家，主要从事铁路、公路运输和国内沿海运输。船型使用由货船改装的集装箱船，其典型船舶的装载量不过500 TEU① 左右，速度也较慢。箱型主要采用断面为8 ft×8

① TEU为20 ft集装箱换算单位，简称“换算箱”。

ft，长度分别为 24 ft、27 ft、35 ft 的非标准集装箱，部分使用了长度为 20 ft 和 40 ft 的标准集装箱。箱的材质开始以钢质为主，到后期铝质箱开始出现。船舶装卸以船用装卸桥为主，只有极少数专用码头上有岸边装卸桥。码头装卸工艺主要采用海陆联运公司开创的底盘车方式，当时跨运车刚刚出现。集装箱运输的经营方式是仅提供港到港的服务。以上这些说明，在 1966 年以前集装箱运输还处于初始阶段，但其优越性已经显现，这为以后集装箱运输的大规模发展打下了良好的基础。

3. 发展期（20 世纪 60 年代中期—20 世纪 80 年代中期）

自 1966 年至 20 世纪 80 年代中期，集装箱运输的优越性越来越被人们承认，以海上运输为主导的国际集装箱运输发展迅速，是货物运输进入集装箱化时代的关键时期。

1966 年 4 月，海陆联运公司用经过改装的全集装箱船开辟了纽约—欧洲集装箱运输国际航线。1967 年 9 月，马托松船公司将“夏威夷殖民号”全集装箱船投入到日本—北美太平洋沿岸航线。在美国航运的启迪下，日本和西欧各国也开始建造全集装箱船。1968 年日本建造的第一艘全集装箱船“箱根丸”航行于日本—加利福尼亚航线，相继有 6 家船公司在该条航线上开展集装箱的运输。英国等西欧国家先后开辟了北大西洋、日本和澳大利亚航线的集装箱航运业务。与此同时，在世界各海港相继建成了专为停泊集装箱船的专用码头和泊位，配备了相应的集装箱装卸、搬运设备。铁路、公路等其他运输方式也都积极调整设备，以应付集装箱运输时代的来临。可见，集装箱运输的发展极大地改变了海陆联运的面貌，也引起了世界海运的重大变革。

在该阶段，集装箱运输已从美、日、澳及欧洲的一些先进国家扩展至东南亚、中东、南非等地。集装箱的箱型标准化，从非国际标准箱转而采用长度为 20 ft 和 40 ft 的国际标准集装箱，并开始出现高度为 8.5 ft、9.0 ft、9.5 ft 型的高容积集装箱。世界集装箱保有量大幅度增长，从 1970 年的 51 万 TEU 增加到 1983 年的 440 万 TEU。集装箱船型由改装船过渡到专用的 500～2 000 TEU 的第一代和第二代小型和中型全集装箱船。从 1967 年大西洋集装箱班轮公司建造了 4 艘 16 000 t 级“Atlantic Saga”型滚装船以后，集装箱运输又增添了新的船型。在某些航线上，集装箱滚装运输得到很大发展。1969 年曾出现过载驳货船运输，普通载驳货船和海蜂式载驳货船在 20 世纪 70 年代后正式用于海上运输，但在与全集装箱船的竞争中没有得到发展。世界整个船队的集装箱载箱能力迅速扩大，1970 年约 23 万 TEU，1983 年达到 208 万 TEU。集装箱船舶的行踪已遍布全球范围。随着海上集装箱运输的发展，各港纷纷建设专用集装箱泊位，世界集装箱专用泊位到 1983 年已增至 983 个。世界主要港口的集装箱吞吐量在 20 世纪 70 年代的年增长率达到 15%。专用泊位的前沿均装备了装卸桥，并在鹿特丹港的集装箱码头上出现了第二代集装箱装卸桥，每小时可装卸 50 TEU。码头堆场上轮胎式门式起重机、跨运车等机械得到了普遍应用，底盘车工艺则逐渐趋于没落。在此时期，传统的散件杂货运输管理方法得到了全面改革，与先进运输方式相适应的管理体系逐步形成，电子计算机也得到了更广泛的应用，尤其是 1980 年 5 月在日内瓦召开了有 84 个联合国贸易和发展会议成员国参加的国际多式联运会议，通过了《联合国国际货物多式联运公约》（以下简称《多式联运公约》）。该公约对国际货物多式联运的定义、多式联运单证的内容、多式联运经营人的赔偿责任等问题均有所规定。公约虽未生效，但其主要内容已为许多国家所援引和应用。

虽然在 20 世纪 70 年代中期，由于石油危机的影响，集装箱运输发展速度减慢，但是这一阶段发展时期较长，特别是许多新工艺、新机械、新箱型、新船型，以及现代化管理都是在这一阶段涌现出来的，世界集装箱向多式联运方向发展也孕育于此阶段之中，故可称之为集装箱运输的发展阶段。

4. 成熟期（20世纪80年代中期以后）

20世纪80年代中期以后，世界航运市场摆脱了石油危机所带来的影响，开始走出低谷，集装箱运输又重新走上稳定发展的道路。目前，发达国家件杂货运输的集装箱化程度已超过80%。据统计，到1998年世界上约有各类集装箱船舶6 800多艘，总载箱量达579万TEU。集装箱运输已遍及世界上所有的海运国家，随着集装箱运输进入成熟阶段，世界海运货物的集装箱化已成为不可阻挡的发展趋势。

在该阶段，集装箱航线扩及中南美、中国、印度等国家和地区，以环球航线为主，并建立了辐射状的接驳网络。船舶以超大型、节能的全集装箱船为主，容量达3 000 TEU以上。箱型不再局限于使用国际标准集装箱，45 ft、48 ft的长集装箱已被使用。装卸机械以大型、高速且自动化的桥式起重机为主。在经营方面，无船经营人纷纷成立，海陆空集装箱运输联运及复合运输的产生，使竞争更为激烈。

集装箱运输进入成熟阶段的特征主要表现在以下两个方面。

(1) 硬件与软件的成套技术趋于完善。干线全集装箱船向全自动化、大型化发展，出现了2 500～4 000 TEU的第三代和第四代集装箱船。一些大航运公司纷纷使用大型船舶组织了环球航线。为了适应大型船停泊和装卸作业的需要，在港口，大型、高速、自动化装卸桥也得到了进一步发展。为了使集装箱从港口向内陆延伸，一些先进国家对内陆集疏运的公路、铁路、内河水路和中转场站，以及车辆、船舶进行了大量的配套建设。在运输管理方面，随着国际法规的日益完善和国际管理的逐步形成，实现了管理方法的科学化、管理手段的现代化。一些先进国家建立了港区管理及其与口岸相关各部门联网的综合信息管理，一些大公司已能通过通信卫星在全世界范围内对集装箱实行跟踪管理。先进国家的集装箱运输成套技术为发展多式联运打下了良好的基础。

(2) 开始进入多式联运和“门到门”运输阶段。实现多种运输方式的联合运输是现代交通运输的发展方向，集装箱运输在这方面具有独特优势。先进国家由于建立和完善了集装箱的综合运输系统，使集装箱运输突破了传统运输方式的“港到港”概念，综合利用各种运输方式的优点，为货主提供“门到门”的优质运输服务，从而使集装箱运输的优势得到充分发挥。“门到门”运输是一项复杂的国际性综合运输系统工程，先进国家为了发展集装箱运输，将此作为专门学科，培养了大批集装箱运输高级管理人员、业务人员及操作人员，使集装箱运输在理论和实务方面都得到逐步完善。

虽然世界集装箱运输已进入成熟阶段，但也应看到世界各国集装箱运输的发展是不平衡的。集装箱运输是资本密集、管理技术要求高的产业，发展中国家由于资金和人才的短缺，起步较晚，一般还处于集装箱运输的发展阶段，少数还处于起步阶段。但集装箱运输已广泛用于国际贸易，发展中国家必须吸收先进国家的先进技术和管理经验，才能跟上时代的要求，适应国际贸易发展的需要。

1.1.2 多式联运的形成及发展

国际间货物的多式联运早在20世纪初就产生了。这种不同运输方式的综合组织和多式联运企业所提供的全程运输服务，受到货主的欢迎。但由于运输全程包括多个运输区段，使用两种及以上的运输方式，货物运输途中要经过多次换装作业，从承运装车开始到交付卸车为止，全程运输中货物要经过多次（有时达十余次）装卸作业，很容易造成货物的灭失损害和送达延误。在件杂货物运输下，给经营多式联运的企业带来极大的风险。这种状况限制了企业经营多式联运业务的积极性。集装箱运输产生并在各种运输方式中普遍使用后，其特有的优势减少了这种风险，国际多式联运才迅速发展起来。目前的国际多式联运基本上是国际集装箱货物多式联运。

多式联运是多种运输方式参与的联合运输组织形式，按联合运输的地域范围划分，可划分为国内多式联运和国际多式联运两种。集装箱多式联运是利用集装箱装载货物进行多式联运的运输组织方式，可划分为国内集装箱多式联运和国际集装箱多式联运。

1.2 集装箱运输与多式联运系统的组成

集装箱运输与多式联运是一个涉及面广并由诸多子系统所构成的大系统，是一个复杂的运输系统工程。在集装箱运输与多式联运组织的过程中，需要利用系统工程的方法论对该系统进行分析，以实现系统运行的最优化。

集装箱运输与多式联运系统由适箱货源及揽货管理、标准集装箱及箱务管理、集装箱船舶运输组织、公路运输组织、铁路运输组织、航空运输组织、集装箱货运站作业管理、集装箱码头及装卸作业管理、租赁管理、政府和国家监管，以及其他等子系统组成。任何一个子系统的工作质量和功能状态均将影响到整个集装箱运输与多式联运系统的运作。因此，必须做好每一子系统的各项工作，发挥其最优功能，从而实现整个集装箱运输与多式联运系统的优化，最佳地实现货物的“门到门”运输。

1.2.1 适箱货源及揽货管理子系统

为了保证集装箱运输的顺利进行，首先必须具备足够的适箱货源。做好适箱货源的组织工作，提高揽货工作质量，才能为集装箱运输与多式联运提供充足而稳定的货源。做好适箱货源及揽货管理子系统的各项工作，除集装箱运输企业自身设置经营网点外，还要依托货运代理、无船承运人、多式联运经营人等，提高揽货管理能力。

1. 货运代理

随着国际贸易及运输方式的发展，特别是国际集装箱多式联运，运送货物所涉及的面越来越广，情况相当复杂。货主和运输经营人不可能亲自办理和处理每一项具体业务，而通过国际货运代理公司便能解决以上问题。

国际货运代理人的主要业务包括订舱、揽货、货物装卸业务办理、报关、理货、拆装箱、集装箱代理、货物保险等。国际货运代理人一方面作为货物承运人与货物托运人签订运输合同；另一方面作为委托人与运输部门订立合同。

2. 无船承运人公司

无船承运人，是指在集装箱运输中，经营集装箱货运，但不经营船舶的承运人。它是随着集装箱多式联运的发展而出现的联运经营人。联运经营人可由参与某一运输区段的实际承运人担任，也可由不参加实际运输的经营者——无船承运人来担任。

3. 多式联运经营人

多式联运经营人是多式联运业务的组织者，负责货物的全程运输，具体服务内容和服务方式见第9章。

1.2.2 标准集装箱及箱务管理子系统

标准集装箱是集装箱运输必要的装货设备。提供适合于各种适箱货物要求的各种类型的集装箱并做好箱务管理工作，是集装箱运输正常进行的重要环节。关于集装箱的有关内容，将在第2章中详细论述。

1.2.3 集装箱船舶运输组织子系统

集装箱运输船舶是集装箱的载运工具，是完成集装箱运输任务的重要手段。集装箱船与传统货船相比，具有船舶吨位、功率大、航速高、货舱开口大、货舱尺寸规格化、船体形状比较“瘦”、稳性要求高等特点。它一般可分为全集装箱船（吊装式全集装箱船、滚装式集装箱船）、半集装箱船、多用途船及载驳船等，要根据航线上货流（货种、流向和流量）情况、港口条件、航运市场竞争情况等确定采用哪种类型的集装箱船舶。

正确选配使用适宜的集装箱船舶，做好集装箱运输船舶的营运管理，是实现集装箱运输系统优化的重要环节。

1.2.4 公路集装箱运输组织子系统

公路集装箱运输是多式联运的重要运输方式。为运输20 ft、30 ft、40 ft等箱型的集装箱，公路应满足以下要求：车道宽度大于3 m，最大坡度小于10%，停车视线最短距离大于25 m，限高大于4 m。公路集装箱运输车辆，应根据集装箱的箱型、种类、规格尺寸及使用条件来确定，一般有集装箱货运汽车及集装箱拖挂车。拖挂车适合公路长途运输，是公路集装箱运输的主要设备。

做好公路集装箱营运管理工作，搞好货运组织工作和车辆的运行管理，是集装箱公路运输组织的重要任务。

1.2.5 铁路集装箱运输组织子系统

我国铁路集装箱运输近年来发展较快，已经成为国内、国际集装箱运输的重要环节和不可缺少的运输方式。目前，我国已拥有676个通用箱办理站，专门用于办理集装箱运输业务，开通了铁路国际集装箱专列线，典型的专列线有郑州（武汉）—香港、天津—西安、青岛—郑州、南京—上海、天津—包头、连云港（青岛）—阿拉山口。按照国务院批准的《中长期铁路网规划（2008调整）》，建设18个具有国际先进技术设备和物流功能的大型集装箱中心站，并对现有集装箱办理站进行改造，形成集装箱铁路运输网络。

铁路集装箱专用车长度主要有80 ft、60 ft和40 ft。一般60 ft专用车可装载3只20 ft或1只40 ft和1只20 ft的集装箱。

做好铁路集装箱运输的组织和运营工作，协调铁路、公路、海运及港口码头的配合协作，对整个集装箱运输系统具有重要意义。

1.2.6 航空集装箱运输组织子系统

在国际货物运输中，尽管航空运输所占比例不大，但发展很快。鉴于集装箱货物运输最有利于装卸作业，集装箱运输也是航空货物运输的重要组织形式。但航空集装箱运输非常独立，很少与铁路、公路、水路联运，因此该子系统基本作为一个独立的系统运行。

1.2.7 集装箱货运站作业管理子系统

集装箱货运站是集装箱运输中的一个必不可少的重要环节。根据货运站所处的地理位置和不同的职能，可分为设在集装箱码头内的货运站，设在集装箱码头附近的货运站及集装箱内陆货运站等。

货运站作为集装箱货物的集散点，是集装箱运输的纽带和桥梁。它的主要任务是：集装箱货物的承运、验收、保管和交付；拼箱货的装箱和拆箱作业；整箱货的中转；重箱和空箱的堆存和保管；票据单证的处理，运费、堆存费的结算；其他（如联系集装箱维修、保养等）。

1.2.8 集装箱码头及装卸作业管理子系统

集装箱码头是集装箱不同运输方式换装的枢纽，是集装箱运输系统的重要组成部分，也是集装箱的集散地。因此，集装箱码头在整个集装箱运输系统中，具有重要地位和作用。做好集装箱码头的各项工作，对于加速车、船和集装箱的周转，降低运输成本，提高整个集装箱运输系统的效率和经济效益，均具有极其重要的意义。

随着国际集装箱运输与多式联运的迅速发展，世界货运“集装箱化”的比例不断提高，集装箱运量不断上升，集装箱船舶日趋大型化和高速化，因而要求集装箱码头实现装卸作业高效化、自动化，管理工作现代化、标准化和规范化，具有现代化的硬件和软件系统，以满足国际集装箱运输对集装箱码头的要求。

1.2.9 集装箱租赁管理子系统

在集装箱运输与多式联运系统中，普遍存在各种租赁业务。例如，租箱、租船、租赁各种装卸搬运设备等，其中租箱和租船是最重要的业务。

1. 集装箱出租公司

开展集装箱运输，船公司既要付出巨额投资购置集装箱船，还要购置船舶载箱量约 3 倍的集装箱，所有这些巨额投资，必须在开展集装箱运输之前全部投入，船公司为此不堪负担。此外，如何有效地使用集装箱，解决集装箱在营运中的回空、堆放、保管、维修、更新等问题，管理难度很大，也需投入大量的人力、物力和财力。集装箱租赁业，就是顺应船公司的客观需求而发展起来的。租赁者根据自己运输业务的需要，向出租公司租用集装箱，与租箱公司进行协商，灵活采用不同的租赁方式以满足用箱的需求。

2. 集装箱船舶出租公司

集装箱船舶租赁业务始于 20 世纪 60 年代，是随着集装箱运输的发展而兴起的行业。它适应了集装箱运输市场供求关系的变化，解决了航线货流的不平衡。租赁者有规模较小的船公司，也有需租船的货主，甚至较大的船公司。目前，集装箱租船市场的份额和规模有不断上升的趋势。

1.2.10　政府和国家监管子系统

政府和国家监管子系统主要是指直接管理交通运输或涉及交通运输的国家管理部门。例如，交通运输部、铁道部、国家发展和改革委员会、商务部、海关，以及负责商检、卫检、动植物检疫的部门等。

1.2.11　其他子系统

除上述参与集装箱运输与多式联运的各企业和部门外，还包括其他与集装箱运输密切相关的协会、公会等，为集装箱运输与多式联运的发展提供保障。

1. 班轮公会

班轮公会是由若干家集装箱船舶运输公司自发设立的民间组织，目的是加强船公司之间的联系、增进行业规范和自律管理，班轮公会制定行业规范、船舶运输的指导价格等。

2. 全程联运保赔协会

全程联运保赔协会是由集装箱运输的联运性质而产生的一个由船公司互保的保险组织，1968 年 6 月 1 日在伦敦建立。参加该会的主要成员，一是利用集装箱进行海上货物运输的承运人；一是海运以外的陆运、空运、沿海或内河的集装箱承运人。它的建立使各方都承担了集装箱运输中的风险。

集装箱运输与多式联运系统组成如图 1－2 所示。

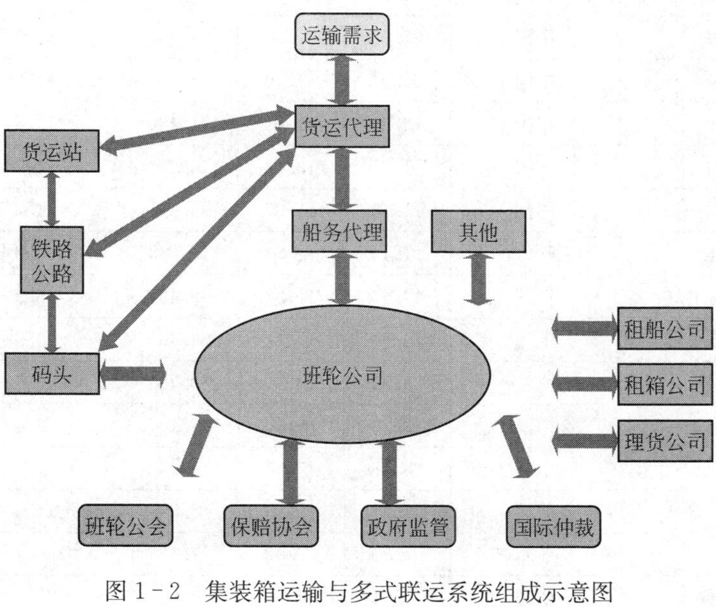

图 1－2　集装箱运输与多式联运系统组成示意图

1.3 集装箱运输与多式联运的变化

国内和国际贸易运输可采用陆运（包括铁路、公路、管道）、水运（包括内河水运、海运）及航空3种运输形式。在总货运量中，集装箱运量占总货运量的比例在不断上升。集装箱运输首先从海运开始，然后向内陆腹地延伸。从港口集装箱吞吐量的变化上，反映了集装箱运输发展的状况。

1.3.1 集装箱运输与多式联运的现状

1. 世界集装箱运量总体情况

全球港口集装箱吞吐量2007年超过4.8亿TEU，2008年超过5.06亿TEU，2009年受经济危机影响有所下降，达到4.5亿TEU。

2009年，全球集装箱吞吐量排名前40名的港口集装箱吞吐量占全球的65%，其中亚洲28个，吞吐量2.29亿TEU，占全球的50.9%；欧洲8个，吞吐量0.41亿TEU，占全球的9.2%；北美3个，吞吐量0.16亿TEU，占全球的3.6%；非洲1个，吞吐量0.03亿TEU，占全球的0.8%。亚洲的28个港口中，中国有12个，港口集装箱吞吐量占全球的28.5%。

世界主要集装箱码头2007—2009年吞吐量如表1-1所示。

表1-1 世界主要集装箱码头2007—2009年吞吐量 百万TEU

2009年排名	港口	所属国家	2009年	2008年	2007年	2009/2008同比增减幅/%	2008/2007同比增减幅/%
1	新加坡	新加坡	25.87	29.92	27.90	−13.5	7.2
2	上海	中国	25.00	27.98	26.15	−10.7	7.0
3	香港	中国	20.98	24.49	24.00	−14.3	2.0
4	深圳	中国	18.25	21.41	21.10	−14.8	1.5
5	釜山	韩国	11.95	13.43	13.26	−11.0	1.3
6	广州	中国	11.19	11.00	9.26	1.7	18.8
7	迪拜	阿联酋	11.12	11.83	10.65	−6.0	11.1
8	宁波-舟山	中国	10.50	11.23	9.43	−6.5	19.1
9	青岛	中国	10.26	10.32	9.46	−0.6	9.1
10	鹿特丹	荷兰	9.74	10.80	10.79	−9.8	0.1
11	天津	中国	8.70	8.50	7.10	2.4	19.7
12	高雄	中国	8.58	9.68	10.26	−11.4	−5.7
13	安特卫普	荷兰	7.31	8.66	8.18	−15.6	5.9
14	巴生	马来西亚	7.30	7.97	7.12	−8.4	11.9
15	汉堡	德国	7.01	9.74	9.89	−28.0	−1.5
16	洛杉矶	美国	6.75	7.85	8.36	−14.0	−6.1

续表

2009年排名	港口	所属国家	2009年	2008年	2007年	2009/2008 同比增减幅/%	2008/2007 同比增减幅/%
17	丹戎帕拉帕斯	马来西亚	6.00	5.60	5.47	7.1	2.4
18	长滩	美国	5.07	6.49	7.31	−21.9	−11.2
19	厦门	中国	4.68	5.04	4.63	−7.1	8.9
20	兰查邦	泰国	4.64	5.13	4.85	−9.6	5.8
21	大连	中国	4.55	4.50	3.81	1.1	18.1
22	不来梅	德国	4.54	5.50	4.89	−17.5	12.5
23	纽约/新泽西	美国	4.51	5.27	5.30	−14.4	−0.6
24	贾瓦哈拉尔尼赫鲁	印度	3.86	4.18	3.89	−7.7	7.5
25	丹戎不碌	印度尼西亚	3.80	3.98	3.69	−4.5	7.9
26	东京	日本	3.74	4.16	4.12	−10.1	1.0
27	瓦伦西亚	西班牙	3.65	3.60	3.04	1.4	18.4
28	胡志明市	越南	3.56	3.43	3.20	3.8	7.2
29	塞拉莱	阿曼	3.49	3.07	2.64	13.7	16.3
30	塞德	埃及	3.47	3.20	2.84	8.4	12.7
31	科伦坡	斯里兰卡	3.46	3.69	3.38	−6.2	9.2
32	马尼拉	菲律宾	3.44	2.99	2.87	15.1	4.2
33	费利克斯托	英国	3.10	3.20	3.30	−3.1	−3.0
34	吉达	沙特	3.09	3.33	3.07	−7.2	8.5
35	阿尔赫西拉斯	西班牙	3.04	3.32	3.41	−8.4	−2.6
36	连云港	中国	3.02	2.97	2.00	1.7	48.5
37	横滨	日本	2.80	3.48	3.43	−19.5	1.5
38	焦亚陶罗	意大利	2.80	3.47	3.45	−19.3	0.6
39	科尔·绋坎	阿联酋	2.75	2.50	2.17	10.0	15.2
40	营口	中国	2.54	2.03	1.35	25.1	50.4

资料来源：Containerization International 2010年第3期，中华船务网 www.chnshipping.com.

为适应集装箱运输发展的需要，全球各航运公司不断增加集装箱船舶的投入数量，开辟新航线，提高集装箱班轮密度。全球主要航运公司运力情况见表1-2（至2010年3月1日止）。

表1-2　全球主要航运公司运力情况

公司	排名	TEU 总计	艘数总计	自有船舶/TEU	自有船舶数	租赁船舶/TEU	租赁船舶艘数	自有运力率/%	订造船舶/TEU	订造船舶艘数	订造船舶运力占总运力/%
马士基航运	1	2 066 374	548	1 137 574	211	928 800	337	55.1	411 090	67	19.90
地中海航运	2	1 542 403	399	834 845	201	707 558	198	54.1	586 360	49	38.00
达飞轮船	3	1 043 092	359	354 924	87	688 168	272	34.0	456 183	54	43.70

续表

公司	排名	TEU总计	艘数总计	自有船舶/TEU	自有船舶数	租赁船舶/TEU	租赁船舶艘数	自有运力率/%	订造船舶/TEU	订造船舶艘数	订造船舶运力占总运力/%
长荣海运	4	554 316	149	319 263	87	235 053	62	57.6			
美国总统轮船	5	548 788	140	165 939	44	382 849	96	30.2	128 362	16	23.40
赫伯罗特	6	504 508	122	260 935	57	243 573	65	51.7	96 250	11	19.10
中远集运	7	453 526	133	270 751	91	182 775	42	59.7	409 826	53	90.40
中海集运	8	438 176	121	250 099	71	188 077	50	57.1	150 400	16	34.30
韩进海运	9	427 878	96	95 488	18	332 390	78	22.3	257 698	27	60.20
日本邮船	10	407 300	106	312 516	61	94 784	45	76.7	62 499	10	15.30
南美轮船	11	351 218	99	34 821	7	316 397	92	9.9	119 398	20	34.00
东方海外	12	342 512	73	241 803	41	100 709	32	70.6	81 460	11	23.80
商船三井	13	336 971	89	144 526	26	192 445	63	42.9	145 586	26	43.20
川崎汽船	14	323 793	86	192 573	35	131 220	51	59.5	138 941	25	42.90
以星航运	15	310 568	95	155 730	35	154 838	60	50.1	195 386	20	62.90
阳明海运	16	308 664	76	187 201	45	121 463	31	60.6	141 402	22	45.80
汉堡南美	17	304 336	100	140 442	38	163 894	62	46.1	84 800	13	27.90
现代商船	18	281 060	54	83 781	14	197 279	40	29.8	71 810	6	25.50
阿拉伯轮船	19	202 099	51	113 596	27	88 503	24	56.2	117 900	9	58.30
太平船务	20	189 281	108	128 748	79	60 533	29	68.0	60 824	14	32.10
数据来源：Alphaliner											

资料来源：Alphaliner 公司统计，航运在线 http：//news. sol. com. cn/news/20100309/118139. html.

2. 东亚地区各国集装箱运输情况

20 世纪 70 年代以来，东亚地区的经济有较大的发展。由于大规模地开发资源、实施工业化计划、大幅度地增加对外贸易额，要求交通运输业密切配合，从而使交通运输业，尤其是海上集装箱运输得到了迅速发展。近几年，东亚地区改造和新建了 20 多个港口，各国政府对港口建设投入了大量的资金。在东亚地区交通运输发展中，最大的变化是集装箱运输的兴起和高速发展。

目前，东亚地区主要集装箱运输港口有新加坡的新加坡港、泰国的兰查邦港、斯里兰卡的科伦坡港、印度尼西亚的丹戎不碌港、马来西亚的巴生港、菲律宾的马尼拉港、韩国的釜山港，以及日本的东京、横滨、名古屋、神户、大阪港。

东亚、西欧和北美 3 个地区是国际集装箱的主要产生地和消失地。连接 3 个地区的集装箱航线，如远东/北美航线和远东/欧地航线，经过上述国家的海域。由于上述国家具有国土面积小，海岸线长，具备良好的建港自然条件的特点。因此，这些国家在集装箱运输规划上，将集装箱港口建设作为重点，以提高集装箱运输市场的竞争力，适应国际集装箱运输发展的需要。

3. 我国香港、台湾及大陆集装箱运输情况

香港作为国际贸易的海运中心，为了适应现代海运的要求，在 20 世纪 60 年代中期，选定维多利亚港西北部的葵涌新填地开始建设现代化的集装箱专用码头。目前，在葵涌建专用集装箱码头7个（9个泊位），在昂船洲填海造地建8号码头（4个泊位），在青衣岛东南端建9号码头（4个泊位），在大屿山岛建10号码头。在香港全港集装箱装卸量中，葵涌码头装卸量占全港装卸量的80%～90%，其他码头装卸量占10%～20%。

台湾地区主要集装箱港口有高雄港和基隆港，高雄港建有5个集装箱码头中心（23个泊位），基隆港建有3个集装箱基地（14个泊位）。高雄港的集装箱吞吐量约占全岛吞吐量的2/3，基隆约占1/3。

我国大陆集装箱运输虽起步较晚，但近几年发展迅速，沿海岸线建设的主要集装箱港口有大连港、营口港、天津港、青岛港、连云港港、上海港、宁波港、福州港、厦门港、深圳港、广州港、珠海港等。

我国主要沿海集装箱港口分布如图1-3所示。

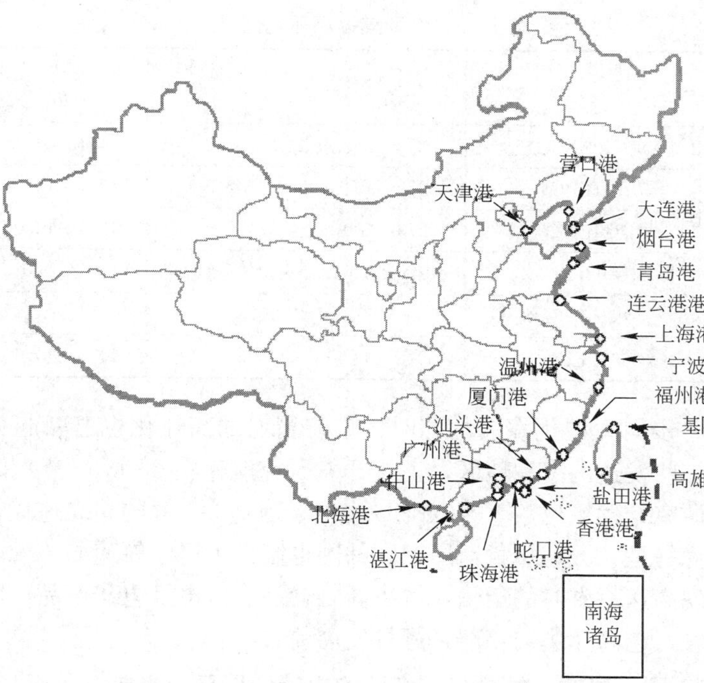

图1-3 我国主要沿海集装箱港口分布图

随着经济体制改革的深化，产业结构的调整，集装箱港口内陆腹地经济发展水平不断提高，将为港口提供大量的集装箱运量，使集装箱港口具有极大的发展潜力。

1.3.2 集装箱运输与多式联运的发展趋势

随着集装箱运输走向成熟及经营管理的现代化，集装箱运输将朝着物流中心化、管理电脑化、港口高效化、船舶大型化、运输综合化的方向发展，以降低运输成本、缩短运输周期，真正为客户提供优质、快速、准时、便捷、价廉的服务。

1. 箱型大型化、专用化

近年来，一些发达国家为了充分利用运输工具的载运能力，在国际标准化组织的多次会议上提出了修改集装箱标准的建议，其内容主要包括增大集装箱的尺寸和总重量。集装箱重量和尺寸的改变对运输基础设施、运输工具和装卸机械都有直接影响，尤其是对内陆的集疏运将提出更高的要求。近年来，40 ft 及其以上集装箱在总箱量中的比重逐年有所增加，冷藏、罐式、开顶等特种货物的专用箱也呈增长趋势。

2. 干线船舶大型化、高速化

20 世纪 90 年代以来，集装箱船的大型化十分明显。据统计，集装箱船的平均箱位已由 1990 年的 1 223 TEU 上升到 1998 年的 1 634 TEU。1998 年，箱位数 2 000 TEU 以上的大型船和 4 500 TEU 以上的超巴拿马型船的合计载箱量已占全球集装箱船总载箱量的 45%。大型集装箱船的平均箱位数已超过 3 580 TEU，大型集装箱船的艘数和箱位数所占比重都有明显提高。而且，超巴拿马型船已经崭露头角，箱位数已占全集装箱船的 1/10 以上。另外，世界一些著名船厂纷纷对箱位数 8 000 TEU 以上的超大型集装箱船进行研究和方案设计，并具备了建造条件。大型集装箱船的尺寸见表 1-3。

表 1-3 大型集装箱船的尺寸

船型＼尺寸		总长/m	船宽/m	吃水/m	甲板上集装箱列数
第三代集装箱船（2 500～3 499TEU）		220～280	32.2	12.0	13
第四代集装箱船（3 500～4 799 TEU）	巴拿马型	270～294	32.2	12.5～13.5	13
	早期超巴拿马型	275～280	37.1～40.0	12.5～13.0	15～16
第五代集装箱船（4 800～6 600 TEU）	5 000 TEU 级	276～296	40.0～42.5	14.0	16～17
	6 000 TEU 级	300～318	40.0～42.5	14.0	16～17
第六代集装箱船（>6 600 TEU）		318～347	42.5～45.0	14.0～14.5	17～18

在集装箱船进一步向大型化发展的同时，集装箱船的高速化也已引起关注。美国、日本、韩国、西欧等一些发达国家和地区，正在开发研究航速在 35 kn（节）以上的超高速集装箱船。美国正在研究开发箱位数 1 000 TEU 左右、航速 38 kn 的超高速集装箱船投入大西洋航线，其最大的优势是大大缩短货运周期。韩国也制订了研制航速 40～45 kn 超高速集装箱船的计划，以实现高速、省时的运输，解决新鲜食品、机电及电子产品、医药等货物的运输，从发展的眼光看，超高速集装箱船是颇具发展前景的。

3. 枢纽港口向大型、高效、综合化，港口的中转作用日益重要

世界主要集装箱港口应拥有长度 300 m 以上，前沿水深 12 m 以上、陆地纵深500～1 000 m 的集装箱泊位，采用大跨距、重负荷、自动化的装卸机械，全面实现现代化管理，能够向船东和货主提供全方位的优质服务。

由于船公司在主要航线上配置大型集装箱船，这些大型集装箱船只在少数货源稳定可靠的拥有深水泊位的港口之间航行，这些港口则将其他港口的货源通过支线船吸引过来加以中转。这种情况导致了一些集装箱港口地位的变化。过去在集装箱吞吐量名次中位居前列的一些港口被其他一些港口超越而退居其后。如鹿特丹、纽约等港，原来都拥有广阔的腹地和充足的货源，集装箱吞吐量曾保持领先地位，但由于周围港口的竞争及中转量有限，集装箱吞吐量难以有较大幅度增加。而另一些港口则由于其优越的地理位置和其他有利条件，吸引了大量中转箱，从而使集装箱吞吐量飞速上升。1990 年以后，在世界集装箱港口吞吐量排名中，香港港、新加坡港一直排在前列，其原因是中转箱量占其总吞吐量的比例高达 50%～

60%，国外有专家称这样的港口为大中心港。而一般的干线港虽然在吸引本港腹地货源及在自己的集疏运网络内起枢纽港的作用，但对大中心港来说，它不免仍有支线港的作用。

4. 经营规模化

随着集装箱运输一体化的迅速发展，各大班轮公司通过兼并和组织联营集团，实现了规模经营。各大班轮公司成为全球承运人，并以货物集拼、仓储、运输、分拨的全方位服务，进一步完善干支网络，充分利用各种运输方式，高效、快捷地组织“门到门”运输服务；广泛采用电子数据交换（EDI）系统，对集装箱运输的全过程实现现代化管理，合理安排航线，扩大干线直挂港的范围，缩短航班周期，加快货运速度，降低运输成本，提高运输服务质量。

5. 信息管理现代化

现代管理已进入信息时代，集装箱运输也不例外。尤其是电子数据交换（EDI）已开始在航运界发挥日益重要的作用。集装箱运输有关部门之间，依靠电子计算机和通信网络，实现信息自动交换和自动处理，将使集装箱运输一套复杂的纸面单证逐步被电子单证所取代，各种业务手续可大大简化，并对集装箱动态信息进行有效跟踪，从而大大提高运输效率和运输服务质量。

6. 集装箱多式联运日益完善

集装箱运输的优势之一是便于组织多式联运。发展多式联运的关键在于：一是港口必须拥有完善的内陆集疏运网络；二是多式联运的经营管理必须正规化、现代化、国际化。一些发达国家除了大力发展港口基础设施和海运船队外，还重视配套建设，使海运船队、专用码头、内陆集疏运网络相互匹配，形成日益完善的多式联运综合运输系统。同时，他们非常重视管理，在国际组织中积极活动，拟定与集装箱运输有关的国际公约，并通过国内立法，完善集装箱运输的规章制度，在全球建立货运代理和多式联运经营的网络，力图通过经营管理的改善，提高运输服务质量，在日益激烈的竞争中，巩固与提高各自的声誉。发展中国家由于财力、物力、人才条件所限，多式联运业务尚处于发展阶段，但也应当吸收发达国家发展集装箱运输的软、硬件成套技术，加快发展步伐，迎合世界交通运输集装箱化的潮流。

1.4 与集装箱运输相关的国际贸易价格术语

1.4.1 贸易术语的划分

国际商会判定的《国际贸易术语解释通则》（以下简称《通则》）对国际贸易价格术语做出了解释。该《通则》按年有不同的版本。在2010年《通则》中，根据买卖双方承担义务的不同，将11种贸易术语划分为两组，如表1-4所示。

表1-4 贸易术语分类

类别	国际代码	英文含义	中文含义
Sea and Inland Waterway Transport Only（适用于海运及内河水运）	FAS	Free Alongside Ship	装运港船边交货
	FOB	Free On Board	装运港船上交货

续表

类别	国际代码	英文含义	中文含义
Sea and Inland Waterway Transport Only（适用于海运及内河水运）	CFR	Cost And Freight	成本加运费
	CIF	Cost Insurance and Freight	成本、保险费加运费
Any Mode of Transport（适用于任何运输方式）	EXW	Ex Works	工厂交货
	FCA	Free Carrier	货交承运人
	CPT	Carriage Paid To	运费付至目的地
	CIP	Carriage and Insurance Paid to	运费、保险费付至目的地
	DAT	Delivered At Terminal	运输终端交货
	DAP	Delivered At Place	目的地交货
	DDP	Delivered Duty Paid	完税后交货

1.4.2 贸易术语下买卖双方的基本义务

2010 年《通则》把各种贸易术语下买卖双方的基本义务归纳为相互对应的 10 项，各项基本义务的内容如下。

1. 买卖双方的一般义务

卖方必须提供符合买卖合同约定的货物和商业发票，以及合同要求的其他相关证据。

买方必须按照买卖合同约定支付价款。

2. 许可证、授权、安全通关和其他手续

卖方必须自担风险和费用，取得所需的出口许可或其他官方授权，办理货物出口的一切海关手续（EXW 术语下该项义务由买方承担）。

买方自担风险和费用，取得进口许可证或其他官方授权，办理货物进口和从他国过境运输所需的一切海关手续（DDP 术语下该项义务由卖方承担）。

3. 运输与保险合同

运输合同：在 CPT、CIP、CRF、CIF 术语下，卖方有对买方订立运输合同的义务；在 EXW、FCA、FAS、FOB 术语下，由买方自付费用签订运输合同；在 DAT、DAP、DDP 术语下，由卖方自付费用签订运输合同。

保险合同：在 CIP、CIF 术语下，卖方有对买方订立保险合同的义务；其他术语下，双方均无为对方订立保险合同的义务。

4. 交货与收货

卖方必须在约定的时间和地点、按照规定的方式交货。

当卖方按约定完成交货义务时，买方必须收取货物。

5. 风险转移

风险在完成交货时转移。卖方承担完成交货前货物灭失或损坏的一切风险。

买方承担自完成交货时起货物灭失或损坏的一切风险。

6. 费用划分

卖方必须支付：完成交货前与货物相关的一切费用，货物出口应缴纳的一切关税及费用（EXW术语下该项费用由买方承担），相关的运输及保险费用。

买方必须支付：自完成交货时起与货物相关的一切费用，货物进口应缴纳的一切关税及费用（DDP术语下该项费用由卖方承担），由于其未履行相关义务而产生的额外费用及对卖方提供协助的费用补偿。

7. 相互通知

为了顺利完成交货，买卖双方必须承担起相互通知的义务，并承担因未按规定通知而发生的任何额外费用。

8. 交货证明

卖方必须向买方提供运输凭证或已交货的通常证据，以确保买方能够收取货物。

如果运输凭证或交货凭证与合同相符，则买方必须接受。

9. 核对-包装-标记与货物检验

卖方必须支付为交货所需要的核对费用，必须自付费用包装货物，包装应作适当的标记。

买方必须支付任何装运前必须的检验费用（DDP术语下该项费用由卖方承担）。

10. 信息协助及相关费用

卖方必须及时向买方提供或协助其取得相关货物的任何单证和信息，包括安全相关信息、偿付买方信息协助所发生的相关费用。

买方必须及时向卖方提供或协助取得货物运输和出口及从他国过境运输所需的任何单证和信息，包括安全相关信息、偿付卖方信息协助所发生的相关费用。

1.4.3 适用于海运及内河水运的贸易术语

1. FAS

FAS（Free Alongside Ship... named port of shipment）意为装运港船边交货（……指定装运港），该术语适用于海运或者内河运输，是指卖方将货物放置于指定装运港由买方指定的船舶边（如在码头或驳船上）时，即为卖方交货，当货物放置于该船边时，货物灭失或损毁的风险即转移，而买方自该点起负担一切费用。双方当事人最好能够明确装运港的装在地点，因为至该地点的费用及风险均由卖方承担，且这些费用及相关的处理费用，可能因为港口作业习惯而不同。

1）买卖双方的义务

（1）卖方义务包括：办理出口清关手续并承担相关税费；在指定装运港和装运期内将货物交到买方指定的船边，并就交货情况给予买方充分的通知；承担完成交货前的一切费用和风险；向买方提供已交货的通常凭证。

（2）买方义务包括：自付费用签订自指定装运港起运货物的运输合同，并及时向卖方发出派船通知；承担完成交货之后货物灭失与损坏的一切风险和费用；按合同规定收取货物，接受运输凭证并支付货款；办理进口清关手续并承担相关税费。

2）使用 FAS 术语应注意的问题

(1)“取得”一词适用于商品贸易中发生了连环贸易的情况，后面将要述及的 FOB、CFR、CIF 情况相同，不再解释。

(2) 关于船货衔接。与后面的 FOB 情况完全相同，见后面的解释。

(3) 关于术语的不适用情况。当使用集装箱运输时，卖方通常将货物在集装箱码头移交给承运人，而非在船边交货。这时 FAS 不合适，而应当使用 FCA 术语。

2. FOB

FOB（Free On Board ... named port of shipment）意为装运港船上交货（……指定装运港），该术语适用于海运或者内河运输，是指卖方将货物放置于指定装运港由买方指定的船舶上，或购买已如此交付的货物即为交货，当货物放置于该船舶上时，货物灭失或损毁的风险即转移，而买方自该点起负担一切费用。FOB 贸易术语不适合在装上船之前转移风险的情形，比如在集装箱堆场交付，在该情形下，应该采用货交承运人的贸易术语。

1）买卖双方的义务

(1) 卖方义务包括：办理出口清关手续并承担相关税费；在指定装运港和装运期内将货物交到买方指定的船上，并就装船情况给予买方充分的通知；承担完成交货前的一切费用和风险；向买方提供已交货的通常凭证。

(2) 买方义务包括：自付费用签订自指定装运港起运货物的运输合同，并及时向卖方发出派船通知；承担完成交货之后货物灭失与损坏的一切风险和费用；按合同规定收取货物，接受运输凭证并支付货款；办理进口清关手续并承担相关税费。

2）使用 FOB 术语应注意的问题

(1) 关于风险划分。卖方承担货物装上船为止的一切风险，买方承担货物自装运港装上船开始起的一切风险。在 FOB、CFR 和 CIF 三个装运港交货术语中，风险划分的原则相同。

(2) 关于船货衔接。以 FOB 条件成交的合同，买方负责租船订舱，卖方负责货物装船。为了保证船货衔接，买方必须就船舶名称、装船点及具体交货时间向卖方发出充分的通知，并承担因未能给予卖方相应的通知，买方指定的船舶未准时到达、不能装载货物或早于通知的时间停止装货等原因而发生的任何额外费用；卖方必须就其已经交货或船舶未在约定时间内收取货物给予买方充分的通知。

(3) 关于术语的不适用情况。FOB 不适合于货物在上船前已经交给承运人的情况，如用集装箱运输的货物通常是在集装箱码头交货。在此类情况下，应当使用 FCA 术语。

3. CFR

CFR（Cost And Freight... named port of destination）意为成本加运费（……指定目的港），该术语适用于海运或者内河运输，是指卖方以在装运港船上交货或通过取得已交付至船上货物的方式交货。货物灭失或损坏的风险在装运港船上转移。卖方必须签订将货物运至指定目的港的运输合同，并支付必要的运费。

1）买卖双方的义务

(1) 卖方义务包括：办理出口清关手续并承担相关税费；租船订舱并支付运费；在约定时间内装船并及时向买方发出装船通知；承担完成交货前的一切费用和风险；向买方提供运输凭证。

(2) 买方义务包括：承担完成交货之后货物灭失与损坏的一切风险和费用；在指定目的港地自承运人处收取货物，接受运输凭证并支付货款；办理进口清关手续并承担相关税费。

2) 使用CFR术语应注意的问题

(1) 关于风险划分。CFR术语虽然要求卖方办理运输并支付运费，但并不要求卖方承担运输途中的风险，卖方只需承担完成交货前的风险。

(2) 关于交货地点与指定目的地。交货地点在装运港船上，代表了风险转移点；指定目的港则在进口国。代表了费用转移点。在这一点上，CFR与CIF情况相同，不再解释。

(3) 关于装船通知。按CFR条件成交的贸易合同，要求买方承担装船后的风险。为了避免双方脱节，卖方在交货后必须向买方发出装船通知，以便买方办理保险。

(4) 关于术语的不适用情况。CFR不适合于货物在上船前已经交给承运人的情况。例如，用集装箱运输的货物通常是在集装箱码头交货。在此类情况下，应当使用CPT术语。

4. CIF

CIF（Cost Insurance and Freight... named port of destination）意为成本、保险加运费（……指定目的港），该术语适用于海运或者内河运输，是指卖方以在装运港船上交货或通过取得已交付至船上货物的方式交货。货物灭失或损坏的风险在装运港船上转运。卖方必须签订将货物运至指定目的港的运输合同和保险合同，并支付所需的运费和保险费。

1) 买卖双方的义务

(1) 卖方义务包括：办理出口清关手续并承担相关税费；租船订舱、办理保险并支付运费和保险费；在约定时间内装船，承担完成交货前的一切费用和风险；向买方提供运输凭证。

(2) 买方义务包括：承担完成交货之后货物灭失与损坏的一切风险和费用；在指定目的港地自承运人处收取货物，接受运输凭证并支付货款；办理进口清关手续并承担相关税费。

2) 使用CIF术语应注意的问题

(1) 关于风险划分。CIF术语虽然要求卖方办理运输和保险，但并不要求卖方承担运输途中的风险，卖方只需承担完成交货前的风险。

(2) 关于运输保险。与CIP要求一致。投保险别需至少符合《协会货物条款》“条款(C)”或类似条款的最低险别，最低保险金额为合同规定价格另加10%，并采用合同货币。

(3) 关于象征性交货。象征性交货是指卖方只要按期在约定地点完成装运，并向买方提交包括物权凭证在内的有关单证，就算完成了交货义务．而无须保证到货。这意味着，只要卖方提交了符合合同规定的单据，即使货物在运输途中损坏或灭失，买方也必须付款；否则，即使货物完好无损地到达了目的地，买方也有权拒付货款。CIF就是一种典型的象征性交货术语，CIP、CFR、CPT术语也具有此类性质。

与象征性交货所对应的是实际交货。实际交货是指卖方必须按期将货物实际交付给买方，买方才有责任付款，不能以交单代替交货。DAT等其他术语属于实际交货。

(4) 关于术语的不适用情况。CIF不适合于货物在上船前已经交给承运人的情况。如用集装箱运输的货物通常是在集装箱码头交货。在此类情况下，应当使用CIP术语。

1.4.4 适用于任何运输方式的贸易术语

1. EXW

EXW（Ex Works... named place of delivery）意为工厂交货（……指定交货地），该术

语适用于任何运输方式，是指卖方于其营业处所或其他指定地（即工场，工厂，仓库等）交由买方处置时，即属卖方交货完成。卖方无须将货物装上任何收货的运送工具，亦无须办理货物出口的通关手续。工厂交货贸易术语表示卖方最小责任。

1）买卖双方的义务

（1）卖方义务包括：按合同规定备好货物，并在约定的时间和地点内将货物交给买方处置。卖方不需要将货物装上任何前来接收的运输工具。

（2）买方义务包括：自行安排运输工具到交货地点接受货物，自行办理进、出口清关的一切手续，承担一切风险、责任和费用，并将货物从交货地点运到目的地。

2）使用 EXW 术语应注意的问题

在 2010 年《通则》中，EXW 术语是唯一一个由买方负责办理出口清关手续的术语，也是卖方责任最小、买方责任最大的术语，在性质上类似国内贸易。因此，如果买方不能直接或间接地完成出口清关手续时，则不应该使用 EXW，而应使用 FCA。

2. FCA

FCA（Free Carrier... named place of delivery）意为货交承运人（……指定交货地），该术语适用于任何一种或一种以上的运输方式，是指卖方于其营业处所或其他指定地，将货物交付买方指定的运送人或其他人即为卖方完成交货。当事人最好能够清晰指定交货地点，风险在该地点由卖方转移给买方。

1）买卖双方的义务

（1）卖方义务包括：办理出口清关手续并承担相关税费；在指定地点和装运期内将货物交付给买方指定的承运人，并就交货情况给予买方充分的通知；承担货物交付给承运人之前的一切费用和风险；向买方提供已交货的通常凭证。

（2）买方义务包括：自付费用签订自指定的交货地点起运货物的运输合同，并及时向卖方发出交货通知；承担自货物交付给承运人之后货物灭失与损坏的一切风险；按合同规定领受卖方提供的交货凭证并支付货款；办理进口清关手续并承担相关税费。

2）使用 FCA 术语应注意的问题

（1）关于交货。以下情况完成交货：若指定地点是卖方所在地，则当货物被装上买方提供的运输工具时；在其他任何情况下，则当货物在卖方的运输工具上可供卸载，并可由承运人或买方指定的其他人处置时。

（2）关于风险划分。卖方只需承担货物交给承运人控制之前的风险。在多式联运情况下，卖方只承担货物交给第一承运人之前的风险。在 FCA，CPT 和 CIP 三个货交承运人术语中，风险划分的原则是相同的。

（3）关于车货衔接。以 FCA 条件成立的合同，买方负责订立运输合同，卖方负责把货物交给买方指定的承运人。为了保证车货衔接，买方必须将承运人名称、交货时间、运输方式及具体交货地点及时通知卖方，并承担因未及时指定承运人、指定的承运人未及时接管货物或买方未能给予卖方相应的通知而发生的任何额外费用；卖方必须就其已经交货或承运人未在约定时间内收取货物的情况给予买方充分的通知。这一点和后面的 FAS、FOB 情况相同。

（4）关于运输合同。卖方对买方无订立运输合同的义务。但若买方要求，并由买方承担风险和费用，卖方可按照通常条件签订运输合同；如予拒绝，卖方应通知买方。这一点和后面的 FAS、FOB 情况相同，此处不再解释。

3. CPT

CPT（Carriage Paid To... named place of destination）意为运费付至目的地（……指定目的地），该术语适用于任何运输方式中一种或者多种，是指卖方于一约定地点，将货物交付卖方所指定的承运人或其他人，且卖方必须要订立运输契约并支付将货物运送至目的地所需的运费，货物在交付给承运人时就算完成交货任务，而不是运至目的地时。

1）买卖双方的义务

（1）卖方义务包括：办理出口清关手续并承担相关税费；自费订立运输合同，如期将货物交给承运人，并向买方发出装运通知（已交货通知）；承担货物自装运地至目的地的通常费用；承担货交承运人之前的一切费用和货物灭失与损坏的一切风险；向买方提供运输凭证。

（2）买方义务包括：承担自货物交付给承运人之后货物灭失与损坏的一切风险；在指定目的地自承运人处收取货物，接受运输凭证并支付货款；办理进口清关手续并承担相关税费。

2）使用 CPT 术语应注意的问题

（1）关于风险划分。CPT 术语虽然要求卖方办理运输并支付运费，但并不要求卖方承担运输途中的风险。卖方只需承担货物交给承运人控制之前的风险。在多式联运情况下，卖方只承担货物交给第一承运人之前的风险。

（2）关于交货地点与指定目的地。CPT 术语中，交货地点在出口国，代表了风险转移点；指定目的地在进口国，代表了费用转移点。这一点和后面的 CIP 相同，不再解释。

（3）关于装运通知。按 CPT 条件成交的贸易合同，要求买方承担货交承运人之后的风险。为了避免双方脱节，卖方在交货后必须向买方发出通知，以便买方办理保险。这一点和后面的 CFR 相同。

4. CIP

CIP（Carriage and Insurance Paid to... named place of destination）意为运费、保险费付至目的地（……指定目的地），该术语适用于任何运输方式中一种或者一种以上，是指卖方于一约定地点（如双方有约定地点），将货物交付给卖方所指定的承运人或其他人，且卖方必须要订立运输和保险契约，承担将货物运送至目的地所需的运费。如双方没有约定，卖方仅需投保险别最低承保范围内的保险。同时如双方没有另外约定，货物以交付第一承运人时风险发生转移。

1）买卖双方的义务

（1）卖方义务包括：办理出口清关手续并承担相关税费；自费订立运输和保险合同，如期将货物交给承运人，并向买方发出已交货的通知；承担货物自装运地至目的地的通常费用；承担货交承运人之前的一切费用和货物灭失与损坏的一切风险；向买方提供运输凭证。

（2）买方义务包括：承担自货物交付给承运人之后货物灭失与损坏的一切风险；在指定目的地自承运人处收取货物，接受运输凭证并支付货款；办理进口清关手续并承担相关税费。

2）使用 CIP 术语应注意的问题

（1）关于风险划分。CPI 术语虽然要求卖方办理运输和保险，但并不要求卖方承担运输途中的风险，卖方只需承担货物交给承运人控制之前的风险。在多式联运情况下，卖方只承担货物交给第一承运人之前的风险。

(2) 关于运输保险。以 CIP 条件成交时，卖方要办理货物运输保险并支付保险费。根据《通则 2010》，如买卖双方未约定具体投保险别，该保险需至少符合《协会货物条款》“条款(C)”或类似条款的最低险别，最低保险金额为合同规定价格另加 10%，并采用合同货币。这一点和后面的 CIF 情况相同。

5. DAT

DAT（Delivered At Terminal... named place of destination）意为运输终端交货（……指定目的地），该术语适用于任何运输方式中的一种或以上，是指卖方于指定目的港或目的地指定运输终端，从到达运输工具上一旦卸下交由买方处置时，卖方交货完成。运输终端包括任何地方，无论是否有遮蔽（即露天如否），例如码头、仓库、集装箱堆场或公路、铁路或航空运输站。卖方负担将货物运至位于指定目的港或目的地的运输终端并在该处将货物卸载的一切风险。

1）买卖双方的义务

(1) 卖方义务包括：办理出口清关手续并承担相关税费；向买方发出到货通知并提供运输凭证；在指定时间和地点向买方交货，承担将货物运送至运输终端并其将卸下期间的一切风险和费用。

(2) 买方义务包括：领受货物；承担交货时起货物灭失与损坏的一切风险；接受运输凭证并支付货款；办理进口清关手续并承担相关税费。

2）使用 DAT 术语应注意的问题

如果双方希望由卖方承担将货物由运输终端运至另一地点的风险和费用，则应当使用 DAP 术语。

6. DAP

DAP（Delivered At Place... named place of destination）意为目的地交货（……指定目的地），该术语适用于任何运输方式中的一种或多种，是指在指定目的地，将到达的运送工具上准备卸载的货物交由买方处置时，即属于卖方交货，卖方负担货物运至指定地的一切风险。当事人最好能清楚地列明约定目的地内的地点，因为至该地点的风险均由卖方承担。

1）买卖双方的义务

(1) 卖方义务包括：办理出口清关手续并承担相关税费；向买方发出到货通知并提供运输凭证；在指定时间和地点向买方交货，承担将货物运送到指定地点前的一切风险和费用（进口清关的风险及税费除外）。

(2) 买方义务包括：领受货物并承担卸货费用；承担交货时起货物灭失与损坏的一切风险；接受运输凭证并支付货款；办理进口清关手续并承担相关税费。

2）使用 DAP 术语应注意的问题

如果双方希望由卖方办理进口清关的所有手续并支付进口税费，则应当使用 DDP 术语。

7. DDP

DDP（Delivered Duty Paid... named place of destination）意为完税后交货（……指定目的地），该术语适用于任何运输方式中的一种或多种，是指在指定目的地，将已经办妥进口通关手续仍放置在到达的运送工具上准备卸载的货物交由买方处置时，即属于卖方交货，卖方负担货物运至指定地的一切费用和风险。出口方需要办理进出口通关手续，且承担关税和增值税在内的税捐。同时当事人最好能清楚地列明约定目的地内的地点，因为至该地点的风险均由卖方承担。

1）买卖双方的义务

(1) 卖方义务包括：办理进、出口清关手续并承担相关税费；向买方发出到货通知并提供运输凭证；在指定时间和地点向买方交货，承担将货物运送到指定地点前的一切风险和费用。

(2) 买方义务包括：领受货物并承担卸货费用；承担交货时起货物灭失与损坏的一切风险；接受运输凭证并支付货款。

2）使用DDP术语应注意的问题

在《通则2010》中，DDP术语代表了卖方的最大责任。卖方承担将货物运至目的地的一切风险和费用，并且有义务完成货物进口清关、支付所有进口关税并办理所有海关手续。如果卖方不能直接或间接地完成进口清关，则不建议使用DDP，应使用DAP。

上述11种贸易术语买卖双方应承担的责任以及风险和费用划分，参见表1-5。

表1-5 常用价格属于买卖双方主要责任、风险和费用划分

代号	含义	交货地	风险划分界线	责任与费用划分						适用运输方式
				运输工具	办理保险	支付运费	支付保险	出口税	进口税	
FAS	装运港船边交货	装运港指定的船边	装运港船边	买方	买方	买方	买方	卖方	买方	海运、内河
FOB	装运港船上交货	装运港指定的船上	装运港船上	买方	买方	买方	买方	卖方	买方	海运、内河
CFR	成本加运费	装运港指定的船上	装运港船上	卖方	买方	卖方	买方	卖方	买方	海运、内河
CIF	成本加运费、保险费	装运港指定的船上	装运港船上	卖方	卖方	卖方	卖方	卖方	买方	海运、内河
EXW	工厂交货	卖方所在地或其他指定地点（如工厂、仓库等）	货交买方时	买方	买方	买方	买方	买方	买方	任何运输方式
FCA	货交承运人	卖方所在地或其他指定地点	货交承运人时	买方	买方	买方	买方	卖方	买方	任何运输方式
CPT	运费付至目的地	指定目的地	货交承运人时	卖方	买方	卖方	买方	卖方	买方	任何运输方式
CIP	运费、保险费付至指定目的地价	指定目的地	货交承运人时	卖方	卖方	卖方	卖方	卖方	买方	任何运输方式
DAT	运输终端交货	指定目的港或目的地的运输终端	货交买方时	卖方	卖方	卖方	卖方	卖方	买方	任何运输方式
DAP	目的地交货	指定目的地	货交买方时	卖方	卖方	卖方	卖方	卖方	买方	任何运输方式
DDP	完税后交货	指定目的地	货交买方时	卖方	卖方	卖方	卖方	卖方	卖方	任何运输方式

1.4.5 FOB、CFR、CIF与FCA、CPT、CIP的比较

适用于海运及内河水运的三种常用国际贸易价格术语FOB、CFR、CIF与适用于任何运输方式的三种常用国际贸易价格术语FCA、CPT、CIP相比较，有相似之处，但他们有着很大的不同。

1. 适用的运输方式不同

FOB、CFR、CIF只适用于港到港之间的海上运输及内河水运，而FCA、CPT、CIP适用于包括海洋运输在内的或以海洋运输为主向两端内陆延伸的多种运输方式的联合运输，尤其适用于以集装箱为基础的门到门国际多式联运。

2. 交货的地点不同

FOB、CFR、CIF卖方交货的地点是出口国装运港船上，而FCA、CPT、CIP卖方交货的地点是出口国内陆的某一地点，如出口国内陆的工厂、仓库、内陆集装箱货运站、集装箱码头货运站、集装箱码头等。

3. 风险转移的界限不同

FOB、CFR、CIF买卖双方风险转移的界限是货物交到船上，即货物灭失或损坏的风险在货物交到船上时转移，卖方承担货物装上船为止的一切风险，买方承担货物自装运港上船开始起的一切风险，而FCA、CPT、CIP风险转移的界限是卖方在其内陆某一地点将货物交给承运时。在货物交给承运人以前的风险由卖方承担，在货物交给承运人以后的风险由买方承担。

4. 适用的提单类型不同

FOB、CFR、CIF适用的提单必须是货物装上船后，由船长、承运人或其代理人签发的货物已装船提单，而对于FCA、CPT、CIP，由于卖方交货的地点在其内陆，为方便货主起见，交货时不一定是货物已装上内陆运载工具，往往是承运人收到货物后就签发提单，这个提单是收货待运提单。

5. 适用的保险险别不同

对于FOB、CFR、CIF，买方或卖方投保的货物运输险别主要是海运险别，如平安险、水渍险、一切险、一般附加险、特殊附加险、特别附加险等，其承保的责任区段也仅仅为港到港之间的海洋运输段。而FCA、CPT、CIP由于承运人的责任区段是门到门或站到站等，所以买方或卖方投保的货物运输险不仅涉及海运还涉及公路运输、铁路运输、国内水运等运输方式。运输险别除了海洋运输险别外，还要承保内陆的铁路运输险别或公路运输险别或国内水路运输险别等。

专业术语

集装箱　集装箱运输　集装箱船　集装箱卡车　铁路集装箱平板车　多式联运　承运人　货运代理　全程联运保赔协会　FOB　CFR　CIF　FCA　CPT　CIP

复习思考题

1. 简述集装箱运输的发展历程。
2. 阐述多式联运的发展历程，多式联运的特点、优势。

3. 简述集装箱运输与多式联运系统的组成。

4. 简述集装箱运输与多式联运的发展趋势。

5. 适用于传统海运的3种常用贸易价格术语买卖双方的责任有哪些?

6. 适用于集装箱多式联运的3种常用贸易价格术语买卖双方的责任有哪些?

7. 简述FCA、CPT、CIP与FOB、CFR、CIF的区别。

知识窗

集装箱运输公司

一、马士基集团

A. P. 穆勒-马士基集团（A. P. Moller - Maersk）创立于1904年，总部设在丹麦哥本哈根，经过100多年的发展，已成为在航运、物流、石油勘探和开采、相关制造业等方面都具有雄厚实力的世界性大公司，在125个国家和地区有业务活动。

马士基集团公司与集装箱运输密切相关的主要业务领域及二级公司如下。

(1) 马士基航运公司（Maersk Line）。世界上最大的集装箱航运公司，由Maersk Sealand合并英国P&O Nedlloyd后改组而成，2008年收购铁行渣华航运，正式统一品牌为MaerskLine。

(2) 马士基物流公司（Maersk Logistics）。世界一流的物流公司，可以为客户提供高效的供应链。

(3) 马士基集装箱码头公司（APM Terminal）。业务范围为集装箱码头建设和运营。

(4) 马士基集装箱工业公司（Maersk Container Industry）。生产冷藏集装箱及其他各种集装箱。

(5) Safmarine。主要经营南北航线及非洲航线。

马士基航运公司是全球最大的集装箱承运人，服务网络遍及全球。马士基物流公司为客户提供包括出口物流、仓储 、分拨、空运、海运代理、报关代理和拖车服务等各种一站式的服务，能够根据客户的具体要求，度身定制标签、条形码、取货包装、货物特殊处理、挂衣仓储、客户管理及其他高附加值服务。

马士基集团1984年在广州设立办事处，这是在中国的第一个办事处；1994年设立马士基（中国）航运公司；同年，投资建设深圳盐田国际集装箱码头；1996年，在中国订购63艘船舶，这是马士基在中国订购船只的开始；1997年，投资建设大连集装箱码头；1998年，设立Mercantile（中国）物流服务公司；1998年，成立马士基集装箱工业青岛公司；2003年，投资建设上海集装箱码头；2003年，大中华地区（Great China Area）设立，包括大陆、台湾、香港、澳门，总部设在北京；2003年，投资建设青岛集装箱码头；2004年，投资建设厦门集装箱码头；2005年，设立马士基集装箱工业东莞公司；2005年，在北京设立新型冷藏集装箱生产厂；2005年，设立马士基中国公司，作为大中华地区所有马士基旗下公司的控股公司。

二、中国远洋运输（集团）总公司

中国远洋运输（集团）总公司（简称中远集团或中远）是以国际航运、现代物流，以及船舶修造为主业的大型跨国企业集团，是中国最大的国际航运、物流和修造船企业集团，综

合实力居世界前列。

中远集团的前身，是成立于1961年4月27日的中国远洋运输公司。1993年2月16日组建以中国远洋运输（集团）总公司为核心企业的中国远洋运输集团。作为以航运、物流为核心主业的全球性企业集团，中远在全球拥有近千家成员单位、7万余名员工。在中国本土，中远集团分布在广州、上海、天津、青岛、大连、厦门、香港等地的全资船公司经营管理着集装箱、散装、特种运输和油轮等各类型远洋运输船队；在海外，以日本、韩国、新加坡、北美、欧洲、澳大利亚、南非和西亚8大区域为辐射点，以船舶航线为纽带，形成遍及世界各主要地区的跨国经营网络。

中远集团是以航运和物流为主业的跨国企业集团。自1998年以来，中远集团确定了“由全球航运承运人向以航运为依托的全球物流经营人转变”和“由跨国经营向跨国公司转变”的“两个转变”经营战略，以及“发展和巩固在航运及物流业中的领先地位，进入世界500强”、“年创百亿效益、打造百年中远”的战略目标。在致力于为全球客户提供航运、物流服务的同时，还能够在船舶及海洋工程的建造和修理、码头、贸易、金融和信息技术等多个领域为客户提供优质服务。

（一）航运和物流

中远集团是中国目前规模最大、历史最久的远洋运输企业，在全球拥有近千家成员企业。目前，中远集团拥有和经营着800余艘、5 000万载重吨、年货运量超过4亿吨、航线覆盖全球160多个国家和地区1 500多个港口的现代化商船队。在上海、天津、广州、大连、青岛、深圳、厦门、香港和新加坡等港口，中远集团拥有数支实力雄厚的专业化远洋运输船队，经营包括集装箱船、干散货船、杂货船、客货船、特种船和油轮等能够满足全球客户不同需求的远洋运输船舶。

2002年，中远集团整合物流资源，成立了中国远洋物流公司，标志着中远由全球承运人向以航运为依托的全球物流经营人的历史性转变，依托完善的全球海陆空联运、现代化大型仓储基地、快速准确的信息传递和高质量运输服务，迅速确立在国际国内物流业的领先地位。

1. 集装箱运输

中远集团的集装箱运输由中远集装箱运输有限公司（简称中远集运）、中国远洋控股股份有限公司承担，经营着140余艘、总箱位逾43万TEU的集装箱船队。目前，中远集运开辟了跨太平洋、远东至欧洲、日澳、中澳等20多条全球运输主干航线，船舶挂靠世界上100多个重要港口，在全球拥有1 000多个代理分支机构，连通五大洲各交通枢纽，辐射到全球各个角落。在中国本土，拥有货运机构300多个，覆盖全国铁路枢纽、公路网站、国际空港和沿海主要口岸，形成以大连、天津、青岛、上海、广州、西安、武汉等地区为支点，连接各主要交通城市的联运网络和运输服务系统。中远集装箱运输的多式联运服务业务，网点遍及欧、美、亚、非、澳五大洲，做到了全方位、全天候“无障碍”服务。

2. 干散货运输

中远集团目前拥有和控制着全球规模最大、最具实力的干散货运输船队，主要由中远散货运输有限公司、青岛远洋运输有限公司、厦门远洋运输公司、中远（香港）航运有限公司、中远（新加坡）有限公司承担。中远干散货运输船队能够在全球范围内为客户提供矿砂、煤炭、粮食、化肥、钢材、木材、农产品等货物的海上运输服务，航线遍及100多个国家和地区的1 000多个港口。多种不同的船型，以及精湛的船舶营运水平，能够满足客户各种不同需求。

3. 油轮运输

中远集团的液体散货运输覆盖石油原油、成品油、LPG，以及LNG等货物的运输，主要由大连远洋运输公司承担。公司现拥有和经营各类液体散货运输船舶50余艘，700余万载重吨，其中，油轮船队是中国最大的专业化油轮船队之一。

4. 杂货及特种船运输

中远集团的杂货及特种船运输主要由广州远洋运输公司、厦门远洋运输公司、中远航运股份有限公司承担，以全球班轮和不定期船为主要方式经营100余艘杂货船及特种运输船舶，其中，特种运输船队拥有业界领先的重吊船、半潜船、滚装船、多用途船、木材船、沥青船、汽车专用船，综合实力居世界前列。具有高科技含量的18 000吨“泰安口”和“康盛口”半潜船，具有装运钻井平台等大型工程设备的能力，在海上装卸过程中，其精度误差小于5 cm，装卸工艺具有世界领先水平。近年来，中远集团杂货及特种运输船队凭借雄厚的技术实力和完善的服务质量在众多竞争对手中脱颖而出，相继取得秦山核电工程、三峡水电工程左岸发电机组等大型项目的运输合同，展示了中远集团服务客户的实力。

5. 物流

为实现在航运及物流业的领先地位这一战略目标，2002年1月成立了中国远洋物流公司，以整合内部物流资源、优化全球供应链管理，为客户提供全方位物流服务。目前该公司已跻身于中国最大的专业化物流企业之列，在国内拥有300多个业务网点。中远集团根据自身市场定位和品牌战略，确定现代物流、船务代理、货运代理三大核心业务领域，始终坚持品牌化发展的方向，进一步稳固了家电、汽车、电力、化工等领域的优势地位。中远集团各海外区域公司，也通过延伸传统海运业务，为客户提供增值物流服务。

6. 船舶代理

中远船舶代理业务始于1953年1月1日，是中国国际船务代理和国际运输代理行业的领导者，总经营者为中国外轮代理总公司。作为国际运输公共代理人，中远在中国各开放口岸设有80多家船舶代理公司，有遍布全国的300多个业务网点，在美国、欧洲、日本、韩国、新加坡、中国香港设有代表处，具有完善的服务网络。

7. 码头

中远集团从20世纪80年代末就开始关注集装箱码头的发展，研究码头投资策略，并逐步参与码头投资。为适应世界航运市场的变化及自身业务发展的需要，中远集团越来越重视码头业务的经营，目前码头业务已成为中远一体化、多功能的全球运输战略的重要组成部分，已取得了一定的规模和成效，主要由中国远洋控股股份有限公司、中远太平洋有限公司、中远国际货柜码头（香港）有限公司、青岛远港国际集装箱码头有限公司、营口中远国际集装箱码头有限责任公司、蛇口集装箱码头有限公司承担。根据德鲁里航运咨询公司《2006年全球码头经营商年鉴》的统计，中远集团所属中远太平洋2006年位列全球第五大集装箱码头营运商，占全球3.7%的市场份额。截至2007年12月底，中远集团在中国、新加坡、美国、欧洲、中东等地共投资并持有30个不同权益的码头项目，泊位总数达146个。

8. 客运

中远集团目前共有烟台中韩轮渡有限公司、中日国际轮渡有限公司、上海国际轮渡有限公司、天津津神客货轮船有限公司4家合营公司经营国际客货班轮航线，主要从事中日、中韩近洋客货运输业务。目前运营的船舶分别是“新鉴真”轮，“苏州”轮、“燕京”轮、“香雪海”轮等。

（二）工业

中远集团的工业是伴随着船队发展而成长壮大的。目前，已形成以船舶建造、船舶修理、集装箱制造为核心的船舶工业体系，在国内外享有盛誉。

1. 船舶修理

中远集团所属中远船务工程集团有限公司在大连、南通、舟山、广州、上海、连云港等地拥有多家国内领先，国际上享有较高知名度的大型修船基地，公司通过实施集团化经营和“技术领先”战略，提升了企业经营能力及核心竞争力，并成功进入中高端改装船市场，在国内外修船市场具有重要地位，成为航运公司和海洋石油服务供应商在中国沿海的首选合作伙伴。

2. 船舶建造

中远集团所属南通中远川崎船舶工程有限公司（中远造船工业公司）经过多年的发展，已经形成了鲜明的自身特色，走出了一条承造“高、精、尖”船型之路，具有代表性的5 400 TEU 集装箱船、30 万吨超大型油轮、5 000 车位汽车运输船、10 000 TEU 集装箱船等，均首开中国造船之先河。公司历年主要经济技术指标连创国内造船新纪录，奠定了其世界一流造船厂的地位。

由中远集团和大连市合作建设的大连造船项目大连中远造船工业有限公司成立于2007年6月，以大型船舶制造和销售为主业。

3. 集装箱制造

中国国际海运集装箱（集团）股份有限公司的主营业务为集装箱制造，中远集团是其主要股东之一。该公司在华南、华东、华北三大区域拥有二十多个生产基地，产品包括干货集装箱、冷藏集装箱及其他各类特种集装箱。公司是全球规模最大、品种最齐全的集装箱制造集团，客户包括全球最知名的船公司和租箱公司，产品遍及北美、欧洲、亚洲等全球主要的海陆物流系统，在集装箱行业确立了其世界级地位。

（三）金融

中远集团金融产业主要由中远财务有限责任公司和中远集团所掌控的广泛金融资源构成。中远财务有限责任公司为中远集团成员单位提供结算、信贷等金融服务，在中远集团内部对资金实行集中管理。

中远集团在银行、证券、保险、基金等领域拥有数十亿元的投资，是境内上市公司“招商银行”的第二大股东。通过多年的实践和探索，中远集团已在船舶租赁、股权投资、资本运营，以及债券融资等领域积累了丰富的经验。

（四）贸易

中远集团的国际贸易主要由船舶贸易和燃油贸易两部分组成。

中远国际船舶贸易有限公司（中远船贸）是中远集团总公司船舶贸易的窗口。主要业务包括新船及二手船舶的买卖、光租船、船用设备买卖，以及提供有关船舶技术、贸易及商业谈判的顾问服务。

中远集团船舶燃油供应服务具有很强的实力和良好的信誉。在中国大陆各港口有完善的船舶供油、供水系统，可以为远洋船舶、沿海、内河水上船舶及港口供应成品油、港口机械用油及淡水；并可利用现有的油库基地和设备，开展船用润滑油来料加工和成品油批发、仓储、运输、代理等服务。

三、中国海运（集团）总公司

中国海运（集团）总公司（简称“中国海运”）成立于1997年7月1日，总部设在上海市东大名路700号，是以航运为主业的跨国经营、跨行业、跨地区、跨所有制的特大型综合性企业集团。

中国海运主营业务设有集装箱、油运、货运、客运、特种运输五大船队；相关业务有码头经营、综合物流、船舶代理、环球空运、船舶修造、船员管理、集箱制造、供应贸易、金融投资、信息技术等产业体系。

中国海运在全球85个国家和地区，设有北美、欧洲、香港、东南亚、韩国、西亚共6个控股公司和日本株式会社、澳大利亚代理有限公司；境外产业下属90多家公司、代理、代表处，营销网点总计超过300多个。

（一）航运主业

1. 集装箱运输

中海集装箱运输股份有限公司（简称“中海集运”）于1997年在上海成立，是中国海运集团所属主要从事集装箱运输及相关业务的多元化经营企业。经营范围涉及集装箱运输、船舶租赁、揽货订舱、运输报关、仓储、集装箱堆场、集装箱制造、修理、销售、买卖等领域。

中海集运作为中国海运所属的重点发展企业，已先后开辟中国各港至日本、韩国、东南亚、澳大利亚、欧洲（地中海）、美洲、西非、波斯湾等数十条国际集装箱班轮航线和国内沿海内贸线及外贸内支线。其中，美国航线共投入近30艘全集装箱船进行远东—北美的班轮服务，所涉及的内陆点多达40个；中国至日本、韩国、东南亚各主要港口间航班密度大、布局广，已形成网络运输的格局；欧洲、地中海航线在国内直挂港口最多，投入运力最大；沿海内贸干支线，贯通中国南北，途径沿海30余个大小港口。

中国海运承担集装箱运输的公司还有上海浦海航运有限公司、五洲航运有限公司。

2. 散货运输

由中国海运控股的中海发展股份有限公司货轮公司（简称“中海货运”）经营和管理门类齐全的散、杂、自卸货轮近140艘，450多万载重吨，年运输量超过1.2亿吨，其中煤炭运输1.1亿吨，占我国沿海煤炭运输量45%以上。经营航线遍及国内沿海、长江中下游和世界主要港口，是中国沿海最大的散杂货运输船队，支撑着中国沿海散杂货运输的半壁江山。

3. 成品油运输

中海发展股份有限公司油轮公司（简称“中海油运”）是中国最大的海上石油运输船队，总部设在上海。

4. 客轮运输

中海客运是中国最大的客滚船队，拥有先进豪华的大型客/车滚装船、豪华客轮、高速客轮和常规客轮10艘，总载客位11 393个，载车位643个，主要承担我国沿海的客、车辆及货物运输。

（二）相关产业

1. 汽车船运输

中海汽车船运输有限公司（简称“中海汽船”）是由中国海运出资于2007年6月6日在上海注册成立的集团一级专业公司，主要投资和管理中国海运的内外贸汽车船，着力发展国际和国内的汽车滚装海运业务。中海汽船拥有全资的大连中海汽车船运输有限公司和与日本川崎汽船株式会社合资并控股的中海川崎汽车船运输有限公司。

2. 码头经营

中海码头发展有限公司（简称“中海码头”）由中国海运于2001年4月成立，总部设于上海市，是从事国内外码头投资开发、经营和管理的专业公司。2008年10月，为完善集装箱运输产业链，加快整合集装箱业务，提高竞争力，由中海集装箱运输股份有限公司（简称“中海集运”）全资收购。

3. 液化天然气运输

中海集团液化天然气投资有限公司是一家从事液化天然气运输项目投资和管理的专业公司（简称中海LNG）。公司成立于2005年4月18日，为中国海运一级全资子公司。

4. 船舶管理

中海国际船舶管理有限公司（简称“中海国际”）系中国海运一级子公司。中海国际是在整合原上海海运、广州海运、大连海运所属的船员管理、船舶管理和教育培训资源后，2004年12月8日成立于上海。公司在上海、广州、大连分别设有分公司，在北京拥有子公司—中海海员对外技术服务有限公司。2008年，经集团批准，公司成立了船管中心。受集团委托负责“中海国际海事技术服务中心”的行政管理。

5. 综合物流

中国海运物流业以沿海和内陆城市为枢纽，主要从事全球性的综合物流服务。在全国建有北方、华北、山东、华东、福建、华南、中西部和海南8家区域物流公司。

6. 船务代理

中海船务代理有限公司是中国海运直属的经营内、外贸船舶运输代理业务的专业公司，公司总部设在上海，并在中国沿海、长江沿岸及珠江三角洲一带各主要港口共设有58家经营点，从事航行国内、国际航线和香港、澳门、台湾地区的中、外籍各类船舶在中国港口、海域、内河及其他有关地方的船舶代理业务。

7. 金融投资

中海集团财务有限责任公司系经中国银行业监督管理委员会批准，由中国海运及下属中海集装箱运输股份有限公司、中海发展股份有限公司、广州海运（集团）有限公司、中海（海南）海盛船务股份有限公司共同出资设立的企业集团财务公司。

8. 航空货运

海环球空运有限公司成立于2001年6月18日，是中国海运的下属一级子公司，是由国家商务部、中国民航总局和海关总署批准的国际货运代理企业。主要承办空运进出口货物的国际运输代理业务，海关监管厢式卡车和集装箱卡车运输业务，海关监管仓储（储运）和中转、集分拨业务，报关、清关、转关、报验业务，相关的短途运输服务及运输咨询业务，国际快递业务，国际展品、私人物品及过境货物运输代理业务等。

9. 集装箱制造业

中海集团投资有限公司作为集团陆上相关产业的投资主体积极开拓集装箱制造业，同时致力于相关产业及半挂车项目的前期开发，目前公司已建连云港、锦州、广州集装箱厂。公司投资控股的连云港五洲专用车制造厂，主要从事集装箱半挂车的设计、制造、维修及相关技术咨询服务。

10. 船舶修造

中海工业有限公司（中文简称“中海工业”，英文缩写“CIC”）是中国最具规模的航运工业企业之一，下属船厂包括有立丰船厂、立新船厂、菠萝庙船厂、中海长兴、城安围船厂和荻港船厂，分别位于上海和广州，主要从事船舶修理、船舶改造和油轮特涂。

四、中铁集装箱运输有限公司

中铁集装箱运输有限责任公司（简称“中铁集装箱”），是经铁道部批准、国家工商行政管理总局注册、通过整合铁路集装箱运输资源后，成立的一家国有大型集装箱运输企业，具有集装箱铁路运输承运权。

中铁集装箱主营国内、国际集装箱铁路运输、集装箱多式联运、国际铁路联运，仓储、装卸、包装、配送等物流服务，集装箱、集装箱专用车辆、集装箱专用设施、铁路篷布等经营和租赁业务。兼营国际、国内货运代理，以及与上述业务相关的经济、技术、信息咨询和服务业务。

中铁集装箱下设哈尔滨、沈阳、北京、呼和浩特、郑州、济南、上海、南昌、广州、南宁、成都、兰州、乌鲁木齐、昆明、武汉、西安、太原、青藏等18个分公司，中铁铁龙集装箱物流股份有限公司、中铁联合国际集装箱有限责任公司、中铁国际多式联运有限公司、瑞富行食品商贸有限公司等4个子公司，北京东、大红门、杨浦、成都东、重庆东、大朗、昆明东7个直属集装箱办理站及在669个通用箱办理站。公司正在实施经国务院批准的《中长期铁路规划》，建设上海、昆明、哈尔滨、广州、兰州、乌鲁木齐、天津、青岛、北京、沈阳、成都、重庆、西安、郑州、武汉、大连、宁波、深圳18个具有国际先进技术设备和物流功能的大型集装箱中心站；改造40个大城市、大型港口和主要内陆口岸所在地的集装箱专办站，保留100个左右的集装箱办理站；形成集装箱铁路运输网络。

全国18个铁路集装箱中心站的建设和经营由中铁联合国际集装箱有限公司。该公司有7家股东，持股情况为：中铁集装箱占34%股份，是从事集装箱运输的专业公司；新创建服务管理有限公司占22%股份，该公司是香港新创建集团有限公司的全资子公司，新创建集团有限公司主要从事服务业、基础设施建设和港口业务，是香港联交所的一家上市公司；中国国际海运集装箱（集团）股份有限公司占10%股份，该公司是从事集装箱生产的境内上市公司；汉彩投资有限公司占10%股份，该公司是注册于香港的一家公司；法国达飞海运集团占8%股份；以星综合航运有限公司占8%股份；德国铁路集团占8%股份。

中铁集装箱现有普通箱，以及罐式集装箱、汽车集装箱、干散货集装箱、折叠式台架集装箱等4个品类8种专用集装箱箱型，保有量21.3万TEU，专用箱保有量1万个，总保有量中20英尺普通箱12万只、40英尺箱0.5万只；拥有集装箱铁路专用平车8 800辆，篷布33万张。

（一）班列运输

在国内主要城市（或港口）间计划开行日行1 500 km的中远程集装箱班列，其中在京沪、陇海、沪杭、浙赣、胶济、京九等主要干线，全面开行双层集装箱班列。比较有特色的班列有天津至乌兰托、天津至新西伯利亚、呼和浩特至法兰克福、连云港至阿拉木图等国际集装箱班列，以及伊利、蒙牛奶制品、广州本田汽车等国内集装箱班列。

此外，中铁集装箱还加大与各大港口、船公司、物流公司的合作，大面积实施铁海联运战略，充分发挥中铁集装箱班列运距长、运量大、定时、定点的优势，实现与集装箱港口国际集装箱班轮的无缝对接，促进内陆地区铁路沿线及纵深地区经济快速发展。

（二）特种箱运输

利用特种箱可分别承运轻油、润滑油、酒精、水煤浆、轿车、微型面包车、原木及板材、钢材及管件、散装水泥、散装矿砂及化工品等货物运输。

（三）物流服务

依托铁路集装箱运输优势，建设具有现代化信息处理、仓储及分拨功能的物流基地，将铁路、公路、港口连为一体，为广大客户提供高质量的物流服务。

（四）国际货代

依托铁路集装箱运输优势，建设具有现代化信息处理、仓储及分拨功能的物流基地，将铁路、公路、港口连为一体，为广大客户提供高质量的物流服务。

（五）全程运输

面向零散货物运输客户，推出了集仓储、运输、装卸、集结、配送、信息为一体的铁路拼箱运输新产品“集装箱全程快捷运输服务”，为广大客户提供取货上门、送货到门、一票到达、一次收费的零担货物全程物流服务。

（六）集装箱租赁

作为集装箱所有人提供租借空箱给使用人的业务为集装箱租赁。公司通过与承租人签订租赁合同，由公司提供合格的集装箱交由承租人在约定范围内使用。根据国际惯例，集装箱租赁可采取程租、期租、活期租用和航区内租赁等多种不同的方式。

案例分析

案例一　无船承运人与货运代理人法律地位界定

1. 案情介绍

原告：罗定市某纺织有限公司

被告：宁波市某船务有限公司

2006 年 6 月 30 日，原告与案外人中国石化上海石油化工股份有限公司（以下简称“上海石化”）签订了一份半年度的大购销合同，约定每月供应货物（腈纶膨体毛条 3.33 dtex 半消光）约 50 t。同年 9 月，原告向上海石化购买货物共 104 件，重量共计 46.351 t，总计价值人民币 951 307.92 元。货物被装入编号为 UESU5024235、UESU5024220 的两个集装箱内。原告通过其代理人杨某委托被告将该货物从上海港运至广州黄埔港，相应的托运委托书记载托运人为杨某，收货人为原告，并约定运费共计人民币 14 400 元。被告又委托上海新鸥海运有限公司（以下简称“新鸥海运”）运输，相应的托运委托书记载托运人、收货人均为被告。新鸥海运再委托中谷新良海运有限公司（以下简称“中谷新良”）运输，相应的托运委托书记载托运人为新鸥海运，收货人为被告；中谷新良签发了编号为 ZS0609SSHHP039 的运单，记载托运人为新鸥海运，收货人为被告。同年 9 月 24 日，货物在运输途中落海全损。涉案货物的运费，原告未向被告支付。

2007 年 4 月 17 日，本案被告另案对中谷新良、安徽省中盛航运有限责任公司、安徽省皖江轮船运输公司提起确权诉讼。本案被告在该案诉讼中称：其接受本案原告和另一托运人宁波市江北华欣物资联运有限公司（以下简称“华欣公司”）的委托将货物从上海运至广州黄埔，之后转托给新鸥海运并最终由中谷新良承运；“中盛号”轮发生海事事故后，本案原告作为托运人已向本案被告提起诉讼。华欣公司的货物全损，本案被告已向华欣公司先行赔付人民币83 092.95元，并取得向责任人追索的权利。本案被告在该案中提交了中谷新良签发的编号为ZS0609SSHHP039（即本案中的运单）、ZS0609SSHHP007、DC0624SSHHP081的运单，后两份运单记载的托运人为新鸥海运，收货人为本案被告。本案被告在该案中将本案中的3份托运委托书作为证据提交，另外还提交了华欣公司的托运委托书，记载的托运人为华欣公司。

原告认为，被告作为涉案货物的承运人，应对落海货物的损失负责。为此，原告请求判令被告赔偿原告货物损失共计人民币951 307.92元及其利息损失。被告辩称，其并非涉案货物的承运人，仅仅是原告的货运代理人，不应当承担承运人的赔偿责任，请求驳回原告的诉讼请求。

裁判上海海事法院认为：在涉案货物的运输流程中，被告的法律地位应当界定为原告的承运人而非货运代理人。原、被告之间的沿海货物运输合同关系依法成立。被告作为涉案货物的承运人，应就货物在运输过程中发生的损失向原告承担违约赔偿责任。遂判决被告向原告赔偿货物损失人民币951 307.92元及该款项的利息损失。一审判决后，被告不服提起上诉。

上海市高级人民法院驳回上诉，维持原判。

2. 法律分析

货代企业的两种主要法律地位货运代理人和契约承运人（无船承运人），是货运代理企业两种最为常见的法律地位。在代理货主与承运人订立合同时，货运代理企业法律地位是货主的代理人；在完成其他辅助工作时，其法律地位是货主的受托人。从上述规定可以看出，货运代理企业不仅可以委托人的名义、还可以自己的名义从事业务。这种传统的货运代理人不承担任何运输上的风险，不承担承运人的责任，具有投资运作成本低、责任轻、风险小的优点，但同时利润来源单一、微薄，只能按提供的劳务收取一定的报酬，即代理费、佣金或手续费。随着拼装运输业务的出现，货运代理人开始往承运人的方向发展，并在整个运输环节中具有双重身份。对货主而言，其是承运人；对实际承运人而言，其是托运人。海上货物运输中的无船承运人是这种双重身份的典型表现。

货运代理企业的货主受托人（代理人）和承运人这两种法律地位的区分，是理论上和商业实践中的难题。

通过合同约定的内容、约定不明时，通过对合同条款的解释来判断当事人的法律地位可以说是最为简单直接的方法了。随着货运代理行业的发展，货运代理企业相对委托人所占据的信息优势越来越明显，在交易中处于优势地位。因此，对货运代理企业作出的相关承诺应当采取较为严厉的态度，保护处于信息劣势的托运人，维护商业诚信和市场的公平竞争。

当货运代理企业签发了自己的提单或运单时，其法律地位显然是承运人。如果货运代理企业签发的不是提单而是货运代理企业收货凭证或货运代理企业运输凭证，则不能以此认定货运代理企业为承运人。

货运代理企业有从事集运行为时，不可避免地要分别与分散的货主及实际承运人订立两个“背靠背”的运输合同，并在前一个运输合同中处于承运人的法律地位。此时，其利润来自于其向分散货主收取的运费总价与其支付给实际承运人的运费之间的差额。

实际承运人提单或运单上如果记载货主为托运人，则可以据此认定货运代理企业以货主的名义代理货主与该实际承运人订立了运输合同。货运代理企业以自己的名义代理货主与船公司订立运输合同，此时货运代理企业可能属于中国《合同法》第402条所规定的隐名代理。货运代理企业自己与船公司订立运输合同，此时其法律地位是承运人（契约承运人、无船承运人）。有鉴于此，该事实会在将货运代理企业认定为承运人方面增加一个有力的理由。

货运代理企业作为承运人时，其按照自己的运价表向货主收取固定运费，并赚取其所收运费与向实际承运人所付运费之间的差额，以作为自己的利润来源。反之，如果货运代理企业收取总额运价，有为自己利益计算的动机。但是，尚不至于以认定其法律地位就是承运人的办法来遏止此计算。或者说，即使货运代理企业收取总额运价，仍然可以认定其受托人（代理人）的法律地位，并将总额运价视为一种变通的收费方式。

本案被告的法律地位根据上述实践中总结出的标准考察本案中的被告。

① 原、被告之间没有订立书面的合同，被告也没有签发运单或其他单证，此两项最为简单的标准无法适用。

② 原、被告之间约定了包干的运输费用。当然仅凭此点，尚不足以认定被告就是承运人。

③ 被告又委托新鸥海运运输时，托运人、收货人均为被告。即被告系以自己的名义而非原告的名义委托他人运输。此时，被告可能是隐名的货运代理人，也可能是契约承运人。但被告未能提供任何证据证明其在涉案货物的运输操作过程中，曾表明其身份为原告的货运代理人。

④ 中谷新良签发的运单中，托运人为新鸥海运，收货人为被告。依据《国内水路货物运输规则》第44条的规定，被告可以就货物损失向中谷新良主张索赔权。而原告凭该运单却无法向中谷新良主张提货或索赔。也就是说，从实际承运人运单上的记载来看，被告的身份更接近于承运人。

⑤ 对照原告与华欣公司的托运委托书及中谷新良所签发的相应运单可以看出，被告就两批货物的运输操作过程和方式并无不同，而被告称其已就货物损失向华欣公司作出实际赔付。此处，虽然没有原、被告之间的交易历史以供参照，但被告与其他类似原告身份的案外人的交易历史，也可就被告的法律地位提供参照。如果被告的身份是货运代理人，其作为理性的商业主体，没有必要向案外人作出赔付。从这一点来看，被告的身份也是更接近于承运人。最后，虽然单凭某一点均不能足以认定被告的承运人身份，但综合上述几个因素，应当说，认定被告是货运代理人并无充分理由，而认定被告是承运人则更加合理。

案例二 FOB运费欺诈案

1. 案情介绍

买方：意大利代理商

买方货代：意大利国际货运责任有限公司米兰分公司，简称B公司

卖方：我国某贸易公司，简称A公司

上海航空货代：C公司

承运人1：东方航空公司，简称东航

承运人2：华力空运有限公司上海分公司，简称华力

贸易条件：FOB上海

1993年年初，买卖双方签订丝绸服装贸易合同，贸易条款FOB上海。1993年4月23日，买方指定B公司代理订舱发运，要求A公司将货物交由B公司承运，运费到付。B公

司指定C公司代理上海空运的货物发运。

1993年5月至9月间，A公司按B公司的要求先后7次将货物交付C公司。C公司安排6票由承运人1承运，1票由承运人2承运，并按照航空公司预付运费的要求，先后向东航和华力支付了7票货的空运费449 312元，运单上发货人为A公司，收货人为B公司。货物发运后，C公司未将航空分运单正本托运人联交给A公司，亦未向A公司要空运费。

7票货陆续到达米兰，买方先后向买方货代B公司支付了全部空陆运费、清关费及杂费，提取了货物。B公司分别开具了发票和收据，同时声明该批货物运送合同已履行完毕。

然而，上海航空货代C公司代替B公司预付了空运费，却迟迟未收到B公司的偿付。C公司无奈于1995年2月10日致函A公司称，当时A公司委托B公司，且B公司与C公司有代理协议，现B公司将收款权移交给C公司，要求A公司依照航空分运单支付上海致米兰7票货的全程空运费X美元。

A公司以运费由外商支付，本公司无支付运费义务为由拒付，双方酿成纠纷。C公司遂向当地法院起诉，要求A公司支付航空运费及滞纳金共计X美元。

法院认为，B公司与C公司间是航空代理关系，与货主无关。本案7票货全程运费应由B公司向买方收取，并由B公司依托代理关系向C公司偿还垫付运费。C公司向航空公司支付的空运费实际上是为B公司垫付的费用，理应由B公司偿还。

2. 案情评析

本案中，C公司预付了运费却迟迟未收到B公司的运费支付。C公司明明知道应该由B公司支付运费，而且由于国际运输欺诈诉讼难度大，C公司也估计到运费十有八九是无法追回了，但是C公司不甘心接受被欺诈的事实，于是称B公司将收款权移交给C公司，要求A公司依照航空分运单支付7票货的全程运费。C公司原来是被欺诈方，为了追回损失，反过来企图对货物的卖方A公司进行欺诈。

第 2 章

集装箱及箱务管理

【本章内容概要】

本章讲述了集装箱运输的箱务管理及其相关知识。集装箱作为包装设备和运输设备，集装箱运输得到了迅速发展和广泛应用。

使用集装箱就要首先认识集装箱。本章详细讲述了集装箱的基本概念及技术参数，如何解决提高仓容率、降低运输成本的问题。

在运输过程中，虽然集装箱交接手续简便，但由于集装箱本身价值较高，遍布范围广，交接环节多，所以箱务管理复杂。本章讲述了集装箱运输过程中各个环节的箱务管理。空箱调运在经营成本中也占有一定的比例，要合理安排空箱调运，降低运输成本。本章的主要内容框架如图 2-1 所示。

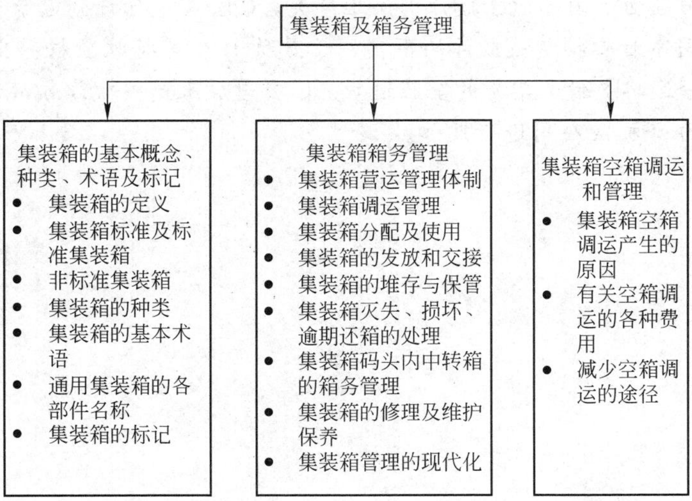

图 2-1　本章的主要内容框架

【本章学习重点与难点】

学习重点：集装箱的基本概念、术语及标记、种类。

学习难点：箱务管理及空箱调运方法。

2.1 集装箱的基本概念

2.1.1 集装箱的定义

关于集装箱的定义在各国的国家标准、各种国际公约和文件中，都有具体的规定，其内容不尽一致。不同的定义在处理业务问题时，就可能有不同的解释。下面就有关国际组织和公约对集装箱所作的定义列举说明。

1. 国际标准化组织的定义

在 1968 年，国际标准化组织（International Organization for Standardization，ISO）第 104 技术委员会起草的国际标准（ISO/R 830—1968）《集装箱术语》中，对集装箱作了定义。该标准后来作了多次修改。国际标准 ISO 830—1999《集装箱术语》的定义如下。

集装箱是一种运输设备：

(1) 具有足够的强度，在有效使用期内可以反复使用；

(2) 适用于一种或多种运输方式运输货物，途中无需倒装；

(3) 设有快速装卸的装置，便于从一种运输方式转移到另一种运输方式；

(4) 便于箱内货物装满和卸空；

(5) 内容积等于或大于 1 m^3。

集装箱这一术语，既不包括车辆也不包括一般包装。

2.《集装箱海关公约》的定义

1972 年制定的《集装箱海关公约》(Customs Convention on Containers，CCC) 中，对集装箱的定义如下。

“集装箱一词是指一种运输装备（货箱、可移动货罐或其他类似结构物）：

(1) 全部或部分封闭而构成装载货物的空间；

(2) 具有耐久性，因而其坚固程度能适合于重复使用；

(3) 经专门设计，便于以一种或多种运输方式运输货物，无须中途换装；

(4) 其设计便于操作，特别是在改变运输方式时便于操作；

(5) 其设计便于装满和卸空；

(6) 内部容积在 1 m^3 或 1 m^3 以上。

集装箱一词包括有关型号集装箱所适用的附件和设备，如果集装箱带有这种附件和设备。集装箱一词不包括车辆、车辆附件和备件，或包装。”

该定义与国际标准化组织的定义有如下几点不同。

(1) 具体指出集装箱是货箱、可移动货罐及其他类似结构物。

(2) 增加了一条“全部或部分封闭而构成装载货物的空间”作为主要条件之一。

(3) 把国际标准化组织定义中“集装箱这一术语的含义不包括车辆和一般包装”一句，改为“集装箱应包括有关型号集装箱所适用的附件和设备，而不包括车辆、车辆附件和备件，或包装。”

3.《国际集装箱安全公约》的定义

1972年制定的《国际集装箱安全公约》（International Convention for Safe Container，CSC）中，对集装箱的定义如下。

“集装箱是指一种运输装备：

(1) 具有耐久性，因而其坚固程度足能适合于重复使用；

(2) 经专门设计，便于以一种或多种运输方式运输货物而无须中途换装；

(3) 为了紧固和（或）便于装卸，设有角件；

(4) 4个外底角所围闭的面积应为下列两者之一：至少为14 m^2（150 ft^2）；如顶部装有角件，则至少为7 m^2（75 ft^2）。

集装箱一词不包括车辆及包装，但集装箱在底盘车上运送时，则底盘车包括在内。”

该定义与国际标准化组织的定义有以下几点不同。

(1) 把国际标准化组织定义中的“具有快速装卸和搬运的装置，特别便于从一种运输方式转移到另一种运输方式”一句，改为“为了紧固和（或）便于装卸，设有角件”，从而明确了该“装置”是指角件。

(2) 省略了国际标准化组织定义中“便于货物装满和卸空”一句。

(3) 把“具有1 m^3及1 m^3以上的容积”改为“4个外底角所围闭面积至少为14 m^2（150 ft^2）；如顶部装有角件，则至少为7 m^2（75 ft^2）。”这就是说把原来规定的集装箱应具有一定的内容积，改为具有一定尺寸的底面积了，无形中打破了集装箱是一种“容器”的概念，从而奠定了后来把平台集装箱也包括在集装箱中的基础。这一变化可以说是一个重大的突破。

目前，中国、日本、美国、法国等国采用的是国际标准化组织的定义。

2.1.2 集装箱标准及标准集装箱

国际标准化组织是国际上最大的工业和技术合作组织。根据国际标准化组织章程的规定，其宗旨是在世界上促进标准的发展，以便于国际物资交流和服务，并发展在知识、科学、技术和经济活动领域内的合作。国际标准化组织的104技术委员会（ISO/TC 104）是集装箱专业的技术委员会。

1961年6月，国际标准化组织在芬兰的赫尔辛基召开理事会时，美国标准协会（ASA现改称USASI）建议成立集装箱技术委员会，编号为104（TC104）。在第104技术委员会正式成立之前，国际标准化组织预先征求了各国的意见，并决定于1961年9月11日—14日，在纽约召开104技术委员会的第1次大会。当时积极赞成的有13个成员团体，还有15个成员团体，以观察员身份出席了大会。

根据国际标准化组织104技术委员会章程的规定，104技术委员会至少每3年召开一次大会。自1961年国际标准化组织第104技术委员会（ISO/TC 104）成立以来，在这40多年中，由于集装箱运输的优越性已被越来越多的货主所接受，为了确保集装箱运输在国际上顺利流通，在ISO/TC 104的领导和组织下，已制定了一系列的技术基础标准。这些标准包括：集装箱术语，集装箱类型、外部尺寸和额定值，集装箱角件的技术条件，集装箱的技术条件与试验方法，集装箱装卸与拴固，集装箱代码、识别和标记，船上配载集装箱的配载计划、数据传输，集装箱设备数据交换的通信代码、电子数据交换的信息格式，集装箱设备的自动识别等。

集装箱标准化，不仅能提高集装箱作为共同运输单元在海、陆、空运输中的通用性和互换性，而且能够提高集装箱运输的安全性和经济性，促进国际集装箱多式联运的发展。给集装箱的载运工具和装卸机械提供了选型、设计和制造的依据，从而使集装箱运输成为相互衔接配套、专业化和高效率的运输系统。

集装箱标准根据其使用范围，分为国际标准、地区标准、国家标准和公司标准等 4 种。"标准集装箱"是国际标准集装箱的简称。

国际标准集装箱是指国际标准化组织 104 技术委员会制订的集装箱。国际标准集装箱也不是一成不变的，自 1961 年 104 技术委员会成立以来，曾有过多次补充、删减和修改。到目前为止，ISO 668：1995（包括其修正案 ISO 668：1995/Amd1：2005 和 ISO 668：1995/Amd2：2005）《系列 1 集装箱分类、尺寸和额定质量》中规定国际标准集装箱共有 15 种规格，见表 2－1。

表 2－1　国际标准集装箱现行箱型系列

箱型	长度		宽度		高度		总重	
	mm	ft/in	mm	ft/in	mm	ft/in	kg	lb
1EEE	13 716	45/0	2 438	8/0	2 896	9/6	30 480	67 200
1EE	13 716	45/0	2 438	8/0	2 591	8/6	30 480	67 200
1AAA	12 192	40/0	2 438	8/0	2 896	9/6	30 480	67 200
1AA	12 192	40/0	2 438	8/0	2 591	8/6	30 480	67 200
1A	12 192	40/0	2 438	8/0	2 438	8/0	30 480	67 200
1AX	12 192	40/0	2 438	8/0	<2 438	<8/0	30 480	67 200
1BBB	9 125	29/11.25	2 438	8/0	2 896	9/6	30 480	67 200
1BB	9 125	29/11.5	2 438	8/0	2 591	8/6	30 480	67 200
1B	9 125	29/22.5	2 438	8/0	2 438	8/0	30 480	67 200
1BX	9 125	29/11.25	2 438	8/0	<2 438	<8/0	30 480	67 200
1CC	6 058	19/10.5	2 438	8/0	2 591	8/6	30 480	67 200
1C	6 058	19/10.5	2 438	8/0	2 438	8/0	30 480	67 200
1CX	6 058	19/10.5	2 438	8/0	<2 438	<8/0	30 480	67 200
1D	2 991	9/9.75	2 438	8/0	2 438	8/0	10 160	22 400
1DX	2 991	9/9.75	2 438	8/0	<2 438	<8/0	10 160	22 400

注：表中 mm 为毫米，ft 为英尺，in 为英寸，kg 为千克，lb 为磅，29/11.25 表示 29 英尺 11.25 英寸。

1AX、1BX、1CX、1DX 共 4 种集装箱箱型基本被淘汰。

A、B、C、D 四类国际标准集装箱长度之间的关系如图 2－2 所示。

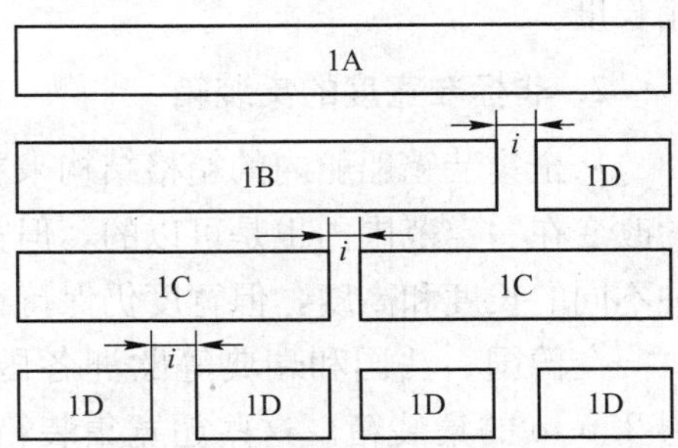

图 2－2　国际标准集装箱长度之间的关系

1A 型 40 ft（12 192 mm）、1B 型 30 ft（9 125 mm）、1C 型 20 ft（6 058 mm）、1D 型 10 ft（2 991 mm），间距 i 为 3 in（76 mm），各种集装箱箱型之间的尺寸关系为：

$$1A=1B+i+1D=9\ 125+76+2\ 991=12\ 192(mm)$$

$$1B=1D+i+1D+i+1D=3\times 2\ 991+2\times 76=9\ 125(mm)$$

$$1C=1D+i+1D=2\times 2\ 991+76=6\ 058(mm)$$

2.1.3 非标准集装箱

所谓非标准集装箱，是指表 2－1 中所列集装箱以外的所有集装箱。

1. 非标准长度的集装箱

美国海陆联运公司的 35 ft（10.67 m）型集装箱、麦逊公司的 24 ft（7.32 m）型集装箱和海铁公司的 27 ft（8.24 m）型集装箱均为典型的非标准长度的集装箱，其中最多的是海陆联运公司的 35 ft 型集装箱。1976 年在美国华盛顿召开的 104 技术委员会第 9 次全体大会上，美国代表正式提出要求把 35 ft 型箱列入国际集装箱标准中，会上展开了激烈的争论。许多代表发言中承认美国的海陆联运公司是集装箱运输的先驱者，它具有长期经营集装箱运输的历史和经验，在国际上对集装箱化的扩大和发展作出了重大的贡献。尽管该公司当时拥有 35 ft 型集装箱占全世界总箱量的 2.5％，但认为这些因素都不能使 35 ft 型集装箱可以成为国际标准集装箱的理由。1978 年 6 月，在意大利热那亚召开的 104 技术委员会第 10 次大会上，确定了 35 ft 型集装箱将作为非标准集装箱处理。

1982 年，美国总统轮船公司（APL）首次制造了 2 个长度为 45 ft（13.73 m）型集装箱，其中一个在横渡太平洋的航线上试运，另一个进行了结构试验。这种 45 ft 型集装箱的高度为 9 ft 6 in（2.9 m），材料为铝合金，端部框架用钢，其最大装载量为 64 300 lb（29 165.8 kg）。在高速公路上运输时为 50 000 lb（22 679.5 kg）。装货容积为 3 035 ft^3（85.95 m^3）比 40 ft 型标准集装箱的容积大 27％。

制造 45 ft 型集装箱，是因为集装箱的搬运数量对装卸费和搬运费的影响要比集装箱尺寸变化而带来的影响大得多。因此，加大集装箱的尺寸，减少集装箱的装卸和搬运量，就可以降低装卸和搬运费用，提高集装箱运输的经济效益。

1985 年秋，美国总统轮船公司又率先采用了 48 ft（14.64 m）长的集装箱，这种集装箱的宽度为 8.6 ft（2.62 m），高为 9.65 ft（2.94 m），第一批新集装箱除少数试用于国际航线外，大部分使用于美国的内陆运输。48 ft 集装箱的容积比传统的 40 ft 集装箱增加 45％，其承载量比现在的 45 ft 型集装箱多 29％、而内陆运输的运费却与 40 ft 型集装箱一样。所以，采用这种新型集装箱可以节约大量运费。由于 48 ft 型集装箱的宽度比一般集装箱大 6 in（0.15 m），特别有利于托盘的装卸。新型的 48 ft 集装箱可适用于现有的各种陆上运输系统，与 45 ft 型集装箱一样也可用于双层集装箱铁路运输系统。1994 年，45 ft 和 48 ft 的集装箱总数已达 235 万个，占总箱数的 2.8％。根据新的 ISO 标准，45 ft 已成为国际标准箱长度。

2. 非标准宽度的集装箱

从全集装箱船舱内的箱格结构来看，集装箱高度的变化对箱格结构没有什么影响，长度的改变在一定范围内也是可以的，但宽度一变就会造成很大的影响。所以，尽管集装箱有各种不同的长度和高度，但宽度仍保持在 8 ft。

在德国、法国和瑞典等欧洲各国的铁路上，为了与公路运输进行竞争，使用了宽度为 2.5 m 的集装箱。这些超宽集装箱用于国内和欧洲各国之间运输水果、蔬菜和欧洲型托盘。欧洲型托盘的尺寸为 1.2 m×1.2 m，使用 2.5 m 宽的集装箱可以并排装 2 列。宽度为

2.5 m 的集装箱不能装在全集装箱船的箱格内，但可以在滚装船上装载。

3. 非标准高度的集装箱

在国际标准中，集装箱最初采用的高度为 8 ft（2.44 m），后来在 1969 年召开的国际标准化组织 104 技术委员会的第 6 次全体大会上，40 ft 型集装箱改为 8.5 ft（2.59 m）的高度（即 1AA 型）。接着 20 ft 型集装箱也采用了 8.5 ft 的高度。现在国际标准中还有小于 8 ft 的减高集装箱（Reduced height container）。

在 1991 年召开第 16 次全体大会以前，9 ft（2.75 m）和 9 ft 6 in（2.9 m）高的集装箱为非标准高度，第 16 次大会上通过了将 9 ft 6 in 高的集装箱纳入 ISO 668 的标准化中，目前 9 ft 6 in 高的集装箱已定为 1AAA 和 1BBB 箱型，成为标准高度。

据资料表明，现在还有比 2.9 m 更高的集装箱。例如，可以装载 2 层小汽车的高度为 3.2 m 的汽车集装箱，这种汽车集装箱的宽度和长度仍为 8 ft 和 20 ft。在日本航线上，由于运输特种货物的需要，还出现过 3.97 m 高的集装箱。

4. 其他尺寸的非标准集装箱

由美国、日本和意大利三国合作制造的波音 767 客机，由日本的三菱重工业公司负责制造机体，富士重工业公司负责制造机翼的流线型外壳。按规定，日本造好的部件要用集装箱运到美国，在美国西雅图郊外的波音公司的工厂内进行装配。为了运输这一批飞机部件，新设计了两种超大型的海上非国际标准集装箱，其长×宽×高的尺寸分别为：46 ft×8 ft×13 ft，40 ft×8 ft×13 ft。后者可直接用 40 ft 型集装箱吊具装卸。

1981 年 8 月，第一次运输是在日本—西雅图、温哥华航线（PNW）上装上全集装箱船。这些部件的总运量预计为装配 500 架飞机，成批生产后，每月运量为 5～6 架飞机的部件。每一架飞机用的部件可装 6 个集装箱（其中 3 个为 46 ft 长和 3 个 40 ft 长的集装箱）。虽然这些集装箱只限于装载此类特定的货物，但它们是属于非标准集装箱。

5. 关于超重集装箱

在原国际集装箱标准中，40 ft 型集装箱的总重为 30 长吨（30 480 kg），30 ft 为 25 长吨（25 400 kg），20 ft 为 20 长吨（20 320 kg），10 ft 为 10 长吨（10 160 kg）。但在许多航线上，由于各种原因，集装箱的总重经常超过上述标准。例如，20 ft 型集装箱的总重达 24 000 kg，20 ft 型罐式集装箱经常超载到 23 000～27 000 kg。而国际铁路联盟（UIC）早已把 20 ft 型集装箱的总重提高到 24 000 kg。

1977 年 6 月，在巴黎召开的国际标准化组织 104 技术委员会第一分委员会会议上，对总重问题专门进行了讨论。许多国家的代表认为，尽管事实上已存在超过规定总重的集装箱，而且大部分的装卸设备可以在超重的情况下进行装卸，但是超重的集装箱数量毕竟还是少数，是属例外的特殊情况，目前许多港口由于装卸设备不适应装卸 24 t 的集装箱，故拒绝接受提高总重的提案。

超重集装箱主要是从保险和销售战略上的需要，以及提高使用者的竞争能力角度出发而产生的。这种集装箱的装卸和运输，对码头工人的作业、公路规则、装卸设备的负荷、底盘车和船舶的装载能力和船舶的稳性等，都会带来很大的影响，与操作安全性有着密切的关系，因此必须慎重处理。在 104 技术委员会的第 10 次全体大会上，明确要确保集装箱在货物流通领域内的互换性，就不应该改变国际标准集装箱的总重。以后，虽然关于总重的标准化问题不再议论了，但是欧洲的许多集装箱用户，还继续要求集装箱厂制造总重为 24 t 的 20 ft 集装箱。

此外，在 1981 年 3 月召开的国际航运协会（ICS）的集装箱委员会会议上，决定对增加集装箱总重的可能性问题重新进行研究。由于集装箱的自重增加而总重不变，造成了集装箱的载货重量在减少。另一方面，由于集装箱的高度在增加，故其内部容积有所提高。因此，认为增加总重不仅是可能的，而且也是必要的。从商业角度来看，货主们也欢迎进一步增加集装箱的总重。

2.2 集装箱术语及标记

集装箱化目前已发展成为国际性的运输系统，为该系统服务所使用的一切设备和装置，其结构和设计在国际上是统一的。由于集装箱运输发展迅速，在集装箱方面所使用的术语也越来越多，现已发现同一概念的事物在不同的技术文件中有不同的名称，也有的同一名称的事物在不同的技术文件中有不同的概念，这不仅妨碍了技术交流，甚至还会造成严重恶果。再者，由于各国的语言不同和全球范围内的通信联络还存在一定的问题，因而在业务联系上也常常因名词术语的定义不统一，而造成了许多不必要的麻烦。为此，国际标准化组织的 104 技术委员会制定了《集装箱术语》（ISO/R 830—1984）的国际标准。

制定《集装箱术语》的目的，一方面，对集装箱的有关术语有一个共同的理解，使各术语有了正确的、完整的、统一的表达和解释，从而使有关文件能够得到有效的贯彻和执行，取得预期的效果。另一方面，集装箱术语的统一是广泛地采用电子计算机的一个必要条件。由于各个术语有了准确的和明确的定义，就能废除许多同义词和多义词，在实现自动化检索时就可以简化设备，大大提高电子计算机的使用效率和准确程度。

2.2.1 集装箱的基本术语

1. 有关集装箱尺寸和重量的定义

1）集装箱的尺寸

集装箱的尺寸是指集装箱的长度、宽度、高度和箱门有效尺寸。集装箱的长、宽、高尺寸又分外部尺寸和内部尺寸两种。

集装箱的外部尺寸（External dimensions），是包括集装箱永久性附件在内的最大尺寸，集装箱外部长、宽、高的乘积为集装箱的体积。

集装箱的内部尺寸（Internal dimensions），是按集装箱内接最大矩形平行六面体确定的长、宽、高净空尺寸，不考虑顶角件凸入箱内部分。集装箱内部长、宽、高的乘积，称为集装箱的容积。集装箱内部不考虑角件凸出部分的高度为净空高度（如图 2－3 所示）。集装箱的实际容积（Actual volume）

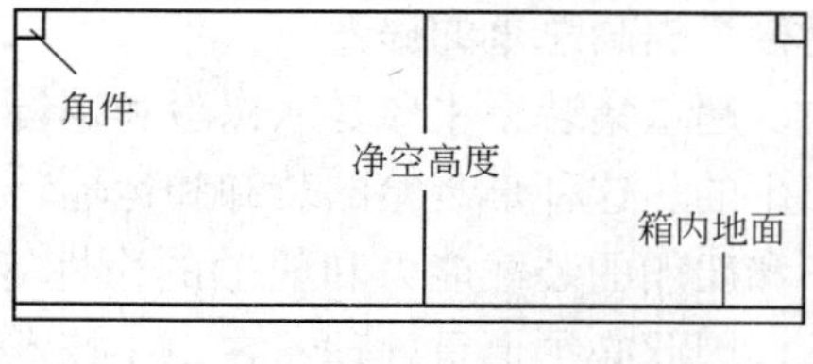

图 2－3　集装箱内部的净空高度

为集装箱内部容积减去顶角件凸出在箱内部分的体积。

公称尺寸（Nominal dimensions）是指不计公差，用近似整数表示的集装箱尺寸。如1A型集装箱公称长度为40 ft（12 m），1C型集装箱公称长度为20 ft（6 m）。

为了考虑能装载标准托盘和一定数量的货物，故规定了最小内部尺寸和容积。ISO668：1995（包括其修正案ISO668：1995/Amd1：2005和ISO668：1995/Amd2：2005）《系列1集装箱分类、尺寸和额定质量》中规定集装箱的最小内部尺寸和箱门开口尺寸，如表2-2所示。

表2-2　系列1集装箱的最小内部尺寸和箱门开口尺寸（mm）

<table>
<tr><th rowspan="2">箱型</th><th colspan="3">最小内部尺寸</th><th colspan="2">最小箱门开口尺寸</th></tr>
<tr><th>H</th><th>W</th><th>L</th><th>H</th><th>W</th></tr>
<tr><td>1EEE</td><td rowspan="11">箱体外部高度减去241 mm</td><td rowspan="11">2 330</td><td>13 542</td><td>2 566</td><td rowspan="11">2 286</td></tr>
<tr><td>1EE</td><td>13 542</td><td>2 261</td></tr>
<tr><td>1AAA</td><td>11 998</td><td>2 566</td></tr>
<tr><td>1AA</td><td>11 998</td><td>2 261</td></tr>
<tr><td>1A</td><td>11 998</td><td>2 134</td></tr>
<tr><td>1BBB</td><td>8 931</td><td>2 566</td></tr>
<tr><td>1BB</td><td>8 931</td><td>2 261</td></tr>
<tr><td>1B</td><td>8 931</td><td>2 134</td></tr>
<tr><td>1CC</td><td>5 867</td><td>2 261</td></tr>
<tr><td>1C</td><td>5 867</td><td>2 134</td></tr>
<tr><td>1D</td><td>2 802</td><td>2 134</td></tr>
</table>

2）集装箱的重量

集装箱的重量分自重、载重和额定重量3种。

自重（Tare weight）又称空箱质量（Tare mess），以T表示，它是包括各种集装箱在正常工作状态下应备有的附件和各种设备，如机械式冷藏集装箱的机械制冷装置及其所需的燃油；台架式集装箱上两侧的立柱；敞顶集装箱上的帆布顶篷等。

载重（Payload）又称载货质量，以P表示，它是集装箱最大容许承载的货物重量（货物质量），包括集装箱在正常工作状态下所需的货物紧固设备及垫货材料等在内的重量（质量）。

额定重量（Rating）又称额定质量，以R表示，它是指集装箱的空箱重量（空箱质量）和箱内装载货物的最大容许重量（最大容许质量）之和，即最大工作总重量（最大工作总质量）（Max gross mess），简称最大总重。

额定重量减去自重等于载重，即$P=R-T$。

集装箱在装货前，为了使集装箱的容积和重量能充分利用，必须仔细参阅上述集装箱各主要参数。

由于集装箱的制造材料和制造厂不同，就是同一种类的集装箱，其尺寸和重量参数也是不同的，即使是同一材料、同一制造厂制造的集装箱，其制造时间不同，尺寸和重量参数也有差异。因此，在选用集装箱时，必须引起注意。

3）集装箱计算单位

集装箱计算单位又称集装箱换算单位，有利于统一计算集装箱的运输量，有 6.1 m（20 ft）和 12.2 m（40 ft）两种。换算成 6.1 m（20 ft）用 TEU 表示，换算成 12.2 m（40 ft）用 FEU 表示。

2. 集装箱能力和性能的定义

1）集装箱能力

这里的集装箱能力，不包括各种类型集装箱的所有能力，而仅仅指那些需要加以定义的能力，主要的有堆码能力、拴固能力和箱底承载能力等几种。

堆码能力（Stacking capability）是指相同尺寸的集装箱在堆码的条件下，承受动、静载荷的能力。集装箱在舱内或场地上堆码时，都可能产生不整齐堆码状态。按国际标准的规定，其容许偏离值纵向为 38 mm，横向为 25.4 mm。

拴固能力（Restraint capability）是指集装箱用底角件拴固时，箱底结构能承受在运输中可能产生的纵向加速度力的能力。

箱底承载能力（Floor loading capability）是指箱底承受载重或拆装箱用机具的轮压所产生的动、静荷载的能力。

2）集装箱性能

集装箱的性能主要是指刚性和风雨密性。

刚性（Rigidity）是指集装箱在运输中（特别是在船舶摇摆时）抵抗横向或纵向挤拉载荷的能力。

风雨密性（Weather proofness）是指具有按规定喷水试验所要求的严密性。

3. 集装箱的方位术语

集装箱的方位性术语主要是指区分集装箱的前、后、左、右，以及纵、横的方向和位置的定义。占集装箱总数 85%以上的通用集装箱均一端设门，另一端是盲端。对此种类型的集装箱规定如下：前端（Front）是指没有箱门的一端，后端（Rear）是指有箱门的一端。如集装箱两端结构相同，则应避免使用前端和后端这两个术语，若必须使用时，应依据标记、铭牌等特征加以区别。

确定了集装箱的前后方向以后，即可区分集装箱的左右了。左侧（Left）是从集装箱后端向前看，左边的一侧。右侧（Right）是从集装箱后端向前看，右边的一侧。由于集装箱在公路上行驶时，有箱门的后端都必须装在拖车的后方，因此有的标准把左侧称为公路侧，右侧称为路缘侧。路缘侧（Curbside）是当集装箱底盘车在公路上沿右侧向前行驶时，靠近路缘的一侧。公路侧（Roadside）是当集装箱底盘车在公路上沿右侧向前行驶时，靠近马路中央的一侧，即路缘侧的对侧。

纵向（Longitudinal）是指集装箱的前后方向。横向（Transverse）是指集装箱的左右方向，与纵向垂直。

4. 其他术语

集装箱的堆码有时会产生不正确的堆码状态，它分为偏码和偏置。偏码（Offset stacking）是指集装箱堆码时，因上下层的角件未对准而产生偏移的状态。偏置（Misgather）是指扭锁的端部错开，扭锁端部（俗称蘑菇头）未能嵌入底角件底孔内的堆置状态。

开口（Opening）是指可用活动的或可拆卸的板封盖的口。

2.2.2 通用集装箱的各部件名称

根据国际标准《集装箱术语》（ISO 830：1999）第 1 版，并参考我国国家标准《集装箱术语》（GB 1992—2006）的规定，集装箱上各主要部件的定义如下。

1. 通用集装箱上的主要部件名称

通用集装箱上的主要部件名称如图 2-4 所示。

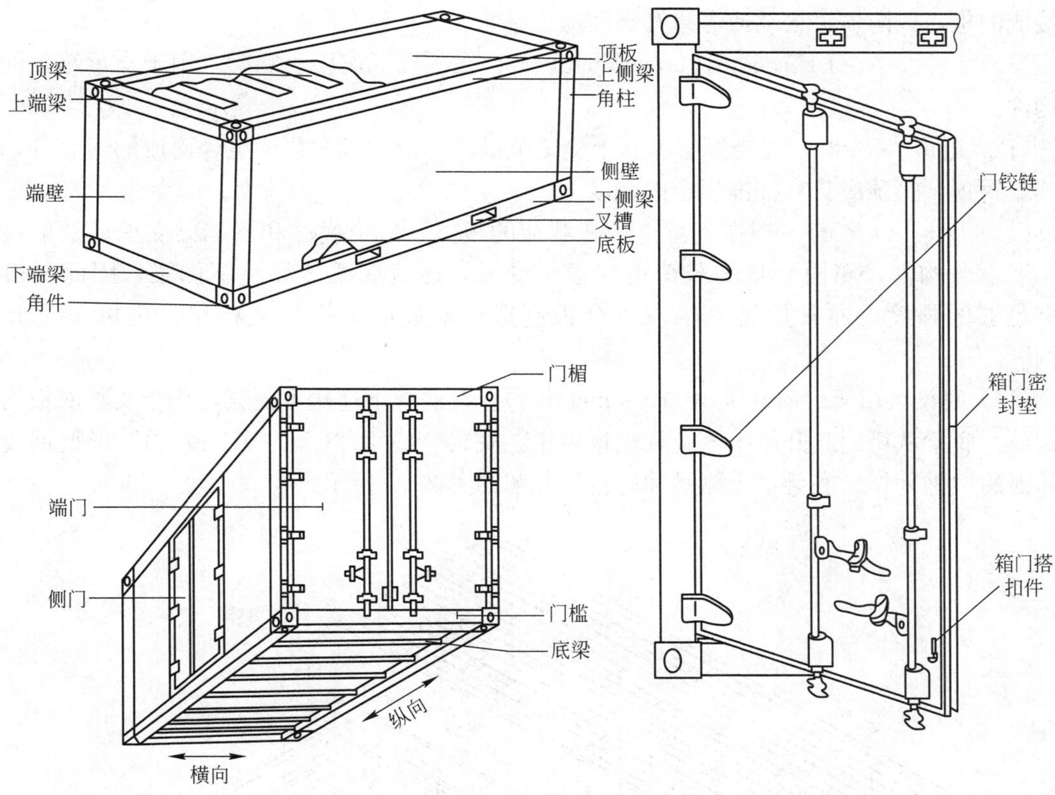

图 2-4 通用集装箱上的主要部件名称

(1) 角件（Corner fitting）：集装箱箱体的 8 个角上都设有角件。角件用于支承、堆码、装卸和栓固集装箱。集装箱上部的角件称顶角件，下部的角件称底角件，左右对称，角件必须符合《系列 1 集装箱角件》（GB/T 1835—2006）的要求。

(2) 角柱（Corner post）：连接顶角件与底角件的立柱。

(3) 角结构（Corner structures）：由顶角件、角柱和底角件组成的构件，是承受集装箱堆码载荷的强力构件。角件和角柱均为铸钢件，用焊接方法连接在一起。铸钢件应按国家标准进行热处理，铸件表面应平整，并清除毛刺。

(4) 上端梁（Top end transverse member）：箱体端部与左、右顶角件连接的横向构件。

(5) 下端梁（Bottom end transverse member）：箱体端部与左、右底角件连接的横向构件。

(6) 门楣（Door header）：箱门上方的梁。

(7) 门槛（Door sill）：箱门下方的梁。

(8) 上侧梁（Top side rail）：侧壁上部与前、后顶角件连接的纵向构件。左、右对称，左面的称左上侧梁，右面的称右上侧梁。

(9) 下侧梁（Bottom side rail）：侧壁下部与前、后底角件连接的纵向构件。左、右对称，左面的称左下侧梁，右面的称右下侧梁。

(10) 顶板（Roof sheet）：指箱体顶部的板。顶板要求用一张整板制成，不得用铆接或焊接成的板，以防铆钉松动或焊缝开裂而造成漏水。

(11) 顶梁（Roof bearers or cross member）：在顶板下连接上侧梁，用于支承箱顶的横向构件。

(12) 箱顶（Roof）：在端框架上和上侧梁范围内，由顶板和顶梁组合而成的组合件，使集装箱封顶。箱顶应具有标准规定的强度。

(13) 底板（Floor）：铺在底梁上承托载荷的板。一般由底梁和下端梁支承，是集装箱的主要承载构件。箱内装货的载荷由底板承受后，通过底梁传导给下侧梁，因此底板必须有足够的强度，通常用硬木板或胶合板制成。木板应为搭接或榫接，也可采用开槽结构。

(14) 底梁（Floor beaters or cross member）：在底板下连接下侧梁，用于支承底板的横向构件。底梁从箱门起开始编号直到端板为止。底梁一般用“C”、“Z”或“I”形型钢或其他断面的型钢制作。底梁、下侧梁和底板的分解如图 2-5 所示。

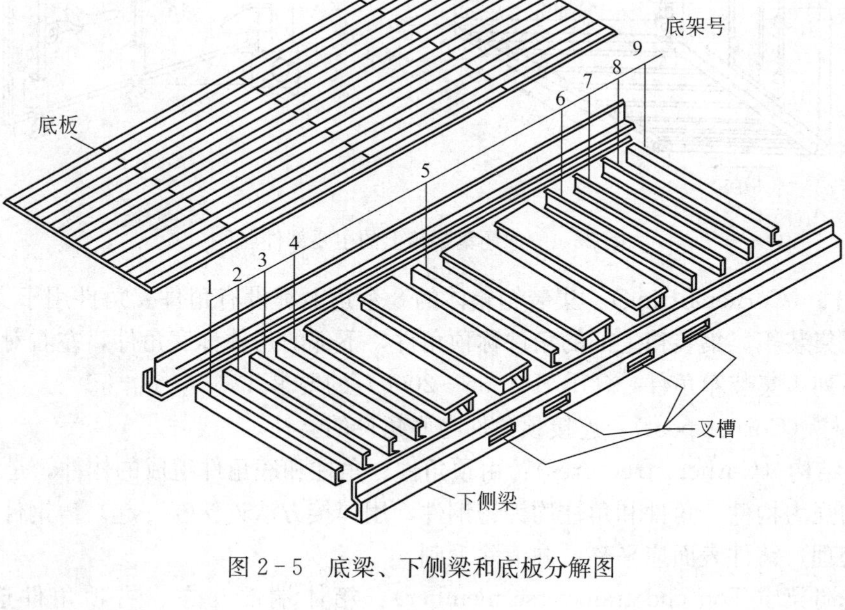

图 2-5　底梁、下侧梁和底板分解图

(15) 底结构和底框架（Base structures and base frame）：由集装箱底部的 4 个角件，左、右两根下侧梁、下端梁、门槛、底板和底梁组成。在 1C 和 1CC 型集装箱的底结构上还设有叉槽，1A 和 1AA 型集装箱的底结构上有的设有鹅颈槽（如图 2－6 所示）。而底框架是由下侧梁和底梁组成的框架。

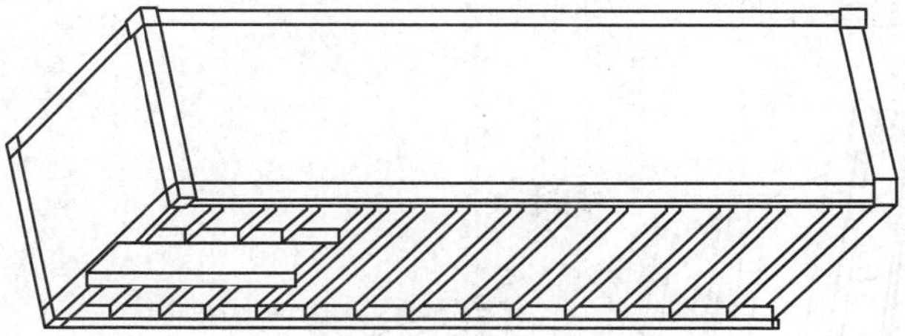

图 2－6　底结构和鹅颈槽

(16) 叉槽（Folk pockets）：横向贯穿箱底结构，供货叉插入的槽。20 ft 集装箱上一般设一对叉槽，必要时也可以设两对叉槽。40 ft 型集装箱上一般不设叉槽。

(17) 鹅颈槽（Gooseneck tunnel）：设在集装箱箱底前部，用以配合鹅颈式底盘车上的凹槽。这种设计在 40 ft 型集装箱上比 20 ft 型集装箱用得普遍。

(18) 端框架（End frame）：是指集装箱前端的框架，由前面的两组角结构、上端梁和下端梁组成。后端的框架实为门框架，它由后面的两组角结构、门楣和门槛组成。

(19) 端壁（End wall）：在端框架平面内与端框架相连接形成封闭的板壁（不包括端框架在内）。在端壁的里面一般设有端柱，以加强端壁的强度。

(20) 侧壁（Side wall）：与上侧梁、下侧梁和角结构相连接，形成封闭的板壁。不包括上侧梁、下侧梁和角结构在内。在侧壁的里面一般有侧柱，以加强侧壁的强度。

(21) 端柱（End post）：在端壁上与上端梁、下端梁和端板相连接的垂直构件（主要设在铝集装箱上）。

(22) 侧柱（Side posts）：在侧壁上与上侧梁、下侧梁和侧板相连接的垂直构件（主要设在铝集装箱上）。

(23) 端板（End panel）：覆盖在集装箱端部外表面的板。

(24) 侧板（Side panel）：覆盖在集装箱侧部外表面的板。

(25) 箱门（Door）：通常为两扇后端开启的门。用铰链安装在角柱上，并用门锁装置进行关闭。

(26) 端门（End door）：设在箱端的门，一般通用集装箱前端设端壁，后端设箱门。

(27) 侧门（Side door）：设在箱侧的门，一般通用集装箱均设端门而不设侧门，只在必要时才设侧门。

(28) 门铰链（Door hinge）：靠短插销（一般用不锈钢制）使箱门与角柱连接起来，保证箱门能自由转动的零件。门铰链的结构形式应使箱门能开启 270°为原则。

(29) 箱门密封垫（Door seal gasket）：是指箱门周边为保证密封而设的零件。密封垫的材料一般采用氯丁橡胶。

(30) 箱门搭扣件（Door holder）：进行装、卸货物作业时，保证箱门开启状态的零件，它设在箱门下方和相对应的侧壁上。其形式各异，有采用钩环的，也有采用钩链或绳索的。

2. 门锁装置的名称

集装箱的门锁装置由箱门锁杆、锁杆托架、锁杆凸轮、锁杆凸轮座、门锁把手和把手锁件等组成。门锁装置各零件如图 2-7 所示。

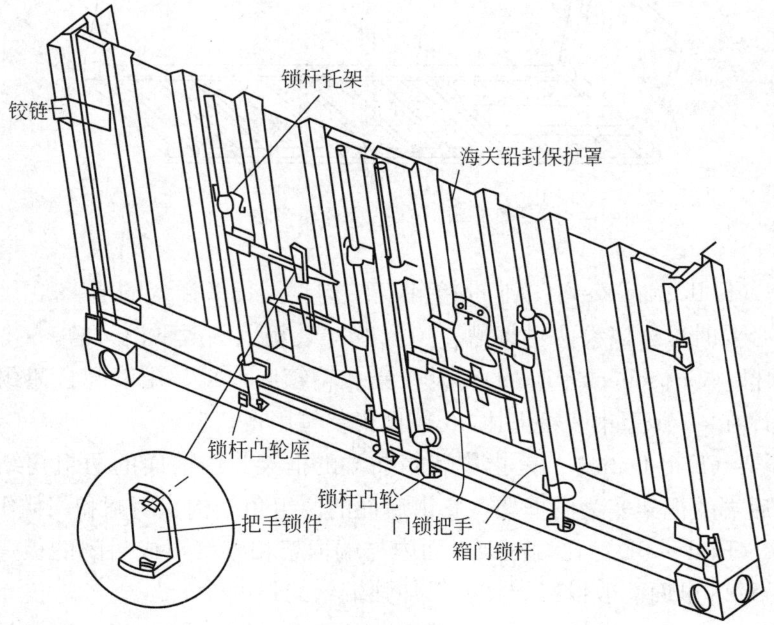

图 2-7　海关铅封保护罩和门锁装置图

(1) 箱门锁杆（Door locking bar or Door locking rod）：设在箱门上垂直的轴或杆，锁杆两端有凸轮固定其上。锁杆转动后凸轮即嵌入锁杆凸轮座内，把箱门锁住。锁杆还起着加强箱门承托力的作用。

(2) 锁杆托架（Door lock rod bracket）：把锁杆固定在箱门上并使之能转动的承托件。

(3) 锁杆凸轮（Locking bar cams）：设于锁杆端部的门锁件，通过锁件的转动，把凸轮嵌入凸轮座内将门锁住。

(4) 锁杆凸轮座（Locking bar cam retainer or keeper）：保持凸轮成闭锁状态的内承装置，有时又称卡铁。

(5) 门锁把手（Door locking handle）：装在箱门锁杆上，在开关箱门时用来转动锁杆的零件。

(6) 把手锁件（Door locking handle retainer or handle lock）：用来保持箱门把手使它处于关闭状态的零件。

(7) 海关铅封件（Customs seal retainer）：通常设在箱门的把手锁件上，海关用于施加铅封的设置。一般都采用孔的形式。

(8) 海关铅封保护罩（Custom seal protection cover）：设在把手锁件上方，用于保护海关铅封而加装的防雨罩，一般用帆布制。

3. 其他部件名称

(1) 内衬板（Lining）：附装在侧壁和端壁内表面的胶合板，用来保护货物。

(2) 标记（Marking）：包括集装箱上的箱主代号、顺序号、国家代号和尺寸类型代号的数字、字母和符号，也包括箱主可能采用的其他标志。

(3) 雨水槽（Rain gutter）：是门楣的一部分，用来排放门框上积水，以防雨水渗入箱内。

(4) 箱顶加强板（Roof reinforcement plate）：在集装箱顶部靠近顶角件处覆盖的加强板，以加强箱顶强度，避免装卸时操作不当而使箱顶受损。

(5) 横撑链（Spreader chain）：两侧壁之间的支撑件，用以防止箱壁被货物撑开。

(6) 门槛板（Threshold plate）：装在门槛附近的板，用以保护集装箱底板的板边。

(7) 国际公路车辆运输公约的接合件（TIR fasteners）：经海关当局批准的接合件，其中包括实心铆钉、螺纹接合件等，当拧紧和锁紧螺栓（防松螺栓）之后，即焊接在一起，所以不能轻易地从外部拆除而不留下明显的痕迹。

2.2.3 集装箱标记

为了便于对集装箱在流通和使用中识别和管理，便于单据编制和信息传输，国际标准化组织制定了集装箱标记，有必备标记和自选标记两类，每一类标记中又分识别标记和作业标记。

1. 必备标记

1) 识别标记

识别标记包括箱主代号，顺序号和核对数字。

(1) 箱主代号。国际标准化组织规定，箱主代号由4个大写的拉丁文字母表示，前3位由箱主自己规定，第四个字母一律用U表示。具体箱主代码请参考附录A。

(2) 顺序号，又称箱号，由6位阿拉伯字母组成。如有小数字不是6位时，则在有效数字前用“0”补足6位，如“053842”。

通常1和9开头的集装箱是特种箱，如冷藏集装箱，45英尺超高干货集装箱、衣服集装箱、兽皮集装箱、罐式集装箱、汽车集装箱、散货集装箱。

数字4、7、8开头的是40英尺箱，2、3开头的是20英尺箱。

(3) 核对数字。核对数字是用来对箱主代号和顺序号记录是否准确的依据。它位于箱号后，以一位阿拉伯数字加一方框表示。

2) 作业标记

作业标记包括以下3个内容。

(1) 额定重量和自定重量标记。额定重量即集装箱总重，自重即集装箱空箱质量（或空箱重量），ISO 688规定应以公斤（kg）和磅（lb）同时表示。

(2) 空陆水联运集装箱标记。由于该集装箱的强度仅能堆码两层。因而国际标准化组织对该集装箱规定了特殊的标志，该标记为黑色，位于侧壁和端壁的左上角，并规定标记的最小尺寸为：高 127 mm，长 355 mm，字母标记的字体高度至少为 76 mm。

(3) 登箱顶触电警告标记。该标记为黄色底白色三角形，一般设在罐式集装箱和位于登箱顶的扶梯处，以警告登顶者有触电危险。

2. 自选标记

1) 识别标记

识别标记包括以下两项内容。

(1) 国家和地区代号。例如，中国用 CN；美国用 US。

(2) 尺寸和类型代号（箱型代码）。例如，标记 42G1，42 是尺寸代码，表示集装箱的外形尺寸，G1 为箱型代码，表示集装箱的箱型及其特征，即货物上部空间设有透气孔的通用集装箱。

2) 作业标记

作业标记包括以下两项内容。

(1) 超高标记。该标记为在黄色底上标出黑色数字和边框，此标记贴在集装箱每侧的左下角，距箱底约 0.6 m 处，同时该贴在集装箱主要标记的下方。凡高度超过 2.6 m 的集装箱应贴上此标记。

(2) 国际铁路联盟标记。凡符合《国际铁路联盟条例》规定的集装箱，可以获得此标记。该标记是在欧洲铁路上运输集装箱的必要通行标志。

ISO 6346：1995 规定的标记书写方法如图 2－8 所示，标记书写的位置如图 2－9 所示。

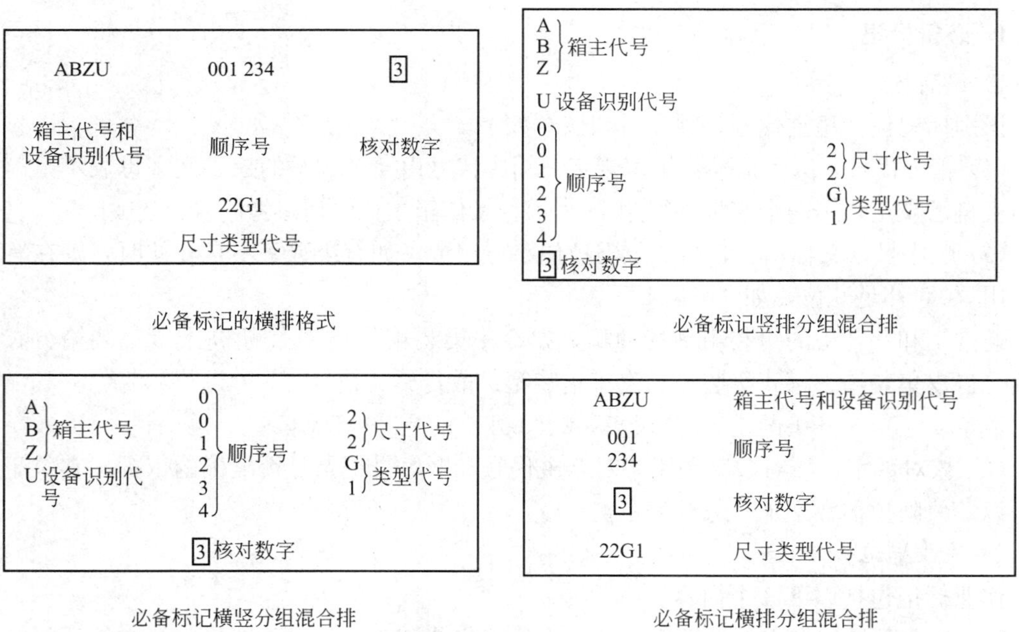

图 2－8　标记书写的方法

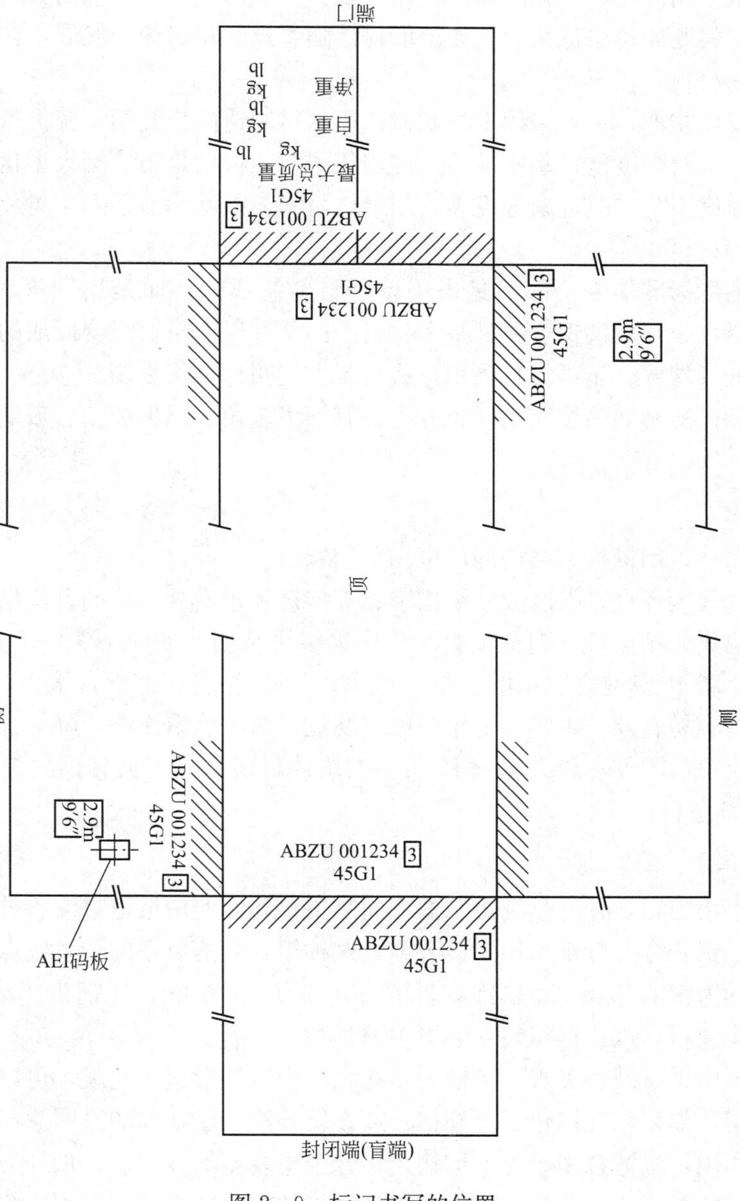

图 2－9　标记书写的位置

2.3　集装箱的种类

运输货物用的集装箱种类繁多，分类方法不一。仅以国际标准的系列 1 集装箱为例，除按尺寸分类外，还可以按材料、结构和用途的不同进行分类。

2.3.1　按使用材料分类

集装箱在使用中经常受到很大的压力和拉力。因此，集装箱的材料首先要有足够的刚性和强度，应尽量采用质量轻、强度高、使用年限长、维修保养费用低的材料为宜。此外，还要考虑到这些材料既要价格低廉，又便于取得。随着集装箱运输的发展，在集装箱的制造中也不断采用新的材料。

集装箱在发展初期，一般采用木材制造。用木材制造的集装箱，其优点是价格低廉、加工方便。但由于木材强度低、水密性差、使用年限短，特别是集装箱大型化以后，明显地感到木集装箱的强度不足，故逐渐地发展到用金属材料。国际标准系列1集装箱，一般都采用金属或玻璃钢为材料。

现代化的国际标准集装箱都不是采用单一材料制成的，而是用钢（或不锈钢）、木材（或胶合板）、铝合金和玻璃钢这4种基本材料中的2种以上材料组合而成的。根据集装箱主体部件（如侧壁、端壁、箱顶等）采用什么材料，就叫什么集装箱。

现有的国际标准集装箱按使用材料分类，有钢集装箱、铝集装箱、玻璃钢集装箱和不锈钢集装箱4种。

1. 钢集装箱

钢集装箱的外板用钢板，结构部件也均采用钢材。

钢集装箱的最大优点是强度大、结构牢、焊接性和水密性好，而且价格低廉。同样尺寸的钢集装箱与铝集装箱比较，钢集装箱的价格为铝集装箱的60%～70%。钢集装箱的最大缺点是重量大，20 ft型钢集装箱的自重一般2 200 kg左右，由于自重大，降低了装货量。此外，钢集装箱容易腐蚀、生锈，每年一般需要进行两次除锈涂漆，降低了使用率。钢集装箱的使用年限较短，国外一般为11～12年。据统计目前世界上拥有钢集装箱的数量，占世界总箱量的85%左右。

2. 铝集装箱

通常说的铝集装箱，并不是纯铝制的，而是主要部件使用最适量的各种轻铝合金，故称铝合金集装箱。铝合金一般都采用铝镁合金，这种铝合金集装箱的最大优点是重量轻，铝合金的相对密度约为钢的1/3，20 ft铝集装箱的自重为1 700 kg，比钢集装箱轻20%～25%。同一尺寸的铝集装箱可以比钢集装箱装更多的货物。

铝集装箱不生锈，外表美观，铝镁合金在大气中自然形成氧化膜，可以防止腐蚀，但遇海水有点蚀作用，如采用纯铝包层超硬铝板或在箱外涂一层特殊的透明涂料，就能对海水起到很好的防蚀作用，最适合用于海上运输。铝合金集装箱的弹性好，加外力后容易变形，外力除去后一般就能复原，因此最适合在有箱格结构的全集装箱船上使用。铝集装箱的使用年限比钢集装箱长，一般为15～16年。

铝集装箱的缺点是焊接和耐磨性差、疲劳强度不足，故角件、角柱及框架结构一般仍采用钢材。由于铝集装箱价格高，一般用来制造特种集装箱，如罐式集装箱、冷藏集装箱。

3. 玻璃钢集装箱

玻璃钢集装箱是在钢制的集装箱框架上装上玻璃钢复合板构成的，玻璃钢复合板主要用作侧壁、端壁、箱顶板和箱底板。美国于1967年最早使用玻璃钢集装箱，1968年已有6家公司制造玻璃钢集装箱。目前美国生产的玻璃钢集装箱已占集装箱总产量的20%。英国和日本也在研究、设计、制造和推广使用玻璃钢集装箱。

玻璃钢集装箱的特点是强度大、刚性好。由于玻璃钢复合板具有一定的厚度，能承受较大的外力，箱壁上一般不需要再加衬板，从而可以增加7%～10%的内容积。玻璃钢的隔热性、防腐性、耐化学性都比较好，能防止箱内产生结露现象，有利于保护箱内货物不遭受湿损。玻璃钢板可以整块制造，防水性好，还容易清洗，最适合作兽皮集装箱和动物集装箱用。此外，玻璃钢集装箱还有不生锈、容易着色的优点，故外表美观；由于维修简单，维修费用也低。因为玻璃钢集装箱有上述优点，在现有的集装箱中可制作如下几类的集装箱：杂货集装箱、冷藏集装箱、罐式集装箱、通风集装箱、兽皮集装箱、散货集装箱、动物集装箱、航空集装箱。

玻璃钢集装箱的主要缺点是重量较大，与钢集装箱相差不大，关于塑料老化和拧螺栓处的强度降低等问题还需进一步研究解决。根据英国、日本、美国的市场情况看，玻璃钢集装箱的价格比同样尺寸的钢集装箱高44%～50%。据统计，玻璃钢集装箱的数量占世界总箱量的3.8%左右。

4. 不锈钢集装箱

不锈钢是一种新的集装箱材料，它有如下优点：强度大，不生锈，外表美观；在整个使用期内无须进行维修保养，使用率高；耐蚀性能好。其缺点是：价格高、初始投资很大，一般都用作罐式集装箱。

2.3.2 按结构分类

集装箱按结构分类有如下3种不同的分类方法。

1. 内柱式和外柱式集装箱

这里的“柱”主要是指集装箱的端柱和侧柱。端柱和侧柱位于端壁和侧壁之内的称为内柱式集装箱；端柱和侧柱位于端壁和侧壁之外的称为外柱式集装箱。一般玻璃钢集装箱和钢集装箱均没有端柱和侧柱，故内柱式和外柱式集装箱是指铝集装箱而言。

内柱式集装箱（如图2-10所示）的优点是：外表平滑、美观，受斜向外力不易损坏，印刷标记时比较方便；外板与内衬板之间留有一定的空隙，防热效果好，能减少货物的湿损率；在修理和更换外板时，不需要取下内衬板。

外柱式集装箱（如图2-11所示）的优点是当受外力作用时，外力由侧柱或端柱承受，起到了保护外板的作用，外板不易损坏。由于集装箱内部壁面平整，有时也不需要有内衬板。

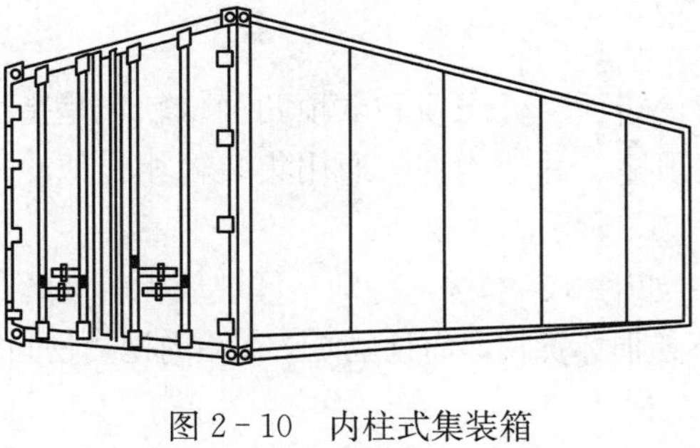
图2-10 内柱式集装箱

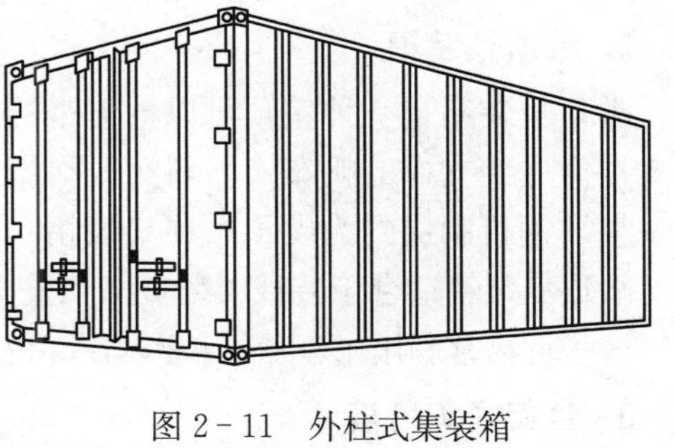
图2-11 外柱式集装箱

2. 折叠式和固定式集装箱

折叠式集装箱是侧壁、端壁和箱门等主要部件能很方便地折叠起来，在再次使用时可以再撑开来的一种集装箱。主要用在资源不平衡的航线上，为了减少回空时的舱容损失，提高营运的经济性。

国际标准的 20 ft 折叠式集装箱折叠起来后，其体积缩小了 3/4，运输时 4 个折叠式集装箱可以通过连接器连接在一起，其外部尺寸成为一个标准的 20 ft 型集装箱。

与折叠式集装箱相反，侧壁、端壁和箱顶等部件永久固定在一起，呈密闭状的集装箱为固定式集装箱这种集装箱又称为非折叠式集装箱。

折叠式集装箱由于各主要部件是用铰链连接的，故其结构强度比固定式集装箱弱。固定式集装箱是集装箱的主流，折叠式集装箱是集装箱的一种例外。

3. 预制作式和薄壳式集装箱

集装箱的骨架由许多预制件组合起来，并由它承受主要载荷，由于外板和骨架均为预制件，故称为预制件式集装箱，铝质和钢质的预制件式集装箱的外板采用铆接或焊接方法与骨架连接在一起，而玻璃钢的预制件式集装箱，其外板用螺栓与骨架连接。

薄壳式集装箱的结构像飞机那样，把集装箱的所有部件结合成一个刚体，其优点是重量轻，受扭力作用时下会引起永久变形，所以集装箱的结构一般或多或少都采用薄壳理论进行设计。

2.3.3 按用途分类

随着集装箱运输的发展，为了适应装载各种不同种类的货物，出现了许多不同种类的集装箱，这些集装箱不仅外形不同，结构不同，其内尺寸的参数也不同。现就各种不同种类集装箱的特点介绍如下。

1. 杂货集装箱

杂货集装箱（Dry cargo container）又称干货集装箱，是一种通用集装箱，用于装载除液体货和需要调节温度的货物以外的其他货物，其使用范围极广，其外形如图 2－12 所示。据统计，在世界集装箱中，杂货集装箱约占 85%。杂货集装箱有的除后端设端门外，在侧壁上还设有侧门，这种设有侧门的集装箱在铁路货车上装箱十分方便。

图 2－12 杂货集装箱

2. 敞顶集装箱

敞顶集装箱是一种箱顶可以拆下来的集装箱，箱顶又分硬顶和软顶两种。软顶是指用可拆式扩伸弓梁支撑的帆布、塑料布式涂塑布制成顶篷。其他构件与通用集装箱相类似。顶篷用一整块钢板制成的为硬顶敞顶集装箱。如图 2－13 所示。

敞顶集装箱适合于装载大型货物和重型货物，如钢材、木材，特别是像玻璃板等易碎的重货。这些货物常利用吊车从箱顶部吊入箱内，既不易损坏货物，而且也便于在箱内把货物固定。

3. 台架式集装箱

台架式集装箱（Platform based container）是 ISO/TC104 在 1984 年集装箱术语标准（ISO 830：1984）修改以后出现的新名词，其中包括了过去的板架集装箱（Flat rack container）在内。现台架式集装箱详细分类如图 2－14 所示。

(a) 硬敞顶集装箱　　(b) 软敞顶集装箱

图 2-13　敞顶集装箱

- 台架式集装箱
  - 带有完整的上部结构
    - 敞侧式
    - 全骨架式（即无箱顶、侧壁和端壁）
  - 带有不完整的上部结构
    - 有完整的固定端壁（板架集装箱）
      - 栅栏式
      - 插板式
    - 有完整的折叠式端壁
    - 有固定角柱
    - 有折叠式角柱

图 2-14　台架式集装箱分类

敞侧台架式集装箱（Platform based container open sided），它没有刚性侧壁，也没有像通用集装箱那种能承受箱内载荷的等效结构（指具有像侧壁那样的强度，但不一定要有像侧壁那样的风雨密性）。

全骨架台架式集装箱（Platform based container open sided with complete superstructure），它带有完整的上部结构，无侧壁、敞顶、无端壁，顶部两端具有永久固定的纵向结构，如图 2-15 所示。

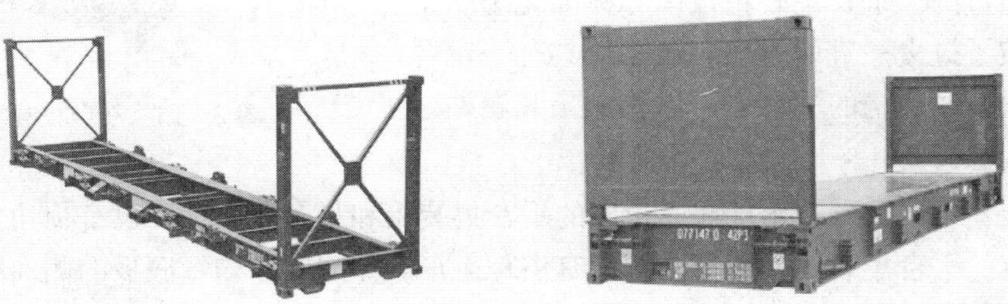

(a) 栅栏式台架集装箱　　(b) 插板式台架集装箱

(c) 折叠式端壁集装箱(带侧栏)　　(d) 折叠式端壁集装箱(无侧栏)

图 2-15　台架式集装箱

带有不完整上部结构和固定端结构的台架式集装箱（Platform based container with incomplete superstructure and fixed ends）。这种集装箱除有箱底外，端与端之间无永久固定的纵向结构，但有完整的固定端壁或固定角柱。

有些带完整固定端壁的台架式集装箱，其端壁不是壁板，而是栅栏或者是可以拆卸的插板；还有的一端是栅栏，另一端是插板。这种集装箱又称板架集装箱（Flat rack container）。

板架集装箱没有箱顶和侧壁，可以用吊车从顶上装货，也可以用叉式装卸车从箱侧装货，适合于装载长大件和重件货，如重型机械、钢材、钢管、木材、钢锭、机床及各种设备，还可以用两个以上的板架集装箱并在一起，组成装货平台，用以装载特大件货物。还有的板架集装箱其端壁可以折叠起来，以减少空箱回空时的舱容损失。这是折叠式端壁集装箱中的一种。

带固定角柱的台架式集装箱（Platform based container with fixed free standing post）适于装载一定限度以内的超长货物或超宽货物。还有一种是折叠式角柱的台架式集装箱。

以上各种台架式集装箱的主要特点是：为了保持其纵向强度，箱底较厚，箱底的强度比一般集装箱强度大，而其内部高度比一般集装箱低，为了把装载的货物系紧，在下侧梁和角柱上设有系环，虽然系紧货物比较方便，但为了防止运输过程中货物坍塌，在集装箱的两侧还设有立柱或栅栏。台架式集装箱没有水密性，怕水湿的货物不能装运。在陆上运输中或在堆场上贮存时，为了不淋湿货物应有帆布遮盖。

4. 平台集装箱

平台集装箱（Platform container）无上部结构，只有底结构的一种集装箱。平台的长度和宽度与国际标准集装箱的箱底尺寸相同，可使用与其他集装箱相同的紧固件和起吊装置，其外形如图 2－16 所示。

平台集装箱是根据欧洲各国代表的要求，在 1974 年 10 月东京召开的 104 技术委员会第 8 次大会上提出审议后被通过的。平台集装箱被国际标准化组织正式采纳，打破了过去一直认为集装箱必须具有一定容积的概念。只有底结构的平台也可以称作集装箱，这是具有划时代意义的。

图 2－16 平台集装箱

平台集装箱中又分有顶角件和底角件的平台集装箱和只有底角件而没有顶角件的平台集装箱两种。有的平台集装箱在底板两侧设有供跨运车操作用的凹槽，底板的侧面和端面还装有系紧装置。

5. 冷藏集装箱

冷藏集装箱是专为运输要求保持一定温度的冷冻货或低温货，如鱼、肉、新鲜水果、蔬菜等食品进行特殊设计的集装箱。国际上采用的冷藏集装箱（Reefer container）基本上分两种：一种是集装箱内带有冷冻机的称为机械式冷藏集装箱；另一种箱内没有冷冻机而只有隔热结构，即在集装箱端壁设有进气孔和出气孔，箱子装在舱内，由船舶的冷冻装置供应冷气，这种称为离合式冷藏集装箱，又称外置式或夹箍式冷藏集装箱。

1）机械式冷藏集装箱

机械式冷藏集装箱又称冷冻集装箱，它是使用最普遍的一种冷藏集装箱，美国的海陆公司、麦逊公司和日本的各船公司大部分都采用这种方式。通常称的冷藏集装箱，一般都指这种集装箱。

这种冷藏集装箱其冷冻装置与集装箱本体组成一个整体，由于冷冻装置安装在集装箱箱体内，不会妨碍船上或陆上集装箱专用机械的搬运和装卸，其外形如图 2－17 所示。

图 2－17　机械式冷藏集装箱

机械式冷藏集装箱只要一供电，冷冻机运转，就能给箱内供应冷气。在船上，它由船舶发电机供电。在码头上，它由陆上电源供电。在公路上运输时，它由带有发电机组的专用底盘车供电。在铁路上，它靠货车上装有发电机组的专用车辆进行供电。

冷藏集装箱本身是没有冻结能力的，因此在装载冷冻或低温货时，装箱前一般对货物要求进行预冷，使货物的温度降低到给定温度以下，然后装箱。准确地说，冷藏集装箱是一种带有冷冻装置，能把具有一定温度的货物保持在该温度上进行运输的隔热集装箱。

机械式冷藏集装箱有空冷和水冷两种冷却方式，其主要区别在冷凝器内放热时，是利用空气还是利用水；用空气带走热量的为空冷式，用水带走热量的为水冷式。采用空冷的冷藏集装箱需要供应空气，如果空气供应不足，就会影响冷却效果，因此这种集装箱不适合装在舱内，只能装在甲板上。装在舱内的冷藏集装箱应采用水冷冷却方式。

2）离合式冷藏集装箱

离合式冷藏集装箱只是在陆上运输时，冷冻装置才与集装箱本体结合在一起。在海上运输时，可把冷冻装置从箱体上卸下来，箱内冷却靠船上的冷冻机舱制冷，通过冷风管道系统供应冷风，其结构如图 2－18 所示。

(a) 制冷装置未安装

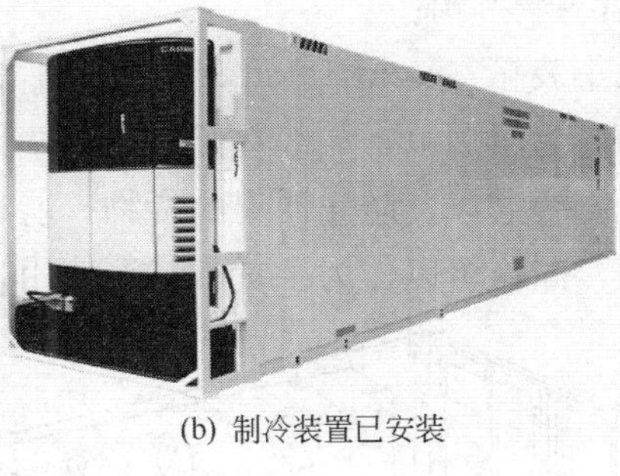

(b) 制冷装置已安装

图 2－18　离合式冷藏集装箱

由于离合式冷藏集装箱的本体内不带冷冻装置，因此集装箱的本体实际上是一种隔热集装箱。其特点是，在集装箱端壁上设有上、下两个气孔，下面的孔是冷风进气孔，上面的孔是冷风出气孔，在冷风孔上设有自动开闭的盖，与船上冷风管连接时，把盖打开，不连接时把盖关上。在海上运输中，就靠冷冻机舱内供应冷风，通过冷风管和冷风进气孔送进集装箱内。在陆上运输或在码头堆场上存放时，则在箱的本体上安装冷冻装置进行冷却。

冷藏集装箱并不是只装运 0 ℃以下的货物，还可以装运 0 ℃以上的货物，由于箱内有加温设备，可以使箱内温度保持在 0 ℃以上到 25 ℃范围以内。

6. 散货集装箱

散货集装箱（Bulk container）是一种密闭式集装箱，有玻璃钢制和钢制的两种。前者由于侧壁强度较大故一般装载相对密度较大的散货用，如麦芽和化学品等；后者原则上用于装载相对密度较小的货物，如谷物。

散货集装箱除了端部设有箱门外，在箱顶上还设有 2～3 个装货口。装货口有圆形的和长方形的两种。在箱门的下方还设有两个长方形的卸货口。散货集装箱如图 2 - 19 所示。

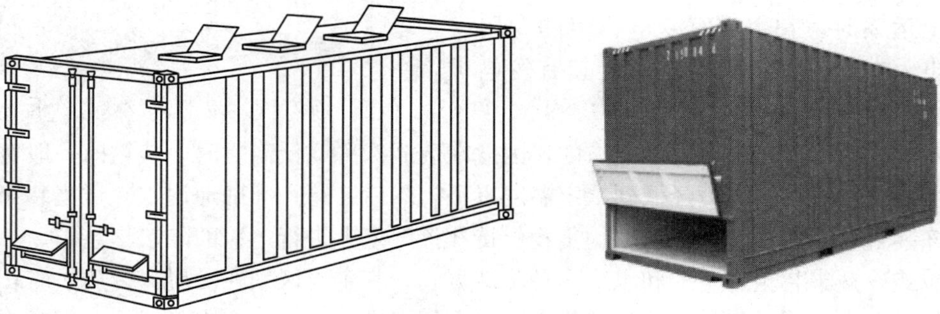

图 2 - 19　20 ft 散货集装箱

散货集装箱顶部的装货口应设水密性良好的盖，以防雨水侵入箱内。一些国家对进口植物需进行检疫，如澳大利亚的检疫制度十分严格，进口粮食要求在港外锚地进行熏蒸杀虫。因此，在散货集装箱上有的设有投放熏蒸药品用的开口，以及排除熏蒸气体的排出口，熏蒸时还要求集装箱能保持完全气密。

散货集装箱还可以用来装载杂货，为了防止装载杂货时箱内货物的移动和倒塌，故箱底和侧壁上也设有系环，以便能系紧货物。

7. 通风集装箱

通风集装箱（Ventilated container）的外表与杂货集装箱相同，是一种带有箱门的密闭式集装箱。为了通风，一般在侧壁或端壁上设有 4～6 个通风口。它适于装载球根类、食品，以及其他需要通风、防止汗湿的货物，能有效地防止新鲜食品在运输途中腐烂变质，如将通风口关闭，同样可以作为杂货集装箱使用，其外形如图 2 - 20 所示。

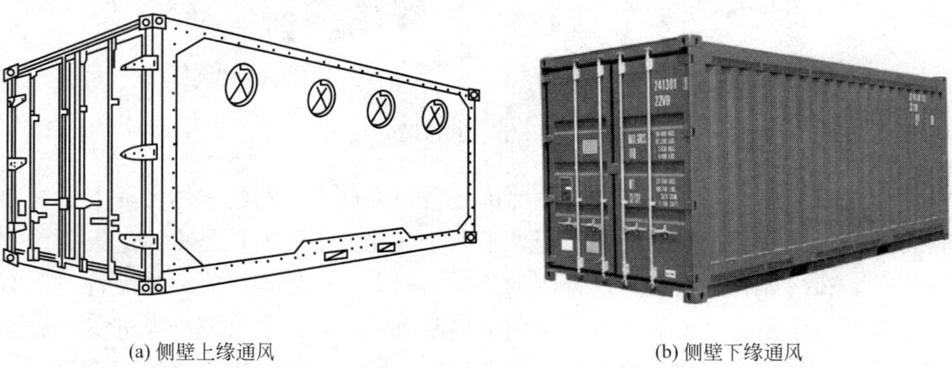

(a) 侧壁上缘通风　　(b) 侧壁下缘通风

图 2 - 20　通风集装箱

集装箱的通风方式一般采用自然通风。为了达到较好的通风效果，箱体采用双层结构，其侧壁和端壁的外板采用镀锌钢板或铆接铝板，顶板和底板采用玻璃钢胶合板，内衬板和外板保持 60 mm 的间隙，内衬板用涂漆的玻璃钢板。

8. 罐式集装箱

罐式集装箱（Tank container）是专用于装运酒类、油类（如动植物油）、液体食品，以及化学品等液体货物而设计的，还可以装运酒精及其他液体的危险货物。

罐式集装箱主要由罐体和箱体框架两部分构件组成。框架一般用高强度钢，其强度和尺寸应符合国际标准的要求。角柱上也装有国际标准角件，装卸时与国际标准集装箱相同。罐体是装运货物的主体，其形状和尺寸在国际标准中没有具体规定。罐体的材料有钢和不锈钢两种，视所装货物的需要而定，如罐体全部采用不锈钢，则价格昂贵。有的在钢板上包一层不锈钢，或在罐的内壁涂一层环氧树脂，用以代替不锈钢，便可防止液体货物对罐壁的腐蚀。为了防止罐内货物残留于壁面上，罐体的内壁最好进行研磨抛光。罐体外壁采用保温材料，形成双层结构，使罐内液体与外界充分隔热，对装载随外界温度变化而增加黏度的货物，装卸时需要加温，故在罐体下部设有加热器。在运输途中为了能从外面随时观察罐内的货温，罐上还装有温度计。

罐体顶部设有入孔（即装货口），用于货物装卸。装货口的盖子必须水密，罐底设有排出阀。罐的结构应便于拆卸和容易清扫。此外，罐上还应设有安全阀和梯子，罐顶最好有踏脚板，便于人员在顶上操作。钢制的罐式集装箱如图 2－21 所示。

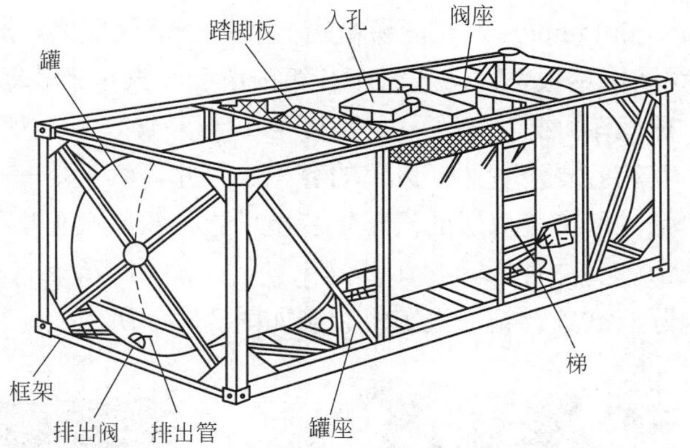

(a) 集装罐结构

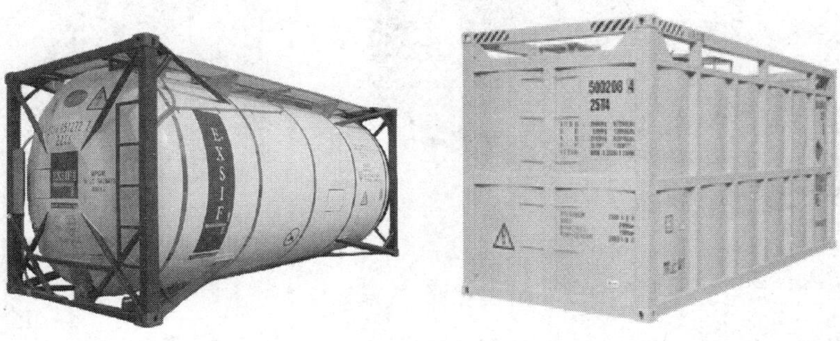

(b) 液体集装罐　　(c) 液化气集装罐

图 2－21　罐式集装箱

9. 动物集装箱

动物集装箱（Pen container）是一种装运鸡、鸭、鹅等活家禽和牛、马、羊、猪等活家畜用的集装箱。为了遮蔽太阳，箱顶采用胶合板遮盖，侧面和端面都有用铅丝网制的窗，保证良好的通风。侧壁下方设有清扫口和排水口，配有上下移动的拉门，可把垃圾清扫出，其结构图如图 2－22 所示。

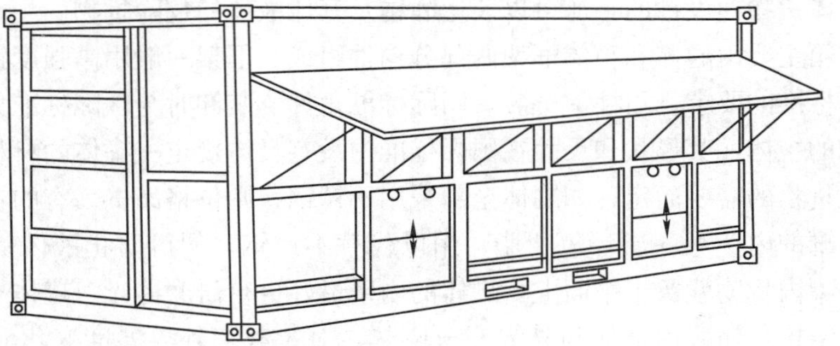

图 2－22　动物集装箱结构图

动物集装箱在船上应装在甲板上，不允许多层堆装。由于装载的是活动物，装在甲板上空气流通，也便于清扫和照顾。动物集装箱由于不允许堆装，载重小，故强度低于国际标准集装箱的要求，20 ft 的钢质动物集装箱的载重仅 4 800 kg，总重不到 8 t。

10. 汽车集装箱

汽车集装箱（Car container）是在简易箱底上装一个钢制框架，通常没有箱壁（包括端壁和侧壁），箱底应用防滑钢板，以防止汽车在箱内滑动。汽车集装箱有装单层（只装一层）的和双层的两种。一般汽车（指小轿车）的高度为 1.35～1.45 m，如装在 8 ft（2 438 mm）高的标准集装箱内，其箱容要浪费 2/5 以上的容积。因此，汽车是一种不经济的装箱货。为了提高箱容利用率，常见的有装双层的汽车集装箱，这种双层汽车集装箱高度有两种，一种为 10.5 ft（3 200 mm），另一种为 8.5 ft 高的 1.5 倍，即 12.75 ft（3 886 mm）。因此，汽车集装箱一般不是国际标准集装箱。汽车集装箱如图 2－23 所示。

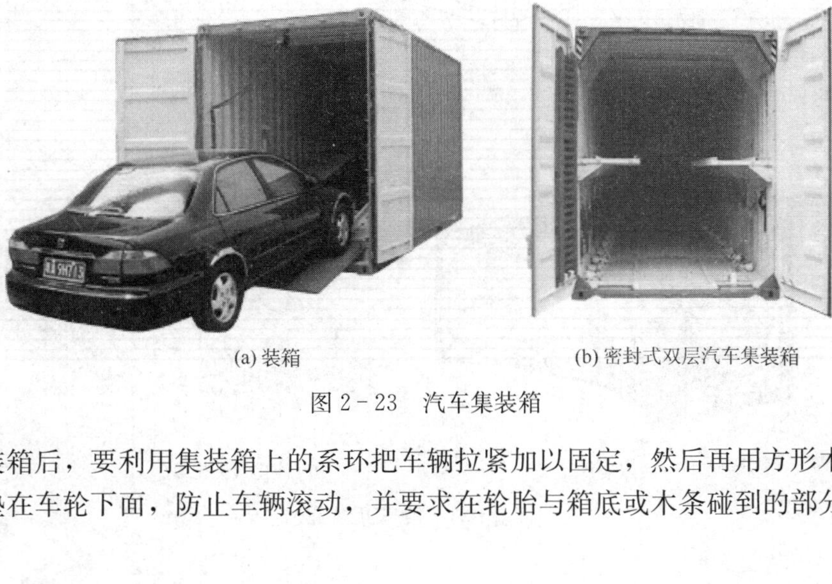

(a) 装箱　　(b) 密封式双层汽车集装箱

图 2－23　汽车集装箱

汽车装箱后，要利用集装箱上的系环把车辆拉紧加以固定，然后再用方形木条钉成井字形木框，垫在车轮下面，防止车辆滚动，并要求在轮胎与箱底或木条碰到的部分要用纱头或破布保护起来，防止船舶和运行车辆摇摆时产生的振动和冲击而磨损轮胎。但按货主的要求，一般不希望垫方形木条，而从船运汽车的实践证明，即使只用绳索拉紧，其固定的牢固程度已经是足够了，因此一般不再垫井字木框。

11. 组合式集装箱

组合式集装箱是一种在独立的底盘上，箱顶、侧壁和端壁可以分解或组合的集装箱，它可以单独运输货物，也可以紧密地装在国际标准的 20 ft 和 40 ft 型箱内，作为辅助集装箱用，因此，又称为“子母箱”。由于它拆掉壁板后形似托盘，故又称“盘式集装箱”，俗称 G tainer。

12. 服装集装箱

服装集装箱（Garment container）的特点是，在箱内上侧梁上装有许多根横杆，每根横杆上垂下若干条皮带扣、尼龙带扣或绳索，成衣利用衣架上的钩，直接挂在带扣或绳索上，其结构如图 2-24 所示。这种服装装载法属于无包装运输，它不仅节约了包装材料和包装费用，而且减少了人工劳动，提高了服装的运输质量。由于它具有许多优点，因此目前已广泛地被采用。

服装集装箱实际是杂货集装箱的一种特殊结构，它的主要参数与杂货集装箱相同，只是上侧梁由于承受了相当大的负荷，因此略需加强。这种集装箱如无服装装载时，只需把横杆上的绳索或带扣收起，即可作普通杂货集装箱使用，应用灵活方便。

图 2-24　服装集装箱

13. 其他用途的集装箱

集装箱是因运输货物的需要而产生的，所以也称为“货物集装箱”（Cargo Container）或“货运集装箱”（Freight Container）。由于集装箱运输的发展，运输效率不断提高，集装箱运用的范围也越来越广泛。现在集装箱不仅用于民用系统，在军用系统中也得到了发展。除运输货物用途外，还有流动电站集装箱、流动舱室集装箱、流动办公室集装箱等。

2.4 集装箱箱务管理

集装箱箱务管理是集装箱运输系统中极其重要的环节，其内容包括集装箱的调运、备用、租赁、保管、交接、发放、检验及修理等工作。做好集装箱箱务管理，对降低集装箱运输总成本，减少置箱投资，加快集装箱的周转，提高集装箱货物的装载质量和货运质量，提高企业经济效益和国际航运市场的竞争能力均具有重要意义。

2.4.1 集装箱营运管理体制

为加强对集装箱使用的管理，需设置集装箱营运管理机构，建立集装箱营运管理体制。通常集装箱营运管理实行一级调度、分级管理的体制，在集装箱运输总公司设箱管部，下设箱管分部（箱管中心）、各航线经营人及港口箱管代理。总公司箱管部对整个公司集装箱实行统一管理、集中控制、统一调度，由各航线经营人共同使用。箱管部设有营运管理、信息管理等业务职能部门。

2.4.2 集装箱调运管理

总公司箱管部统一管理整个公司的集装箱，并与各航线经营人密切配合、合理调配集装箱。箱管分部负责检查所管辖地区内的港口集装箱保有量，制订区域内港口间集装箱平衡及调运计划，并报箱管部统筹调度解决。箱管分部根据开放港口（箱管部提供给航线经营人空箱和允许航线经营人还箱的港口为开放港口，不接受航线经营人提还箱的港口为封闭港口）的进出口箱量，确定开放港口的集装箱合理保有量，并根据市场变化及时调整。

箱管部负责制订并调整各港口及地区的集装箱保有量，制定周、月度空箱调运计划，并与航线经营人联系落实该计划，向航线经营人发送集装箱调运计划通知书，认可后，向代理发布调箱指令，同时抄报箱管分部和航线经营人。对于开放港口，航线经营人应根据箱管分部的集装箱调运计划通知书和箱管分部发布的调箱指令，检查落实装船：而对于封闭港口，航线经营人应与地区箱管分部和港口箱管代理共同协商，做好封闭区域港口间的集装箱平衡工作，并且根据封闭区内的集装箱合理保有量，积极做好进、出封闭区的集装箱调运工作。港口箱管代理应做好集装箱现场管理工作，落实空箱调运计划，发现问题及时向有关各方反映，以便及时解决问题。

对于计划外用箱，应提出计划外用箱申请，交有关箱管分部和箱管部，如在分部地区内可解决则地区内协调解决。如有困难时，由箱管分部报箱管部予以解决。

对于港口或地区的集装箱空箱总量超过合理保有量的一定比例，并已堆存一定的时间，可以认为该港口或地区集装箱积压。对积压在封闭港口内的空箱，有关箱管分部应建议航线经营人积极组织回空，必要时应通报箱管部采取有效措施予以解决。

2.4.3 集装箱分配及使用

集装箱分配及使用一般应遵循以下原则：当港口集装箱充裕时，按船舶开离时间顺序分配用箱；当港口集装箱不足时，应首先保证本月调进空箱量大的航线经营人所属船舶用箱，再考虑运距长的货物用箱；对去往集装箱严重积压的港口的货要控制放箱；要保证高质、有重要运输协议、有特殊运输时限要求的货物和展品等货物的用箱；要保证特种货物对特种用箱的需求。

一般来讲，集装箱归航运公司所有，由箱管部经营调度，各航线经营人享有同等的集装箱使用权，集装箱未经箱管部许可不得用于航运公司以外的航线。箱管部在所有开放港口均按合理保有量的要求备足集装箱，以保证航线船舶的用箱要求。

1. 关于提箱、还箱及用箱

提箱是指航线经营人在开放港口的指定堆场提用空箱；还箱是指航线经营人将拆空后的箱交还给在开放港口的指定堆场；用箱是指航线经营人在开放港口的指定堆场提空箱起至空箱还至开放港口的指定堆场上的使用时间。在此期间内，航线经营人向箱管部支付按箱天计算的使用费并负有集装箱保管责任。

2. 关于错用箱

如发生本航运公司集装箱被其他公司错用，箱管代理在错用发生后 24 小时内将错用信息输入电子管理系统书面报告所属箱管分部、箱管部和航线经营人（在封闭港口）。错用港口代理与错用方联系追回用箱，并由错用港口代理把从错用之日起至该箱返回本航运公司所属堆场止的全部费用（包括租金、提还箱费、还箱检验费、修理费等）支付给箱管分部（指从开放港口错用）或航线经营人（指从封闭港口错用）。错用箱被还到本航运公司所属堆场后，由港口箱管代理将还箱信息输入电子管理系统。如错用箱在错用后 100 天内仍未还本航运公司所属堆场，箱管分部将此箱视为灭失，并按本航运公司集装箱赔偿标准向错用港口代理提赔。

如果本航运公司错用其他公司的箱时，无论是在开放港口或非开放港口，错用发生后，箱管代理应立即报告箱管分部，由箱管部与箱主公司联系还箱办法，并安排有关卸货港和箱管代理安排还箱。错用港代理在错用发生后，应立即将信息输入电子管理系统，还箱港代理亦应将还箱信息输入电子管理系统，由于错用而发生的费用由错用港代理承担。

3. 关于免费用箱

由箱主公司提供给本航运公司免费使用的集装箱由箱管分部统一与箱主公司签署用箱协议，各航线经营人无权自己接受此类空箱纳入航线营运。经签协议进入本航运公司范围的免费用箱，视同本航运公司租箱管理和使用。

4. 关于集装箱灭失

集装箱在航线经营人使用期间发生灭失，由航线经营人向箱管部宣布灭失，并将灭失动态输入电子管理系统，箱天费用自宣布次日起自动停止；在开放港口，集装箱发生灭失由代理向所在箱管分部和箱管部公布灭失，并将动态输入电子管理系统；箱管部根据集装箱灭失、丢失赔偿标准向责任方提赔。

2.4.4 集装箱的发放和交接

1. 集装箱发放和交接的依据

集装箱的发放和交接，应依据进口提货单、出口订舱单、场站收据，以及这些文件内列明的集装箱交付条款，实行集装箱设备交接单制度。从事集装箱业务的单位必须凭集装箱代理人签发的集装箱设备交接单办理集装箱的提箱（发箱）、交箱（还箱）、进场（港）、出场（港）等手续。

2. 交接责任的划分

参加海上国际集装箱运输的企业，应对各自掌管期限内的集装箱和集装箱货物负责，加强各环节的管理，明确交接责任。承运人、港口应按下列规定办理集装箱交接。

(1) 海上承运人与港口的交接由外轮理货公司代表海上承运人与港口在船边交接。

(2) 经水路集疏运的集装箱，水路承运人与港口在船边交接；在接驳直取作业时，由外轮理货公司代表海上承运人与水路承运人办理交接；在国内中转的集装箱，由外轮理货公司代表水路承运人与港口在船边交接。

(3) 经公路集疏运的集装箱，港口、内陆集装箱中转站、集装箱货运站与公路承运人在其大门交接。

（4）经铁路集疏运的集装箱，铁路承运人与托运人、收货人或受委托的港口、内陆集装箱中转站、集装箱货运站在集装箱装卸现场或双方商定的地点交接。

集装箱交接时，交接双方应当检查箱号、箱体和封志，重箱凭封志和箱体状况交接；空箱凭箱体状况交接，交接双方检查箱号、箱体和封志后，应做记录，并共同签字确认。

集装箱的发放、交接实行设备交接单制度，从事海上国际集装箱运输业务的各有关单位必须凭设备交接单办理集装箱发放、交接手续。托运人、收货人、内陆承运人或从事集装箱业务的有关单位，不得将集装箱用于设备交接单规定外的用途，必须按规定的时间、地点交箱、还箱。

集装箱提离场站后，严禁随意套箱、换箱。凡需要套箱、换箱，必须事先征得集装箱所有人同意，否则套箱、换箱者应承担由此引起的责任和损失。

3. 重箱交接

1）交接标准

箱体完好，箱号清晰，封志完整无误，特种集装箱的机械、电器装置运转正常并符合进出口文件记载要求。

2）出口重箱交箱进场的交接

出口重箱进入港口，托运人、内陆承运人凭场站收据、集装箱装箱单和设备交接单到指定港口交付重箱，并办理进场集装箱交接。港口凭场站收据、集装箱装箱单和设备交接单收取重箱并办理进场集装箱交接。

出口重箱凡有残损或船名、航次、提单号、目的港、箱号、封志号与场站收据、集装箱装箱单或设备交接单所列明内容不符者，港口应拒绝收箱。因拒绝收箱而产生的费用由责任方承担。

3）进口重箱提箱出场的交接

进口重箱提离港区、堆场、中转站时，货方（或其代理人）、内陆（水路、公路、铁路）承运人应持海关放行的进口提货单到集装箱代理人指定的现场办理集装箱发放手续。

集装箱代理人依据进口提货单、集装箱交付条款和集装箱运输经营人有关集装箱及设备使用或租用的规定，向货方（或其代理人）、内陆承运人签发出场集装箱设备交接单和进场集装箱设备交接单。

货方、内陆承运人凭出场集装箱设备交接单到指定地点提取重箱，并办理出场集装箱设备交接；凭进场集装箱设备交接单将拆空后的集装箱及时交到集装箱代理人指定的地点，并办理进场集装箱设备交接。

4. 空箱交接

1）交接标准

箱体完好，无漏光，清洁，干燥，无味；箱号清晰；特种集装箱的机械、电器装置无异常。如果有异常情况，应在进（出）场集装箱设备交接单上注明。

2）空箱的进场和出场交接

空箱提离港区、堆场、中转站时，提箱人（货方或其代理人，内陆承运人）应向集装箱代理人提出书面申请。集装箱代理人依据出口订舱单或出口集装箱预配清单向提箱人签发出场集装箱设备交接单或进场集装箱设备交接单。

货方或其代理人、内陆承运人凭出场集装箱交接单到指定地点提取空箱，办理出场集装箱设备交接；凭进场集装箱设备交接单到指定地点交付集装箱并办理进场集装箱设备交援。

因检验、修理、清洗、熏蒸、退租、转租、堆存、回运、转运需要，空箱提离场站，由托运人、收货人、内陆承运人或从事集装箱业务的有关单位向集装箱代理人提出书面申请。集装箱所有人依据有关协议，向托运、收货人、内陆承运人或从事集装箱业务的有关单位签发设备交接单。

5. 收、发箱地点应履行的手续

在指定的收、发箱地点，凭集装箱代理人签发的集装箱设备交接单受理集装箱的收、发手续；凭出场集装箱设备交接单发放集装箱，并办理出场集装箱设备交接手续；凭进场集装箱设备交接单收取集装箱，并办理集装箱设备交接手续。

在集装箱交接地点，应详细认真地对进出场集装箱进行检查和记录，认真填写集装箱设备交接单。如发现下列情况，均应在设备交接单上注明以下内容。

(1) 箱号及装载规范不明、不全、封志破损、脱落、丢失、无法辨认或与进出口文件记载不符。

(2) 擦伤、破洞、漏光、箱门无法关启。

(3) 焊缝爆裂。

(4) 凹损超内端 3 cm、凸损超角件外端面。

(5) 箱内污染或有虫害。

(6) 装过有毒有害货物未经处理。

(7) 箱体外贴有前次危险品标志未经处理。

(8) 集装箱附属部件损坏或灭失。

(9) 特种集装箱机械、电器装置异常。

(10) 集装箱安全铭牌（CSC Plate）丢失。

除了认真记录外，在集装箱交接地点还应将进出场集装箱的情况及时反馈给集装箱代理人，积极配合集装箱代理人的工作，使集装箱代理人能够及时、准确地掌握集装箱的利用情况，及时安排集装箱的调运、修理、追缴集装箱延期使用费，追缴集装箱的损坏、灭失费用等工作。

2.4.5 集装箱的堆存与保管

集装箱进入场站后，场站应按双方协议规定，按照不同的海上承运人将空箱和重箱分别堆放。空箱按完好箱和破损箱、污箱、自有箱和租箱分别堆放。

场站应对掌管期限内的集装箱和集装箱内的货物负责，如有损坏或灭失由场站承担责任。未经海上承运人同意，场站不得以任何理由将其堆存的集装箱占用、改装或出租，否则应负经济责任。

场站应根据中转箱发送的不同目的地，按船、票集中堆放，并严格按海上承运人的中转计划安排中转。

1. 重箱堆存与保管

集装箱港口为了避免集装箱在港内大量积压，一般规定各航班装运的重箱应在指定的入港开始时间和截止时间内将重箱运至港区内指定的场地堆存。船公司应与港口箱管部门密切配合，通知货方、内陆运输人将重箱及时运至港内，并做好集装箱设备交接工作。

2. 空箱堆存与保管

1）空箱进场操作

码头空箱进场有两种方式：空箱卸船进场和空箱通过检查口进场。空箱卸船进场前，码头堆场计划员必须安排空箱堆存计划。该计划安排的原则为：空箱根据箱尺码的不同，以及箱型的不同，按不同的持箱人分开堆存，码头与船方必须在卸箱时办理设备交接单手续。

通过检查口进场的空箱主要有两种，一种为船公司指定的用于出口装船的空箱，一种为进口重箱拆箱后返回码头。如为船公司指定用箱，则根据堆场计划员所作堆存计划与不同的尺码，不同的箱型，按出口船名、航次堆放；如为进口箱拆箱后返回码头堆场，则根据堆场计划员所作堆存计划与持箱人的不同分开堆放，空箱进检查口时，码头检查口与承运人必须办理交接单手续。

2）空箱出场操作

码头空箱出场主要有两种方式：空箱装船出场和空箱通过检查口出场。

(1) 装船出场的空箱主要有两种，一种为船公司指定用于出口装船的空箱，另一种为装驳船的空箱。码头箱务管理员应根据代理出具的工作联系单、空箱装船清单或船公司提供的“出口装船用箱指令”安排装船用箱计划。码头配载计划员根据箱务管理员的用箱计划及代理提供的场站收据，结合船名、航次的配载情况，选择全部计划空箱或部分计划空箱配船，凡该船航次未能装船的空箱，箱务管理员应做好记录，以备下一航次装船之用。

(2) 空箱通过检查口出场主要有下列 3 种形式。

① “门到门”提空箱，主要是出口载货用空箱的提运，该空箱提运至装箱地点进行装箱后，重箱回运本码头准备装船出口。空箱提离港区，货主或内陆承运人应向集装箱代理人提出书面申请。集装箱代理人根据出口集装箱预配清单向货主或内陆承运人签发出场集装箱设备交接单和进场集装箱设备交接单。货主或内陆承运人凭出场集装箱设备交接单向码头堆场提取空箱。

② 单提空箱，是指将空箱提运至码头外的集装箱堆场。如船公司提空箱至港外堆场、提退租箱等，码头箱务管理员应根据船公司或其代理的“空箱提运联系单”发箱，联系单上一般应写明持箱人、承运车队、流向堆场等，并注明费用的结算方法。

③ 因检验、修理、清洗、熏蒸、转运等原因需向码头提空箱。货方或内陆承运人应向集装箱代理人提出书面申请，集装箱代理人根据委托关系或有关协议向货方或内陆承运人签发出场集装箱设备交接单和进场集装箱设备交接单。货方或内陆承运人凭出场集装箱设备交接单向码头堆场提取空箱，码头凭代理的工作联系单发箱。空箱出场时，码头应与船方或承运人做好集装箱设备交接单和交接手续。

2.4.6 集装箱灭失、损坏、逾期还箱的处理

1. 集装箱灭失、损坏的处理

海上国际集装箱运输的各区段承运人、港口、内陆集装箱中转站、集装箱货运站对其所

管辖的集装箱和集装箱货物的灭失、损坏负责，并按照交接前由交方承担，交接后由接主承担划分责任，但如果在交接后 180 天内，接方能提出证据证明交接后的集装箱、集装箱货物的灭失、损坏是由交方原因造成的，交方应按有关规定负赔偿责任。

除法律另有规定外，承运人与托运人应根据集装箱货物交接方式按下列规定对集装箱货物的灭失或损坏负责。

(1) 由承运人负责装箱、拆箱的货物，从承运人收到货物后至运达目的地交付收货人之前的期间内，箱内货物的灭失或损坏由承运人负责。

(2) 由托运人负责装箱的货物，从装箱托运交付后至交付收货人之前的期间内，如箱体完好，封志完整无误，箱内货物的灭失或损坏由托运人负责；如箱体损坏或封志破损，箱内货物灭失或损坏由承运人负责。

(3) 由于托运人对集装箱货物申报不实或集装箱货物包装不当造成人员伤亡，并且使运输工具、货物自身或其他货物集装箱损坏的由托运人负责。

(4) 由于装箱人或拆箱人的过失造成人员伤亡并使运输工具、集装箱、集装箱货物损坏的由装箱人或拆箱人负责。

2. 逾期还箱的处理

船公司的集装箱通常分为自有箱和租箱两种。自有箱是船公司自己的集装箱，其一旦投入使用，就开始计算折旧成本；租箱是船公司向其他集装箱箱东租赁的集装箱，船公司须按日支付租金。集装箱一旦被超期使用，将使船公司增加额外成本。因此，船公司必须加强对超期箱的管理，定期清理超期箱。船公司通常都有自己的集装箱跟踪系统，通过该系统，可以查出目前本公司所有集装箱的动态，从而可以查出超期箱的详细情况。通常船公司须每周清理一次超期箱，逐一核查集装箱超期的原因，然后同有关方联系，督促其将超期箱尽快回运，此外，船公司应制订超期使用费收取标准，采取措施，限令客户尽快归还超期箱。

收货人在超过免费使用期后归还空箱或船公司指定的货运站逾期拆箱，以及发货人提取空箱后超过免费使用期将重箱运至码头堆场，均应按《集装箱超期使用费标准》向船公司支付集装箱超期使用费，如表 2-4 所示。集装箱超期使用费按中国银行当日的美元与人民币的兑换率计收人民币。

表 2-4　集装箱超期使用费标准　　美元/d

货箱种类	尺寸	1～4 d	5～10 d	11～40 d	41 d 以上
干货箱	6.1 m (20 ft)	免费	免费	3.00	12.00
	12.2 m (40 ft)			5.00	20.00
开顶箱、框架箱	6.1 m (20 ft)	免费	免费	4.50	18.00
	12.2 m (40 ft)			9.00	38.00
冷藏箱、罐装箱等特殊用途箱	6.1 m (20 ft)	免费	18.00	24.00	72.00
	12.2 m (40 ft)		30.00	42.00	120.00

集装箱发生丢失和推定全损时的赔偿按《集装箱丢失和推定全损赔偿标准》赔偿，如表 2-5 所示。国内或国外付费人一律计收美元。

表 2-5 集装箱丢失和推定全损赔偿标准 美元

货箱种类	尺寸	集装箱价格	年折旧率/%	最低赔偿额
干货箱	6.1 m (20 ft)	3 200.00	5	1 280.00
	12.2 m (40 ft)	4 300.00		1 720.00
超高箱 2.9 m (9 ft 6 in)	6.1 m (20 ft)	5 000.00	5	2 000.00
开顶箱	6.1 m (20 ft)	4 000.00	5	1 600.00
	12.2 m (40 ft)	5 000.00		2 000.00
框架箱	6.1 m (20 ft)	5 500.00	5	2 000.00
	12.2 m (40 ft)	7 500.00		3 000.00
冷藏箱、罐装箱等特殊用途箱	6.1 m (20 ft)	25 000.00	5	12 500.00
	12.2 m (40 ft)	33 000.00		16 500.00

2.4.7 集装箱码头内中转箱的箱务管理

集装箱码头的中转箱主要包括国内中转箱和国际中转箱。国内中转箱是指在境外装货港装船后，经国内中转卸船后转运到境内其他港口的集装箱，以及在国内装货港已办理结关手续，船公司出具全程提单，经国内中转港转运至国外目的港的集装箱。国际中转箱是指由境外启运，经中转港换装国际航线船舶后，继续运往第三国或地区指运口岸的集装箱，集装箱码头设有专职中转业务员负责码头内中转箱的箱务管理，掌握中转箱的动态，做好中转箱单证的流转管理工作。

1. 一程船卸船

国际海运中的"一程船"是指对某一中转箱而言，将该箱从起运港运至中转港的船舶，码头配载计划员在收到船公司资料后，将其中的中转资料交中转业务员处理。中转业务员将中转资料输入电脑。在船舶卸船后，应将中转资料与实卸情况进行核对，发现问题立即通知有关方面协调解决。对于一程船卸船后超过一定时间（14 天）还没有出运的中转箱，码头中转业务员要主动与代理联系，及时安排二程船转运。

2. 二程船装船

国际海运中的"二程船"是指对某一中转箱而言，将该箱从中转港载运至目的港的船舶，中转业务员收到中转通知书，将中转通知书（需有海关放行章）连同外区拖进本码头的中转箱的动态表一起交配载员处理。在装船结束后，中转业务员将经由配载员注明中转箱实际装箱情况和卸船时间的中转通知书与已装船的动态表等单证一起交收费部门，外区拖进本码头的中转箱因故未能装上船的，中转业务员要妥善保管好动态表，以备使用。

3. 中转箱跨区拖运

如果中转箱一程船卸船与二程船装船不在同一码头，则在卸船后，该中转箱必须跨区拖运。拖出地码头的中转业务员在安排出场计划的同时开具中转动态表（一式三联），附在作业申请单上交出场检查口。司机拖箱时与检查口人员办理设备交接，检查口人员自留动态表一联，附在出场报表上交收费部门，其余交司机。在拖进地码头，检查口业务员和司机办理设备交接，同时收下两联动态表，一联交中转业务员，另一联附在进场报表上交收费部门。

其后的工作与卸船进场的中转箱作业类同。

4. 危险品中转箱转存

凡不宜在码头堆存的危险品中转箱，码头中转业务员应严格把关，及时通知代理安排转运，确保码头生产的安全。危险品中转箱出场，中转业务员填写作业申请单和动态表（一式三联）交检查口。检查口自留一联附在出场报表上交费收部门，其余交司机。司机进场将动态表交堆场业务员，堆场业务员保留以备日后进场时用。

5. 中转箱倒箱

国际中转箱如因箱体损坏、用错箱等原因需要倒箱的，船舶代理应出具联系单给码头和海关。如在码头外倒箱，码头应根据海关许可证，安排出场计划和进场计划；如在码头内倒箱，则在倒箱时，要有海关、船舶代理、理货员在场。倒箱结束后，由海关加铅封。

2.4.8 集装箱的修理及维护保养

集装箱在运输、装卸、搬运、堆存过程中由于种种原因造成损坏，由箱管部及分部箱管部的技术管理部门对集装箱的维修做出统筹计划和组织实施。港口箱管代理可在授权范围内按照报修程序组织修理。

根据《国际集装箱安全公约》（CSC）规定，新箱在出厂后24个月内要进行内箱检验，5年时要进行箱体检验，并在以后每30个月检验1次。为此，港口箱管代理应对此项工作充分重视，并确认航运公司自有箱的CSC铭牌的有效日期，根据箱管部统一安排，做好集装箱的维护保养工作，保证集装箱满足CSC规定要求。

2.4.9 集装箱管理的现代化

随着全球国际集装箱运输的快速发展，每年均需投入大量的集装箱。由于集装箱流动范围极广，很难进行有效的控制，而且集装箱灭失造成的经济损失很大。为了最大幅度地减少经济损失，提高集装箱的周转率，最大限度地发挥集装箱的运输能力，防止因种种原因产生的集装箱灭失现象，世界各国都在研制和设置集装箱跟踪管理系统，实现箱务管理现代化。它包括：管理思想的现代化、管理方法的现代化、管理手段的现代化。

2.5 集装箱空箱调运和管理

2.5.1 集装箱空箱调运产生的原因

集装箱空箱调运及其管理关系到集装箱的利用程度、空箱调运费的开支、货物的及时装箱和发送，以及企业的经济效益。在集装箱运输航线货源不平衡的情况下，必须进行空箱调运。通过合理的空箱调运，可以降低船公司航线集装箱需备量和租箱量，从而降低运输成本，提高船公司的竞争能力和经济效益。产生空箱调运主要有以下原因。

（1）由于管理方面的原因产生空箱调运。如单证交接不全，流转不畅，影响空箱的调配和周转；又如货主超期提箱，造成港口重箱积压，影响集装箱在内陆的周转，为保证船期，需要从附近港口调运空箱；有的集装箱责任不清，损失或灭失，无法追回或未及时追回，只能调运空箱补充。

(2) 进出口货源不平衡，造成进、出口集装箱比例失调，产生空箱调运。

(3) 由于贸易逆差，导致集装箱航线货流不平衡，产生空箱调运。

(4) 进出口货物种类和性质不同，需使用不同规格的集装箱，产生不同规格集装箱短缺现象，需要按箱种规格调运空箱，以满足不同货物的需要。

(5) 各种运输方式之间衔接不够协调，导致集装箱流通不畅，影响集装箱的调运与周转。

(6) 其他原因。如出于对修箱费用和修箱要求考虑，船公司将空箱调运至修费低、修箱质量高的地区去修理。

由于客观的货物流向、流量及货种的不平衡，产生一定数量的空箱调运是必然的。而通过加强箱务管理，实现箱务管理现代化，减少空箱调运量是完全可以实现的。

空箱调运应比较空箱调运费用与租箱费用，考虑航线集装箱配备量因素，确定采取调运或租箱。当租箱费用大于或等于空箱调运费时，船公司可采取空箱调运；否则可考虑租箱。

由于空箱调运费用大且影响公司的竞争能力和经济效益，因此应研究减少空箱调运的组织技术措施。当然，由于客观上存在着国家和地区间集装箱货物流向、流量及货种的不平衡，完全避免空箱调运是不可能的。

2.5.2 有关空箱调运的各种费用

空箱调运中的费用支出主要有：空箱调运费、空箱卸港及还箱手续费、还箱鼓励费、开放港口提箱控制及提箱费、派船调运空箱费、集装箱滞期费等。这些费用应根据具体情况计入运营成本。

1. 空箱调运费

凡由箱管部安排和同意安排的，开放港口之间的空箱调运由箱管分部支付给承运人空箱调运费。

2. 空箱卸港及还箱手续费、还箱鼓励费

对于继续在集装箱积压港大量卸空箱的船舶，箱管分部按卸箱量向航线经营人收取还箱手续费（每箱 USD 100～350 不等）；对于在需卸港卸空箱的船舶，箱管分部按卸箱量支付还箱鼓励费（每箱 USD 50～150 不等），以补偿航线经营人为保持空箱至合理卸港所采取的翻舱移箱所支付的费用。

3. 开放港口提箱控制及提箱费

由于某些封闭港口大量积压集装箱以至影响到某些开放港口的箱源时，箱管分部将对与该封闭港有关的航线实行控制放箱，以保持该航线进出口趋于平衡，抑制封闭区内的集装箱继续积压；在某些箱源紧张的港口，箱管分部对封闭区内的集装箱积压严重且用箱量过大的航线，收取提箱费；对在某些开放港口进出口箱量差额（空、重箱总和）较大的航线，箱管分部向有关航线经营人收取提箱费。

4. 派船调运空箱费

对于某些封闭港口因种种原因长期大量积压集装箱，为使集装箱分布合理，保证用箱要求，箱管分部可采取租舱、租船等手段，集中调运空箱至需箱港口，所发生的调运费用向有关航线经营人追偿。

5. 集装箱滞期费

为了提高集装箱使用率，由箱管代理实施集装箱滞期费的收取工作，并将每个月滞期费收取情况书面报告所属箱管分部和箱管部，每月收取的滞期费汇付箱管分部。

2.5.3 减少空箱调运的途径

(1) 组建联营体，实现船公司之间集装箱的共享。联营体通过互相调用空箱，可减少空箱调运量和航线集装箱需备量，节省空箱调运费和租箱费。

(2) 强化集装箱集疏运系统，缩短集装箱周转时间。通过做好集装箱内陆运输各环节的工作，保证集装箱运输各环节紧密配合，缩短集装箱内陆周转时间和在港时间，以提供足够箱源，不致因缺少空箱而从邻港调运。

(3) 强化集装箱跟踪管理系统，实现箱务管理现代化。通过优化集装箱跟踪管理计算机系统，采用 EDI 系统，以最快、准确的方式掌握集装箱信息，科学合理地进行空箱调运，最大限度地减少空箱调运量及调运距离。

(4) 合理调整特定航线的运价，鼓励边际装箱货采用适箱化包装，进行集装箱运输。例如，由于中美贸易不平衡，导致美国空集装箱积压过多，从美国运往中国的大豆、木材也开始使用集装箱运输，形成箱主和货主双赢的局面。再如，砖经过防震包装后，可以采用集装箱运输。

(5) 准确预测货流。倘若货流预测的准确度较高，则空箱调运的及时性、合理性就有了一定保证，在此基础上及时安排和调运空箱，以满足不同的货主对不同的箱型和箱量的需求。

(6) 加强修箱管理。箱况的好坏关系到航运公司的服务形象，而修箱费用又与航运公司的盈利息息相关，必须通过管理解决好两者之间的矛盾。

专业术语

集装箱　标准集装箱　非标准集装箱　空箱质量　载货质量　额定质量　堆码能力　拴固能力　箱底承载能力　刚性　风雨密性　偏码　偏置　角件　角柱　角结构　识别标记　作业标记　清洁货　污货　冷藏货　危险货　散货　适合装箱货　边际装箱货

复习思考题

1. 简述集装箱的定义。按使用范围划分，集装箱标准有哪些类型？
2. 简述目前国际标准集装箱的主要规格有哪几种，主要规格箱型之间的尺寸关系是什么。
3. 简述集装箱是如何分类的。
4. 简述集装箱空箱调运产生的原因。减少空箱调运的途径有哪些？
5. 如何加强对集装箱调运的管理？
6. 集装箱分配及使用应考虑哪些问题？
7. 简述集装箱箱务管理的基本内容。

知识窗

集装箱设备交接单

EVERGREEN UNIGLORY

集装箱发放/设备交接单

EQUIPMENT INTERCHANGE RECEIPT

№

柜型 Container Type:	经办人 (NAME) 货柜字号 (Container No.)	用箱人 (Container user) 提单号码 (B/L NO.)

OUT 出

Empty 空箱 □ Loaded 满箱 □

Loading port 装货港

Discharging port 卸货港

Date 出场日期

Terminal 货柜场

Vsl/voy: 进出口船名航次

CONTAINER 货柜

Custom Seal Number 海关签封

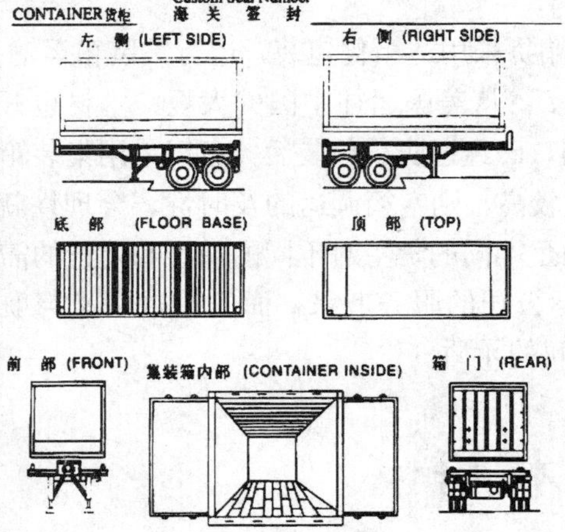

Inside condition of container and status:(货柜内部情况)

IN 进

Empty 空箱 □ Loaded 满箱 □

From 何处来

Date 进场日期

Terminal 货柜场

Vsl/voy: 进出口船名航次

CONTAINER 货柜

Custom Seal Number 海关签封

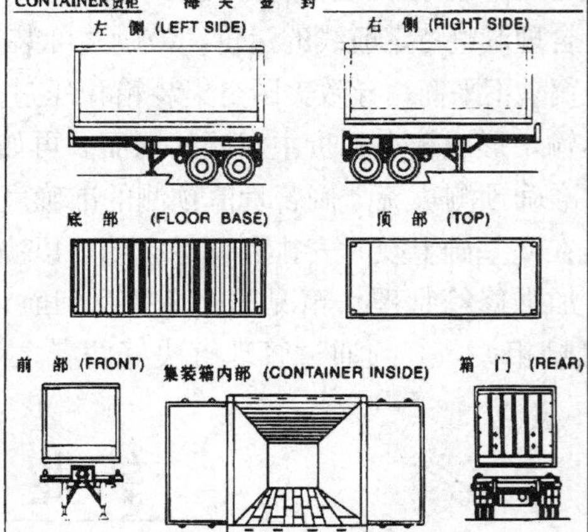

Inside condition of container and status:(货柜内部情况)

Mark clearly all damages and/or parts missing with following codes on the appropriate plan.(请将损坏情况以下列符号记入上图适当位置)

D Dent凹　H Hole洞　C Cut破　B Bruise擦伤　M Missing失落　BR Broken折断

Further damages be stated below (如有其他损坏请记本栏)

CSC PLATE		ACEP LABEL	
WITH 已有	REFIT 加装	WITH 已有	REPOST 加贴

The equipment listed above is received in good order except where noted
(上列设备已注入损坏之外其余部分情况良好)

Further damages be stated below (如有其他损坏请记本栏)

货柜限　　日期交回、逾期需缴纳货柜使用费。

CSC PLATE		ACEP LABEL	
WITH 已有	REFIT 加装	WITH 已有	REPOST 加贴

The equipment listed above is received in good order except where noted
(上列设备已注入损坏之外其余部分情况良好)

DATE 日期	FOR RECEIVER (CARRIER, LICENCE NO.) 领货柜人　运输公司　车牌号码	DATE 日期	FOR REDELIVERER (CARRIER, LICENCE NO.) 交货柜人　运输公司　车牌号码

The condition of the equipment is as indicated above 设备之情况如上列

For Container Owner 交货柜人　Date 日期

The condition of the equipment is as indicated above 设备之情况如上列

For Container Owner 收货柜人　Date 日期

(一船公司、堆场(绿
(二码头、堆场(黄
(三运输公司(红
(四运输公司(白
(五堆场兰

注：敬请领箱人员注意集装箱状况，以及拆箱后请清除箱内杂碎污物，否则一切责任及发生之费用由运输公司及用箱人负责缴纳，不得异议。

船务代理：UNISCO上海联合国际船舶代理有限公司

案例分析

集装箱灭失案

1. 基本案情

收货人：C 市塑料厂，简称收货人

货代：S 外贸运输公司货代，简称货代

港区：S 港 Z 集装箱码头装卸公司，简称港区

船代：S 外轮代理公司是 S 远洋运输公司的代理人，简称船代

1984 年 11 月 8 日，C 市塑料厂从奥地利进口拉丝机设备一套，分装 4 只集装箱，箱号分别为：6077639，2330820，4013642，4010772，提单和舱单均载明集装箱是货主箱。

1985 年 8 月 6 日运抵港区。同年 9 月 18、19 日，货代前往港区堆场提货，但未将集装箱随货提走，而在堆场拆箱，拉丝机组主件处于裸装状态，通过公路运输，有收货人押车运至 C 市，4 只空箱连同箱中附有的过滤网等配件均遗留在港区。运输途中，因部分设备遭雨淋，个别部件损坏生锈。

1985 年 9 月 23、24 日，港区为 4 只箱子分别加上前缀，即 SCXU6077639、SCXU2330820（英国 See Container LTD），COSU4013642（中远公司），UFCU4010772（美国 Flexi - van Corp），船代在 S 远洋运输公司的“沱汤”、“枝江口”两轮制作的集装箱单上载明。S 海关对此审查后全部放行，同年 9 月 30 日，4 只箱子被运往国外。

收货方因部件缺失，延迟了设备的安装调试，遂向货代索赔经济损失 9 600 美元的贷款利息和 129 142 元人民币，以及要求追回 4 只空箱或赔偿 4 只空箱 417 160 元人民币。

经海事法院审理判决，涉及 4 只集装箱空箱及箱中附件灭失的经济损失中，货代负 80%的责任、船代负 10%的责任、港区负 10%的责任。

2. 责任分析

货主箱英文为“Shippers Own Container”，简称“SOC”，含义指发货人拥有的集装箱，它不属于船公司所有，而属于发货人所有或收货人所有（发货人将其作为包装箱卖给收货人）。

一般情况下，把原箱主代号除去，而刷上按发货人意图编写的 6 位或 7 位阿拉伯数字作为箱号，就成了单程运输的货主箱，以便与其他集装箱区分，使船公司在编制货运单证时不会混淆。而且船公司应按发货人要求在货运单证上注明“SOC”箱，包括在舱单和提单上注明。这样，货代或收货人在目的港提货时就将该箱连同货物一并提取，并在拆箱后不再收回空箱返回堆场。

本案中，货代凭提货单提货时，没有注意到单据上对货主箱的标注，按常规拆箱，造成了不必要的过失；作为港区，盲目地在空箱的标记上加上箱主代码，无形中转移了集装箱的物权，并向船代提供了错误的信息资料；作为船代，收到港区提供的箱号后没有核实是否属船公司所有就指令运输。

第 3 章 集装箱货流及基本组织形式

【本章内容概要】

本章概括介绍了货物运输的一般过程。首先简要介绍了件杂货运输的基本流程及存在的问题，依此对比集装箱运输，体现集装箱运输的优点和特点。其次，对集装箱运输按整箱货和拼箱货两类分别介绍其运输过程及交付形式。从交付形式中了解物流业务的服务内容及开辟市场的方法。最后对集装箱货物的分类及箱型选择做了详细的介绍。本章的主要内容框架如图 3-1 所示。

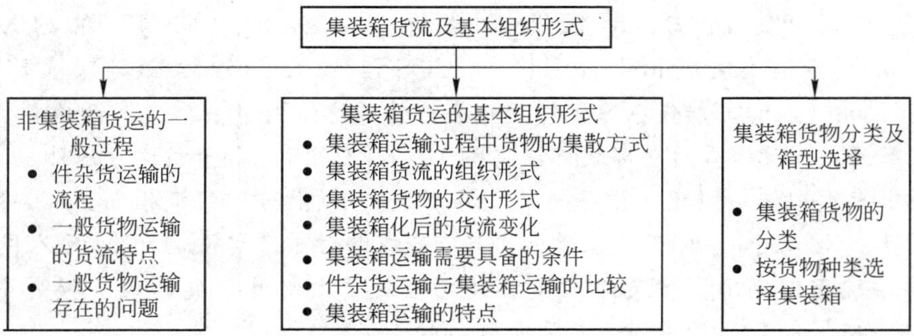

图 3-1　本章的主要内容框架

【本章学习重点与难点】

学习重点：集装箱货运的组织形态、集装箱货物的交接。

学习难点：实现集装箱运输特点的措施。

3.1 非集装箱货运的一般过程

传统的货物运输是在货物的自然包装下，以件杂货形式组织的运输。

3.1.1 件杂货运输的流程

货物通过铁路、公路、水路、航空等运输方式，按照一定的组织方式，实现有目的的运输。为说明件杂货运输的基本过程，并与集装箱运输进行对比分析，以公路、铁路和水路 3 种运输方式参与的出口货物运输为典型事例。在这一货物运输过程中，可有以下 3 种情况。

(1) 货物由公路或铁路直接从发货人仓库运送到港口船边装船，到达目的港后，再由收货人自码头船边，利用公路或铁路送到收货人仓库。采用这种运送形式，发货人把货物运到港口船边后，与船舶直接办理交付手续。到达目的港后，由收货人自港口船边接收货物。报关等作业可以委托代理办理。这种形式只是在货物品种单一、批量大、点数容易的条件下才能实现。一般在运输大宗货物时采用。

(2) 货物由发货人经公路或铁路运到港口内的码头仓库，在码头仓库存储一定的时间，等办理完出口手续后再装船，运往目的港。到目的港后，货物先卸在港内的码头仓库，再由收货人来码头仓库取货。在这种情况下，轮船公司经港口的码头仓库接收货物，到达目的港以后，再经过码头仓库把货物交给收货人。一般杂货运输采用这种方式。

(3) 货物由发货人经公路或铁路运到储运公司仓库，在储运公司仓库办理交接手续。从储运公司仓库至码头船边还有一段距离，这段距离的运输通常有3种方式：一是储运公司用汽车把货物从仓库运到船边装船；二是储运公司有铁路线，通过铁路把货物运到码头船边装船；三是储运公司仓库靠近水际，使用驳船把货物运到船边装船。货物到达目的港后，储运公司再利用各种运输方式，把货物从船边运到目的港的仓库，由仓库交给收货人。一般杂货运输采用这种方式的比较多。

在整个货物运输的过程中，货物由一定的运输方式从发货人指定的地点向港口运送或从港口向收货人指定地点运送，发货人参与运输的全部过程，与参与运输环节的各方办理货物交接手续。件杂货运输的一般货物运送过程如图3-2所示。

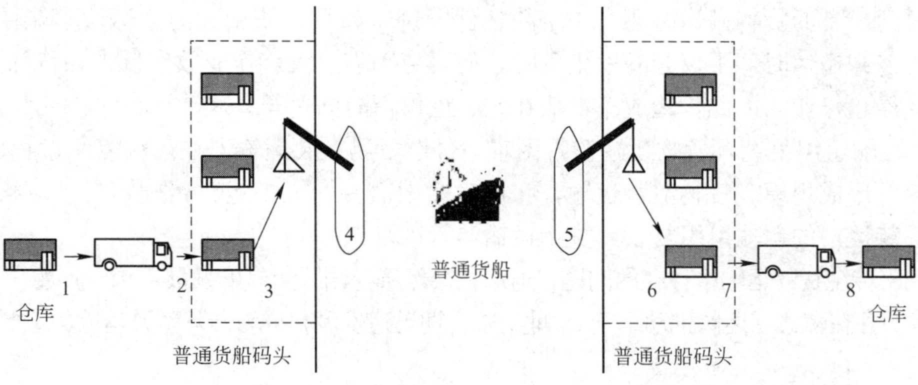

图3-2 件杂货运输的一般货物运送过程

3.1.2 一般货物运输的货流特点

从货物运输的网络上，件杂货运输的货流形式如图3-3所示。

从图3-3中反映出件杂货运输的货流特点表现在以下方面。

(1) 在任意发港和任意到港之间直接组织船舶运输，港口之间的航线密集。

(2) 从货物的始发地至港口，以及从港口至货物的终到地，直接组织货物的运输，港口向内地辐射的交通运输线路复杂。

(3) 货物的集散以货物的自然批量为主，运输规模小，不利于形成规模运输效益。

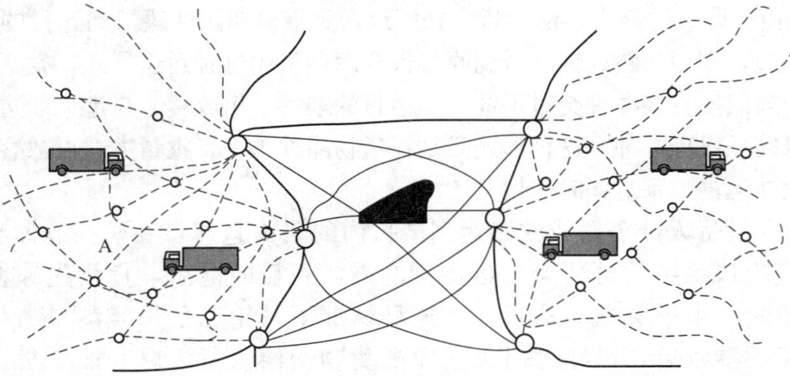

图 3-3　件杂货运输的货流形式示意图

3.1.3　一般货物运输存在的问题

在国际贸易运输中，件杂货运输，存在以下问题。

(1) 运转点多，手续过繁。货物从发货人到收货人之间的整个运输过程中，一般需要经过几种运输方式转运。为了分清各货物承运人的责任，在每一个转运点上均须清点货物，办理转运手续。文件、单据需要分门别类，甚为繁杂。因此，经常造成货差事故。

(2) 货物搬运次数多，易发货损事故。由于转运点多，每次转运需要进行一次货物装卸。货物装卸次数多，不仅增加了装卸费用，而且还增加了货损事故的发生。

(3) 货物装卸时间过长。传统的件杂货运输均须逐包、逐件进行装卸和搬运，需要花费很长的时间。有的货物搬运时还有一定的条件限制，如只能使用人力搬运，不能使用机械。采用人力装卸搬运时，不仅容易发生危险，而且劳动强度大，作业效率低。在特殊天气情况下，需要停止作业。因此，造成车、船在站、港停留时间过长。

(4) 运输组织复杂，货物运输监管困难。件杂货物散装运输，在运输组织过程中作业分散，不容易形成规模。货物散装运输，在运输途中需要专人押运，否则容易被调换、盗窃。因此，散装运输的运输组织复杂，货物运输监管困难。

为克服传统货物运输中存在的问题，适应社会经济与国际贸易的发展需求，产生了集装箱运输的形式，并在多式联运的推动下于 20 世纪中后期迅速发展，成为国际贸易运输的主要形式。

3.2　集装箱货运的基本组织形式

3.2.1　集装箱货物运输过程中货物的集散方式

在传统的国际货物运输过程中，运输组织是混乱的，由于各托运人托运货物的批量都较小，特别在内陆运输中无法实现经济规模。与传统的国际运输相比较，集装箱货物的运输无论在全程流通过程还是在运输组织上都发生了根本性的变化。

采用集装箱运输货物时，一般先将分散的小批量货物预先在内陆集装箱货运站加以集中，组成大批量货物以后，通过内陆运输（铁路或公路运输）将其运到装船港。用船将集装箱运到卸船港后，再通过内陆运输将集装箱运到最终目的地。

集装箱货物的运输根据各国运输法规的不同和具体航线上的经济、地理等条件决定其不同的集散方式和流转程序。在集装箱货物的运输过程中，货物的集散方式有两种：整箱货和拼箱货，两者的流转程序是不同的。

1. 整箱货及整箱货物运输

整箱货（Full Container Cargo Load，FCL）是指由发货人负责装箱、计数、填写装箱单，并由海关加铅封的货物。整箱货的拆箱一般由收货人办理，也可以委托承运人在货运站拆箱，但承运人不负责箱内的货损、货差责任，除非货方举证确属承运人责任事故的损害，承运人才负责赔偿。承运人对整箱货以箱为交接单位。只要集装箱外表与收箱时相似和铅封完备，承运人就完成了承运责任。整箱货提单上要加上“委托人装箱、计数并加铅封”的条款。

整箱货物运输是承运人从发货人手中接过海关铅封后的整箱货物，经过公路、铁路、水路等各种运输方式，在运输过程中不进行掏装箱作业，一直运送到目的地收货人指定的交货地点交付。这种形式即所谓的“门到门”运输。采用这种运输形式，一般货物批量大，全部货物均属于一个发货人和收货人，并到达一个目的地。

整箱货物运输过程如下。

(1) 发货人在自己工厂或仓库装箱地点配置集装箱。

(2) 发货人在自己工厂或仓库装箱地点装箱。

(3) 通过内陆运输或内河运输将集装箱货物运至集装箱码头。

(4) 在集装箱码头堆场办理交接，根据堆场计划在堆场内暂存集装箱货物，等待装船。

(5) 根据装船计划将集装箱货物装上船舶。

(6) 通过水上运输将集装箱货物运到卸船港。

(7) 根据卸船计划从船上卸下集装箱货物。

(8) 根据堆场计划在堆场内暂存集装箱货物。

(9) 通过内陆运输将集装箱货物运至收货人工厂和仓库。

(10) 收货人在自己工厂或仓库掏箱地点掏箱。

(11) 集装箱空箱回运至集装箱堆场。

2. 拼箱货及拼箱货物运输

拼箱货（Less Than Cargo Container Load，LCL）是指装不满一整箱的小票货物。这种货物通常是由承运人分别揽货并在集装箱货运站内集中，而后将两票或两票以上的货物拼装在一个集装箱内，运到目的地的集装箱货运站后拆箱，分别交货。对于这种货物，承运人要负担装箱与拆箱作业，装拆箱费用仍向货方收取。承运人对拼箱货的责任，基本上与传统杂件货运输相同。

拼箱货物运输是由货主通过普通汽车将货物运输到集装箱货运站，承运人将货物集中后，把不同票而到达同一目的地的货物拼装在一个集装箱内，再运输到集装箱码头堆场，等待装船。船舶到达目的港后，运输到集装箱货运站拆箱，再利用普通汽车运送到收货人处。采用这种运输形式，一般货物批量较小，不足以装满一箱，货物可以来自不同的起运地，但必须运往同一目的港。

拼箱货物运输过程如下。

(1) 发货人自己负责将货物运至集装箱货运站。

(2) 集装箱货运站负责配箱、装箱。

(3) 集装箱货运站负责将装载货物的集装箱运至集装箱码头。

(4) 根据堆场计划将集装箱暂存堆场，等待装船。

(5) 根据装船计划将集装箱货物装上船舶。

(6) 通过水上运输将集装箱货物运抵卸船港。

(7) 根据卸船计划从船上卸下集装箱货物。

(8) 根据堆场计划在堆场内暂存集装箱货物。

(9) 将集装箱货物运到货运站。

(10) 集装箱货运站掏箱交货。

(11) 集装箱空箱回运至集装箱堆场。

集装箱多式联运的典型集装箱运输货流过程如图 3-4 所示。

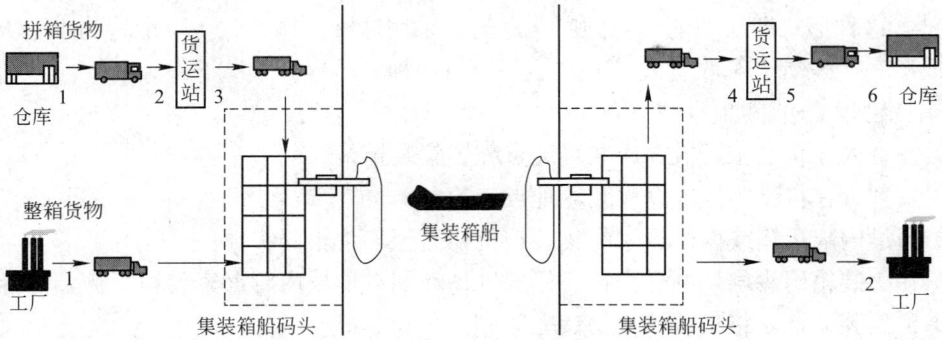

图 3-4　集装箱运输货流过程示意图

3.2.2　集装箱货流的组织形式

根据集装箱货流的程序及集装箱货物运输的形态，存在以下 4 种集装箱货流的组织形式。

(1) 整箱货物装箱，以整箱货物的形式拆箱。

(2) 整箱货物装箱，以拼箱货物的形式拆箱。

(3) 拼箱货物装箱，以整箱货物的形式拆箱。

(4) 拼箱货物装箱，以拼箱货物的形式拆箱。

集装箱货流的组织形式如图 3-5 所示。

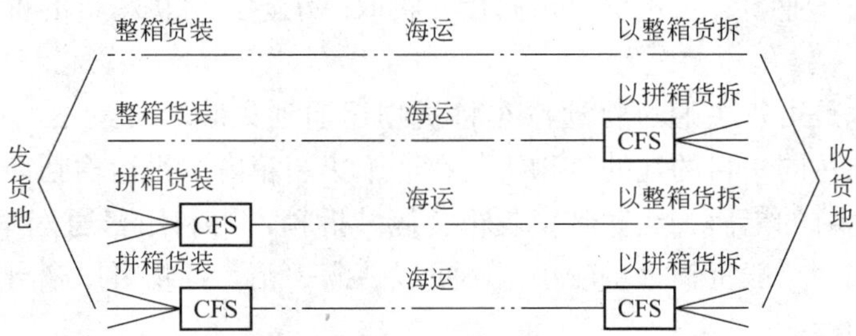

图 3-5　集装箱货流的组织形式示意图

3.2.3　集装箱货物的交付形式

1. 集装箱货物的交接地点

在集装箱运输过程中，集装箱货物的交接地点主要有以下3处。

(1) 集装箱堆场（Container Yard，CY）。

(2) 集装箱货运站（Container Freight Station，CFS）。

(3) 托运人或收货人工厂或仓库（Door）。

2. 集装箱货物的交付形式

根据4种集装箱货流组织形式和3处集装箱交接地点，集装箱货物的交付形式主要有以下9种。

(1) 门到门（Door to Door）：承运人在托运人的工厂或仓库接收由托运人装箱、验关、铅封后的集装箱货物，负责将整箱货物运送到收货人的工厂或仓库，整箱货物交付收货人。货物交接的形态均为整箱货。

这种交付形式属于多式联运业务。适用于单一的买方和卖方进行的贸易。

(2) 门到场（Door to CY）：承运人在托运人的工厂或仓库接收由托运人装箱、验关、铅封后的集装箱货物，负责将整箱货物运送到目的港集装箱码头堆场，整箱货物交付收货人，这种交接表示承运人不负责目的地的内陆运输。货物交接形态均为整箱货。

这种交付形式属于多式联运业务，但买方自主安排本国内的支线运输。适用于单一的买方和卖方进行的贸易。

(3) 门到站（Door to CFS）：承运人在托运人的工厂或仓库接收由托运人装箱、验关、铅封后的集装箱货物，负责将整箱货物运送到目的港集装箱货运站，拆箱后，分别向不同的收货人交付货物。承运人接受的是整箱货，交付时为拆箱形态。

这种交付形式属于多式联运业务，但买方负责本国内的支线运输。适用于多个买方与单一的卖方进行的贸易，由卖方拼箱统一发货。如某国几家贸易公司从我国一家供货商采购商品，该供货商统一安排发货，以整箱形式运到目的港指定的货运站进行拆箱，国外的几家贸易公司自助到货运站取货。

(4) 场到门（CY to Door）：承运人在起运港集装箱码头堆场接收由托运人装箱、验关、铅封后的集装箱货物，负责将整箱货物运送到收货人的工厂或仓库，整箱货物交付收货人。货物交接形态均为整箱货。

这种交付形式属于多式联运业务，但卖方自主安排本国内的支线运输。适用于单一的买方和卖方进行的贸易。

(5) 场到场（CY to CY）：承运人在起运港集装箱码头堆场接收由托运人装箱、验关、铅封后的集装箱货物，负责将整箱货物运送到目的港集装箱码头堆场，整箱货物交付收货人。货物的交接形态均为整箱货。

这种交付形式属于传统的海运业务，卖方和买方自主安排本国内的支线运输。适用于单一的买方和卖方进行的贸易。

(6) 场到站（CY to CFS）：承运人在起运港集装箱码头堆场接收由托运人装箱、验关、铅封后的集装箱货物，负责将整箱货物运送到目的港集装箱货运站，拆箱后，分别向不同的收货人交付货物。承运人以整箱形态接受货物，以拆箱形态交付货物。

这种交付形式属于传统的海运业务，卖方和买方自助安排本国内的支线运输。适用于多个买方与单一的卖方进行的贸易，由卖方拼箱统一发货。例如，某国几家贸易公司从我国一家供货商采购商品，该供货商统一安排发货，以整箱形式运到目的港指定的货运站进行拆箱，国外的几家贸易公司自助到货运站取货。

(7) 站到门（CFS to Door）：承运人在起运港集装箱货运站接收货物，负责装箱、验关、铅封，并将整箱货物运送到收货人工厂或仓库，整箱交付收货人。在有两个或两个以上托运人将各自不足整箱的货物托运给同一收货人时，一般在集装箱货运站进行拼箱作业。承运人以拼箱形态接受货物，以整箱形态交付货物。这种交接方式一般对应于多个发货人，一个收货人的情况。

这种交付形式属于多式联运业务，但卖方自主安排本国内的支线运输。适用于发货人委托承运人装箱的业务；或者一个买方与多个的卖方进行的贸易，由买方委托承运人拼箱统一发货。如国外某贸易公司从我国多家供货商采购商品，各供货商按照国外贸易公司的要求把商品送到装船港指定的货运站进行拼箱。

(8) 站到场（CFS to CY）：承运人在起运港集装箱货运站接收货物，负责装箱、验关、铅封，并将整箱货物运送到目的港集装箱码头堆场，整箱交付收货人。这种方式与第（7）种方式类似，差别仅是承运人在集装箱货运站接受货物后，负责将货物运至合同指定的目的地堆场，并向收货人交付货物。

这种交付形式属于传统海运业务，卖方和买方自助安排本国内的支线运输。适用于发货人委托承运人装箱的业务；或者一个买方与多个的卖方进行的贸易，由买方委托承运人拼箱统一发货。如国外某贸易公司从我国多家供货商采购商品，各供货商按照国外贸易公司的要求把商品送到装船港指定的货运站进行拼箱。

(9) 站到站（CFS to CFS）：承运人在起运港集装箱货运站接收货物，负责装箱、验关、铅封，并将整箱货物运送到目的港集装箱货运站，拆箱后，分别向不同收货人交付货物。承运人接受货物与（7）、（8）相似，接受货物后要负责将货物运至合同指定目的地集装箱货运站，并负责拆箱后向收货人交付货物，货物交接形态均为拼箱，一般对应于多个发货人、多个收货人的情况。

这种交付形式属于传统海运业务，卖方和买方自助安排本国内的支线运输。适用于多个小批量的贸易，发货人委托承运人装箱，为了节约运费而拼箱发货。

上述交接方式中，最典型的集装箱货物交接方式是第一种交接，即“门到门”运输，它是集装箱运输最理想的形式。只有实现了“门到门”运输，才能充分发挥集装箱运输的优势。

3.2.4 集装箱化后的货流变化

采用集装箱运输后，货流发生了很大的变化。集装箱化的货流形式如图 3－6 所示。

采用集装箱运输后，按照大规模生产的要求，货流将集中在大港，中小港口成为大港的支线港；陆路运输从各地通过公路和铁路集装箱列车，将集装箱汇集到大港，使陆路运输线比采用集装箱运输前简单了。这些变化给集装箱运输所要进行的大规模生产创造了有利条件。

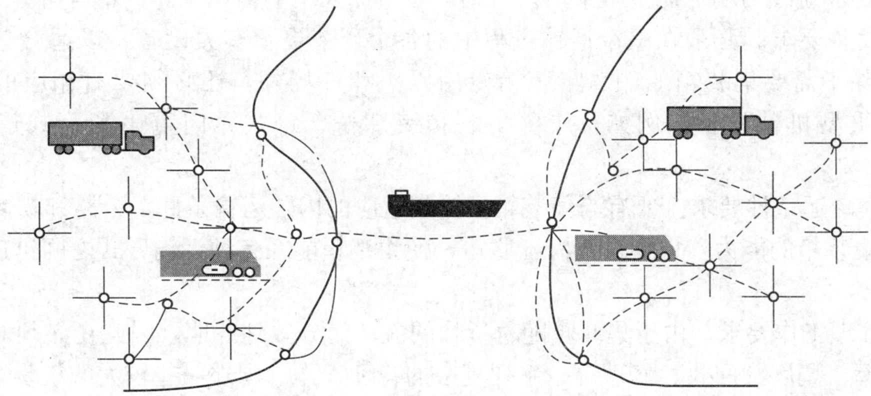

图 3-6　集装箱化的货流形式示意图

为提高集装箱运输设备的工作效率，一方面要尽量减少大型集装箱船在中途港的停泊点；另一方面要进一步提高港口运输生产的大规模化。要使公路汽车运输大规模生产是困难的，因此陆路运输有从公路汽车运输向铁路运输发展的趋势。在采用集装箱运输前，铁路运输在进行换装作业和调车作业时，所需时间很长，费用也很大，工作效率很低，与汽车运输比较，运输时间长。采用集装箱后，在内地仓库与集装箱码头间，采用了固定编组的专用列车，减少了在枢纽站间和铁路中间站内的调车作业和换装作业时间，从而提高了铁路车辆的周转率，这样才能实现高速、大量、廉价的运输。

在内陆运输中，采用公路运输经济还是采用铁路运输经济的问题，这与许多因素有关。例如，运输距离的长短，各国公路和铁路的技术经济条件，以及公路和铁路的运费差别等。可以通过计算得出一个公路和铁路合理运输距离的临界值。根据国外资料，合理运输距离的临界值英国为 160 km，即 160 km 以远应采用铁路运输比较经济，160 km 以内的采用公路运输；日本为 400 km。美国达 600 km 以上，这是因为美国高速公路发达，汽车运力充沛，在与铁路竞争中处于更有利的地位。

对于大港周围的中、小港内的集装箱运输，一般有两种办法：一种是争取利用大港干线上的大型集装箱船挂港，把集装箱捎带去；另一种是采用小型集装箱船作支线运输，将中、小港的集装箱集中到大港去。这两种方法何种经济，要通过计算确定。计算时影响其经济性的主要因素有：大港干线集装箱船的箱位数、支线船的箱位数、大港与中小港的距离、中小港集装箱装卸箱数。一般来讲，干线上的集装箱船越大，支线运输的运距越长，中途港的装卸量越小，则采用支线运输越有利。

3.2.5　集装箱运输需要具备的条件

采用集装箱运输有很好的经济效益，是成组运输中的一种比较理想的运输方式。但开展集装箱运输除对船舶、港口、堆场、货箱、装卸搬运等都要求有专门设备外，并要求内陆运输有相应的、配套的运输系统和专门设备，使集装箱从一种运输方式能方便迅速地转到另一种运输方式，有利于组织多式联运，实现“门到门”运输，这就需要大量基本建设投资。因此，采用集装箱运输，需要具备一定条件。

(1) 货运要求。集装箱运输要求货物流量大而比较稳定集中，同时货种适合装载集装箱，尤其要求航线两端货运基本平衡，否则就会造成大量空箱积压和空箱运输。

(2) 设备要求。必须在整个运输过程中的各个环节更新有关设备，以适合集装箱运输的要求。除了需要集装箱船舶、集装箱专用码头和堆场外，还必须要有相应的装卸搬运集装箱的重型机械设备。例如，岸壁集装箱装卸桥、跨式龙门重吊和跨式集装箱搬运车等。

(3) 集疏运条件要求。要有与集装箱运输相适应的内陆运输条件，公路和铁路运输应有接受大型集装箱的能力，以便进行海陆联运，使集装箱能在各种运输方式之间迅速、顺利地换装。

(4) 管理工作要求。由于集装箱随着货物的流动而分散到各地，因此还必须对集装箱进行专门掌握、调度、回收、修理等一系列复杂的管理工作。国外一些较大的集装箱运输公司大都采用电子计算机对集装箱进行编目控制，即把集装箱的每一动态信息详细储存在电子计算机内，随时掌握集装箱的行踪，并根据需要，通过计算机进行合理调度，充分利用集装箱并使空箱的回运减少到最低程度。

3.2.6 件杂货运输与集装箱运输的比较

集装箱运输与件杂货运输相比具有许多优点，其经济效果可归纳为：提高装卸效率，减轻劳动强度；加速车船周转，加快货物送达；避免货物倒载，防止货损货差；节约包装费用，简化理货手续。

1. 集装箱运输的优势

1) 减少人力搬运货物的次数

图 3-2 和图 3-4 分别反映了件杂货运输与集装箱运输在运输全过程中货物装卸次数的不同。用普通货船运输时，从发货人仓库用普通货运汽车把货物运往码头开始，一直到目的港用普通货运汽车将货物运到收货人仓库为止，在整个运输过程中，货物一共要经过 8 次交接，每次交接都需要搬动一次货物。由于普通货船件杂货运输时需要大量的劳力和繁多的手续，因此不仅装卸效率降低，而且还会造成大量的货损、货差事故。

以拼箱货形式的集装箱运输，货物先用普通货运汽车从货主仓库运到集装箱货运站装箱，装箱后的集装箱先存放在堆场上，等待集装箱船到达后装船。船舶到达目的港后，卸下的集装箱先运到集装箱货运站拆箱，然后由收货人用普通货运汽车运到收货人仓库。在运输的全过程中，由于货物交接而搬运货物的次数为 6 次。拼箱货集装箱运输与普通货船件杂货运输，在搬运货物次数上只减少了 2 次，但所减少的这两次操作是舱内作业。一般来说，舱内作业的特点是作业效率低、劳动强度大、作业环节差、不安全因素多，减少了这两次舱内作业，对保证“优质、高产、低成本”地完成装卸任务，起了很大的作用。

以整箱货方式的集装箱运输，货物从发货人仓库装箱以后，一直到收货人拆箱为止，一票到底，货物在运输全过程中只需用搬运 2 次就行了。其他环节都是在不同运输工具上对集装箱进行换装，无须逐票逐件地搬运或清点货物。而集装箱的换装都是利用机械进行的，不需要消耗很大的人力。

2) 有利于实现国际多式联运

多式联运是用两种或两种以上不同的运输工具，对特定的货物进行的接运。它是以各种运输工具的有机结合，协同完成全程运输为前提条件的。在外贸运输中所采用的多式联运为国际多式联运（International Multi modal Transport）。国际多式联运是指根据一个单一的合同，以两种或两种以上的运输方式，把货物从一个国家运到另一个国家。在这种单一的合同基础上填写的多式联运单据，由组织这种运输的个人或企业——多式联运经营人（Multi-modal Transport Operator）签发，并由其负责履行全运程的运输业务。构成多式联运的核心因素是多式联运经营人和多式联运合同。以单一的合同主体来完成连接的接运，是当前以国际大型集装箱运输为核心的国际多式联运最主要的特征。

从理论上讲非成组的散件货（Break bulk Cargo）也可以采用多式联运。然而，由于件杂货在运输各环节的每一个交接点都有货物装卸活动，而且货物是敞开的，在过境时必须经过严格的检查。在这种情况下，多式联运经营人是很难负责处理全部业务活动和签发全程运输单据。只有把货物成组以后，才能在国际多式联运中取得最好的效用。

集装箱运输是成组运输中的高级形式。由于杂货集装箱是一种封闭式的装载工具，在海关的监督下装货铅封以后，可以一票到底直达收货人仓库开箱验关，只要铅封不损坏，中途无须开箱检查，因而不仅能大大提高运送速度、简化手续，而且还能很好地防止货损和盗窃。所以，集装箱运输是最适合国际多式联运的一种方法。

2. 采用集装箱运输的问题

1）集装箱运输需要大量的初始投资

集装箱运输是一种现代化的运输系统，开展集装箱运输需要有专门的设施和新的技术装备。例如，公路和铁路要有特别的专用车辆，港口需要有专用码头和特殊要求的技术设施，而且要有巨大的码头面积来设置堆场。由于集装箱的体积和重量较大，一般的常规机械无法进行搬运和装卸，故要有专用的机械设备。船运公司还要增添集装箱专用船和大量价格昂贵的集装箱。特别是在内陆运输时，为了适应现代化集装箱运输的要求，必须对公路和铁路的路线进行改造。这些都需要大量的投资。如果为了节约投资，利用不适当的装备和设施，如公路运输时用普通货运汽车运输集装箱，铁路运输时用一般的平板车，船舶运输利用普通货船装运，则不仅不能发挥集装箱运输的优越性，还可能导致营运失败。

2）要改变原有的运输组织机构和建立新的规章制度

集装箱运输系统与传统的运输系统有很大的差别。集装箱运输是采用现代化大规模生产的方式，因此要求有更高的作业效率，再加上使用了不同的运输装备，就需要制定一套使用和管理这些新装备的制度和方法。因此，无论是公路、铁路、水运、空运，以及港口等运输机构，甚至包括代理公司、装卸公司和储运公司等，都必须针对集装箱运输的要求，做好作业上的改革和调整。

至于在劳动力方面，由于集装箱运输中使用的是先进的机械化装备，因此劳动力的文化水平和素质比传统运输系统的要求大幅提高，一般都需要经过专门训练才能上岗。这是顺利开展集装箱运输的必备条件。

3）增加了箱务管理业务

集装箱运输是以国际标准的大型集装箱为货物装载工具而进行的运输。集装箱运输中需要使用大量的集装箱，由于集装箱的价格很高，所以集装箱的投资很大。如何提高集装箱的利用率，加速集装箱的周转，减少空箱回空，这是箱务管理的任务。箱务管理的好坏，对降低集装箱运输的成本，提高集装箱的经济效益有重大的影响。

由于集装箱的数量多，集装箱分散在各挂靠港口及其辐射的内陆，要及时地掌握大量集装箱的动态是一项十分复杂的业务管理，经常遇到由于箱务管理混乱，致使大量集装箱流失而无从寻找，这不仅在经济上造成重大损失，有时会造成有货没有箱而无法实现运输。箱务管理不善就意味着需要使用更多的集装箱，这是集装箱运输成本提高的最主要因素。

4）要求海关、商检、动植检、卫检等机构密切配合

国际集装箱运输是外贸运输，按照国家的规定，要求货物的进出口须进行各种检验和办理一定的手续，这就需要耗费大量的时间。如果集装箱运输也与传统的杂货运输一样，须开箱检验，而且开箱时必须各方到场，若有一方不到，就不能装箱和掏箱，这就失去了集装箱运输快捷、迅速的优点。

因此，为了适应集装箱运输的要求，有关各方必须改革以前传统的做法，使之紧密合作、密切配合，以保持集装箱在运输过程中的流畅无阻。但在实际工作中要做到这一点，也非易事，必须克服许多的阻力和困难。

5）增加了潜在的危险性

采用集装箱运输以后，在一定程度上增加了货物运输过程中的危险性，这可以从以下几方面来分析。

（1）甲板上一般不允许装载件杂货，而允许装载集装箱。一般全集装箱船上有1/3（有时甚至超过1/2）的集装箱装在甲板上。在甲板上装载集装箱后，首先带来的问题是船舶重心提高而影响了稳性；其次，甲板装载集装箱以后，使驾驶室的视线受到限制，加大了视野的死角，影响了瞭望，从而增加了搁浅、碰撞和触礁的可能性；再者甲板装载的集装箱易受风浪的袭击，货损的危险性加大。特别是甲板装载集装箱后，会影响救火行动。例如，1973年6月的海巫号（MV. Sea Witch）集装箱船在纽约港内与埃索·布鲁塞尔号（Esso Brussels）油船相撞后起火，由于集装箱船的甲板装载集装箱，阻隔了甲板上的通道，致使无法救火，海巫号烧了8天8夜，最后以全损告终。

（2）为使集装箱进入舱内，必须将集装箱船的舱口开大。因此，集装箱船比普通货船纵向变形的适应力小了很多。正如在一块钢板上打个洞一样，对该钢板的强度损害极大，此时，钢板断裂的危险程度与洞口的大小成正比。大舱口的集装箱船极易自舱口四角因扭力矩产生集中应力而撕裂。

（3）目前世界各大港都有集装箱专用码头，在集装箱专用码头上都设有集装箱装卸桥，用于集装箱船的装卸。因此，现代集装箱船上都不设装卸设备。但是，当集装箱船遇到搁浅时，由于无法抛弃集装箱而减轻船舶的重量，降低了在搁浅时能抢救脱险的自主能力。例如，1976年9月1日，美国总统轮船公司的格兰特总统号（SS. President Grant）在基隆外港东防波堤与桶盘屿之间触礁，因该船无起吊设备，无法抛弃集装箱使船身上浮，最后于9月25日船尾进水而沉没，船上满载着300多个集装箱均未卸下。

（4）集装箱内货物装载技术不良或装载方法不妥而造成货损时有发生。货物装箱铅封后，在运输途中无法看清箱内货物的状态，因此即使货物处在危险状态下，也无法及时发现和加以抢救，特别是运输危险货物时，问题更为严重。因此在某种程度上，集装箱运输反而增加了货物损坏的可能性。

随着集装箱运输的发展、新型集装箱船的设计和科学技术的日益进步，集装箱运输中存在的危险程度也在降低，有的问题已经得到了根本的解决。

3.2.7　集装箱运输的特点

与件杂货运输相比，集装箱运输具有以下特点。

1. 集装箱运输是一种高效率的运输方式

由于集装箱的标准化和装卸机械、运输工具的专业化和大型化，使集装箱运输成为一种高效率的运输方式，具体体现在以下方面。

(1) 装卸效率高。由于采用高效率的机械装卸，使集装箱在港口码头、场站的装卸效率得到提高。

(2) 运输工具利用率高。由于装卸效率提高，各种运输工具在港站的停留时间大大缩短，使运输工具每个航次（班次）中航行（运行）时间与航次（班次）总时间的比值明显增大，大大提高了运输工具的使用率。

(3) 货物运达速度快，流动资金周转率高。由于货物装卸效率提高，货物在港站停留时间减少，加上集装箱货物在运输过程（特别是长距离运输）中普遍采用大批量、高速度的运输组织方式（如铁路中的直达专列、快运班车，海运中的干线运输等）和行政手续的简化，使货物的运达速度比传统的零担运输明显缩短。这样可以缩短买方货物占用资金的周期。而对于卖方来说，由于集装箱货物交接地点已从港口、车站交接转变为内陆地区以至“门到门”的交接，卖方可以在交货后即可取得运输单据，使结汇时间提前，因此对买卖双方来讲，由于货物运输而占用的流动资金周转率都有较明显的提高。

(4) 节省货物的运输包装费用和运杂费用。由于集装箱本身是一种具有较高强度的容器，在运输途中可以起到保护货物的作用，货物使用集装箱运输时，可以简化运输包装，节省包装费用。在集装箱运输过程中各港口、车站对装卸费、中转费大都采用优惠价格，加之可以减少运输途中由于换装而引起的理货和办理海关手续次数，因而采用集装箱运输可以减少运杂费用。

(5) 提高库场使用率。由于集装箱的强度远远大于货物运输包装的强度，集装箱货物在库场中堆码时，最多可达 4 层，因而可以大大减少货物堆码占用面积，提高库场利用率。

2. 集装箱运输是一种高质量的运输方式

集装箱运输是一种高质量的运输方式主要体现在以下几个方面。

(1) 集装箱运输是以箱为运输单元的，其装卸、换装、运输暂存过程中都是以箱为单位整体进行。加之在运输过程中，货物都是装在箱内且箱子又有较高强度和较好的封闭性，货物装载又有较高要求，因此使用集装箱运输货物，可以减小全程运输中，由于各种原因引起的货损、货差、被盗、丢失的可能性。

(2) 货物运送速度快。由于集装箱运输中在港站装卸作业时间的缩短，提高了集装箱货物的运送速度。

(3) 由于采用了集装箱运输的组织形式，货物全程运输所涉及的各环节（托运、装卸、通关等）都简化了手续，方便和简化了货主办理单据和各种财务及行政手续。

3. 集装箱运输是一种资金高度密集型的运输产业

集装箱运输中的集装箱、各类运输工具、各种港站设施、机械设备及整个集疏运系统都需要投入大量的资金。随着运输工具的现代化、大型化，装卸机械的大型化、专业化和管理现代化，集装箱运输所需的人力资源将进一步减少，但对人员素质将提出更高的要求。

4. 集装箱运输是一种专业化、标准化的运输方式

集装箱运输的标准化主要体现在以下几方面。

(1) 箱型的标准化带来的装在箱内运输货物重量和外形尺度的标准化。

(2) 各种运输方式中运输工具的专业化和标准化。

(3) 各类港、站设施的专业化和结构、布局及设计要求的标准化。

(4) 各类装卸、搬运机械设备的标准化。

(5) 运输管理组织、运输装卸技术工艺标准化。

(6) 运输法规、运输单据的统一化标准化等。

5. 集装箱运输是一项复杂的系统工程

集装箱运输是把高效装卸的专业化码头、快速周转的运输船队、四通八达的集疏运网络、功能齐全的中转站、各种类型的运输经营人和实际承运人、遍及世界的代理网络、科学准确的信息传递和单证流转、协调工作的口岸各部门（海关、三检、理货、保险及其他服务部门等）有机结合在一起的大规模运输工程。集装箱运输系统整体功能的发挥，要依赖于上述各方面的协调发展和密切配合。现代集装箱运输从产生时起就把不同的运输方式紧密结合在一起，实现了多种运输方式的联合运输，从而在运输经营上打破了传统运输港站交接货物和分段运输的习惯，实现了“门到门”的运输。同时在运输组织上，实现了不同运输方式或单一运输方式多程运输的综合组织，打破了长期以来各种运输方式独立发展，独立经营和独立组织的局面，把不同运输方式和货物运输中的不同环节连成了一个不可分割的整体。这些特点使集装箱运输在系统规划、企业经营、运输组织管理等方面的基本思想和方法都具有了明显的系统性。

由于集装箱运输具有上述特点，使集装箱运输在世界范围内迅速发展，并使物流全过程的诸环节（如包装、装卸、运输、保管及信息传递等）都发生革命性的变化。这也是集装箱运输被说成是“运输史上的一场革命”的原因。

3.3 集装箱货物分类及箱型选择

3.3.1 集装箱货物的分类

集袋箱运输以后，由于种类不同的集装箱适合装载的货物不同，所以货物分类的方法与普通货物运输时也有不同。一般有以下两种分类方法。

1. 按货物性质分类

按货物性质分类可分为普通货物和特殊货物。普通货物又可分为清洁货（细货、精良货）和污货（粗货）；特殊货物可分为冷藏货、活动植物、重货、高价货、危险货、液体货、易腐货和散货等。

1) 普通货物（General Cargo）

普通货物一般通称为百杂货，该种货物的运输不需要特殊方法进行装卸和保管，可以按件计数的货物的总称。其特点是货物批量不大，但其货价较高，具有较强的运费负担能力，通常用定期船运输。普通杂货根据其包装形式和货物的性质又可分清洁货和污货两类。

(1) 清洁货（Clean Cargo）。清洁货又称细货（Fine Cargo）或精良货，该种货物清洁而干燥，货物本身对积载和保管无特殊要求，如与其他货物混载会损坏或污染其他货物，如罐头食品、纺织品、棉纱、布匹、橡胶制品、陶瓷器、漆器、电气制品、玩具等。

(2) 污货（Dirty Cargo）。污货又称粗货（Rough Cargo，Troublesome Cargo），是按货物本身的性质和状态，容易发潮、发热、风化、融解、发臭，或者有可能渗出液汁、飞扬货粉、产生害虫而使其他货物遭受严重损失的货物。属于这一类货物的有渗出液汁的兽皮，飞扬粉末的水泥、石墨，污损其他货物的油脂、沥青，生虫的椰子核、牛骨、干燥生皮，发生强烈气味或臭气的胡椒、樟脑、牛皮等。

2) 特殊货物（Special Cargo）

特殊货物是指在性质、重量、价值或货物形态上具有特殊性，运输时需要用特殊集装箱装载的货物。它包括冷藏货、活动植物、重货、高价货、危险货、液体货、易腐货和干散货等。

(1) 冷藏货（Refrigerated Cargo）。冷藏货是指需用冷藏集装箱或保温集装箱运输的货物，如水果、蔬菜、鱼类、肉类、鸡蛋、奶油、干酪等。

(2) 活动植物（Livestock and plants）。活动植物指活的家禽、家畜及其他动物，以及树苗和其他苗木等植物。

(3) 重货（Heavy Cargo）。重货指单件重量特别大的货物，如重型机械等货物。按我国规定，水路运输中的笨重货有如下 3 个标准：交通部沿海直属水运企业规定，重量超过 3 t，长度超过 12 m；长江航运公司和各省（市、自治区）沿海水运企业规定，重量超过 2 t，长度超过 10 m；各省、市、自治区内河水运企业规定，重量超过 1 t，长度超过 7 m。

在国外一般平均每件重量超过 3.6 t 的货物以笨重货来处理，而集装箱内叉式装卸车能够作业的能力依不同种类的集装箱有所不同，如杂货集装箱一般为 2.5 t，敞顶集装箱为 4 t。

(4) 高价货（Valuable Cargo）。高价货是指无论按容积或重量来计算，其价格都比较昂贵的货物，如生丝、绸缎、丝织品、照相机、电视机，以及其他家用电器等。

(5) 危险货（Dangerous Cargo）。危险货是指本身具有易燃、易爆、有毒、有腐蚀性、放射性等危险特性的货物。危险货物装箱时必须有特别的安全措施，有危险货物的集装箱装船时也同样如此，以保证运输设备及人身的安全。

(6) 液体货（Liquid Cargo）。液体货是指需装在罐、桶、瓶、箱等容器内进行运输的液体或半液体货物。许多液体货还具有一定程度的危险性，需特别引起重视。此外，液体货易泄漏和挥发，经常会污染其他货物。

(7) 易腐货（Perishable Cargo）。易腐货是指在运输途中因通风不良或遇高温、高湿等原因容易腐败变质的货物。

(8) 干散货（Bulk Cargo）。干散货是指食物、盐、煤、矿石等无特殊包装的散装运输的货物。随着集装箱运输的发展，水泥、糖等也可用集装箱散装运输。

2. 按适箱程度分类

尽管集装箱化进展很快，但也并不是所有的货物都适合集装箱运输。根据适合装箱的程度，可分为以下几种。

1）最适合装箱货（Prime Containerizable Cargoes）

最适合装箱货一般是指货价高、运费也高的商品，而且货物通常具有装箱效率高的特点。因为这些货物的尺寸、容积与重量都适合装箱。属于这一类的货物有：各种酒类、香烟及烟草、药品、塑料及其制品、纺织品、小型电器、光学仪器、打字机、各种家用电器等。如冷藏集装箱装运的果蔬及肉类、乳酪等也都属于此类，这些货物一般也都易被盗窃和损坏。

2）适合装箱货（Suitable Containerizable Cargoes）

适合装箱货一般价格并不太高，运费率也比最适合装箱货便宜，不易受损坏和盗窃。属于这一类商品的有：纸浆、罐装植物油、电线、电缆、金属制品、皮革、炭精棒、黑色颜料、煤焦油等支付赔偿费较大的商品。

3）边际装箱货（Marginal Containerizable Cargoes）

边际装箱货又称临界装箱货，这一类货从技术上看是可以装箱的，但由于价格低廉，运费便宜，从经济角度看是不利的。这些货物在包装方面均难以进行集装箱化。属于这一类的货物有：钢锭、铅锭、生铁块、原木、砖瓦等。这些商品一般不会受损坏或被盗窃。

4）不适合装箱货（Unsuitable Containerizable Cargoes）

不适合装箱货是指那些从技术上看装箱有困难的，或货流量大时可以用专用运输工具（包括专用车、专用船）运输的货物。因为利用专用运输工具可以提高装卸效率，降低成本。例如，原油、矿砂、砂糖等，散原油和矿砂等不宜装箱运输。又如，桥梁、铁路、大型发电机等设备，由于尺度大大超过国际标准集装箱中最大尺寸的集装箱，故装箱有困难，但可以装在组合式的平台箱上运送。

随着集装箱运输的发展，装载特种货物的专用集装箱也得到了一定的发展。专用集装箱出现以后，各货种适合装箱程度的等级，可能有所提高，边际装箱货和不适合装箱货的货种将日益减少。

3.3.2 按货物种类选择集装箱

集装箱运输与普通散件杂货运输相比较，由于搬运货物的次数减少了，故货物产生的货损事故也相应地减少。但是由于装箱时忽视了货物的性质和货物的包装状态，使用了不恰当的集装箱而引起货损，在集装箱运输中也经常发生。为了保证集装箱运输中货物的完整无损，应根据货物的性质、种类、体积、重量、形状的不同来选择适当的集装箱。

目前，国际上常用的集装箱有杂货集装箱、敞顶集装箱、通风集装箱、台架式集装箱、动物集装箱、冷藏集装箱、罐式集装箱、散货集装箱等。

按货物性质，有的货物清洁而干燥，没有明显的特殊要求，也不会损坏其他货物，则可选用杂货集装箱。有的货物包装虽清洁或干燥，但根据其特性会对其他货物产生漏损、污损、熏染臭气，则应采用通风集装箱、敞顶集装箱或台架式集装箱等特殊集装箱；还有的货物易受周围温度、湿度的影响，如具有易腐蚀性的新鲜水果、蔬菜、鱼类、肉类等货物，就需使用保温集装箱、冷藏集装箱等。

应当指出的是，一种集装箱并不只适合于装载一种货物；反之，一种货物也可以采用不同种类的集装箱装载，但也不是各种集装箱都能适合装载。所以，正确地按货物种类选择集装箱，这对保证货物运输质量有重要意义。按货物性质分类，货物装箱时应选用的集装箱种类如表3-1所示。

表3-1　不同货物种类的集装箱选择

<table>
<tr><th colspan="2">货物类型</th><th>选用集装箱</th></tr>
<tr><td rowspan="2">普通货物</td><td>清洁货</td><td rowspan="2">杂货集装箱
通风集装箱
敞顶集装箱
台架式集装箱
冷藏集装箱
散货集装箱</td></tr>
<tr><td>污货
（易受损货）</td></tr>
<tr><td rowspan="8">特殊货物</td><td>易腐货
冷藏货</td><td>冷藏集装箱
通风集装箱</td></tr>
<tr><td>活动植物</td><td>动物集装箱
通风集装箱</td></tr>
<tr><td>重货</td><td>敞顶集装箱
台架式集装箱
平台集装箱</td></tr>
<tr><td>高价货</td><td>杂货集装箱</td></tr>
<tr><td>危险货</td><td>杂货集装箱
冷藏集装箱
台架式集装箱</td></tr>
<tr><td>液体货</td><td>罐式集装箱</td></tr>
<tr><td>干散货</td><td>散货集装箱</td></tr>
<tr><td>其他无包装货</td><td>台架式集装箱
平台集装箱</td></tr>
</table>

专业术语

件杂货运输　集装箱运输　整箱货　拼箱货　场（集装箱堆场）　站（集装箱货运站）门（货主的工厂或仓库）　国际多式联运　清洁货　污货

复习思考题

1. 简述集装箱货流的组织形式。
2. 简述集装箱货物的交付形式。
3. 简述集装箱化需要解决的问题。
4. 简述集装箱运输与普通货物运输的差异。
5. 简述集装箱运输的特点。
6. 集装箱货物是如何分类的？

案例分析

案例一　CFS—CY 交接方式下承运人的责任纠纷

1. 案情介绍

1997 年 11 月 22 日，大华公司与万里公司签订 4 份进口合同，约定大华公司向万里公司进口氨纶丝 35 吨、36 吨、36 吨、30 吨，允许溢短 5%，单价 26 500 美元/吨，CIF 泉州港。以上货物均由中运公司承运。

1997 年 12 月 4 日，货物由韩国釜山装船，中运公司代理签发了 4 份已装船提单。提单记载，收货人凭指示，通知方为大华公司；交货地福建泉州；运输方式 CFS—CY；货物为 A 级氨纶丝，装载 20 尺集装箱内；提单作了“托运人装箱并计数”和“据说装有”的批注；提单记载数量分别为 36 吨、36 吨、37.728 吨、31.392 吨。

1997 年 12 月 15 日运抵泉州，1998 年 8 月 10 日经背书转让给福建外贸，福建外贸于 8 月 17 换取提货单之后向泉州海关申报验货，海关查验发现集装箱内装的是涤纶丝，而非申报的“氨纶丝”。9 月 3 日，福建外贸请商检对货物进行检验，认定集装箱箱体无损，铅封完好，装载货物的纸箱上标有涤纶丝“TEXTVREDYAR”字样，箱内货物为涤纶丝，福建外贸为此支付商检费 64 674.00 元人民币。

福建外贸因货物与提单记载不符合而拒收货物，泉州海关因申报品名与实际不符，将货物没收，并对福建外贸罚款。

福建外贸要求中运公司按照提单及有关单证上记载的货物名称交付货物或赔偿等价的货物。

中运公司主张，货物由托运人装箱，费用也由托运人支付，中运公司接受的是整箱货，其在提单上所作的批注是有效批注，在交货上不存在任何过错。

法院认为，中运公司不能举证本案集装箱货物是托运人装箱，其在提单上所做的“托运人装箱并计数”和“据说装有”的批注为无效批注。根据提单所确定的 CFS—CY 交接方式，中运公司负有“在装货港集装箱货运站按件接货并装箱的义务”，并有义务按照提单表面的记载向善意的提单持有人福建外贸交付货物。中运公司不能交付载明货物，应承担赔偿责任。

2. 法律分析

在集装箱货运站—集装箱堆场（CFS—CY）的交接方式下，承运人在装货港负有装箱点数的义务，要保证实际货物信息如货名、件数、体积等与提单的记载完全一致。

案例二　集装箱货物运输损害赔偿纠纷案

1. 案情介绍

原告：福州市福峡茶厂

被告：福州港务管理局马尾港务公司

第三人：交通部上海海运管理局

1989 年 9 月 12 日，原告与被告签订了经上海中转至青岛运输 12 000 kg 茉莉花茶的水路联合运输运单式合同，收货人是青岛市茶叶集团公司（简称茶叶公司）。该批茶叶为“春风”、“超特”、“特级”3 种，价值 361 630 元，分装于第三人所有的 5 个国产集装箱，由原告自行检查箱体并装箱施封。被告代中国人民保险公司福州经济开发区支公司与原告办理了货物运输保险，原告投保金额为 8 万元，为不足额保险。

被告接收承运的货物后，原计划 9 月 15 日装船，由于台风影响，延滞于 9 月 27 日才得以起运。这期间，起运地受到 3 次台风袭击，连降暴雨和大雨。集装箱按规定和惯例始终露天置放，被告未采取任何防护措施。启运时，箱体完好，铅封完整。该批货物由第三人所属“鸿新”轮承运。“鸿新”轮装船时未提出异议。

“鸿新”轮于 9 月 28 日抵达上海港，次日在汇山码头作业区卸箱交由第三人所属“长力”轮承运。“长力”轮于 10 月 3 日抵达青岛港，次日卸箱。5 日，收货人茶叶公司将集装箱提走，运至本公司仓库。5 个集装箱仍然箱体完好，铅封完整，茶叶公司也未向终点承运人提出异议。至此，承运人已将集装箱“清洁”交付收货人，联合运输合同履行完毕。该批货物在上海汇山码头期间，天气为阴天，有时小雨，两船均将集装箱载于舱内；抵青岛港后运至收货人仓库期间，天气晴朗。

茶叶公司收货后，在仓库开箱时，发现 5 个集装箱底部均有不同高度的水湿，茶叶受潮霉变。于是电告原告，表示拒收货物。同时，为防止损失扩大，茶叶公司将茶叶全部卸箱，将 5 个集装箱放回青岛港区。原告接电后，在找保险人的同时，亦与被告交涉，要求被告派人同去青岛。在未得到被告正式答复的情况下，原告于 10 月 8 日同保险公司的一名人员赶赴青岛。中国人民保险公司青岛分公司受该批货物保险人的委托，派员抽检了 13 箱茶叶，出具了“全部受潮，部分木箱有水渍痕迹”的查勘证明；茶叶公司也出具了“茶叶霉变”的证明。此后，茶叶全部运回原告本厂，重新烘干后降级出售。保险人根据受损情况，以 8 万元投保额，按 47.125％的比例计算，赔付原告 37 700 元。

原告因保险赔款不足以弥补损失，向厦门海事法院提起诉讼称：委托被告承运的茶叶，价值 362 000 元。被告接收货物后，将装载货物的集装箱堆在露天货场 18 天，因淋雨致茶叶水湿霉变，损失 210 126.40 元。除保险公司赔偿 37 700 元外，尚损失 172 426.40 元。被告拒赔，故请求法院判令被告赔偿上述损失及其利息。

被告辩称：双方签订的是联合运输合同。根据《中华人民共和国经济合同法》第四十一条第四款和《水路货物运输规则》的有关规定，茶叶霉变即使是在承运中造成的，原告也应向终点承运人即青岛港务局索赔。现原告向起点承运人索赔，不符合法定索赔程序，要求法院变更诉讼主体。货物滞运，属受台风影响，系不可抗力所致。集装箱运输凭箱体完好和铅封完整交接，被告已将集装箱清洁交付上海海运局“鸿新”轮承运，其后环节甚多，原告指认茶叶在我港中受湿霉变证据不足。集装箱是上海海运局所有并提供的，被告只是代理该局与托运人办理租箱手续。如是集装箱箱体问题，因集装箱渗入雨水造成货损，被告是没有责任的。故拒绝赔偿。

厦门海事法院受理案件后，认为本案的处理与集装箱所有人上海海运管理局有法律上的利害关系，决定追加其为第三人参加诉讼。上海海运管理局辩称：此次运输所用集装箱是其所有并委托被告代理租箱。本案运输方式是原告自行装箱的港至门集装箱运输。装箱前原告检查了箱体，认为适货。根据《水路货物运输规则》的有关规定，谁装箱谁负责，故本案货损应由原告自负。该批茶叶从发现霉变到重新加工处理，本局从未得到原告的通知。原告在未经商检部门作出残损检验的情况下，单方面处理残值，并以此索赔证据不足。因此，所有责任应由原告承担。

厦门海事法院经审理认定：原告的茶叶在托运前，经茶叶质检站和茶叶公司技术人员检验合格，原价值361 630元。该批茶叶从青岛全部运回本厂后，剔除了50余公斤已失去饮用价值的霉变茶叶，掺入本厂原有部分茶叶并进行加工，售给了湖南长沙茶厂。以卖给长沙茶厂的全部茶叶中最高价计算，推定差价损失为133 803.10元，扣除保险人的赔偿后，尚损失96 103.30元。对托运茶叶本身的质量和包装，被告和第三人均未能举出证明其有缺陷的确实证据。

厦门海事法院认为，集装箱运输凭箱体和铅封交接。本案5个集装箱运抵目的港并由收货人提离港区时，箱体完好，铅封完整，目的港未作货运记录，表明集装箱并未损坏，也未“灭失”、“短少”。这一事实与《经济合同法》第四十一条第四款的终点阶段承运方赔偿的前提条件不符，故被告要求变更诉讼主体为青岛港务局的请求，不能采纳。该批茶叶霉变系水湿所致。因不能证明是装入集装箱前受水湿，故应推定水湿发生在装箱之后。而集装箱离开被告堆场直至茶叶公司仓库，整个运输过程中，箱体均无受湿的可能，只有在被告滞运期间连降过暴雨。因此，应推定被告滞运期间雨水渗入集装箱，这是造成茶叶湿损的唯一原因。《水路货物运输规则》第六十条第一项规定，装箱施封的托运人对货物发生灭失、短少、变质、污染、损坏等5种后果自行处理，并未规定托运人对货物湿损负责。《水路货物运输管理规则（试行）》第四十八条第三项第4点规定，因箱体本身潜在缺陷，如透光检查无法发现渗漏等，造成货物湿损，由集装箱所属单位负责。因此，本案茶叶水湿事实已超出托运人承担“装箱施封”责任的范围。第三人将水密性能不符合要求的集装箱投放使用，造成货物湿损，应承担赔偿责任，其主张“谁装箱谁负责”的理由，不能成立。被告对第三人投放的集装箱疏于验收，经交托运人检箱装载茶叶，在台风暴雨袭击的情况下，又未采取相应的防护措施，故应对本案货损承担保管不善的责任。原告在处理茶叶残值中亦有一定过错，也应承担部分责任。

由于认定事实清楚，区分责任适当，三方当事人在法院的主持下，自愿达成如下协议：①被告补偿原告货物损失5 000元；②第三人补偿原告货物损失45 000元；③上述款项在调解书生效之日起十日内交付，逾期按《中国人民银行结算办法》中延期付款的规定处理。据此，厦门海事法院于1991年3月30日制发了调解书。

2. 法律分析

本案在分清责任的基础上调解解决，是正确的。

本案的基本事实是：原告自行装箱施封，交被告承运后，一直到收货人收货运至其仓库，集装箱都是清洁交接，而集装箱内的茶叶却因水湿致发生霉变、货损。按照谁装箱谁负责的原则，本应由原告对货损自行负责。但是，按照本案应予适用的《水路货物运输规则》的规定，装箱施封的托运人只是对货物发生灭失、短少、变质、污染、损坏等5种后果自行处理，而不包括货物湿损这种情况。显然，对这个规定的正确理解，成了处理本案的关键。由于集装箱运输的特点，是凭箱体和铅封交接。在箱体完好、铅封完整、清洁交接的情况下，箱内货物发生灭失、短少、变质、污染、损坏，只能是依据“谁装箱谁负责”的原则，推定由装箱人负责。但是，这不等于说，发生任何货损，都应按此原则处理。在装箱人有充分证据证明货损是他人过错造成的情况下，或者说已发生的事实能充分说明箱内货物货损是装箱人以外的人造成的，那么，就应根据过错原则处理。这才是公平合理的。所以，对所发生的货损，应当根据具体情况具体分析，不能一概而论。

经法院查明，本案茶叶霉变，系水湿所致。该批茶叶在装入集装箱前经检验合格，未受水湿。被告和第三人均举不出确实的证据来证明水湿系托运茶叶本身的质量问题。因此，只能推定湿损发生在装箱之后。而集装箱离开被告堆场直至收货人仓库期间，箱体均无受湿的可能。而在被告滞运期间，集装箱为露天堆放，其间有3次台风暴雨袭击，被告又未采取任何防护措施。因此，集装箱体受湿，只能推定发生在被告滞运期间。这说明，被告是有一定过错的，应承担一定责任。

在正常情况下，集装箱即使受雨淋，也不会发生渗漏。但是，如果集装箱水密性能不符合要求，在受水时就会发生渗漏致箱内货物水湿损坏。集装箱水密性能不符合要求属箱体本身潜在缺陷，是一般人用普通方法所不能发现的。因此，《水路货物运输管理规则（试行）》第四十八条第三项第4点规定，因箱体本身潜在缺陷，如透光检查无法发现渗漏等，造成货物湿损，由集装箱所属单位负责。本案集装箱内的货物水湿受损，因排除了托运人（装箱人）的原因，且又有受到雨淋的事实，只能说明是集装箱的水密性能不符合要求所造成的。因此，根据该规定，本案不适用“谁装箱谁负责”原则。由于集装箱属第三人所有，该货损就应由第三人负责。

本案认定第三人提供的集装箱水密性能不好，缺少直接检验证据。因为在诉前，涉案集装箱被放回港区周转使用，已经无法对其装载茶叶时的状况进行检验，只能运用排除法的逻辑推理进行推定。事实上，本案在认定案件的事实上，都是运用了逻辑推理的方法。这是在审判中较成功的尝试。这种根据已有事实，推定未知事实的逻辑推理，反映了事物联系的必然性，在审判思维和判断上，是可以采用的。

第4章 集装箱的使用与货物装载

【本章内容概要】

本章重点讲述了集装箱装箱前的准备工作、装载的一般要求和装箱过程中的装载方法。

在装箱前的准备工作中，首先学习如何根据货物属性和运输要求选定集装箱类型，并且根据所选集装箱的承载能力确定集装箱的数量，在装箱时须做好装箱计划，提取空箱时做好验收工作。其次，全面地论述了装箱作业的一般要求，如重量分配、衬垫方法、固定方法、混装方法、整箱平衡方法等。

装箱过程中的装载方法按典型货物和特殊货物两类货物进行说明。对于典型货物，按不同的包装方式进行了有针对性的装载方法说明，如箱装货、纸箱货、捆包货、袋装货、桶装货、滚桶货、卷盘货、长件货、托盘货、危险货，特别要注意危险货的规范操作方法。对于特殊货物，因其外形特殊或装载作业特殊或管制要求的不同，进行了有针对性的装载方法描述，如超高货、超宽货、超长货、超重货、干散货、件杂货、液体货、冷藏货、检疫货，尤其是检疫货，应根据国家对检疫货物的要求和规定，注意混合装载和包装的特种要求，实木包装要满足熏蒸要求。本章的主要内容框架如图4-1所示。

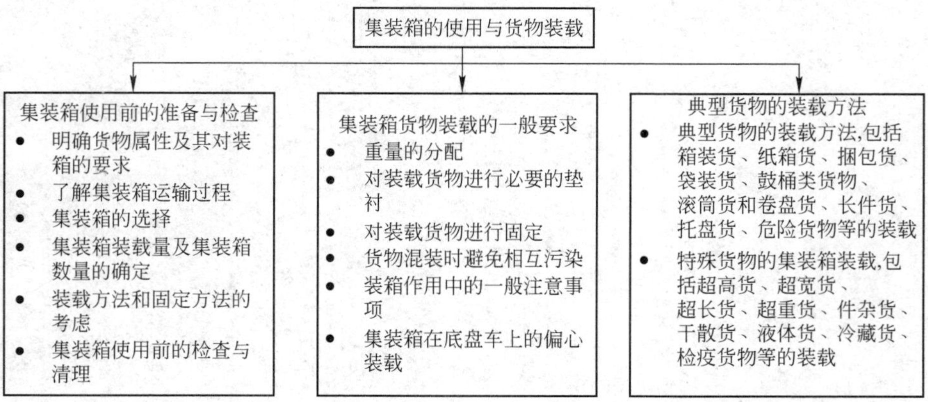

图4-1　本章的主要内容框架

【本章学习重点与难点】

学习重点：集装箱货物装载的一般要求。

学习难点：集装箱货物装载的方法。

4.1 集装箱使用前的准备与检查

在集装箱装货前，应了解所装货物的属性及其对装箱的要求，根据货物属性及其对装箱的要求来合理使用集装箱。对于所选用的集装箱还要做必要的清理与检查，以保证货物安全可靠地运达目的地。

4.1.1 明确货物属性及其对装箱的要求

1. 货物的种类与性质

对货物种类与性质进行了解，其目的是看其对装箱与选箱及装卸方式方法等有无特殊要求。例如，对于危险货物，要了解是属于哪一类危险货物；对于普通货物，则应了解其是清洁货还是污货等。不同的货物具有不同的特性，如货物的危险性、易碎性、对温湿的敏感性，以及能否与其他货物进行混装等，这些具体特性在装箱前必须了解清楚。

2. 货物的尺寸和重量

对货物的具体尺寸与重量的了解，其目的在于合理选用适应其尺寸及重量的集装箱，以及箱内可装载的货物数量。集装箱所装货物的重量受集装箱最大载货重量的限制。

3. 货物的包装

货物因其采用不同的包装方式、方法或不同的包装材料使其包装强度有所差别，货物的包装强度和包装材料应符合各种运输方式的运输条件和装卸条件的要求。

4.1.2 了解集装箱运输过程

在集装箱运输的过程中，可能采用不同的运输方式，进行“门到门”运输。这一运输过程影响对集装箱选择。

1. 集装箱运输的路线

应了解完成运输任务需要通过哪几种运输方式，如需要通过铁路或公路转运，则在铁路和公路上换装时是怎样操作的，采用什么机械；运输过程中的外界条件如何，是否需通过高温、高湿地区（如通过巴拿马运河）等。所选用的集装箱的种类和货物装箱时的方法都与之有关。

2. 到最终目的地需要的时间

如果集装箱需要转换其他运输方式，则在换装地点是否需要停留，有的为了要进行结关，必须在集装箱场上有较长时间的存放，装箱时必须考虑在这些停留和存放时间内，货物会不会变质。

3. 收货和交货形式

集装箱货物的交接地点一般有 3 处，即集装箱堆场、集装箱货运站和货主仓库。集装箱运往这些交接地点时公路和铁路的设备和条件如何，路面和桥梁能否承受其负荷等。

4. 拆箱地点的设备和条件

应考虑拆箱地点采用何种装卸机械，其起重量多大，拆箱地点装货平台的规模。必须注意，有的拆箱地点无法完成 40 ft 型集装箱的作业。

5. 有关各国特有的法令和规则

在公路运输中，各国对车辆的容许长度、重量、净空高度等有不同的限制和规定。有的国家对动植物检疫有特别的手续和要求。在装箱作业前必须充分掌握这些规定和要求，才能顺利地完成运输任务。

4.1.3 集装箱的选择

在了解货物特性和运输过程以后，根据货物的具体要求，选择最合适的集装箱。在选用集装箱时，必须考虑以下问题。

1. 运输线路上的外界条件和特殊要求

(1) 在国际多式联运中，如要通过欧洲大陆，则集装箱从卸货港经过陆上运输进入另一国时，必须满足《关于在国际公路手册担保下进行国际货物运输的海关公约》(简称《TIR条约》) 的规定。该条约规定了有关公路上运行的车辆或该车辆上装载的集装箱，在国境线上进行换装和通过国境线的货物，必须办理的海关手续，其主要内容之一是要求公路上运行的车辆或集装箱，必须具有一定的技术条件，并事先要得到有关部门的同意，方能运行通过。

(2) 在澳大利亚航线上运输的集装箱，由于澳大利亚政府有关部门的规定，集装箱上所使用的木材，如未经防虫处理不得使用。因此，选用集装箱时，必须掌握该集装箱上所用的木材，是否经过防虫处理。

(3) 集装箱在横穿大陆或通过个别的山区地带时，有时其温度、湿度相差很大，对于运输某些温度、湿度十分敏感的货物，要尽量选用绝热性能良好的集装箱，或在箱内铺设具有吸湿性的衬垫材料，或采取其他措施，保证货物不受损坏。

2. 装货作业上的要求

根据货物的特性，必须用木材来固定货物时，应尽量避免选用玻璃钢集装箱和箱底无木制底板的金属底集装箱，以免钉钉子后破坏了集装箱的水密性。

3. 装卸机械上的要求

有些重货不使用机械就不能装载，而在拆箱地点又无装货平台设备时，就需要使用敞顶集装箱利用吊车进行装载，但必须注意敞顶集装箱不具备水密性。

4. 货流条件

有些航线上由于货流的不平衡，或者来回航向的货种不同，可能会造成某些专用集装箱回空，所以应尽可能选用回程时也能装载另一种货的集装箱，避免集装箱回空运输。

5. 货物密度与集装箱的容重相适应

货物密度是指货物单位容积的质量，简称单位容重。它是货物积载因素（单位重量容积）的倒数。

货物密度＝该批货物单位质量/该批货物单位体积

对于集装箱来说，把集装箱的最大载货重量除以集装箱的容积，所得之商就是集装箱的“单位容重”。

某集装箱的单位容重＝该集装箱的最大载货重/该集装箱的容积

要使集装箱的容积和重量都能满载，就要求货物的密度等于集装箱的单位容重。实际上集装箱装货后，货物与货物、货物与集装箱内衬板、货物与集装箱箱顶板之间都会产生无法利用的空隙（称为弃位），在计算集装箱的容重时，应从其标定的容积中减去弃位空间。因此，在比较集装箱的容重与货物的货物密度时，应对集装箱的单位容重进行修正。

某集装箱的单位容重＝该集装箱的最大载货重/(该集装箱的容积－装箱弃位)

＝该集装箱的最大载货重/(该集装箱的容积×箱容利用率)

因此，集装箱内实际利用的有效容积为集装箱容积乘上箱容利用率，现以 20 ft 型和 40 ft 型杂货集装箱，以及 20 ft 型敞顶集装箱和台架式集装箱为例，其集装箱的单位容重见表 4－1。

表 4－1　集装箱的单位容重

集装箱种类	最大载货重量		集装箱容积		箱容利用率为 100%时的单位容积		箱容利用率为 80%时的单位容积	
	kg	lb	m^3	ft^3	kg/m^3	lb/ft^3	kg/m^3	lb/ft^3
20 ft 杂货集装箱	21 790	48 047	33.2	1 172	656.3	41.0	820.4	51.3
40 ft 载货集装箱	27 630	60 924	67.8	2 426	407.5	25.1	509.4	31.4
20 ft 敞顶集装箱	21 480	47 363	28.4	1 005	756.3	47.1	945.4	58.9
20 ft 台架式集装箱	21 230	46 812	28.5	1 007	744.9	46.5	931.1	58.1

应用货物密度每箱的单位容重可以衡量装箱货物是“重货”还是“轻货”。所谓“重货”，是指货物密度大于集装箱的单位容重；反之，货物密度小于集装箱的单位容重，成为“轻货”。为使集装箱的容积和载重量得到充分利用，在选箱时，应选择单位容重与货物密度相接近的集装箱。

4.1.4　集装箱装载量及集装箱数量的确定

为提高集装箱的利用率，需要精确地计算集装箱的装载量。集装箱货物的装载技术有时会影响到装载货物的件数。如果一票货物装完了若干个集装箱后，还剩下一小部分货物，由于不能把不同卸货港的货物混装在一个集装箱内，所以即使剩下的货物件数不多，也只好另装一个集装箱。因此，装箱前必须要正确地掌握装载量。

集装箱的最大装载量就是集装箱的最大载货重量（P），它是集装箱的总重（R）与集装箱的自重（T）之差，即 $P=R-T$。集装箱的总重是一个定值，国际标准有统一的规定，但集装箱的自重，根据不同集装箱的种类和不同的设计，即使是同一种类，同一箱型的集装箱，也有一定的差别。集装箱货大多数是属于轻货，所以容积装满以后，通常达不到最大载货重量指标。

集装箱需用量的确定要以充分利用其容积为原则，一般分以下两种情况考虑。

(1) 对于单位体积相同的货物，可先计算单位集装箱的货物装箱量然后再推算集装箱的需求量。

货物的单位集装箱最大可能装载量=(所选用的集装箱容积-该箱弃位容积)×单位货物重量/单位货物体积

还可表示为

货物的单位集装箱最大可能装载量=所选用的集装箱容积×该箱弃位容积×单位货物重量/单位货物体积

如果计算出的某货物的单位集装箱最大可能装载量大于该集装箱的最大载货重量，则按集装箱的最大载货重量来计算该货物所需用的集装箱总数。

某货物的集装箱需用量=该批货物总重量/单位集装箱最大载货重量

如果计算出的某货物的单位集装箱最大可能装载量小于该集装箱的最大载货重量，则按该货物的单位集装箱最大可能装载量来计算该货物所需用的集装箱总数。

某货物的集装箱需用量=该批货物总重量/货物的单位集装箱最大可能装载量

【例 4-1】 所装货物为纸板箱包装的电气制品，共 750 箱，体积为 117.3 m^3（4 141 ft^3），重量为 20.33 t（4 482 516 lb），问需要装多少个 20 ft 杂货集装箱。

【解】 ① 先求货物密度：货物密度为 20 330 kg/117.3 m^3=173.3 kg/m^3。

② 从表 4-1 中得箱容利用率为 80%，20 ft 杂货集装箱的单位容重为 820.4 kg/m^3。

③ 因货物密度小于箱的单位容重，故所装电气制品为轻货。

④ 集装箱的有效容积为 33.2×0.8=26.56（m^3）。

⑤ 所需集装箱数为货物体积除以集装箱有效容积，即 117.3/26.56≈4.4（箱）。

需要 5 个 20 ft 杂货集装箱才能把该批纸箱包装的电气制品装完。

上述对集装箱需用量的计算只是一种估算，在实际装载中，对于大宗货物可能有出入。

(2) 对于单位体积不同的货物，以及需要拼箱的货物，装箱前可先在装箱图上进行规划。规划时，在尽量使集装箱的装载量和容积都得到充分利用的同时，应将轻、重货物进行合理搭配与堆放，以免发生货损。

4.1.5 装载方法和固定方法的考虑

按整箱货和拼箱货分可分为两种不同的装箱方式。货主或托运人装箱方式是指货物批量能装满一个集装箱以上的货物称之为整箱货物，其装箱工作一般由货主完成。货主或托运人装箱后，把集装箱运到集装箱场交与承运人。承运人装箱方式是指货物批量不能装满一个集装箱的零星小批量货物通常需要进行拼装。因此，可由集装箱货运站代表承运人将不同货主但到达地相同的货物混装在同一个集装箱内。

由于装箱地点和装箱人的不同，装箱设备、装箱技术等装卸条件也就有很大不同，而且货物在箱内存放的时间和运输过程中外界运输条件，有时也有很大的差异。因此，在装箱前应根据具体条件考虑其装载方法和固定方法。

对于运输时间长、外界运输环境差的货物，要考虑箱内会不会发生水滴而产生水湿事故，固定货物的强度是否满足运输技术状态的要求。在装载方法上，有时在装箱地由于有较高的技术和良好的机械设备，货物能很顺利地装入箱内，但如在偏僻的地区拆箱卸货，既没有装卸经验，又无装卸设备时，货物难于取出。如强行取出货物，有时会损坏集装箱，或者损坏货物。经常发生的情况是，在固定货物时，装货地可能很容易地固定了，但在卸货地却无法拆卸固定用具。在这种情况下，装货时就应周密、细致地考虑卸货地的具体条件，即使明知道这样装载和固定货物需要花很多时间，也要为在卸货地能顺利地取出货物创造必要的条件。装载货物时，要考虑到卸货时的便利性，为卸货创造便利条件。

4.1.6　集装箱使用前的检查与清理

货主或货运部门在用空箱装货前，首先要对集装箱进行必要的检查，以确保该集装箱技术上处于良好状态。对集装箱的检查主要包括以下内容。

1. 集装箱的外部检查

对集装箱外部的检查，主要是看其外表有无损伤，如发现有弯曲、凹痕、擦伤等痕迹时，应在其损伤处周围进行仔细检查，同时对该损伤处的内侧也应进行检查。有时因铆钉松动和断裂，箱顶部分有气孔等原因容易造成漏水，引起货物湿损事故。对于经过修理的地方也要进行检查，检查有无漏水现象。

2. 集装箱的内部检查

可将集装箱关闭后，在其内部察看有无漏光现象，以确认是否存在破孔。也可通过内衬板上有无水湿痕迹判断其有无破孔现象，如发现有水迹，要追查产生水迹的原因。

箱壁或箱底板上如有钉或铆钉突出，或内衬板的压条有曲损时，应尽量设法除去或修补好，如无法除去或修补，应用衬垫物挡起来，以免损坏货物。如箱底捻缝不良，则集装箱放在底盘车上在雨中运行时，从路面上带起来的泥水，会从底板的空隙中渗进箱内，污染货物。

3. 箱门与附件的检查

对于箱门应进行必要的检查，主要是检查其门锁装置是否处于正常状态，箱门周围的风雨密封垫是否完整，箱门能否顺利关闭，箱门把手的动作是否灵便，箱门能否完全锁上。

对于集装箱附件的检查，主要检查固定货物用的环、眼的安装状态，开顶集装箱专用篷布有无破损和安装用索具的状态，板架集装箱上的侧立柱、通风集装箱和冷冻集装箱的通风孔、闭锁装置和排水阀是否处于正常状态。

4. 清洁状态的检查

检查集装箱内有无垃圾、恶臭、生锈，有否被污脏，箱内是否潮湿。如果这些方面不符合要求，应向集装箱提供人提出调换集装箱，或进行清扫、除臭作业。如无法采取上述措施，则箱内要铺设衬垫或塑料薄膜等，以防止货物污损。

特别要注意的是，集装箱用水冲洗后，从表面上看好像已经干燥，但箱底板和内衬板里面却含有大量的水分，这是造成货物湿损的重要原因之一。另外，如箱内发现麦秆、草屑、昆虫等属于动植物检疫对象的残留物时，必须把这些残留物彻底清除。

4.2　集装箱货物装载的一般要求

可用集装箱装载的货物千差万别，装载的要求也各有不同，一般应满足下述基本要求。

4.2.1 重量的分配

根据货物的体积、重量、外包装的强度，以及货物的性质进行分类，把外包装坚固和重量较重的货物装在下面，外包装较为脆弱、重量较轻的货物装在上面。装载时要使货物的重量在箱底上形成均匀分布。否则，有可能造成箱底脱落或底梁弯曲。如果整个集装箱的重心发生偏移，当用扩伸抓具起吊时，有可能使集装箱产生倾斜。此外，还将造成运输车辆前后轮重量分布不均。

4.2.2 货物的衬垫

装载货物时，要根据包装的强度决定对其进行必要的衬垫。

对于外包装脆弱的货物、易碎货物应夹衬缓冲材料，防止货物相互碰撞挤压。为填补货物之间和货物与集装箱侧壁之间的空隙，有必要在货物之间插入垫板、覆盖物之类的隔货材料。要注意对货物下端进行必要的衬垫，使重量均匀分布。

对于出口集装箱货物，若其衬垫材料属于植物检疫对象的，箱底应改用非植检对象材料。

4.2.3 货物的固定

货物在装箱后，一般都会产生空隙。由于空隙的存在，必须对箱内货物进行固定处理，以防止在运输途中，尤其是海上运输中由于船体摇摆而造成的货物坍塌与破损。货物的固定方法主要有以下几种。

(1) 支撑，用方形木条等支柱使货物固定。

(2) 塞紧，货物与集装箱侧壁之间用方木等支柱在水平方向加以固定，货物之间插入填塞物、缓冲垫、楔子等防止货物移动。

(3) 系紧，用绳索、带子等索具或用网具等捆绑货物。

由于集装箱的侧壁、端壁、门板处的强度较弱，因此，在集装箱内对货物进行固定作业时要注意支撑和塞紧的方法，不要直接撑在这些地方，应设法使支柱撑在集装箱的主要构件上。此外，也可将衬垫材料、扁平木材等制成栅栏来固定货物。

此外，绑扎固定对于缓冲运输中产生的冲击和振动也具有明显效果。

随着新型缓冲衬垫材料的不断出现，货物的固定与衬垫方式方法也将发生明显变化。

4.2.4 货物的混装

货物混装时，要避免相互污染或引起事故。

(1) 干、湿货物的混装。液体货物或有水分的货物与干燥货物混载时，如果货物出现泄漏，渗出液汁或因结露产生水滴，就有可能引起干燥货物的湿损、污染、腐败等事故。因此，要尽可能避免混载。当然，如果货物装在坚固的容器内，或装在下层，也可以考虑混载。

(2) 尽可能不与强臭货物或气味强烈的货物混装。例如，肥料、鱼粉、兽皮等恶臭货物，以及胡椒、樟脑等强臭货物不得与茶叶、咖啡、烟草等香味品或具有吸臭性的食品混载。对于与这些恶臭、强臭货物混装的其他货物也应采取必要措施，有效阻隔气味。

(3) 尽可能不与粉末类货物混装。水泥、肥料、石墨等粉末类的货物与清洁货物不得混装。

(4) 危险货物之间不得混装。危险货物相互混装，容易引起着火和爆炸等重大灾害。

(5) 包装不同的货物要分别装载。木质包装的货物不要与纸质包装或袋包装的货物混装，防止包装破损。

4.2.5　货物装载纵向重量分布的最小长度限制

对于货物密度远大于集装箱容重的货物，在装箱时，应满足其纵向重量分布取最小长度的限制。

装载货物的纵向重量分布，这里指沿箱体长度方向的重量分布，它对集装箱的安全使用以及安全运输有着重要影响。

单纯地把货物均匀装载在集装箱的横向全部宽度上，并且纵向分布在一定的长度上，若把集装箱作为一个梁，为了使弯曲力矩保持在一定的数值内，其装载货物的底长度分布率 $\alpha=l/L$（l 为货物在箱底纵向摆放长度，L 为箱底纵向长度）与 W/W_0（W 为装载货物重量，W_0 集装箱最大载重）的关系如图 4-2 所示。

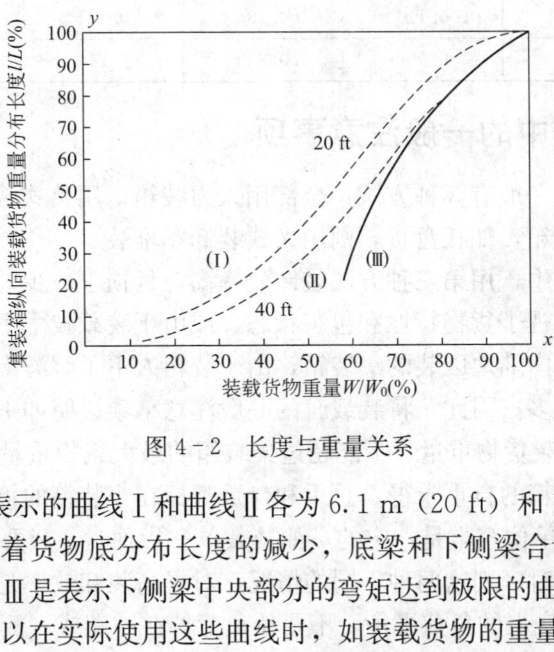

图 4-2　长度与重量关系

图 4-2 中以虚线表示的曲线Ⅰ和曲线Ⅱ各为 6.1 m（20 ft）和 12.2 m（40 ft）集装箱在装货重量一定时，随着货物底分布长度的减少，底梁和下侧梁合计挠度达到极限值的曲线。用实线表示的曲线Ⅲ是表示下侧梁中央部分的弯矩达到极限的曲线。由于这些曲线都是按极限值来考虑的，所以在实际使用这些曲线时，如装载货物的重量分布长度很小，则必须要求货物装到曲线Ⅰ或曲线Ⅱ的左上方的状态时才能满足条件要求。

【例 4-2】 用 6.1 m（20 ft）杂货集装箱（标定的最大载货重量为 21 790 kg）装载了 10 900 kg 的货物（假如为笨货），其最小的货物分布长度应为多少？

【解】 ① 先求出货物重量与集装箱最大载货重量之比值，即 $W/W_0=10\ 900/21\ 790=0.46$。

② 从图 4-2 可看出，当 W/W_0 为 0.5 时，l/L 约为 0.4，因 6.1 m（20 ft）杂货集装箱的长度 L 为 6 058 mm，所以可得货物摆放长度 l 数值为 $l=0.4\times6\ 058=2\ 423.2$（mm）。因此，该货物在箱内的摆放长度不能小于 2 423 mm。

4.2.6　货物的偏心容许范围的限制

装载货物的重量与集装箱最大载重之比 W/W_0 和偏心 $\Delta l/L$ 两者关系如图 4-3 所示。

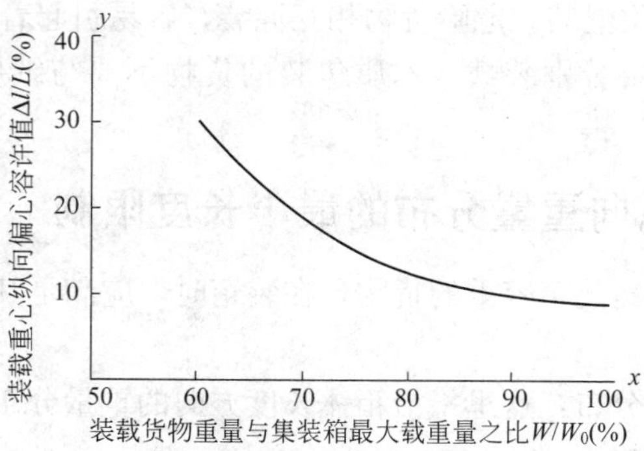

图 4－3　重量与偏心关系

图 4－2 表明，当 W/W_0 确定后，相应的装载重心纵向偏心容许值被限制在曲线的下方。例如，W/W_0 为 0.833 时，偏心容许值应小于 0.134，具体如表 4－2 所示。

表 4－2　重量与偏心的关系

$\Delta l/L$	0.1	0.115	0.134	0.181	0.310	0.405
W/W_0	1.000	0.909	0.833	0.714	0.588	0.555

4.2.7　装箱作业中的一般注意事项

集装箱的装箱作业一般有 3 种方法：全部用人力装箱；用叉式装卸车搬进箱内，再用人力堆装；全部用机械装箱，如托盘货，则用叉式装卸车堆装。

在这 3 种装箱方式中，用第三种方法装卸效率高，货损事故少，最理想。但是即使采用机械装箱，如装载时忽视了货物特性和包装状态，或由于装载技术不当等原因，也往往会产生货损事故。特别是在内陆地区装的集装箱，由于装箱人不了解海上运输对装载的要求，而发生货损事故的实例很多。因此，将装载时的一般注意事项说明如下。

(1) 任何情况下所装货物重量，不能超过集装箱的最大载货重量。集装箱的最大载货重量由集装箱的总重减去箱的自重求得，总重和自重都标在集装箱的箱门上。

(2) 每个集装箱的单位容重是一定的，如装载单一货种时，只要知道货物密度，就能推测是重货还是轻货。及时区别这两种不同的情况，对提高装卸效率是很重要的。

(3) 装载时要使箱底上的负荷平衡，不要使负荷偏在一端或一侧。特别是要严格禁止负荷重心偏在一端的情况发生。

(4) 要避免箱底载荷集中负荷，如装载机械等重货时，箱底应加木板等衬垫材料，尽量使负荷分散。

(5) 装载托盘货时，要确切掌握集装箱的内部尺寸和货物包装的外部尺寸，按集装箱装载托盘货的计算方法计算，尽量减少弃位，多装货物。

(6) 用人力装货时，要注意包装上有无“不可倒置”、“平放”、“竖放”等装卸指示标志，要正确使用装货工具。捆包货禁止使用手钩。箱装货要整齐、紧密地堆装。容易散捆和包装脆弱的货物要使用衬垫或插入胶合板，防止货物产生移动，减少货损。

(7) 用叉式装卸车装箱时，将受叉式装卸车的自由提升高度、门架高度等的限制，在条件允许的情况下，可一次装载两层，但上下应留有如图 4－4 所示的间隙。

如条件不允许一次装两层进箱，则在箱内先装一层。在装载第二层时，门架起升高度应大于第一层货高，门架最大起升高度 h' 小于箱内净空限制高度 h，这时第二层货物才能装在第一层货物的上面，如图 4－5 所示。

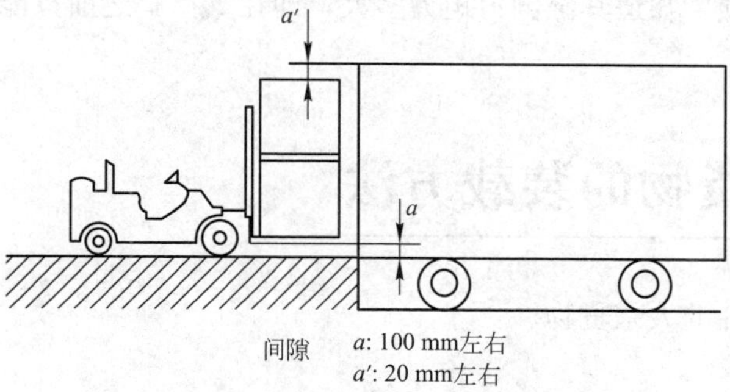

图 4－4　叉车装箱的间隙

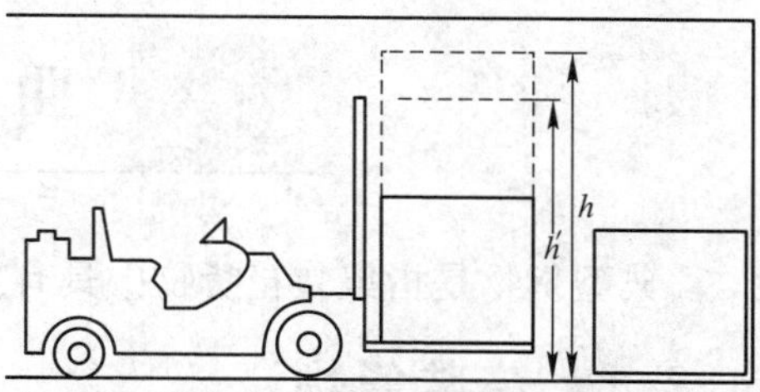

图 4－5　叉车在箱内的堆装作业

一般起重量 2 t 的叉式装卸车，其自由提升高度仅为 500 mm 左右。但是也有一些装箱的小叉车，是全自由提升高度的特制叉式装卸车，这种叉式装卸车只要箱内的高度允许，就不受门架起升高度的影响而能很方便地装载二层货物。

另外还需注意，如货物下面没有垫木，一定要另加垫木，使货叉能顺利抽出。

（8）集装箱在底盘车上的偏心装载。在实际工作中，集装箱的装箱作业一般都是把集装箱放在底盘车上，拖到货主的装货地点去装箱。集装箱和底盘车连接在一起时，集装箱和箱内货物的重量是由底盘车的后车轮和底盘车前端的中心销，通过牵引车上的第五轮，传递到牵引车上由车轮来支撑的，如图 4－6（a）所示。在这种情况下，底盘车很稳定，不管货物如何装载，底盘车都不会翻倒。但是司机和牵引车都得在货主处等待装货，要等到装货结束以后，把集装箱拖走。为了提高司机和牵引车的利用率，一般情况下，在装货时牵引车和司机都脱离底盘车，返回基地去牵引另一辆底盘车。因此，货物装箱时，多半是牵引车与底盘车脱离的，如图 4－6（b）所示。

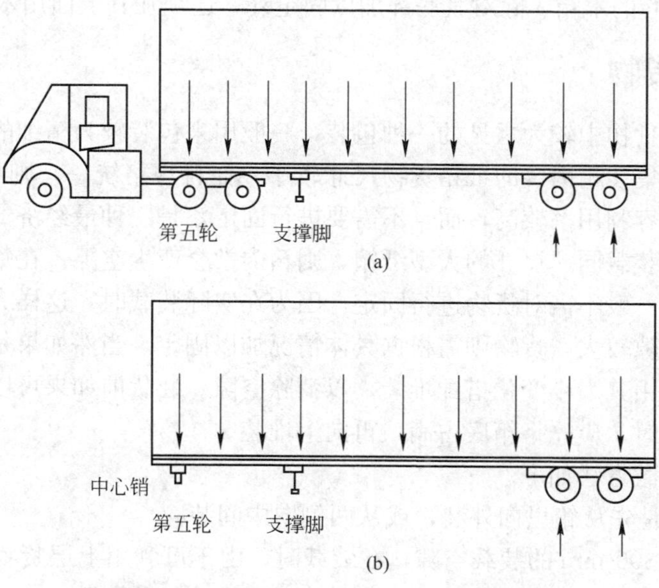

图 4－6　牵引车和拖车车轮的受力情况

牵引车离开底盘车时，要把底盘车前面的支撑脚伸出，才能把牵引车上的第五轮脱离中心销。装货时，先装的货物必须装在支撑脚以前。如果货物很重，则有可能使集装箱以支撑脚为轴而向前翻倒。用敞顶箱装载玻璃、机械等货物时，曾发生过这种事故。因此，当牵引车在脱离底盘车的情况下进行装箱时，必须要知道其翻倒力矩为多大，即在支撑脚之前只能装载多少重量的货物。

4.3 典型货物的装载方法

典型货物是指集装箱货物中具有代表性的大宗货物。

4.3.1 箱装货物

普通木箱、框架木箱、钢丝板条箱装箱时，如无其他特殊要求，外包装无破损，则可从下往上堆装。

体积较小的木箱可装入密闭式集装箱内，体积大的木箱由于受装载作业面的限制，应装入开顶集装箱。

除对装载有特殊要求的货物或包装脆弱的木箱外，一般在货物之间都不需要插入衬垫。

现以木箱货物的装载为例，简述其装载方法。

(1) 对于较重的小型木箱，可采用骑缝装载法，使上面的木箱压在下面两木箱的缝隙上，利用上层木箱的重量限制下层木箱的移动。但最上层的木箱必须加固牢靠。

(2) 装载完毕后，如果箱门处尚有较大空隙时，须用木板和木条将木箱总体撑牢，防止其在运输当中对箱门的冲击。

(3) 对于重量较大、体积较小的木箱货，如果装载后其四周均有空隙时，须从四周进行支撑固定。

(4) 对于高重心的木箱，除对其底部加以固定外，还须在其上面用木条撑开空隙。

4.3.2 纸箱货物

纸箱是集装箱货物中较为常见的一种包装，一般用来包装较为精细的货物，纸箱货物的尺寸大小不一。如集装箱内装的纸箱货物尺寸较小，而且规格统一，则可进行无空隙堆装。这种装载方式的箱容利用率较高，而且不需要进行固定，是一种最经济最理想的装载形式。

如果集装箱内装载同一尺寸的大型纸箱，则箱内常会产生空隙。在集装箱的横向，如空隙为 10 cm 左右，一般不需对货物进行固定，因为在实际装载时，这样大小的空隙可人为的分散开来。如果空隙较大，货物则需根据具体情况加以固定。当然如果是不同尺寸的纸箱进行混装时，可以利用其大小变化搭配堆装，以消除空隙。装货前如果可以判定出货物数量装入箱内有较大空隙时，应先将箱底占满，再向上堆装。

纸箱货物的装载方法如下。

(1) 装箱顺序是先从箱里向外装，或从两侧向中间装。

(2) 对于小于 300 mm 的装载空隙，在装载时，由于可利用上层货物重量相互压紧，所以可不必进行特别处理，但最上一层则需用填塞的方法来消除空隙。

(3) 为了不使下层纸箱受压变形，需要在集装箱的中间层进行衬垫，衬垫材料最好用波纹纸板，其优点是重量轻、价格便宜、摩擦力大，对防止货物滑动效果明显。

(4) 装载小型纸箱货时，为防止倒塌，可采用纵横交错的堆装法。

波纹纸板箱因大部分压力是由箱的周边支承的，堆装时要把箱角对齐。在码垛时，一般应按砌砖墙的方式或交错方式进行堆装，以增强货物相互间的拉力。波纹纸板箱在整个面上承受负荷时，其强度较大，因此应正确装载使负荷承受在整个面上。

4.3.3　捆包货物

捆包货物根据货物种类的不同，其包装形态有较大区别，如棉布、纺织品等捆扎之后，一般还需要用牛皮纸或粗布进行外包装，国外有的还要求将其装在纸板箱内方可运输。但办理货运手续时，还要按捆包货物处理。

捆包货物因其重量与体积较大，在装箱时一般采用机械作业。

捆包货物装载时，为了防止其箱底的潮湿对货物的不利影响，同时便于用叉式装卸或起重机进行作业，一般需要用木板对货物进行衬垫。

对于鼓腹型的捆包货物，为避免由于运输过程中的摇摆所造成的塌垛堵挤箱门现象，应在箱门处用方木条作成栅栏，用以保护箱门。

4.3.4　袋装货物

对于装砂糖、水泥的纸袋，装粮谷的麻袋，装粉货的布袋等货物的装载，在装箱前，箱内应敷设聚氯乙烯薄膜或帆布，防止发生破袋后，漏出的货物污损集装箱。

为了防止袋装货物因箱顶漏水受潮，应在货物上面进行必要的防水遮盖。

袋装货物堆装后，容易倒塌和滑动，为了防止袋与袋之间的滑动，可在袋装货中间插入衬垫板和防滑粗纸。在堆装时，可采用砌墙堆放法和交错堆放法。

4.3.5　鼓桶类货物

鼓桶类货物装入集装箱时容易产生空隙，而且固定时要进行一定的技术处理。

在装箱前要严格检查货物是否泄漏。

装载时要将盖向上进行堆装。堆装时要加入衬垫，以求负荷均匀和鼓桶稳定。对于最上层的鼓桶，为稳固起见，可用绳索等将其捆绑在一起，防止其发生滚动。

4.3.6　滚筒货物和卷盘货物

1. 滚筒货物

滚筒货物一般有塑料薄膜、柏油纸、钢瓶等。

滚筒货物通常要竖装，在侧壁和端壁上要铺设胶合板使其增强受力的能力。装载时，从箱端开始要堆装紧密，货物之间如有空隙，则应用柔软的衬垫等填塞。

对于滚筒货物，一般情况下不便于横装，以防止产生变形或造成货损，如果特殊原因必须横装时，必须要利用楔子或相应材料使它离开箱体四壁，而且每一层都要用楔子固定。

2. 卷盘货物

卷盘货物一般有卷纸、卷钢、钢丝绳、电缆等。

卷盘货物在水平装载时要铺满整个箱底。为防止运输中因摇摆产生对箱体四壁的冲撞，必须用若干个坚固的空心木座插在货物和端壁之间，牢固地靠在侧壁上。装载中，要采取必要的措施，充分保护好端壁和箱门。

4.3.7 长件货物

长件货物在长度方向上容易滑动，因此，对端壁和箱门要特别注意防护。在集装箱两端一定要加衬垫，货物与集装箱有空隙必须支撑、塞满。

如钢管类货物容易移动，货物装箱后，应用钢丝绳或钢带把货物扎紧，防止在运输途中散捆而破坏箱壁。另外，还需在侧壁内用方形木条竖上几根立柱，再把各个木柱之间用纵向水平木条连接起来，以保护侧壁。钢管货装完后还应用塑料薄膜或防水帆布加以覆盖，防止受潮生锈。

长件货物通常装载在板架集装箱和开顶集装箱内，并利用机械进行装卸。如果采用预扎吊索法，则在卸货时就非常快，但吊索回收有困难，为了便于叉式装卸车作业，要适当地利用衬垫。

4.3.8 托盘货物

所谓托盘货物，主要是指纤维板、薄钢板、胶合板、玻璃板、木制或钢制的门框等。这些货物的包装形式一般是用木箱或亮格木箱。

托盘货物的装载方法各有不同，有的需要横装，有的需要竖装。例如，纤维板、胶合板等，一般要求横装；而玻璃板必须竖装，如果对玻璃板采用横装时，因其自重或重叠堆放的原因容易发生碎裂。所以在玻璃板装载过程中，对于每一吊装入箱的货物，都要进行临时固定，否则集装箱稍有振动，货物就会翻倒。装载玻璃板，应先靠着侧壁开始装，空隙留在中间，最后再用木框架作填充物加以塞紧。为防止木箱之间的碰撞，还应在木箱顶部或端部用木板或木条把木箱连接起来。

考虑到装卸的便利性，对这类货物一般选用开顶式集装箱装载。用集装箱装载托盘货，其货物本身要用钢带、布带或收缩性的塑料（收缩包装方式）等固定在托盘上。

4.3.9 危险货物

所谓危险货物，是指具有引火爆炸或货物本身具有毒性、腐蚀性、氧化性，并可能使人体的健康和财物遭受损害的运输对象的总称。

1. 了解危险货物的装载规则

用集装箱装载出口的危险货物时，应事先了解和遵守目的港所在国的有关规则。

在接收危险货物时，先要调查清楚该危险货物的性质、危险等级、标志、装载方法、包装容器、发生事故时应采取的措施等。另外，还要核对装卸港的危险货物规则。

2. 装载方法

装载危险货物前，先要仔细检查集装箱的强度、结构是否适合装载危险货物，并对集装箱进行彻底清扫，装载时必须使该危险货物不会产生移动、翻倒、冲击、摩擦、压坏、泄漏等危险。

固定货物选用的材料应具有更大的安全系数和强度。危险货物的任何部位都不能突出集装箱外。危险货物装卸时，严禁抛扔、摔碰、坠落、翻滚，避免货物之间的碰撞、摩擦。

3. 混载的限制

不同种类的危险货物要禁止混载于同一集装箱内，同一集装箱内只能装同一等级的危险货物。不过即使是同一等级的危险货物也只限于装同一品种的危险货物。这是因为虽是同一等级的危险货物，但相互作用时也可能发生危险。另外，当危险货物与非危险货物相互作用可能产生危险时，也不能装在同一集装箱内。危险货物与杂货混载时，应将危险货物装在集装箱箱门附近，以备万一发生事故时便于处理。

4. 标志

集装箱装载危险货物时要把该危险货物的分类名称和标志表示在集装箱外表面容易看到的位置上，图案、形状要醒目。应使用统一规定的危险货物标志。

5. 集装箱危险货物清单

集装箱装载危险货物时，装箱人要按箱编制记载有下列事项的“集装箱危险货物清单”，并在清单上附记有关表明该危险货物的容器、包装、标志、装载方法等符合规则要求，适合于运输状态等内容，提交给承运人。

记载事项包括以下内容。

(1) 集装箱号。

(2) 发货人的名称和地址。

(3) 收货人的名称和地址。

(4) 危险货物的分类、项目、品种、货名，以及容器和包装的名称。

(5) 危险货物的件数、重量或容积。

(6) 装载检查。

6. 装箱检查

根据《中华人民共和国质量监督局船舶载运外贸危险货物申报规定》中规定，凡船舶载运下列危险货物进港或过境，船舶或其代理人在申报时应提供有关货物特性、安全作业注意事项、人员防护及其他有关资料。这些货物有以下 5 类。

(1) 放射性物质。

(2) 感染性物质。

(3) 新的有机过氧化物。

(4)《国际海运危险货物规则》中“未另列明”的物品。

(5) 散装液体化学品。

另外，凡使用集装箱装运危险货物，应提交经港务监督考核的装箱检查人员现场检查后签发的集装箱装箱证明书。此证明书应由装箱现场检查员填写，一式两份，正本应于集装箱装船 3 天前向港务监督提交，副本应在办理集装箱移交时交付给承运人。

4.4 特殊货物的集装箱装载

4.4.1 超高货物

超高货物是指货物的高度超过集装箱的箱门高度的货物。超高货物只能用开顶式集装箱或板架式集装箱装载，装载超高货物不仅需要考虑装载作业本身的可能性，而且还需考虑下述因素条件。

1. 道路通过能力的限制

在陆上运输时，公路对通过的高度一般都有一定的限制。国外大城市内的安全通行高度在 4 500 mm 左右。例如，日本政府规定，限制高度离地面不得超过 3 800 mm。如果超过这一限制高度，则必须经有关机关批准方可运输。对高度有限制的路段或隧道等，应用特制的低架式底盘车运输，或改用驳船进行水上运输。装载超高货物前，应对运输路线作好周密细致的调查。

2. 车站和码头装卸作业条件的限制

车站和码头所使用的装卸设备，如装卸桥、跨运车、搬运吊车等都是按标准集装箱设计的，没有考虑装载超高货物等特殊情况。因此，装卸超高货物时，在机械上要临时安装一定的附属工具，如在装卸桥的集装箱专用吊具的四角分别安装钢丝绳，用来吊装超高集装箱货物。

3. 船舶装载空间的限制

集装箱船装载超高货物时，一般只能装在舱内或甲板上的最上层，集装箱船舱内的高度是以每层 2.59 m（8 ft 6 in）的高度为单位标准高度设计的。对于可装 6 层的集装箱船来讲，可有 0.15 m（6 in）×6＝0.9 m（36 in）高的空隙。实际上可利用其高度上的空隙装运超高货物。

4.4.2 超宽货物

对于宽度超过集装箱宽度的货物，除受到集装箱结构上的限制外，还受到装卸作业条件和集装箱船装载条件的限制。对于车站和码头的超宽限制是根据所使用的机械设备的种类而定的。例如，跨运车对超出箱体（单边）100 mm 以上的超宽货物就难以进行装卸作业。

集装箱船对超宽货物的限制主要由箱格结构入口导槽的形状而定。另外，堆放集装箱时，其集装箱之间的空隙大小对超宽货物也有相应的限制。通常日本集装箱船为 200 mm 左右，而其他国家船舶约为 180 mm。如果所装的超宽货物不超过上述范围，一般在箱格内是可以装载的，而且集装箱与箱格导柱之间有一些超宽余量。这种超宽余量一般为 80～150 mm。

装载超宽货物时，还必须充分注意货物的横向固定问题。

如果超宽货物产生了横向移动，货物就会紧靠在相邻的集装箱上，严重时甚至会戳破相邻集装箱的箱壁。因此，超宽货集装箱的固定作业要比普通集装箱更为严格。

4.4.3　超长货物

超长货物，一般只能用板架式集装箱装载，装载时，需将集装箱两端的插板取下，并铺放在货物下部。超长货物的超长量有一定限制，最大不得超过 306 mm（即 1 ft 左右）。

在箱格结构的集装箱船上，舱内是不能装载超长货的，因为每个箱格都有横向构件，所以只能在其甲板上装载。

4.4.4　超重货物

由于集装箱运输和装卸中所使用的机械都是按国际标准化组织的标准中的最大总重来设计的，所以集装箱的实际总重，以及集装箱的载货重量都不能超过相应的规定，如 6.1 m（20 ft）集装箱总重规定为 24 t，12.2 m（40 ft）集装箱总重规定为 30.48 t。从装卸作业和运输安全角度来讲，在装载货物时，不能超过相应规定。为此，在装载超重货物时，应将其超重部分从货物上拆卸下来另行装运，也可将超重货物改用总重略大的集装箱装载。

此外，运送超重货物也将受到运载工具的运载能力与道路通过能力的限制。

4.4.5　散件货物

对尺寸和重量较大而且必须要由几个平台集装箱拼起来装载的货物称为散件货物。在用船舶运载时，装载这些货物时其装载的尺寸和重量受船舶结构的限制。例如，舱内不能达到所需空间时，可装在上甲板的舱口盖上。装载这种货物时应事先了解与明确下列事项。

(1) 从装卸地运到船边或离开船边所采用的运输方法。

(2) 能否使用岸上的集装箱装卸桥。

(3) 不能使用装卸桥时要安排好浮吊，但必须考虑浮吊的跨距和高度是否足够。

(4) 是否可以直接靠岸卸货或者需要过驳。

(5) 根据货物的形状确定安装吊索的位置。

(6) 确定货物的固定方法，准备好固定货物用的材料和作业人员。

(7) 考虑分散负荷的方法。

4.4.6　干散货物

用散货集装箱运输干散货物可节约劳动力、包装费、装卸费，并减轻装卸工人的劳动强度和提高装卸效率，所以是一种理想的运输方式。

用散货集装箱运输的干散货物主要有麦芽、燕麦、大豆等谷类，粒状和小块状的饲料，粉状和颗粒状的化学制品，以及其他（如树脂、铝渣、黏土等）工业原料的散货。

干散货物也可采用杂货集装箱运输，但由于杂货集装箱的强度较差，只限于运输干草块、麦芽等较轻的散货。所以，在选择运输干散货物的集装箱时，要充分掌握货物的特性、货物的密度及集装箱的强度等装载条件。

1. 散货集装箱的装载和卸载

(1) 装载。散货集装箱的箱顶上一般都设有 2～3 个装货口，装货时利用圆筒仓或仓库的漏斗或使用带有铲斗的起重机进行装载。利用杂货集装箱装载散货时，通常要把箱门打开后，用皮带输送机或带铲斗的装卸车将散货装入箱内。也可根据散货的特性，用导管利用空气把货物吹入箱内。

（2）卸载。散货集装箱一般采用将集装箱倾斜的方式使散货产生自流的方法卸货。常用的方法有两种：一种是利用拖头上的重型提升耦合装置把底盘车连同集装箱的一端一并举升；另一种是利用底盘车上的特种装置，使集装箱前端抬高而倾斜。现在国外常见的是用自动倾斜底盘车运载散货，通常自动倾斜底盘车举升的最大倾斜角为 40°。

此外，还可选用吸管卸货。

2. 装载散货集装箱的注意事项

（1）运输散装的化学制品时，首先要判明其是否属于危险货物。

（2）在选定装载散货的集装箱时，必须考虑装货地点和卸货地点的装载和卸载的设备条件。

（3）对于单向的散货运输，其回程如果装载其他杂货，一般在箱内需衬垫塑料袋，使散货与箱体隔开。塑料袋的两端呈框架形，不用时可把中间的塑料薄膜折起来，使用时可像手风琴风箱方式方便地拉开。也有的像普通散货集装箱那样把装货口设在箱顶上，出货口设在门端。

（4）在运输谷物、饲料等散货时，应注意该货物是否有熏蒸要求。因此，在装货前应查阅进口国的动植物检疫规则。对需要进行熏蒸的货物应选用有熏蒸设备的集装箱装运。

（5）装运谷类和饲料等货物时，为了防止水湿而损坏货物，应选用有箱顶内衬板的集装箱装运。

（6）在装载容易飞扬的粉状散货时，应采取措施进行围圈作业。

4.4.7 液体货物

散装运输的液体货物虽然也可以认为是散货的一种，但由于液体货物需要用专用的罐状集装箱来运输，因此液体货被列为特殊货物。

用罐状集装箱运输的液体货物主要有酱油、葡萄糖、各种酒类等食品类货物和甲酚等各种化学类货物。虽然用罐状集装箱运输液体货物能大量地节约包装费和装卸费，但是由于液体货物中食品类货物所占比重较大，而对食品的运输要求又较为严格，受限制的条件很多，所以液体货物的集装箱运输除一部分能装罐状集装箱运输外，还有大量的液体货物仍选用杂货集装箱，并在装箱前进行了罐装处理。

1. 液体货的罐状集装箱装载注意事项

罐状集装箱在选用时应注意下列事项。

（1）罐子本体所使用的材料和罐内所使用的涂料在理化特性上与货物有无抵触。如有抵触，则罐内应使用内衬袋来装载。

（2）罐状集装箱的容积和强度是以装载某种特定货物为条件来设计的，如所装货物的密度比特定货物的密度大，罐内则形成半罐状态。在半罐状态下进行运输，货物对罐壁将产生较大的冲击力，严重时会损坏罐体。因此，要根据具体的情况，必要时在罐内安装隔板，以缓和其冲击作用。

（3）液体的注入和排出是用管路进行的，因此要注意装货和卸货地点的配套设施，是否能与罐状集装箱的设备相互配合。

(4) 要掌握货物的凝固点、膨胀系数和运输区间内外界气候条件的变化情况，注意货物受热膨胀时是否会溢出集装箱或受冷时是否会凝固而无法排出。对于会凝固的货物（如沥青）应选用有加热设备的罐状集装箱运输，同时必须注意卸货地点是否有蒸气源和电源设备。

(5) 对液罐的清洗作业应事先做好安排，要求清洗后能完全除去货物的残渣。

2. 用其他容器装在集装箱内运输液体货物

如果液体货物是装在较小的容器里，可与一般件杂货的装载方法一样处理。这里说的其他容器是指比铁桶还大的容器，其容量一般为 1 000 L～2 000 L。采用这种方法运输的主要问题是容器的回收问题。由于容器较大，从反复使用角度考虑，要求容器的强度大、结构牢，因此造价相对较高。国外使用的这种容器有两种：一种为集装袋，另一种为集装罐。

(1) 集装袋。这是一种用氯乙烯等人造纤维制成的袋子，不使用时，可以折叠起来存放。集装袋一般用以装运粒状货物和粉状货物。这种袋如装在板架集装箱内，因板架集装箱无侧壁，故装袋时需要用厚板制成的台架。如果装在有侧壁的集装箱内，袋与袋之间紧密堆装无空隙时可不需用台架。

(2) 集装罐。这是一种用铝合金制造的装液体货专用的特殊容器，它分上下两部分，使用时可将其合并起来，不使用时可套叠起来，以减少回收所占用的容积，由于其材质是铝合金的，所以其重量较轻，可由人力搬运。

4.4.8 冷藏货物

冷藏货物分为冷冻货物和低温货物两种。

冷冻货物是指货物在冻结状态下进行运输的货物，运输温度的范围一般在－10 ℃～－20 ℃之间。低温货物是指货物在还未冻结或货物表面有一层薄薄的冻结层的状态下进行运输的货物，一般的温度调整范围在＋16 ℃～－1 ℃左右。货物要求低温运输的目的主要是为了保持货物的鲜度。有时为了维持货物的呼吸和防止箱内产生水滴而需要在箱内进行通风。

冷藏货物中食品类货物占的比重较大，运输质量要求较高，此外还有医药用品、化学用品等冷藏货。冷藏货物必须采用冷冻集装箱运输。

1. 运输冷藏货物的注意事项

在冷藏货物运输的过程中，为了防止货物变质需要保持一定的温度。该温度一般称为运输温度。温度值的大小应根据具体货种而定，即使是同一种货物，由于运输时间、冻结状态和货物成熟度的不同，对运输温度的要求也不同。因此，运输时，货主应对某一种冷藏货物所要求的运输温度有具体的温度要求，承运人必须根据货主所指定的运输温度进行运输。某些冷冻货物、冷藏货物的运输温度如表 4－3 所示。

表 4－3 某些冷冻货物、冷藏货物的运输温度

按温度分组	运输温度		货物种类
	℃	℉	
冷冻货物	－6 以下	20 以下	鱼类、肉类、黄油等
低温货物	－1～＋5	30～40	鲜肉、鱼类、药品、鸡蛋
凉温货物	＋5～＋16	40～60	水果、蔬菜、化工制剂
通风货物	常温	常温	水果、蔬菜

2. 冷冻集装箱的检查

冷冻集装箱在装货前首先应检查该箱是否处于正常状态，检查合格后方能装货。检查的主要内容如下。

(1) 检查集装箱的内装、外表、隔热保温材料等有无损坏，还要检查箱门的气密性和箱内是否干燥、清洁。

(2) 根据所运货物的具体要求，检查通风口的关闭状态。例如，有的低温货为了要维持其呼吸作用需要把通风口打开。但有的低温货却要求把通风口关上。在运输冷冻货时一定要把通风口关闭，否则热气将进入箱内引起货损。

(3) 检查集装箱的通风管和排水口是否堵塞。堵塞时，必须进行清除。

3. 冷冻货物的装载

冷冻货装箱时要对集装箱进行预冷，同时检查货物本身是否预冷到指定的温度。

装货时不要挡住冷风出口，妨碍冷风在箱内的循环，也不要把货物堆装在风管下面，以免造成冷风循环不畅。为了使冷风循环畅通，在货物之间要使用冷冻的垫货板。

装载冷冻货时，集装箱的通风口必须关闭，形成气密。

4. 凉温、通风货物的装载

水果、蔬菜等货物，经常进行呼吸作用，从空气中吸收氧气，放出二氧化碳，少量的热和水分。因此，若冷风循环差，会导致氧气量减少，二氧化碳增加，货物的呼吸作用减弱，会使其变质腐败。特别是常温运输对其影响更为显著。为此，要使冷风循环畅通，一定要把通风口打开，进行换气，保证货物的供氧。另一种方法是在箱内施放氧气，使氧气保持一定浓度，从而使新鲜物品不发生腐烂变质。

5. 冷藏货物装载时的一般注意事项

(1) 冷冻集装箱在装货过程中，冷冻机应暂时停止运转。

(2) 在装货前，冷冻集装箱内的垫木和其他衬垫材料要进行预冷。

(3) 应选用清洁卫生的衬垫物，以避免对货物的污染。

(4) 不要使用纸、板等材料作衬垫物，以免堵塞通风管和通风口。

(5) 要根据货物的性质和包装形状来选择正确的装载方法。装货时应防止货物不能堵住通风管，箱顶部分要留出适当空隙，使冷气在箱体内有效流通，达到冷却效果。

(6) 由于冷藏货物比普通杂货物容易滑动，因此要对货物进行固定。固定货物时最好使用网格等作为衬垫材料，以确保冷气的正常流动。

(7) 严格禁止已变质发臭的货物装入箱内。

4.4.9 检疫货物

如果集装箱运输对象为活的动物或植物类货物，因其有可能带有某种害虫、细菌或病原体，所以在其进口时需要对其进行检疫。需要进行动、植物检疫的货物，必须经检查合格后方准进口。检查不合格时，应根据进口国的规定，进行熏蒸或消毒后才能进口，有些只能做焚烧处理。

1. 动物检疫

需要进行动物检疫的货物主要有牛、马、猪、羊等活动物，以及用这些动物制成的畜产品，如牛皮、羊毛、兔毛、猪肉、腊肠等。

1）检疫的内容

检疫内容各国均有不同的具体规定，但其基本内容是一致的。

（1）检疫对象为装载活动物或由其制成的畜产品的集装箱。如果杂货与畜产品混装时，该集装箱在检查结束前不准打开。要求杂货与畜产品一起进行消毒处理后，才能开箱取出。

（2）装载需要进行动物检疫货物的集装箱，大致分为两类，一类是在运输途中其所带的害虫、细菌或病原体不会逸出箱外的集装箱，如杂货集装箱、冷冻集装箱等。另一类为其所带的害虫、细菌和病原体可逸出箱外的集装箱，如板架集装箱、动物集装箱、开顶集装箱等。对于第一类集装箱，在进口国是允许进行陆上运输的，其检疫地点可以在卸货港，也可以是在货物交接的指定地点。而第二类集装箱，进口国是不允许进行陆上运输的，故只能在卸货港进行检疫工作。

（3）对于活动物必须在第一个进口港内接受检疫。

（4）消毒时，一般用 5%的甲酚液进行消毒。

2）动检货物的装载

（1）活动物。活动物一般采用动物集装箱装载，对装载的要求各国都有具体规定。在船上应装在甲板上受风浪影响较小的地方，周围最好用一些杂货集装箱遮蔽起来，减少风浪的袭击。另外，装载地要求供水方便，周围应留有通道，以便在航行中进行清扫和喂料，最好把饲料箱放在装畜箱附近。装载地点应不妨碍其他货物的装卸作业，便于进行检疫而不需重复地搬动集装箱。对于上一次已装过活动物的集装箱，需要再次使用时，应根据有关国家动检规则的要求，进行清扫和消毒。动物集装箱装船时间应在所有集装箱装完后，最后装船，装卸作业最好选定在夜晚进行，以免动物受到刺激而惊乱。

（2）畜产品。畜产品一般采用通风集装箱装载，最典型的畜产品运输是兽皮运输。兽皮在运输中会流出液体，故应选择带有液槽的集装箱装运。

（3）装载中的注意事项。要备有足够的饮用淡水，如露天装载动物时间超过 24 小时，应有适当的遮盖设备。运输过程中应有专业人员随船照料。为便于在运输途中进行喂料、喂水和清扫作业，在厩的前后方向应留有 1 068 mm 以上的通道。

2. 植物检疫

需要进行植物检疫的属于食品类的货物一般包括麦芽等谷物，柠檬、橘子等水果，土豆等蔬菜。属于非食品类的货物一般包括木材、草制品等货物。如植物检疫不合格，即发现植物上有害虫或确定为有害植物时，应按检疫机关的批示进行熏蒸消毒或就地掩埋。

1）检疫的一般内容

集装箱进口检疫时，其具体情况应依据各国有关规则进行。

（1）进口集装箱是指从国外运到本国港口以后，卸到码头岸壁、驳船或其他卸货地，进行开箱取货的集装箱。而对于某些密闭集装箱，如临时需要卸到陆地上，不开箱门而直接换装到其他船舶上的集装箱，不视为进口集装箱，不需要进行植物检疫。

（2）检疫地点原则上应在该集装箱所卸码头的指定场所进行。如该地点不能进行检疫，则应按照检疫人员指定的地点进行。

(3) 经检查后如发现有害虫或确认为是有害植物时，应遵照检疫人员的命令，按规则进行熏蒸或消毒。

(4) 各种货物在检疫时使用的药剂、用药量和熏蒸的时间均有规定。

(5) 如经过植物检疫后认为是不合格的货物，而该集装箱又无熏蒸装置时，则可先陆运到具有熏蒸设备的仓库或筒仓进行熏蒸后，再交付货主。

2) 植检货物的装载

需要进行植物检疫的货物，在谷物中主要是麦芽，在蔬果类中主要是柑橘类货物，而在木材中主要是胡桃木。

(1) 麦芽可按散货的装载方法进行装载。

(2) 柑橘类货物一般采用波纹纸板箱包装，以便于进行植物检疫，这类货物通常选用冷冻集装箱装载。

(3) 木材应选用板架集装箱装载，但板架集装箱必须设有立柱，否则运输途中会产生塌货。木材也可以采用开顶集装箱装载，但装货时作业较复杂，而且容易损坏集装箱。

专业术语

货物密度　单位容重　集装箱容积　弃位容积　集装箱需用量　偏心装载　箱装货物　纸箱货物　捆包货物　袋装货物　桶装货物　滚桶货物　卷盘货物　长件货物　托盘货物　危险货物　超高货物　超宽货物　超长货物　超重货物　干散货物　液体货物　冷藏货物　动物检疫　植物检疫

复习思考题

1. 货物属性及对集装箱的要求其目的是什么?

2. 集装箱在使用前应做哪些检查?

3. 集装箱货物装载的基本要求包括哪几个方面?

4. 危险货物装载时要了解哪些装载规则?

5. 冷藏货物装载时一般注意事项是什么?

6. 有一批规格相同的箱装货物，是用波纹纸板箱包装的冰柜，共 1 000 箱，单箱货物体积为 1 m^3，单箱重量为 98 kg，箱容利用率为 100%容重。

要求：

(1) 计算货物密度；

(2) 根据货流密度选用哪种集装箱箱型；

(3) 计算该集装箱对该货物的最大可能装载量；

(4) 计算所需的集装箱箱数。

7. 选用 6.1 m (20 ft) 杂货集装箱，装载了 17 432 kg 的货物（重货）。试计算出该批货物的最小摆放长度是多少?

案例分析

案例一　异味集装箱污染红茶索赔案

1. 基本案情

买方：德国某贸易商，简称B公司

卖方：中国某茶叶公司，简称A公司

卖方货代：某货运代理公司，简称D公司

承运人：远洋运输公司，简称C公司

保险人：某省人民保险公司，简称人保公司

1987年，卖方A公司向买方B公司出口一票红茶。同年10月，A公司委托货代D公司向承运人C公司订舱，由上海港到汉堡港，并由D公司负责在上海港装箱、点数并加封。C公司提供3个集装箱。货到汉堡后，收货人拆箱即发觉茶叶串味变质，收货人于是向人保公司在汉堡的代理申请检验。经有关单位检验查明，其中一箱受精萘污染，系在上一航次装载过精萘，用后洗箱不合格，残余的精萘污染了红茶；另外两箱受了冲洗集装箱的消毒剂的污染。

人保公司在赔付了收货人之后，因未得到责任者的赔付，于1988年12月向某海事法院提起诉讼，C公司为第一被告人，D公司为第二被告。

经过多次开庭审理，海事法院1991年8月判决，由于C公司没有提供干燥、无味、清洁的集装箱致使货物受损，应承担60%的责任；D公司因疏忽大意，提空箱时没有检验集装箱，应付40%的责任。

2. 经验教训

(1) 承运人或箱主未提供清洁的集装箱，应对货物受污染承担主要责任。

(2) 装箱人须格外重视装箱前的检查，发现不合格的集装箱应立即向承运人或箱主提出并要求调换。否则，按照惯例，装箱人一旦接受集装箱而未提出异议，即被视为集装箱是合格的、适货的。如因集装箱的原因发生货损、串味等，装箱人将很难排除自己的责任。

(3) 根据《进出境集装箱检验检疫管理办法》，装箱人除其自身要对承运人提供的集装箱进行检查外，还必须在装箱前向所在地的检验机构报检，这已成为一项强制性义务。而且这一步骤直接关系到最终的出口放行，任何的疏忽怠慢都有可能使整个货物出口流程受阻。

案例二　集装箱油污损坏赔偿案

1. 基本案情

托运人：某国外公司，简称A公司

收货人：某国外公司在国内的分公司，简称B公司

承运人：某运输公司，简称C公司

A公司将其工厂拆下的旧设备运往B公司，由C公司承运，且提供123个集装箱，于2000年6月22日、7月9日、7月22日分3次装运到国内某港。拆箱后发现，由于箱内的旧设备漏油，集装箱遭受严重损坏。污油渗透到集装箱箱体深处，经过化学处理及高温蒸洗，仍不能将黑色的油污去掉，其中96个集装箱已达到不适货程度，不能用于正常运

营，C公司为此遭受了很大的经济损失。2000年9月18日，某商检公司出具商检证书予以认定。2000年11月，某集装箱工程有限公司将损坏的96个集装箱修理完毕，修理费80 873.57美元。

C公司就发生的损失向A公司和B公司提出过索赔，均遭拒赔。2001年2月，C公司向某海事法院提起对A公司和B公司的诉讼，请求法院令两被告赔偿修箱费80 873.57美元，箱租费16 042.1美元，修箱搬倒、堆存、短途运费163 517元人民币，以及相应的银行利息。

经过法院审理，判定两被告共同支付原告集装箱修理费660 280.63元人民币及相应银行利息。

2. 法律分析

A公司在将二手设备装箱时，应当预见到二手设备管道漏油对原告集装箱会造成油污染，但未将货物妥善包装，在装载或填充集装箱的过程中有严重过失，应对集装箱的损失承担赔偿责任。根据该提单背面条款的一条载明："本提单'托运人'一词，应认为也包括提货人、收货人、提单持有人和货主"，B公司作为记名提单的收货人，享有提单托运人的权利，同样应承担提单中托运人的义务。A公司、B公司对集装箱的损坏承担连带赔偿责任。

3. 经验教训

(1) 承运人及其代理人在承接订舱、租箱业务中对所承运的货物的属性和类别要加以审查。对废旧设备的承运时要有防范意识，应该意识到污染隐患的存在，在装箱前及时向订舱人或委托人提出具体装箱要求和警示，促使货方采取必要的防范措施。

(2) 发生经济纠纷时，当事人应采取积极的态度，为将损失减少到最小寻求最佳解决途径。本案的货方明知自身有未妥善包装货物的过失，却采取了不明之举，以推、脱、赖的方式拒绝与承运人的协商解决，将本可以只付出1/3赔付金额就能解决的上述纠纷，推上了长达4年的诉讼之路，而最终以支付承运人人民币78万元的代价而告终。

案例三　托运人未正确申报危险品致损案

1. 基本案情

托运人：医保公司

货代：山东中粮

承运人：韩国某运输公司

2000年5月，医保公司委托货代山东中粮订舱，出具了海运出口委托书，表明发货人医保公司，发运800袋漂白粉，英文名Lime Chlorinated，1×20英尺箱，半危险品。

2000年5月8日，山东中粮向韩国某运输公司订舱，致函称，我公司所配青岛至布达佩斯1×20英尺某轮第49航次，因货物特殊，请置水线以下，并远离一切热源。在另一份函中，山东中粮要求韩国某运输公司将此货放于隔离舱内，并保证温度不高于50℃。

韩国某运输公司接受订舱，将货物装箱。并将货物置于23/07/14积载位置。虽靠近油舱，但却完全能够满足客户提出的要求，水线以下，远离热源。由于韩国某运输公司不知道托运的漂白粉是危险品，因此在装载该货物时未将其编入危险品清单，也没有作为危险品进行装载，且没有做任何特殊标志。

2000年5月24日02:50时，值班船员发现该舱冒烟，先后用二氧化碳和海水灭火，4

舱污水深度高出双层底 2 米，以至于底层集装箱受淹。

船东在航行途中即宣布了共同海损。船舶抵港后，船东安排了检验，根据事故勘查，确认漂白粉是火源。经核实，该漂白粉属于国际危规 5.1 级危险品，危规编号 1748，易自热自燃物。韩国某运输公司遂以托运人山东中粮及实际托运人医保公司未正确申报危险品，致使货物自燃，造成损失一百多万美元为由，向海事法院提起诉讼。

根据损失情况，法院最终判定医保公司赔付韩国某运输公司的损失，包括共同海损分摊的 439 580.27 美元和单独海损 17 861.83 美元。

2. 法院判定

法院审理认定以下内容。

(1) 韩国某公司在接受订舱时获得的货物名称是 Lime Chlorinated，而该名称未列入《国际危规》危险品的正式名称中，韩国某运输公司不可能知道该货物是危险品。

(2) 托运人托运危险货物，应当依照有关海上危险货物运输的规定，妥善包装，作出危险品标志和标签，并将其正式名称和性质，以及应当采取的预防危害措施书面通知承运人，托运人对承运人因运输此类货物所受到的损害，应当负赔偿责任，据此，法院判定医保公司应对此承担一切责任。

(3) 货代的过错责任由被代理人即医保公司承担。如果被代理人向代理人追偿，可另立案。

3. 经验教训

(1) 鉴于危险货物运输中船货双方共同面对巨大风险，承运人在接受危险品订舱时，应从以下几方面严加控制。

① 要求托运人提前申请并保证提供以下信息，以确保危险品在整个运输过程中的安全：正确的学名、国际危规等级、国际危规号码、危险品等级标签、紧急处理信息、净重、毛重、闪点等，并需提供危险品证书，保证危险品处于安全运输的状态，符合所有国际、地方的规定和提单条款。

② 承运人在必要时应检查是否可以接受该危险品。

③ 对于所有危险品，需有符合国际危规隔离要求的积载位置并在预配船图中得到体现。

④ 装港的操作人员必须保证所有的危险品能够按预配船图的要求，符合国际危规隔离要求。船长对危险品有任何疑问，可以在装船前或运输途中开箱检验。

(2) 托运人应正确申报危险品。托运人申报危险品运输时应注意以下两点。

① 选择专业、尽责、资信好、实力强的货运代理人。在本案例中，托运人实际上就货物性质正确通知了其代理人，但代理人在随后的转委托中却未能向承运人申报，不排除是想要吃危险货物和普通货物之间的运费差价，因为危险货物的运价较高。代理人的过错由实际委托人承担，托运人最终对承运人承担赔偿责任。被代理人可以就代理人的过错导致其损失而向代理人追偿，但存在代理人是否具有赔偿能力的问题。

② 正确申报货物，切勿因小失大。本案中涉案集装箱货物价值不足几万美元，为了几百美元的运费差价瞒报危险品，造成了上百万美元的损失。

第5章 集装箱货运站及码头

【本章内容概要】

本章重点讲述了集装箱货运站和码头的基础知识。

首先，简要介绍了集装箱货运站的基本概念、作用、业务内容、功能区布局和基础设施，为学生认识货运站的作业与管理打好基础。

其次，从码头基础设施、码头机械设备、装卸工艺方案、业务操作程序和堆场管理5个方面，论述了集装箱码头的基础知识。码头基础设施从集装箱码头的选址条件及功能区设置两方面进行说明。码头机械设备部分介绍了集装箱堆场用到的全部设备及其结构和功能。结合5种装卸工艺方案说明了码头机械设备的有机组合及工艺的适用条件。码头与内陆和海运的货物交接主要以堆场大门为分界线，堆场内的业务操作程序主要发生在堆场大门，因此重点介绍了重箱进出口操作程序。堆场管理是对堆场内部工作的管理，通常是对箱位、堆存能力、堆场指位的管理。本章的主要内容框架如图5-1所示。

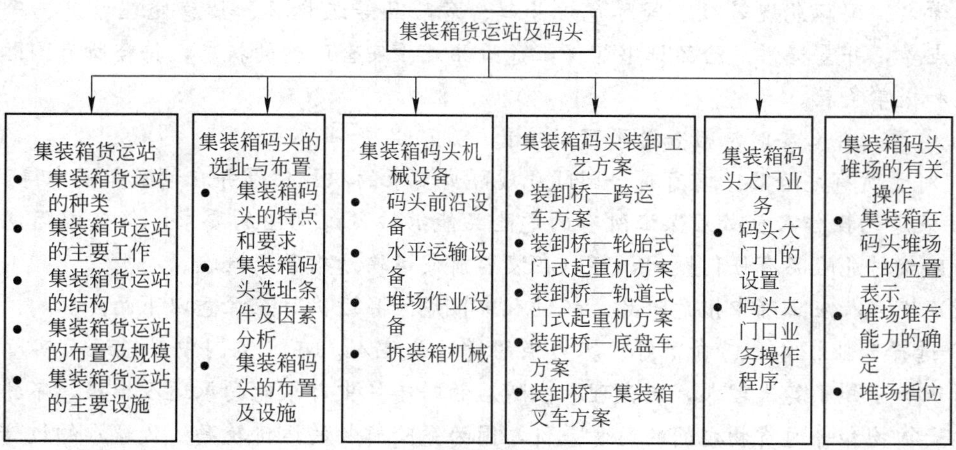

图5-1 本章的主要内容框架

【本章学习重点与难点】

学习重点：码头的布局、设施设备、工艺方案。

学习难点：基本业务内容。

5.1　集装箱货运站

集装箱货运站是集装箱运输及多式联运中极其重要的场所。通过设置集装箱货运站，进行整箱货物和拼箱货物的保管和交接，可形成一个有机的深入内陆的运输网络，有效地进行集装箱货物的集运和疏运。

5.1.1　集装箱货运站的种类

集装箱货运站主要有以下 3 种类型。

(1) 集装箱码头内的货运站。它是整个集装箱码头的有机组成部分。它所处的位置、实际工作和业务隶属关系都与集装箱码头无法分割。其主要任务是承担收货、交货、拆箱和装箱作业，并对货物进行分类保管。

(2) 集装箱码头附近的货运站。这种货运站设置在靠近集装箱码头的地区，位于集装箱码头外面。它不是码头的一个组成部分，但在实际工作中与集装箱码头的联系十分密切，业务往来也很多，它承担的业务与集装箱码头内的集装箱货运站相同。

(3) 内陆集装箱货运站。内陆集装箱货运站的主要特点是设置于运输经济腹地，深入内陆主要城市及外贸进出口货物较多的地方。内陆集装箱货运站将货物预先集中，进行装箱，装箱完毕后，再通过内陆运输将集装箱运送至码头堆场，有集装箱货运站和集装箱码头堆场的双重功能。它既接受托运人交付托运的整箱货和拼箱货，也负责办理空箱的发放和回收。如托运人以整箱货托运出口，则可向内陆货运站提取空箱；如整箱进口，收货人也可以在自己的工厂或仓库卸空集装箱后，随即将空箱送回内陆集装箱货运站。它还办理集装箱拆装箱业务及代办有关海关手续等业务。

5.1.2　集装箱货运站的主要工作

集装箱货运站的主要工作有以下内容。

(1) 集装箱货物的承运、验收、保管和交付。

(2) 拼箱货物的装箱和拆箱作业。

(3) 整箱货的中转。

(4) 重箱和空箱的堆存和保管。

(5) 货运单证的处理，运费、堆存费的结算。

(6) 集装箱及集装箱车辆的维修、保养。

(7) 其他。

集装箱货运站的主要任务就是进行集装箱货物的装拆箱作业，负责集装箱货物的集中分散、堆存保管等作业。

5.1.3　集装箱货运站的结构

在 3 类集装箱货运站中，码头附近集装箱货运站和内陆集装箱货运站是完全独立的企业，用于集装箱作业的各种设施设备齐全，功能完备。而码头内的集装箱货运站作为集装箱码头的一部分，功能和结构比较简单。下面对码头内的集装箱货运站作简要地介绍。

码头内的集装箱货运站只是以一个大型货物存储仓库为核心设置的。该仓库一般是带有屋顶的轻型钢架结构，纵向两侧敞开，采用卷帘式铁门来关闭，进、出口处设有地秤，站台两侧带有雨棚，白天自然采光，晚上有照明设备。

货运站的地面形式，通常要由码头采用的装卸工艺方式来定。常见的有 3 种：一种是地面与路面相平，称之“平地式”；另一种是地面与卡车和集装箱的底板相平，称之“高台式”；第三种是货运站的一侧地面与路面相平，另一侧与卡车和拖车底板相平，称为“兼用式”。

货运站的地面采用高台式，对提高作业效率是有利的，但这种形式一方面投资将增加，另一方面对于采用跨运车方式的码头来说，因跨运车无法进入货运站内搬运集装箱，增加装卸困难。

货运站的地面采用平地式的优点在于：适应性强，建造费用低；此外，这种形式还能方便地转为维修车间，但它的效率要比高台式低，而且还要考虑防水问题。

无论采用何种形式，在建造时应注意地面沉陷、加固用柱子对作业的影响等问题。

5.1.4 集装箱货运站的布置及规模

集装箱货运站最为显著的特点就在于它起到了货物的集散作用，因此，集装箱货运站的设置要尽量与铁路、公路等集疏运网络连接。

一般集装箱货运站的典型布置图如图 5-2 所示。这种货运站常常把集装箱货物的出入口同集装箱的出入口分设在货运站的两侧。一侧专门用于停靠集装箱拖车，另一侧专门停靠卡车。这只是一般的情况，有时也可两侧都停靠集装箱拖车。

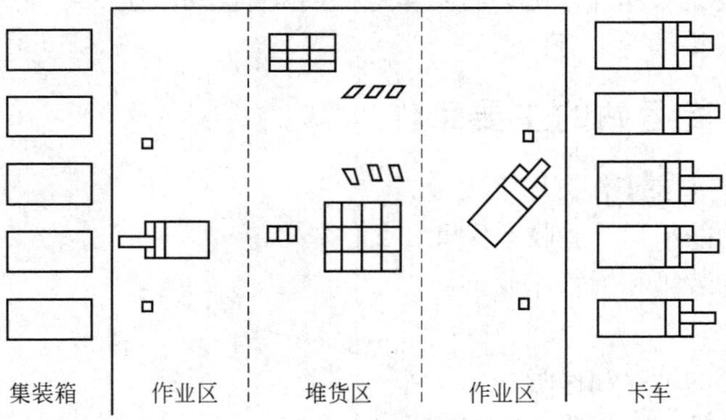

图 5-2 码头内集装箱货运站的基本布置

卡车和集装箱挂车停靠在两侧的门口，每一辆卡车或挂车所占的位置称为一个“车位”或称为“间档”，常见的是一个车位停靠 1 辆卡车或挂车，但也有停靠 2 辆的。

货运站内，紧靠两侧应留有一定宽度的通道，以便于叉车等其他搬运机械运行，宽度常在 6～10 m。货运站的中间部分既为货物的堆装、保管和货物分类的场地，又可作为缓冲地带，一般要求每个车位能容纳 2～3 个集装箱的货位，中间部分的场地宽度，大多在 10～14 m，这是以每平方米堆 0.7 t 货物、堆装高度为 2 m 和有适当通道作为计算依据得出的。

货运站场地面积的大小，主要根据货流结构、“门到门”运输的比重、大宗货的多少、货运站所使用的机械设备等因素决定的。一般说来，航线长、大宗货多，货运站就小；航线短，小宗货多，货运站就相对大些。

集装箱货运站的布置、规模等，不是一成不变的，它随着各影响因素的变化而变化。

5.1.5　集装箱货运站的主要设施

大型集装箱货运站为了有效地开展工作，需要有进行集装箱货物交接、保管和拆装箱的场地及进行装箱作业的机械和设施。

5.2　集装箱码头的选址与布置

集装箱码头是水陆联运的枢纽，集装箱运输系统的重要组成部分，各种运输方式衔接的换装点及集装箱的集散地。因此，集装箱码头在整个集装箱运输过程中，具有重要的地位和作用。做好集装箱码头的各项工作，对于加速车、船和集装箱周转，降低运输成本，提高运输效率和运输效益，均具有极其重要的意义。

5.2.1　集装箱码头的特点和要求

随着集装箱运输的迅速发展，世界“集装箱化”的比例不断提高，集装箱运量不断上升，集装箱船舶日趋大型化和高速化，要求集装箱码头实现装卸作业高效化、自动化，管理工作现代化、标准化和规范化，从而加速车、船、箱的周转，降低运输成本，提高整个集装箱运输系统的营运效益和综合社会效益。为满足集装箱运输对集装箱码头的要求，世界各国港口快速发展集装箱专用码头，设置了现代化的硬件及软件系统。一般来讲，集装箱码头应满足以下各项要求。

(1) 具备设计船型所需的泊位、岸线及前沿水深和足够的水域，保证船舶安全靠、离。

(2) 具备码头前沿所必需的宽度、码头纵深及堆场所必需的面积，具有可供目前及发展所需的广阔的陆域，保证集装箱堆存、堆场作业及车辆通道的需要。

(3) 备有适应集装箱装卸船作业、水平运输作业及堆场作业所必需的各种装卸机械及设施，以实现各项作业的高效化。

(4) 具有足够的集疏运能力及多渠道的集疏运系统，以保证集装箱及时集中和疏散，防止港口堵塞，满足快速装卸船舶的需要。

(5) 由于集装箱码头高科技及现代化的装卸作业和管理工作，要求具有较高素质的管理人员和机械司机。

(6) 具有维修保养的设施及相应的人员，以保证正常作业的需要。

(7) 为满足作业及管理的需要，应具有现代管理和作业的必需手段，采用电子计算机及数据交换系统。

5.2.2　集装箱码头选址条件及因素分析

合理选择集装箱码头的地理位置，对充分发挥集装箱运输的优越性，降低运输成本及提高集装箱运输的综合效率和经济效益，具有极其重要的意义。因此，在进行集装箱码头选址时，应全面考虑以下因素，经综合分析后确定。

1. 经济条件

集装箱码头的地点，应有利于为集装箱运输提供大量而稳定的适箱货源。因而，在选择集装箱码头地址时，首先应考虑码头所在港口和腹地的进、出口外贸货物能否满足和适应集装箱船舶的需要。集装箱国际主干航线上的集装箱码头更应如此。这就要在决定码头地址之前，进行货源经济调查及货源预测，了解货源现状及远景运量的情况；使集装箱码头尽可能接近货物的产地及销地，以节约运输费用和降低运输成本。

2. 自然条件及气象条件

在进行集装箱码头选址时，必须考虑自然条件，应具有必要的水域和宽广的陆域，为集装箱码头提供适应大型集装箱船舶进、出口港口所必需的水深、潮差及航道条件，特别是接纳第四、五、六代大型集装箱船时要求更高。还应具有堆存大量集装箱而需要的宽广的码头面积，作为集装箱堆场及集装箱装卸机械通道等使用。此外，集装箱码头还应具有良好的气象条件，减少大风及强台风的风向和风力，以及高潮对码头的影响，为集装箱装卸作业和堆存保管提供安全保证。

3. 集疏运条件

在选择和确定集装箱码头地址时，应选择内陆运输线网发达的城市，以保证大型集装箱船到港后能在短时间内集中和疏运大量的集装箱，缩短船、车、箱在港的停留时间，加速船、车、箱的周转，充分发挥集装箱运输高效率、高效益的优越性。

4. 职工素质条件

由于集装箱运输是技术密集型的行业，使用电子计算机及 EDI 等现代化管理手段，因此对职工素质要求较高。否则，难于管理现代化的集装箱码头。

5.2.3 集装箱码头的布置及设施

集装箱码头的整个装卸作业是采用机械化、大规模生产的方式进行的，要求各项作业密切配合，实现装卸工艺系统的高效化。这就要求集装箱码头布局合理，码头上各项设施合理布置，并使它们有机地联系起来形成各项作业协调一致、互相配合的有机整体，形成高效率、完善的流水作业线，以缩短车、船、箱在集装箱码头的停留时间，加速车、船、箱的周转，降低运输成本和装卸成本，实现最佳的经济效益。

适应集装箱滚装船运输的码头，其码头设施主要是以滚动方式进行集装箱装卸作业的倾斜跳板，以及适应带轮滚装的广阔的陆域和堆场面积。对于多用途船，一般在多用途码头进行作业。对于集装箱载驳船所需码头设施更简单，甚至可在锚地等水域作业。

适应吊装式全集装箱船装卸作业的集装箱专用码头的平面布置如图 5-3 所示。

集装箱码头陆域纵深应能满足各种设施对陆域面积的要求。由于集装箱船舶日趋大型化，载箱量愈来愈多，因而陆域纵深至少为 350 m 以上，有的集装箱码头陆域纵深达 500 m。

根据集装箱码头装卸作业、业务管理的需要，集装箱码头应有以下主要设施。

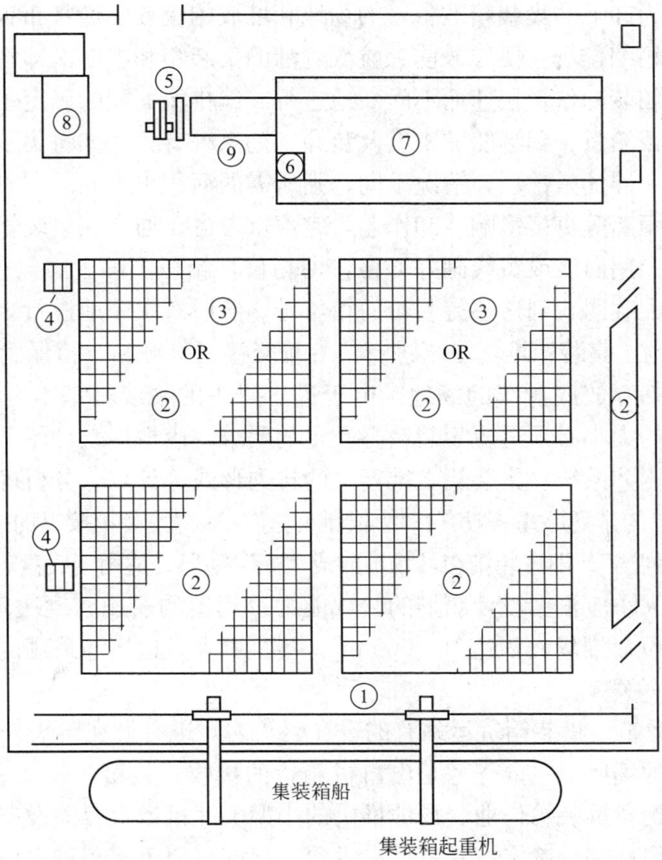

图5-3　集装箱码头的布置示意图

1—码头前沿　2—编排场　3—集装箱堆场　4—掉头区
5—大门　6—控制塔　7—拆装箱库　8—维修车间　9—办公楼

(1) 靠泊设施（Wharf）。靠泊设施主要由码头岸线和码头岸壁组成。码头岸线是供来港装卸的集装箱船舶停靠使用，其长度应根据其所停靠集装箱船的主要技术参数及有关安全规定而定。码头岸壁一般是指集装箱船停靠时所需要的系船设施。集装箱船泊位长度一般为300 m，前沿水深应满足设计船型的吃水要求，一般为12 m以上。岸壁上设置有系缆桩，用于集装箱船靠泊时拴住集装箱船。为保持岸壁不受损坏，岸壁上设置预防碰撞装置，通常用橡胶材料制作。

(2) 码头前沿（Frontier）。码头前沿是指沿码头岸壁到集装箱编排场（或称编组场）之间的码头面积。码头前沿设置有岸壁集装箱起重机及其运行轨道。码头前沿的宽度可根据岸壁集装箱起重机的跨距和使用的其他装卸机械种类而定，一般取40 m左右。每一集装箱船专用泊位配置2台岸壁集装箱起重机。

集装箱码头前沿一般不设铁路线。因为各种车辆及集装箱的衔接交换都是在码头前沿进行的，码头前沿非常繁忙，如果为了部分集装箱的车、船直取而铺设铁路线，将会严重影响更多的集装箱的装卸作业，结果可能得不偿失。所以很多专家都不主张在集装箱码头前沿设铁路线，只有在个别情况下（如直取比重很大的码头）码头前沿才设有铁路线。

(3) 集装箱编排场（前方堆场）（Container Marshalling Yard）。这是将即将装船的集装箱排列待装，以及为卸下的集装箱准备好的场地和堆放的位置，通常布置在码头前沿与集装箱堆场之间。集装箱编排场主要堆放前一航次进港的集装箱和本航次即将出港的集装箱，其主要作用是保证船舶装卸作业快速而不间断地进行。编排场面积的确定主要与集装箱码头吞吐量、设计船型的载箱量、到港船舶密度及装卸工艺系统有关。如将集装箱直接堆放还是放在底盘车上，堆放一层还是数层，情况不同，则所需的面积也不同。同时，编排场的配置方法、离码头前沿的距离等直接影响装卸作业，应慎重考虑。通常在集装箱编排场上按集装箱的尺寸预先在场地上用白线或黄线画好方格，即箱位，箱位上编上“箱位号”。当集装箱装船时，可按照船舶配载图找到这些待装箱的箱位号，然后有次序地进行装船。

(4) 集装箱堆场。集装箱堆场是指进行集装箱交接、重箱和空箱保管、集装箱安全检查的场所，有的还包括存放底盘车的场地。由于进出码头的集装箱基本上均需要在堆场上存放，因而堆场面积的大小必须适应集装箱吞吐量的要求，应根据设计船型的装载能力及到港的船舶密度、装卸工艺系统、集装箱在堆场上的排列形式等计算、分析确定。

集装箱在堆场上的排列形式一般有：“纵横排列法”，即将集装箱按纵向或横向排列，此法应用较多；“人字形排列法”，即集装箱在堆场堆放成“人”字形，适用于底盘车装卸作业方式。

集装箱堆场的大小应根据设计船型的装载能力及到港的船舶密度决定。有关资料表明，岸线长 300 m 的泊位，堆场面积达 105 000 m^2，甚至更大，这还与采用的装卸工艺系统和集装箱在港停留时间有关。

(5) 集装箱货运站。集装箱货运站有的设在码头内，也有设在码头外。货运站是拼箱货物进行拆箱和装箱的场所，主要任务是出口拼箱货的接收、装箱，以及进口拼箱货的拆箱、交货等。货运站应配备拆装箱作业、场地堆码的小型装卸机械及有关设备。货运站的规模应根据拆箱量及不平衡性综合确定，其宽度、纵深、高度应便于叉车进出作业。

(6) 维修车间 (Maintenance Shop)。维修车间是对集装箱及其专用机械进行检查、修理和保养的场所。它的主要任务是及时对集装箱及主要机械进行检查、维修和保养，使其经常处于完好的技术状态，提高完好率，以保证集装箱码头生产不间断地正常进行。

维修车间的规模应根据集装箱的损坏率、修理的期限、码头内所使用的车辆和装卸机械的种类、数量及检修内容等确定。维修车间应配备维修设备。

(7) 控制塔 (Control Tower)。控制塔是集装箱码头作业的指挥中心。其主要任务是监视和指挥船舶装卸作业及堆场作业。控制塔应设在码头的最高处，以便能清楚地看到码头上所有集装箱的箱位及全部作业情况，有效地进行监督和指挥工作。

(8) 大门 (Gate)。大门是集装箱码头的出入口，也是划分集装箱码头与其他部门责任的地方。集装箱码头门房工作十分重要，所有进出集装箱码头的集装箱均在门房进行检查，办理交接手续并制作有关单据，这些单据不仅作为划分责任的依据，也是实行集装箱码头电子计算机管理的重要数据来源。

(9) 集装箱码头办公楼 (Container Terminal Building)。集装箱码头办公楼是集装箱码头行政、业务管理的地方。目前集装箱码头已基本上实现管理电子计算机化，最终实现管理的自动化。

(10) 集装箱清洗场 (Container Washing Station)。集装箱清洗场的主要任务是对污箱进行清扫、冲洗，以保证空箱符合使用要求。清洗场一般在码头后方与维修车间设在一起，并配备各种清洗设施。

5.3 集装箱码头机械设备

整个集装箱码头机械化系统包括码头前沿设备、水平搬运设备、堆场作业设备及拆装箱设备等。

5.3.1 码头前沿设备

1. 岸壁集装箱起重机（Quayside Container Crane）

岸壁集装箱起重机又称集装箱装卸桥，是集装箱码头前沿装卸集装箱船舶的作业机械，现代化集装箱码头普遍采用岸壁集装箱起重机来装卸集装箱船舶，岸壁集装箱起重机从外表框架形式上看有 A 形和 H 形两种，如图 5-4 所示。

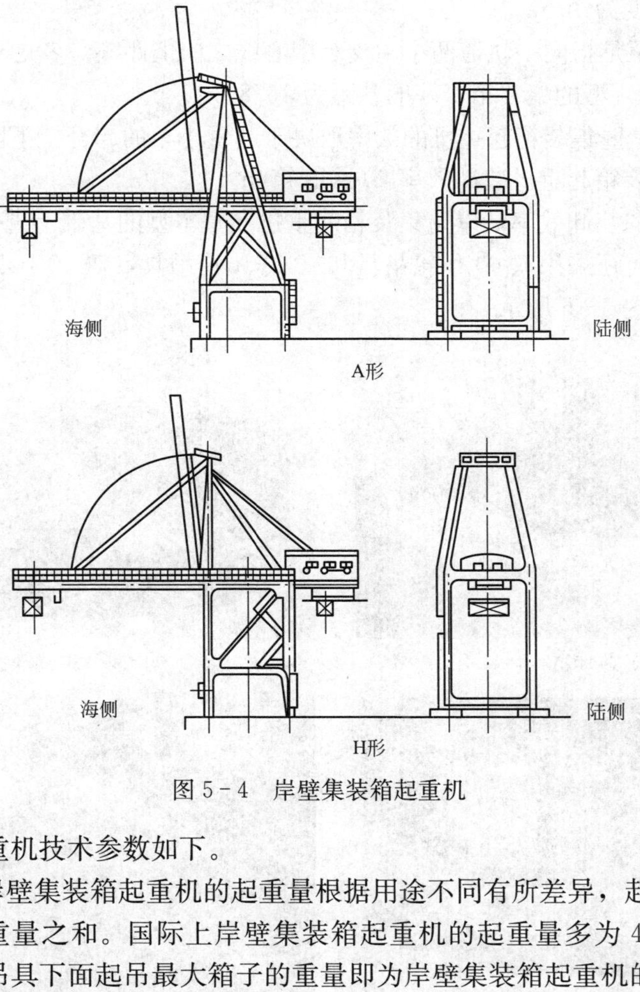

图 5-4　岸壁集装箱起重机

岸壁集装箱起重机技术参数如下。

(1) 起重量。岸壁集装箱起重机的起重量根据用途不同有所差异，起重量是指起吊最大集装箱重量与吊具重量之和。国际上岸壁集装箱起重机的起重量多为 40.5 t（30.5＋10)。岸壁集装箱起重机吊具下面起吊最大箱子的重量即为岸壁集装箱起重机的额定起重量。

(2) 起升高度。集装箱装卸的起升高度由两部分组成，即轨顶面以上的高度和轨顶面以下的高度，它取决于集装箱船舶型深、吃水、潮差、甲板面上装载集装箱层数，以及码头标高等因素。

一般岸壁集装箱起重机轨顶面以上高度约 25 m，轨顶面以下高度约 12 m，故集装箱装卸总起升高度为 37 m。

（3）外伸距。外伸距是指岸壁集装箱起重机轨道中心线向海侧至集装箱吊具铅垂中心线之间的最大水平距离。它主要取决于来港船型的型宽，以及装卸时允许向外横倾 3°等因素。外伸距一般为 35～38 m。

（4）内伸距。内伸距是指岸壁集装箱起重机轨道中心线向陆侧至吊具铅垂中心线之间的最大水平距离。内伸距有 2 个作用，一是放置集装箱，二是放置集装箱舱盖板。一般内伸距为 8～16 m。

（5）轨距。轨距是指岸壁集装箱起重机两行走轨道中心线之间的水平距离。轨距的大小影响到岸壁集装箱起重机的稳定性，轨距太小对岸壁集装箱起重机是不利的。一般考虑要在轨距内布置 3 条跨运车的作业线，故轨距一般为 16 m。

（6）横梁下面的净空高度。横梁下面的净空高度是指岸壁集装箱起重机横梁的下部到轨顶面之间的垂直距离。一般取决于最大搬运集装箱机械的最大高度。目前的岸壁集装箱起重机横梁下面净空高度为 10 m。

（7）基距。基距是指同一轨道两个主支承中心线之间的距离。考虑到门框内要能安全地通过 12.2 m（40 ft）型的集装箱，一般基距为 16.8 m。

（8）生产率。岸壁集装箱起重机的效率取决于起重小车的起升、下降，以及行走速度等因素，一般岸壁集装箱起重机装卸效率 20～35 箱/h。

为了提高码头的装卸效率，岸壁集装箱起重机在基本型的基础上进行了技术改进，不仅采用了双小车吊运，还采用双 40 ft 箱吊具和三 40 ft 箱吊具，双 40 ft 集装箱半挂车也开始在港区内应用，如图 5 - 5 所示。

(a) 双40 ft箱吊具

(b) 双40 ft集装箱半挂车

(c) 三40 ft箱吊具(液压缸调整吊具间隙)

图 5 - 5　高效率装卸起重机

2. 多用途桥式起重机

多用途桥式起重机即多用途装卸桥，可用于装卸集装箱、重件、成组货物及其他货物。一般在多用途码头采用，装卸效率为 20 箱/h 左右。主要缺点是自重大、轮压大、移机不便，造价也较高。

3. 高架轮胎式起重机

高架轮胎式起重机类似普通轮胎式起重机，机动性较大，通用性好，可任意行走，配备专用装卸吊具和属具，可装卸集装箱、散件杂货等，在多用途泊位上使用。主要缺点是自重较大，对码头承载能力要求较高，增加了码头建设投入，而且造价也较高。

4. 其他机械

其他机械适用于吞吐量较小的港口，主要有内河港口的浮式起重机、多用途门式起重机等。

5.3.2 水平运输设备

1. 跨运车（Straddle Carrier）

跨运车是一种专用于集装箱短途搬运和堆码的机械。其结构如图 5-6 所示。

跨运车在作业时，以门形车架跨在集装箱上，并由装有集装箱吊具的液压升降系统吊起集装箱进行搬运和堆码。该机的最大特点是机动性好，可一机多用，既可用于码头前沿至堆场的水平运输，又可用于堆场的堆码、搬运和装卸车作业。跨运车的主要缺点是价格昂贵，维修费用较高，驾驶员的视野有待改善。此机型在欧洲集装箱码头采用较多。

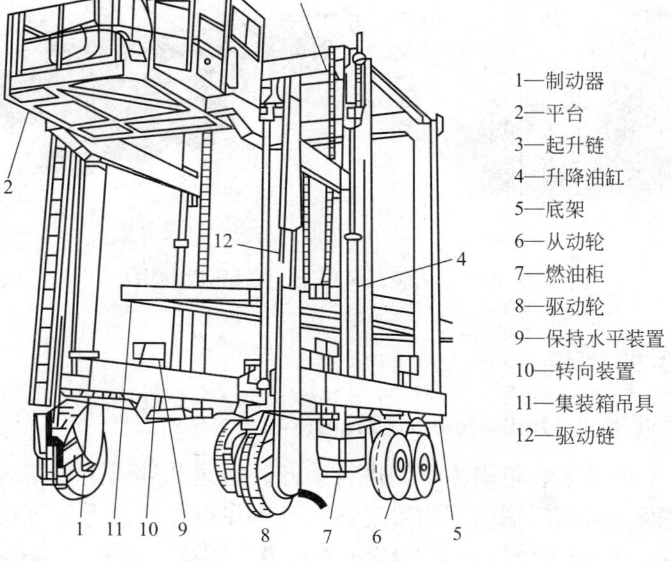

(a) 总体构成

图 5-6　跨运车（一）

(b) 直行

(c) 转向

图 5－6 跨运车（二）

2. 集装箱牵引车—底盘车（Sem－Trailer Tractor）

集装箱牵引车是专门用于牵引集装箱底盘车的运输车辆。其本身没有装货平面，不能装载集装箱，通过连接器与底盘车连接，牵引底盘车运输，从而实现搬运作业的目的。

底盘车是一种骨架式拖车，装有轮胎的车架，前面有支架，后面有单轴一组轮胎或双轴两组轮胎。车上装有扭锁插头，能与集装箱的角件相互锁紧。

集装箱牵引车—底盘车结构如图 5－7 所示。集装箱牵引车—底盘车的特点是运行速度快，拖运量大，设备价格较低，营运成本较低，我国大多集装箱码头采用底盘车。

(a) 集装箱牵引车

(b) 底盘车

图 5－7 集装箱牵引车—底盘车示意图

5.3.3 堆场作业设备

1. 轨道式门式起重机（Rail Mounted Transtainer）

轨道式门式起重机是集装箱码头堆场进行装卸、搬运和堆码集装箱的专用机械。它由两片双悬臂的门架组程，两侧门腿用下横梁连接，支承在行走轮台上，可在轨道上行走。该机可堆 4～5 层集装箱，可跨多列集装箱及跨一个车道。因而，具有堆存能力大，堆场面积利用率高的特点。由于其结构简单，操作容易，便于维修保养，易于实现自动化。其主要缺点是因为要沿轨道运行，灵活性较差。由于跨距大，对底层箱提取困难，常用于陆域不足且吞吐量大的集装箱码头。其结构如图 5－8 所示。

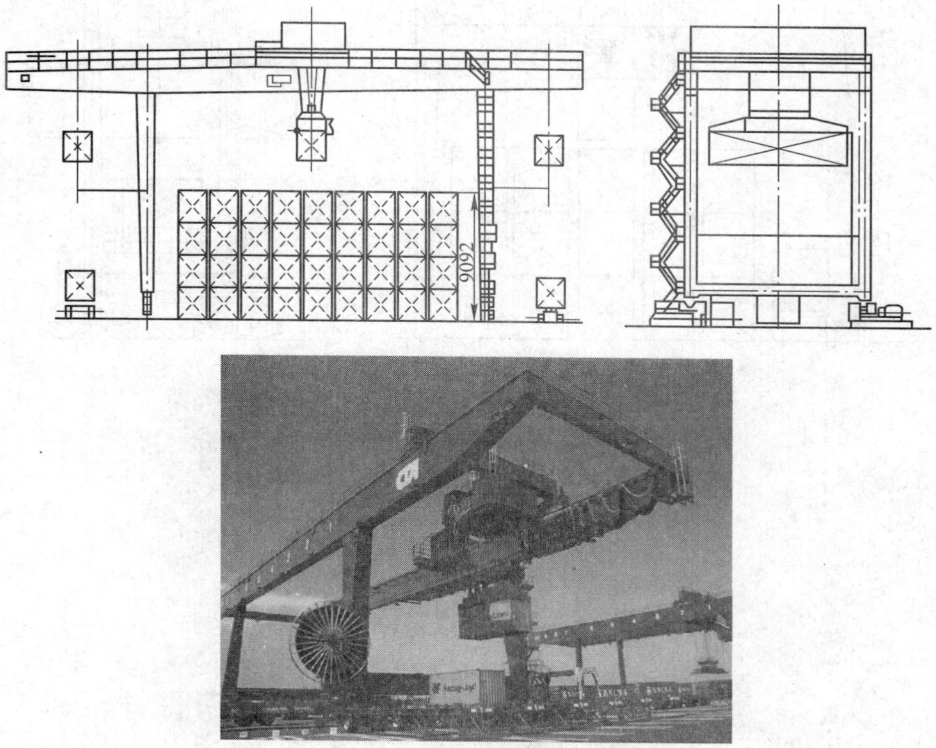

图 5－8　轨道式门式起重机

2. 轮胎式门式起重机（Rubber Tired Transtainer）

轮胎式门式起重机是最常见的集装箱堆场作业机械。它主要用于集装箱堆场的装卸、搬运及堆场作业。它由前后两片门框和底梁组成的门架，支承在充气轮胎上，可在堆场上行走，并通过装有集装箱吊具的行走小车沿着门框横梁上的轨道行走，从底盘车上装卸集装箱和进行堆码作业。该机主要特点是机动灵活，可从一个堆场转移到另一个堆场作业，可堆 3～4 层集装箱，提高了堆场面积利用率，并易于实现自动化作业。其主要缺点是自重大、轮压大、轮胎易磨损、造价也较高，适用于吞吐量较大的集装箱码头。其结构如图 5－9 所示。

3. 跨运车

参阅水平运输设备。

4. 集装箱正面吊运机

集装箱正面吊运机（如图 5－10 所示）的结构特点表现在其设置有可伸缩和左右共旋转 120°的吊具，可伸缩的吊臂能够使正面吊运机跨过第一排直接抓取第二排的集装箱，减少倒箱次数；可左右共旋转 120°的吊具能够在正面吊运机与集装箱不正对的情况下直接抓取集装箱，减少调整叉车的时间，便于在堆场作吊装和搬运。设置有可变幅的伸缩式臂架及多种保护装置，既能保证安全操作，又可加装吊钩，吊装其他重、大件货物。

图 5-9 轮胎式门式起重机

图 5-10 集装箱正面吊运机

集装箱正面吊运机的主要优点是机动性强，可一机多用，既可作吊装作业，又可短距离搬运，一般可吊装 4 层箱高，并且稳性好，轮压也不高，因此是一种比较理想的堆场装卸搬运机械。该机适用于集装箱吞吐量不大的集装箱码头，也适用于空箱作业。

5. 集装箱叉车

集装箱叉车（如图 5－11 所示）的门架可垂直伸缩，但吊具不可左右旋转，抓取集装箱时必须与集装箱垂直且居中，且只能对第一排的集装箱进行作业，所以其机动性比正面吊稍差，主要用作堆垛空集装箱等辅助性作业，也可在集装箱吞吐量不大（年低于 3 万 TEU）的综合性码头和堆场进行装卸与短距离搬运。

(a) 正面　　(b) 侧面

图 5－11　集装箱叉车

6. 集装箱堆垛机

集装箱堆垛机与集装箱叉车相比，吊具的位置发生了改变，能够从侧面抓取集装箱，便于司机观测顶角件上的吊孔，因此，提高了门架的高度，最高可堆存 8 层集装箱，主要用作在堆场堆垛空集装箱。如图 5－12 所示。

(a)　　(b)

图 5－12　集装箱堆垛机

7. 其他机型

汽车起重机和轮胎起重机机也可用作空箱堆码作业，适用于吞吐量少的通用码头，如

图 5－13 所示。

图 5－13　汽车起重机

5.3.4　拆装箱机械

集装箱码头的拆装箱作业一般采用 1.5～3 t 的低门架叉车、手推搬运车等，如图 5－14 所示。

(a) 低门架叉车　(b) 杠杆式手推车　(c) 手动托盘搬运车

图 5－14　拆装箱机械

5.4　集装箱码头装卸工艺方案

纵观世界各集装箱码头装卸工艺系统，采用跨运车系统的码头泊位较多，其次是门式起重机系统。而我国各集装箱码头，大多采用轮胎门式起重机系统。

在集装箱码头上由集装箱装卸桥和跨运车、轮胎式门式起重机、轨道式门式起重机、底盘车和叉车等水平搬运机械可组成不同的装卸工艺方案。

5.4.1　装卸桥—跨运车方案

装卸桥—跨运车方案是码头前沿采用装卸桥，水平搬运及堆场作业时采用跨运车。在集装箱码头前沿，利用集装箱装卸桥进行集装箱船的装卸作业，从码头前沿到集装箱编排场、集装箱堆场、货运站，以及对底盘车进行换装等作业均由跨运车来完成。

集装箱场地采用跨运车，在世界集装箱码头场地工艺方案中约占 40%，这是因为跨运车具有机动灵活、对位快、装卸效率高等优点，既可作水平搬运，又可作场地堆、拆垛作业，一般可码 2～3 层集装箱，在搬运距离不长时，无须再配拖挂车。跨运车的主要缺点是故障率比较高，一般达 30%～40%，维修费用高，不能用于装卸铁路车辆。

装卸桥—跨运车方案比较适合于年通过量在 5 万 TEU 的集装箱码头上使用。该方案如图 5－15 所示。

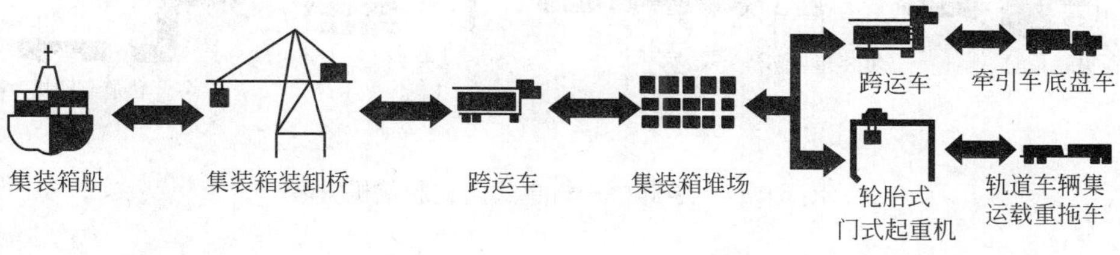

图 5－15　装卸桥—跨运车方案

5.4.2　装卸桥—轮胎式门式起重机方案

装卸桥—轮胎式门式起重机方案是码头前沿采用装卸桥进行集装箱船的装卸，水平搬运采用底盘车，堆场采用轮胎式门式起重机。这种工艺方案是把装卸桥对集装箱船进行集装箱的装卸作业，码头前沿到集装箱编排场、集装箱堆场通过底盘车连接。集装箱运到堆场后，再用轮胎式门式起重机进行场地作业。轮胎式门式起重机也可进行内陆车辆的换装作业。

轮胎式门式起重机的主要优点有：场地面积利用率高，装卸效率高，灵活性比较大，能适应铁路、公路车辆的运输；轮胎式门式起重机可以说是一种增大了自由弯度和宽度的跨运车，它可跨 1～7 排集装箱和一条底盘车通道，能堆码 3～4 层集装箱；操作简便，便于实现自动化和电子计算机管理。其主要缺点有：轮压比较大，一般为 50 t，对场地要求高；对驾驶员操作技术要求高。

装卸桥—轮胎式门式起重机方案比较适合于年通过量 8 万～10 万 TEU 的集装箱码头使用。该方案如图 5－16 所示。

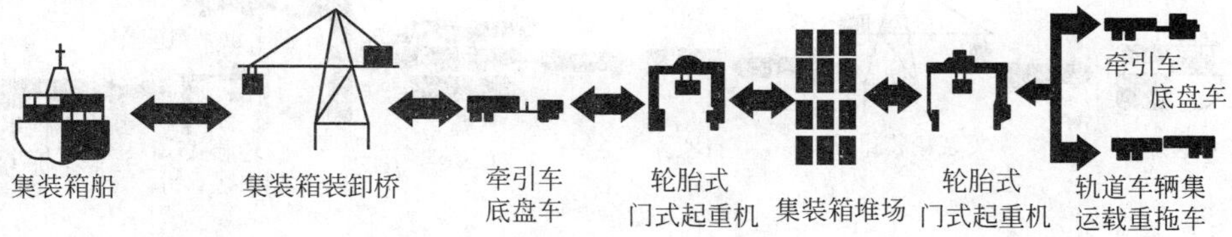

图 5－16　装卸桥—轮胎式门式起重机方案

5.4.3　装卸桥—轨道式门式起重机方案

装卸桥—轨道式门式起重机方案是通过装卸桥把集装箱从船卸到码头前沿的底盘车上，

通过底盘车把集装箱运到堆场，堆场作业采用轨道式门式起重机。

轨道式门式起重机的主要特点是：机械沿轨道运行，具有能实现自动化控制的优点。与轮胎式门式起重机相比，堆场堆箱的自由空间和宽度更大，在所有集装箱堆场机械中场地面积利用率最高，单位面积堆箱数最多，它可跨14排或更多排集装箱，堆码高度可达4～5层集装箱。机械机构简单，操作比较可靠，但初始投资大。

装卸桥—轨道式门式起重机方案适合年吞吐量10万TEU以上或两个以上连续泊位的集装箱码头使用。该方案如图5-17所示。

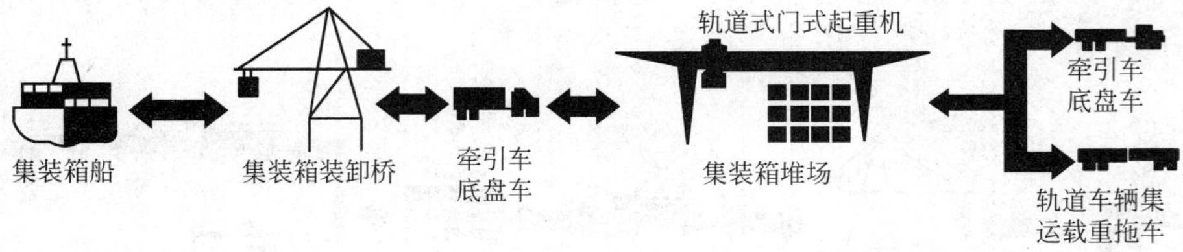

图5-17 装卸桥—轨道式门式起重机方案

5.4.4 装卸桥—底盘车方案

装卸桥—底盘车方案是码头前沿采用装卸桥，水平搬运及堆场作业均采用底盘车。底盘车按其使用场所不同，分为一般公路用和货场用两种。一般公路上用的底盘车长、宽、高外廓尺寸及轮压和轴负荷均应符合国家标准规定；货场用的底盘车外廓尺寸一般可不受国家对于车辆限界的规定限制，但挂车的全长和轴负荷要考虑到码头货场道路的技术条件。

采用装卸桥—底盘车方案，从船上卸下来的集装箱直接安放在底盘车上，集装箱放在底盘车上后，用牵引车把它拖到场地，在场地，集装箱存放在挂车上，当需要进行内陆运输时，很方便地用牵引车将其拖走。

装卸桥—底盘车方案与前几种方案比较，集装箱不落地，特别适合于公路四通八达的“门到门”运输方式。其主要缺点是：占地面积大（一般一个泊位需要22万～25万m^2的陆域）；投资大（一般每个泊位平均需配备2 000～3 000辆挂车）；由于不能重叠堆放，故场地面积利用率很低。该方案如图5-18所示。

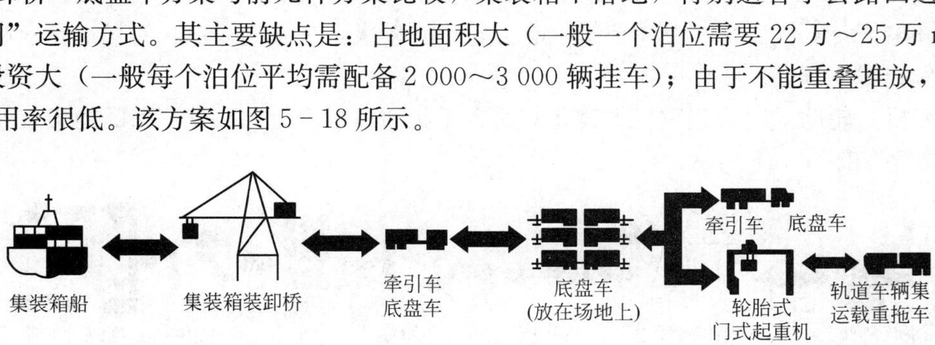

图5-18 装卸桥—底盘车方案

5.4.5 装卸桥—集装箱叉车方案

装卸桥—集装箱叉车方案是码头前沿采用装卸桥，水平搬运及场地采用叉车。集装箱叉车是集装箱码头上常用的一种装卸机械。一般码头前沿利用船载起重机或岸壁起重机进行装卸，码头前沿和堆场上的作业都用叉车。叉车除了进行场地码垛作业和短距离的搬运作业外，还可用它来进行装卸车辆作业。当水平运输距离比较远时，可采用拖挂车配合作业。叉车作业要求比较宽敞的通道及场地，因此场地面积利用率比较低。

装卸桥—集装箱叉车方案较适合年吞吐量 3 万 TEU 以下沿海散件杂货泊位兼作集装箱泊位使用，或兼做修理箱场地和空箱场地作业。该方案如图 5－19 所示。

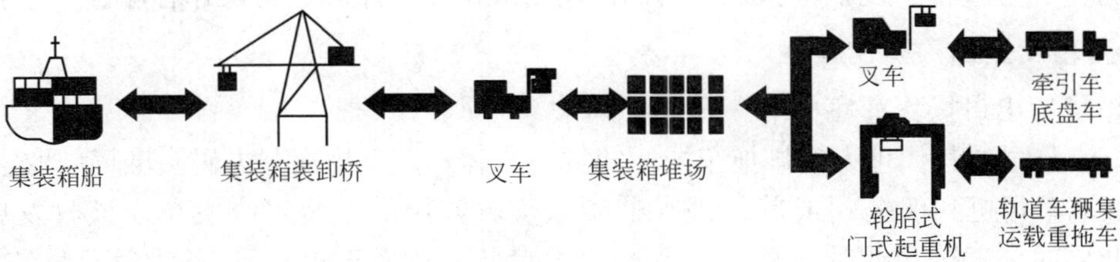

图 5－19　装卸桥—集装箱叉车方案

5.5　集装箱码头大门业务

集装箱码头大门肩负着集装箱进出的操作业务，任务重大。因此，对其设置和管理要求较高。在实际业务中，集装箱码头大门又称为闸口或门口。

5.5.1　码头大门口的设置

由于集装箱码头进出集装箱频繁，门口设置应保证进出大门的集装箱快速、方便的通行而又不出差错，要求大门口在办理集装箱进出的手续时方便、高效、安全、畅通无阻。大门口的设置如图 5－20 所示。

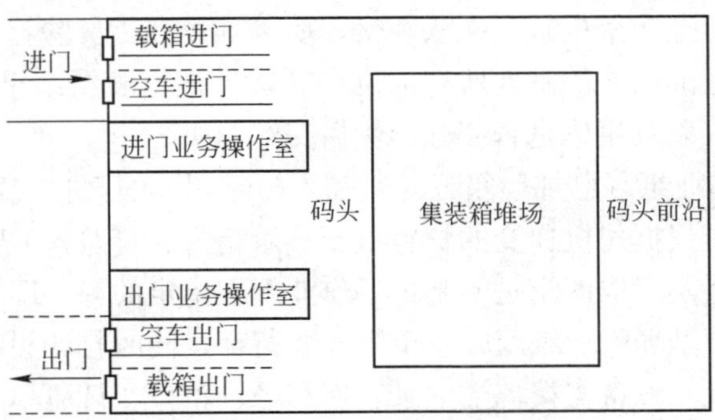

图 5－20　集装箱码头大门口设置示意图

门口是集装箱码头港区与外界的分界处。集装箱码头大门共有两个门口。一个门口负责载箱拖挂车和空车挂车进门；另一个门口负责载箱拖挂车，以及空车拖挂车出门。进门和出门都分别设置载箱拖挂车进出门和空车拖挂车进出门。原因有以下两项。

(1) 载箱拖挂车进出门与空车拖挂车进出门所办理的手续不一样。

(2) 载箱拖挂车和空车拖挂车进出门分别行走各自的路线，可保证门口处的交通畅通。

5.5.2 码头大门口业务操作程序

集装箱码头大门口的操作程序分为出口操作程序和进口操作程序。在整箱货运情况下，出口操作程序是指从货主（客户）到码头堆场提取空箱开始至将装满货的重箱送交码头堆场为止的过程。进口操作程序是指货主（客户）到码头堆场提取重箱至将卸完货的空箱送交码头堆场为止的全过程。现以整箱货运为例说明出口操作程序和进口操作程序。

1. 整箱货运出口操作程序

整箱货运出口操作程序如下。

(1) 船公司或其代理人安排拖车或通知货主（客户）安排拖车去码头堆场领取空箱。

(2) 拖车司机到船公司或其代理人处领取交收箱用的集装箱收发单。该收发单一式6联。与此同时，船公司或其代理人还发给司机封条（类似于锁），封条为每只集装箱1个，装货完毕，加封在集装箱端门上。

(3) 拖车司机开车到码头大门口，从空车进口处进门，在入门口处停车，将集装箱收发单的第一联递交给入门口处的码头职员，用于办理入门手续。司机递交收发单第一联后，无须等候，可直接开车去码头专用停车场等候通知。

(4) 门口职员将收发单第一联中的有关数据输入电脑，例如，船公司名称、船名、航次、箱主、订舱单号、拖车号，以及集装箱类型和尺寸等。然后安排取箱位置（空箱在堆场的位置）和集装箱号码，打印出一张堆场作业纸交给司机。堆场作业纸上注明有箱号和取箱的堆场位置，拖车司机便可开车到堆场作业纸上指定的堆场位置提取空箱。

(5) 堆场理货员按司机提供的堆场作业纸，指挥起重机司机将指定的集装箱（空箱）吊到拖车上。吊装时，堆场理货员应观察集装箱底部有无损坏，如有损坏，堆场理货员应通知大门口职员更换集装箱，此时拖车司机须持原有堆场作业纸回到入门口处改单，即更改集装箱箱号和取箱位置，再回到新的堆场位置取空箱，直到所取集装箱完好为止。

(6) 拖车司机取到空箱后，开车到验箱处验箱。出门口前须经过详细验箱。因为集装箱装到拖车上后，底部与拖车架接触，无法观察，所以堆场理货员验箱是检查箱底。而出门前的验箱是检查集装箱底部以外的其他所有部位。理货员根据验箱结果在堆场作业纸上签字，具体说明箱型、材质，以及箱体是否完好，然后交给司机。

(7) 司机持堆场作业纸（已加验箱记录）和入门时剩下的5联收发单到载箱出门处办理出门手续。出门处职员根据司机递交的材料重新核对箱主、订舱单号、拖车号等，看电脑记录是否有错，同时检查实际取的箱是不是堆场作业纸上指定的箱，即核对箱号。核对正确无误后，出门处职员收下堆场作业纸及收发单第6联留存，同时打印设备交接单连同剩下的4联收发单一起交给司机。设备交接单上记录有拖车号、箱号、订舱单号等。

(8) 拖车司机凭设备交接单出门离开码头。

(9) 客户拿到空箱后，即安排装货，装货时有海关人员监督。装好货后，在箱门上加装厂家封条，同时还应经海关检查批准后加封海关封条，上了封条的集装箱不能随意打开，以保货物不致丢失。

(10) 集装箱装箱完毕加封后，再安排拖车将装货集装箱（重箱）送到码头，拖车从载箱进口处入门。在进口处递交集装箱收发单（此时司机携带的运输单证就是上次提取空箱时剩下的4联集装箱收发单和设备交接单），办理交接箱手续。在办手续前，先经过门口处理货员验箱，验箱的内容有：

① 箱体外观检查，是否有损伤、翘曲、破裂现象；

② 核对箱号是否与单证上相符；

③ 记录封条号码，包括海关关封及厂家施加的厂封；

④ 注明集装箱的类型、材质。

验箱内容写在集装箱收发单第 2 联上。

(11) 验箱完毕，门口处职员审单（即审查集装箱收发单），并将有关箱的资料记录如拖车号、箱号、船名、航次、订舱单号、卸货港、封条号、箱毛重等输入电脑。输入完毕，撕下收发单第 2 联留存，其余 3 联交给司机，并打印一张堆场作业纸给拖车司机。此堆场作业纸同上次提空箱时的堆场作业纸形式一样，一个用于提箱，一个用于交箱。堆场作业纸上注有卸箱的堆场位置，拖车司机到指定堆场位置，将堆场作业纸交给堆场理货员。

(12) 堆场理货员先审查拖车司机提交的资料，如没有问题，即指挥起重机司机卸箱。卸箱完毕，堆场理货员应在堆场作业纸上签字确认。

(13) 拖车离开堆场到空车出门处办理出门手续，出门处码头职员重新核对进门时输入到电脑里的文件资料记录，应特别注意核对箱号、船名、航次、卸货港，以及堆场作业纸上有无堆场理货员确认已卸箱到堆场的记录，然后打印设备交接单（出门纸），撕下收发单第 5 联留存，剩余 2 联收发单连同设备交接单交给司机，此设备交接单与上次来提箱时的设备交接单一样。

(14) 拖车司机凭设备交接单出门，出口重箱交货结束。此时，拖车司机原持有的 6 联集装箱收发单只剩下两联。这两联中的第 3 联给司机，第 4 联由船公司或其代理人保留。

2. 整箱货运进口操作程序

整箱货运进口操作程序与出口操作程序相反。具体操作程序如下。

(1) 船公司或其代理人安排拖车或通知客户安排拖车去码头提取重箱。

(2) 拖车司机去码头提取重箱前先到船公司或其代理人处领取交收箱用的集装箱收发单及其海关放行条，收发单通常为一式 6 联（前已述及）。

(3) 拖车司机开车到码头门口处，从空车进口处入门。在入门口处停车，将手中的收发单第 1 联和海关放行条递交给入闸口处码头职员，用于办理入闸手续。司机递交收发单后，无须等候，可开车进入码头专用停车场等候通知。

(4) 门口职员根据收发单将有关数据输入电脑，如箱主、拖车号，以及集装箱类型和尺寸等。然后安排取箱位置（堆场位置）和集装箱号码，打印出一张堆场作业纸交给司机。堆场作业纸上注明有箱号和取箱的堆场位置，拖车司机便可开车到堆场作业纸上指定的堆场位置提取重箱。

(5) 堆场理货员按司机提供的堆场作业纸，指挥起重机司机将指定集装箱（重箱）吊到拖车上。吊装时，堆场理货员应观察集装箱底部有无损坏，如有损坏应做好详细记录并通知船公司加以确认。

(6) 司机持堆场作业纸（已经过堆场理货员确认）和入门时剩下的 5 联收发单到载箱出门处办理出门手续。出门处职员根据司机递交的材料重新核对箱主、箱号、拖车号等，看电脑记录是否有错，同时检查实际取的重箱是不是堆场作业纸上指定的重箱，即核对箱号。核对正确无误后，出门处职员收下堆场作业纸及收发单第 6 联留存，同时打印设备交接单，连同剩下的4联收发单一起交给司机。设备交接单上记录有拖车号、箱号等，此设备交接单与提空箱的设备交接单基本一样，不同的是提取重箱时的设备交接单带有条形码，拖车司机出门时凭此条形码开启电子锁（通过电子扫描），出门处的交通栏杆即会自动抬起。

(7) 拖车司机凭设备交接单出门离开码头，将重箱取回。

(8) 客户提到重箱后，即安排卸货，卸箱时有海关人员现场监督。

(9) 集装箱卸货完毕，拖车将空箱送回码头，此时拖车从载箱进门处进门，在进门口处递交集装箱收发单（此时司机携带的运输单证就是上次提重箱时剩下的4份收发单），办理交接箱手续。在办手续前，先经过门口处理货员验箱，验箱的内容有：

① 箱体外观检查，是否有损伤、翘曲、破裂现象；

② 核对箱号是否与单证上相符；

③ 注明集装箱的类型、材质。

验箱内容写在收发单第2联上。

(10) 验箱完毕，门口处职员审单（即审查集装箱收发单），并将有关箱的资料记录输入到电脑，如箱主、拖车号、箱号等。输入完毕，撕下集装箱收发单第2联留存，其余3联收发单交给司机，并打印一张堆场作业纸给拖车司机。此堆场作业纸同上次提空箱时的堆场作业纸形式一样，只是一个用于提箱，一个用于交箱，堆场作业纸上注有卸箱的堆场位置，拖车司机到指定堆场位置，将堆场作业纸交给堆场理货员。

(11) 堆场理货员先审查拖车司机提交的资料，如没有问题，即指挥起重机司机卸箱。卸箱完毕，堆场理货员应在堆场作业纸上签字确认。

(12) 拖车离开堆场到空车出门处办理出门手续。出门处码头职员重新核对进门时输入到电脑里的文件资料记录，特别注意核对箱号、箱主，以及堆场作业纸上有无堆场理货员确认已卸箱到堆场的记录，然后打印设备交接单，撕下集装箱收发单的第5联留存，剩余2联连同设备交接单交给司机，此设备交接单与提空箱时的设备交接单一样。

(13) 拖车司机凭设备交接单出闸。进口提取重箱，交还空箱程序结束。

5.6 集装箱码头堆场的有关操作

5.6.1 集装箱在码头堆场上的位置表示

1. 码头堆场区、段的划分

集装箱码头堆场总面积较大，根据码头堆场的位置，往往将整个港区堆场划分为若干个分堆场，如1号堆场、2号堆场、3号堆场等。对每一个分堆场可再划分若干个区，如1区、2区、3区等。然后再对每一个区划分为若干个段，并用代号表示，如A段、B段、C段等。每个段的形状为矩形，其宽度为6个标准箱的宽度（应留有一定的空隙），因而每个段的宽度可表示为6行，用01、02、03、04、05、06表示。每段的长度通常为30个6.1 m (20 ft)标准箱的长度。因而每行有30个6.1 m（20 ft）箱长度方向的堆放位置，每个位置称为一间，用01、03、05、07、09、…、57、59表示，共30个间位。另外，集装箱在码头堆场的堆放高度通常为4～6层集装箱，具体为从地面往上表示1层、2层、3层、4层、5层、6

层。由于层数不多，在实际操作中，同一个平面箱位上，从 6 层中找出一个集装箱并不困难，因而在码头箱位表示中，并不使用层这个位置，只用区、段、行、间 4 个位置就已经足够了。

2. 集装箱在码头堆场箱位的表示

集装箱在堆场的箱位，首先表明区，然后表明段，再表明集装箱在某个段中的行位，最后表明集装箱在该行的间位。这样可清楚表示出集装箱在码头堆场堆放的位置，极易查找。

每个集装箱运到码头时，大门口的业务操作员会给出一个箱位供该集装箱堆放，并输入电脑存档。下次要查找这个集装箱时，只要在电脑中输入该箱的箱号，就会显示出该箱的位置。如图 5-21 所示，2B0403 表示该集装箱在 2 区 B 段第 4 行第 3 间。

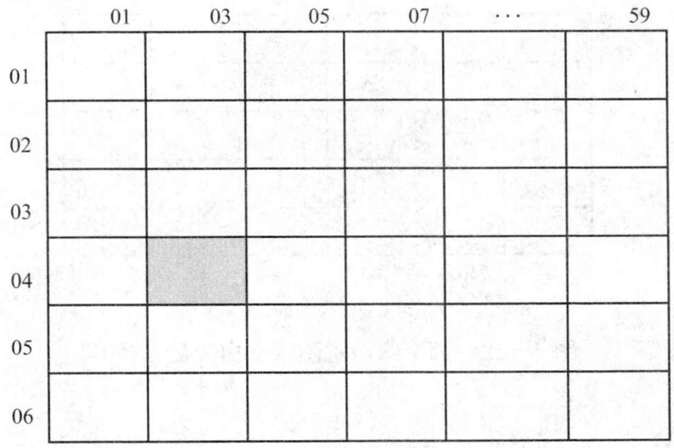

图 5-21　码头堆场平面行、间示意图

上述为重箱位置表示方法。而对于空箱的位置，通常只规定区位和段位，而没有行位和间位。主要原因是空箱的使用很少指定箱号，即如果船公司或代理人或客户要去堆场取空箱装货，只要是该船公司的空箱就可以，不必一定要领取某一个号码的空箱。所以，在码头堆场上划出若干个专门存放空箱的空箱区，每个区再分为若干段，将段分给集装箱箱主。在空箱堆场上，集装箱按箱主不同而分段摆放，由于不需要领取指定号码箱，因而取箱时不会有查找困难的问题。也有规模较大的集装箱堆场，其空箱的摆放也像重箱一样规定，在这样的堆场门式起重机也较多。

5.6.2　堆场堆存能力的确定

集装箱堆场的堆存能力不仅与总堆存面积有关，还与允许堆放高度的层数有关。而允许堆高的层数在场地强度足够的情况下决定于集装箱堆码的机械，如叉车一般堆 4 层，龙门起重机可堆 5 层。

另外，不能将所有一行的所有间位都堆高至 4 层或 5 层（最高层），必须在每一行靠边的 1～2 间位留出足够的空位，作为装卸作业时翻箱使用。如图 5-22 所示，如想取 3 行底的箱子，就必须先将压在该箱子上面的所有在同一个间位的箱子移开，才能取出。而上面的箱子就移到翻箱位。堆 4 层高时，应留有 3 个翻箱位；堆放 5 层高时，应留有 4 个翻箱位；

堆高 6 层时应留有 5 个翻箱位。所以 6 行 4 层共 24 个箱位的间位，实际只能堆放 21 只箱，留有 3 个翻箱位；6 行 5 层共 30 个箱位的间位，实际只能堆放 26 只箱，要留出 4 个翻箱位。

如前所述，在已知码头分堆场数、每个分堆场区数、每个区的段数，以及各个段行位数、每行间位数后，可计算出整个港区理论堆存能力（箱位数），理论堆存能力（箱位数）减去各个段的翻箱位数之和就得出整个港区的实际堆存能力（箱位数）。

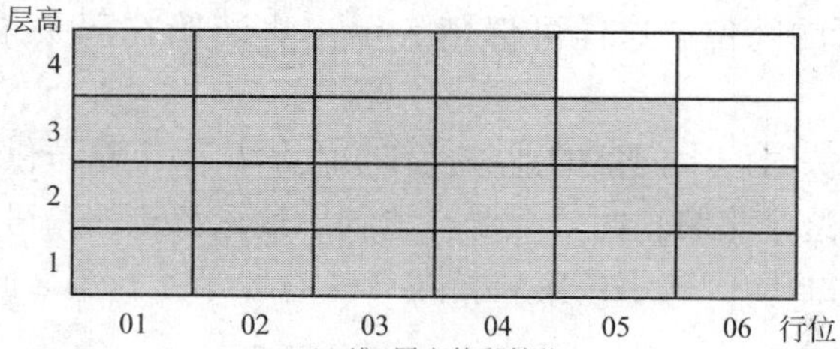

(a) 堆4层高的翻箱位

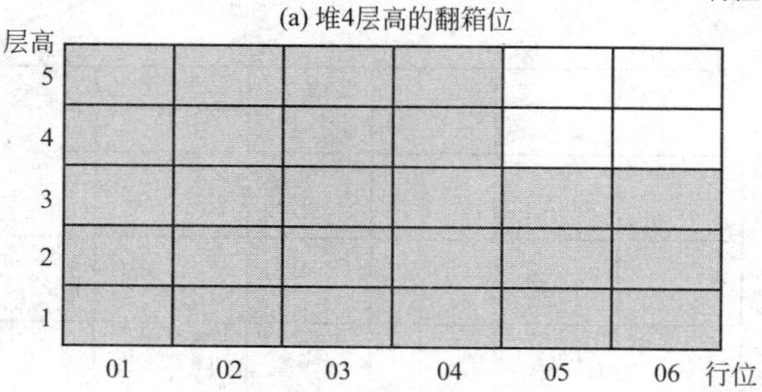

(b) 堆5层高的翻箱位

图 5－22　翻箱位示意图（空白为翻箱位）

5.6.3　堆场指位

堆场指位是指堆场业务人员给客户通过集装箱拖挂车送到码头的集装箱（出口箱）或从船上卸下来的集装箱（进口箱）安排在堆场堆放位置的行为。

1. 根据已规划的货位图指位

根据已规划的货位图进行堆场指位步骤如下。

(1) 绘制堆场空白平面图，要求堆场业务人员在前一天下午就绘制好计划作业天（后一天）的堆场空白平面图。

(2) 掌握计划作业天到港船舶停靠的泊位、卸箱时间、卸箱量。

(3) 掌握计划作业天出口箱进场的交箱量及交箱时间。

(4) 掌握计划作业天出口箱装船时间、装箱量、船舶靠泊情况。

(5) 掌握计划作业天客户提箱量、提箱时间。

(6) 编制计划作业天到港集装箱堆存计划，规划集装箱堆存货位图。

(7) 对实际到港的集装箱根据已规划的货位图指定集装箱堆放位置。

2. 出口箱指位注意事项

对准备出口装船的集装箱指位应注意下列事项。

(1) 对计划作业天靠泊的船舶，分析装上该船的集装箱在堆场上的位置是否合理，集装箱在堆场的堆放位置与到达船舶舱位的距离是否最短等。如不合理就需要做出移位。

（2）根据客观实际，随时更改集装箱货位。如船期变动、船舶舱位不够、转船、转港等原因，都需要对已规划的出口集装箱位置作相应的变动。

3. 对进口集装箱的指位注意事项

对准备卸船的进口集装箱的指位应注意下列问题。

（1）计划作业天靠泊，从船上卸下来的集装箱，看从卸箱舱位到预先规划的货位的距离是否最短，如果不是则需要对已规划的货位进行调整。

（2）对计划作业天靠泊的卸箱船舶，如果到港时间有变动，那么卸箱时间肯定有变动，同样需要对已规划的货位进行调整。

专业术语

集装箱货运站　集装箱码头　集装箱堆场　集装箱编排场　控制塔　大门　集装箱起重机　跨运车　门式起重机　集装箱正面吊运机　箱位　堆存能力　堆场指位

复习思考题

1. 集装箱货运站有哪些类型？
2. 集装箱货运站的主要工作有哪些？
3. 建设集装箱码头必须具备哪些要求？
4. 简述吊装式集装箱专用码头所具有的主要设施。
5. 集装箱码头水平搬运机械和堆场作业机械有哪几种？这些机械分别有哪些优缺点？
6. 集装箱码头装卸工艺方案有哪些？简述各种装卸工艺方案的机械组合。
7. 简述集装箱码头大门整箱货出口操作程序和进口操作程序。
8. 集装箱码头堆场的区、段、行位、间位是如何表示的？举例说明集装箱码头堆场的箱位表示方法。
9. 集装箱码头堆场的实际堆存能力（箱位数）是如何确定的？
10. 码头堆场的每个段为什么要留有翻箱位？如何确定翻箱位？

案例分析

案例一　集装箱货运站经营人欺诈案

1. 基本案情

卖方：我国某进出口公司，简称 A 公司

买方：某境外贸易公司，简称 B 公司

货代：某集装箱货运站，简称 C 公司

承运人：实际承运人，简称船公司

保险人：某保险公司，简称保险人

1995 年 3 月，我国某进出口公司 A 公司与某境外贸易公司 B 公司签订了一份货物买卖合同。合同约定，A 公司向 B 公司提供价值 30 万美元的货物，用信用证方式支付，价格术语为 FOB 我国南方某港，使用集装箱进行 CY－CY 运输。A 公司在合同规定的装运期限内备好货后送至集装箱货运站 C 公司，委托 C 公司装箱出运。C 公司在卸车记录上签收后出具仓库收据。

C 公司将加封的集装箱交付船公司，船公司开具提单，并在提单上记载 CY－CY 和 SLAC（货主装载并计数）。FOB 条款下由买方 B 公司向保险人投保。

货物到达目的后，B 公司在提箱时注意到集装箱外表面状况良好，关封完整，但是开箱后根本没有货物的踪迹。而此时，B 公司已通过银行付了货款，B 公司遂向有关责任方提出索赔，各方均据理力争。

A 公司：尽管提单记载该票货物由货主装箱并计数，但事实上该票货物并非由货主自行装载，而是送到 C 公司后，由 C 公司在卸车记录上签字，并且又出具了仓库收据。仓库收据的出具表明货运站已经收到该票货物，货运站的责任已经开始，同时表明货主的责任即告终止。

承运人：提单记载的运输条款是 CY－CY，即整箱交接，提单的背面条款已规定：“整箱货交接下，承运人在箱子外表面状况良好下、关封完整下接货、交货。”既然 B 公司在提取集装箱时没有提出异议，则表明承运人已完成交货。至于箱内货物的短溢，由装箱人负责。

保险人：无法确定货物灭失区段和责任方，并且箱内货物名称、数量、标志等与保单内容记载不一致，拒绝理赔。

C 公司：收货人与发货人之间有买卖合同关系；收货人与承运人之间有运输合同关系；收货人与保险人之间有保险合同关系；而收货人与货运站之间无任何合同关系。即使货运站装箱，但也是货主委托行为，货运站是货主的雇用人员。

索赔无果，B 公司将各当事人向法院提起诉讼。法院判定装箱人 C 公司承担赔偿责任。而且，在法院调查中发现，该货物仍在 C 公司仓库中堆存。

最后，本案经过 C 公司与 A 公司、B 公司协商，C 公司除承担货物再出运的所有费用外，还给予买方 B 公司相应补偿而结案。

2. 结论

本案是一起典型的集装箱货运站经营人利用拼箱交货和 CY-CY 运输条款进行欺诈的案例。从本案的判定可以看出，C 公司既是货主委托的装箱人，又是与货主订有仓库合同的一方，承担仓储合同责任，因而承担装箱过失责任。

案例二　目的港无人提货造成的集装箱超期使用赔偿

1. 基本案情

原告：某海外货柜航运有限公司

被告：某国际货运代理（上海）有限公司

2007 年 12 月 5 日，原告签发提单承运一批酒、食品和刀叉从意大利到中国上海，涉案货物装载在 1 个 20 ft 集装箱内，提单记载的收货人为被告。2008 年 1 月 2 日，货物运抵中国上海。被告持提单和保函向原告办理了提货手续，但至今没有提取涉案货物。原告公司网站公布的 20 ft 集装箱上海口岸的集装箱超期使用费收费标准为：集装箱自卸船之日起，

10 天内免费；第 11—20 天，每天 5 美元；第 21—40 天，每天 10 美元；第 41 天起，每天 20 美元。

另查明，涉案集装箱系原告向案外人租用。案外人提出就涉案集装箱作全损处理，向原告收取赔款 2 000 美元，并将涉案集装箱所有权转让给原告。原、被告双方确认 20 ft 集装箱 2009 年的购置价格约为 2 400 美元。

上海海事法院审理认为：提单系海上货物运输合同的证明。依据提单记载，原告为承运人，被告为收货人，原告与被告之间的提单法律关系依法成立。被告在办理提货手续后，应当履行收货人的义务，尽快提取货物，返还集装箱。现被告怠于履行提货义务，已经构成违约，应对由此造成的原告损失承担赔偿责任。原告为履行海上货物运输合同而提供集装箱。因目的港无人提货导致原告的集装箱被长期占用，不能正常流转经营，由此造成的损失，属于运输合同项下的损失。原告主张被告赔偿自涉案货物到达目的港之日，即 2008 年 1 月 2 日，至 2009 年 12 月 31 日止的集装箱超期使用费，按照原告公司网站公布的集装箱超期使用费费率标准计算，该损失为 14 010 美元。中国法律规定，一方当事人因另一方违反合同受到损失时，应当及时采取措施防止损失的扩大。原告在收货人长期不提货的情况下，应当采取积极措施避免集装箱超期使用费损失的扩大，故原告主张的超期使用费应以集装箱新置费用即每只集装箱 2 400 美元计算为宜。

2. 法律分析

集装箱超期使用费纠纷在海上货物运输合同项下经常发生：目的港无人提货导致一般由承运人提供的集装箱被长期占用，不能正常流转经营，于是产生了高额的集装箱超期使用费。根据法律规定，承运人应当在损失形成后，积极采取措施，避免集装箱超期使用费的不断提高。

在海上货物运输合同中，由于货物到达目的港后长期无人提货，导致装载货物的集装箱被长期占用。集装箱所有人，大多为涉案承运人，遭受了因集装箱无法正常流转带来的损失。承运人收取集装箱作为违约金，是目前航运市场的惯常做法。

《中华人民共和国海商法》第二百五十七条规定，就海上货物运输向承运人要求赔偿的请求权，时效期间为一年，自承运人交付或者应当交付货物之日起计算。《最高人民法院关于承运人就海上货物运输向托运人、收货人或提单持有人要求赔偿的请求权时效期间的批复》中亦规定，在有关法律未予以规定前，比照《海商法》第二百五十七条的规定，时效期间为一年，自权利人知道或应当知道权利被侵害之日起计算。集装箱超期使用费纠纷适用上述一年诉讼时效的规定。

集装箱超期使用费的产生存在特殊之处，由于该损失的产生系由于相对方怠于履行提货义务，导致承运人之集装箱被长期占用。集装箱超期使用费持续产生，承运人权利受到侵害的状态处于长期持续的状态，一般直至诉讼进行过程中集装箱超期使用费仍然持续产生。因此，在本案中，原告请求被告赔偿集装箱超期使用费的主张并未超过诉讼时效。

根据合同法的相关原则，如果当事人之间对集装箱超期使用费存在约定则依照约定计算超期使用费。但是实践中，承运人往往并未与托运人或收货人就集装箱超期使用费的标准进行事前的协商，而是在提单或集装箱设备交接单证上列明收费标准，更多的是在其公司门户网站上公布相应的集装箱超期使用费标准，供相对方查询。总之，案件审理中，若双方对集装箱超期使用费不存在约定，则承运人必须举证证明，已经通过上述方式或其他方法使相对方获知了该集装箱超期使用费的计算标准。

关于承运人网站上公布的集装箱超期使用费标准的问题。由于海上货物运输合同存在很强的跨国性，各大船公司可能在世界各个港口成立分公司或子公司，当承运人主张使用国外目的港公布的集装箱超期使用费费率作为计算标准时，必须证明这种计算标准可以在中国通过网络或其他方法查询得到，或者证明运输合同相对方对国外港口的标准是明知的。否则将被认为缺乏公信力。

计费标准的合理性问题。如果当事人对承运人制定的计费标准持有异议，认为该标准存在不合理之处，一般由承运人提供其他具有代表性的船公司制定的集装箱超期使用费，只有在承运人单方制定的超期使用费标准明显高于一般市场标准的情况下，集装箱超期使用费才可以予以调整。

集装箱超期使用费属于违约金的一种。集装箱超期使用费按天计算并分段递增的计费标准，具有惩罚性，也符合违约金的特点。根据《中华人民共和国合同法》第一百一十九条规定，当事人一方违约后，对方应当采取适当措施防止损失的扩大；没有采取适当措施致使损失扩大的，不得就扩大的损失要求赔偿。在集装箱超期使用费纠纷中，由于目的港无人提货导致集装箱被长期占用，集装箱的流转价值无法实现，产生了相应的损失。承运人在集装箱超期使用费开始计算之日起就知晓了损失的存在，且该损失在逐日扩大。作为合同相对方，承运人应当采取积极措施防止损失的扩大。一般认为，这种积极措施至少是购买相应的新箱投入流转，以弥补因集装箱被长期占用导致的流转损失。因此，集装箱超期使用费应当以相应型号集装箱的重新购置价为赔偿限额。承运人可以提供近期购买相应型号集装箱的发票来证明购置价，或由具有代表性的集装箱生产厂家提供价格说明。

第6章 集装箱运输组织

【本章内容概要】

本章重点论述了水路集装箱运输的组织方法，介绍了公路和铁路集装箱的运输组织。

水路集装箱运输组织，重点在水路集装箱运输的组织主体和基本航线，以及集装箱的运输工具及其结构特点，装卸、作业方法；集装箱船舶的配积载技术，配积载的方法；以班轮航线参数的计算方法为基础，介绍了班轮航线货流分析方法、班轮航线系统配船方法，以及班轮船期表制定方法。

公路集装箱运输组织，介绍了公路集装箱运输的组织主体、作业方法，以及公路集装箱运输在多式联运中的作用及货运形式。

铁路集装箱运输组织，介绍了铁路集装箱运输的货源组织形式、组织主体和作业方法，并对铁路集装箱货运程序和对货物的交接责任划分进行了具体分析。

就典型陆桥运输的联运路径和业务衔接方式做了简要介绍，为多式联运业务的学习打下理论基础。本章的主要内容框架如图6-1所示。

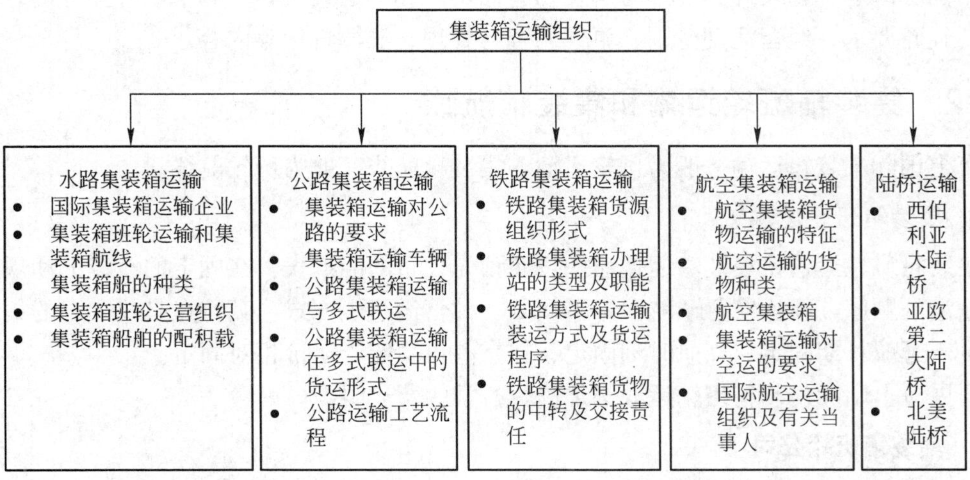

图6-1 本章的主要内容框架

【本章学习重点与难点】

学习重点：水路集装箱运输作业的基本内容。

学习难点：水路集装箱运输的作业组织和优化。

6.1 水路集装箱运输

水路集装箱运输主要以海上国际集装箱运输为主。海上国际集装箱运输是指集装箱运输船舶装载的国际集装箱货物经由海上从一个国家或地区运至另一个国家或地区的国际运输。

6.1.1 海上国际集装箱运输企业

1. 从事海上国际集装箱运输经营的企业

凡是从事经营海上国际集装箱运输、装卸和货物运输业务的企业都是海上国际集装箱运输企业，主要包括以下类型的企业。

(1) 从事经营海上国际集装箱运输的航运企业及其代理企业。

(2) 从事经营海上国际集装箱装卸业务的港口装卸企业。

(3) 从事经营海上国际集装箱中转业务和拆装箱业务等的内陆中转站、货运站。

2. 海上国际集装箱运输企业的设立与管理

《中华人民共和国国际海运条例》规定，国务院交通主管部门对设立经营海上国际集装箱运输的企业实行申请、审批、报备和“经营许可证”制度；对要求变更业务范围或停业的企业，实行申请和审批制度。

《中华人民共和国国际海运条例》规定了经营国际船舶运输、国际船舶代理、国际船舶管理、国际海运货物装卸、国际海运货物仓储、国际海运集装箱站和堆场等业务的企业设立条件、经营要求、经营活动范围、事件调查与处理、法律责任等内容。

6.1.2 集装箱班轮运输和集装箱航线

海上国际集装箱运输一般为班轮运输，集装箱航线一般为班轮航线。

1. 集装箱班轮运输

集装箱班轮运输是集装箱运输船舶按照预先公布的船期表，在固定的航线上和规定的挂靠中途港的顺序，往返航行于航线各港间的一种营运组织方式。其特点是对一定的集装箱船舶来讲，开航日期固定、开航时刻固定、挂靠港口固定、运价相对固定。

开展海上国际集装箱班轮运输必须进行科学的营运组织。

2. 集装箱班轮公司

根据从事集装箱运输班轮公司拥有的集装箱船载箱能力及其经营航线的情况，目前具有世界规模的国际集装箱班轮公司有20多家。如中国远洋运输（集团）总公司（COSCO）、丹麦马士基轮船公司（Maersk）、美国总统轮船公司（APL）、瑞士地中海航运公司（MSC）、香港东方海外货柜航运公司（OOCL）等。

3. 主要班轮航线

海上集装箱班轮运输航线按照运行组织不同，可划分为多港挂靠直达运输航线和干支结合分程运输航线两种，实际运营管理中以干支结合分程运输航线为主，实现干线船舶大型化；按照航行线路不同，可划分为来回式航线和环状航线两种，达到船舶装载的均衡化。按照航线所跨区域，可分为以下不同的航线。

(1) 环球集装箱航线。采用大型集装箱船队，挂靠世界主要的国际集装箱枢纽港，环地球三大洋航行一周的国际集装箱航线。

(2) 跨大西洋集装箱航线。采用大型集装箱船队航行于跨越大西洋的国际集装箱航线。

(3) 环太平洋集装箱航线。采用超大型集装箱船舶，挂靠太平洋沿岸主要港口环大洋航行的国际集装箱航线。

(4) 近洋国际集装箱航线。采用集装箱船舶与邻近国家或地区港口间的集装箱运输，它只经过沿海或大洋的部分水域。

(5) 国际海域集装箱支线运输。采用支线运输船舶向挂靠在枢纽港的干线集装箱船的运输。

(6) 沿海、内河集装箱支线。采用支线运输船舶装载集装箱货物向停靠在境内枢纽港的干线集装箱船舶的支线运输。

世界主要集装箱航线如图 6－2 所示。

4. 三大集装箱航线

(1) 远东—北美太平洋集装箱航线。远东—北美航线实际上可分为两条航线，一条为远东—北美西岸航线，另一条为远东—北美东岸、海湾航线。

① 远东—北美西岸线：该航线指东南亚国家、中国、东北亚国家各港，沿大圆航线横渡北太平洋至美、加西海岸各港。该航线随季节也有波动，一般夏季偏北、冬季南移，以避北太平洋的海雾和风暴。本航线是战后货运量增长最快、货运量最大的航线之一。

② 远东—北美东岸、海湾线：该航线不仅要横渡北太平洋，还越过巴拿马运河，因此一般偏南，横渡大洋的距离也较长，夏威夷群岛的火奴鲁鲁港是它们的航站，船舶在此添加燃料和补给品等，本航线也是太平洋货运量最大的航线之一。

(2) 远东—欧洲、地中海集装箱航线。该航线大多是经马六甲海峡往西，经苏伊士运河至地中海、西北欧的运输。由于北欧集装箱化的迅速发展，带动了地中海国家的集装箱运输，航行于远东—西地中海航线的船公司，组织起“地中海俱乐部”。“地中海俱乐部”由意大利的劳埃德航运公司、劳罗班轮公司、法国邮船公司、日本邮船、大阪商船三井船舶公司组成。

远东—欧洲、地中海集装箱航线具有以下特征。

① 采用大型高速集装箱船：因为该航线是一条远程航线，根据配船理论中“大船大线”的原理，只有采用大型、高速集装箱船才能获得良好的营运经济效果。

② 组成大型国际航运集团后开展运输。因为该航线连接着许多东南亚的发展中国家，这些国家的船公司愿意和西欧船公司相互协作，组成国际航运集团，开展集装箱运输业务。

③ 推动了西伯利亚大陆桥运输的发展。这一条航线开辟以后，促进了远东—欧洲的多式联运的诞生，同时，作为与西伯利亚大陆的竞争航线，反过来又推动了西伯利亚大陆桥的发展。

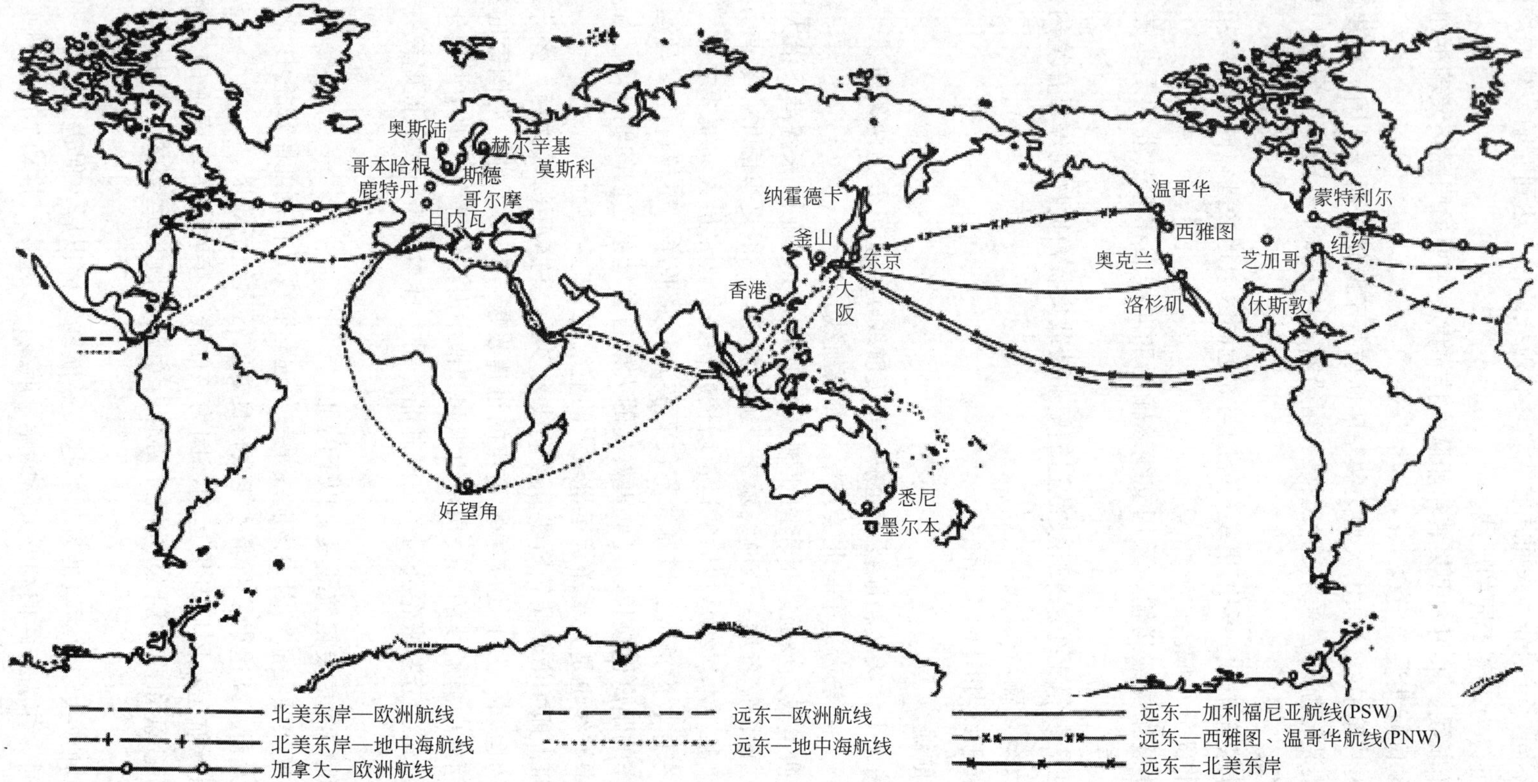

图 6-2　世界主要集装箱航线

(3) 北美—欧洲、地中海大西洋集装箱航线。本航线实际包括了以下 3 条航线。

① 北美东岸、海湾—欧洲航线。

② 北美东岸、海湾—地中海航线。

③ 北美西岸、欧洲、地中海航线。

6.1.3　集装箱船的种类

集装箱船从装卸方式来分类，主要有吊装式、滚装式、浮装式 3 种，如图 6-3 所示。

- 集装箱船
  - 吊装式集装箱船
    - 全集装箱船（集装箱专用船）
    - 半集装箱船
    - 集装箱两用船
  - 滚装式集装箱船
    - 多层甲板滚装船
    - 尾角跳板滚装船
    - 滚装/吊装两用船
  - 浮装式集装箱船
    - 普通载驳船
    - 海蜂式载驳船
    - 双体载驳船

图 6-3　集装箱船分类

滚装船和载驳船都是在集装箱化过程中产生的货船，它们本身都可以装载大量的集装箱。载驳船上的驳船也有人称为“浮动集装箱”（Floating Container）。

应该指出：通常所称的“集装箱船”，一般都指吊装式集装箱船中的全集装箱船或集装箱专用船，它是集装箱船中最典型的一种。

1. 吊装式集装箱船

吊装式集装箱船是指利用船上或岸上的起重机将集装箱进行垂直装卸的船舶，可分全集装箱船、半集装箱船和集装箱两用船 3 种。

1) 全集装箱船（Full Container Ship)

全集装箱船又称为集装箱专用船，是一种专为装载集装箱运输而建造的专用船舶，以便在海上能安全、有效地大量运输集装箱。因为它舱内设有永久性的箱格结构，只能装运集装箱而无法装载杂货。

全集装箱船上有的带有船用装卸桥（Shiptaner)，用于装卸集装箱。但目前大多数全集装箱船都依靠码头的装卸桥（Pottainer）装卸，故都不设装卸设备。

2) 半集装箱船（Semi-container Ship)

半集装箱船是指普通货船中的一部分船舱（通常是中央部位的船舱）作为集装箱专用舱装载集装箱用，而首尾舱为普通杂货舱。这种船的缺点是，由于杂货与集装箱混装在一条船上，装卸时杂货需在杂货码头上装卸，集装箱需在集装箱码头上装卸，因此在装卸过程中需要移泊，船舶营运效率不高。另外，因一部分船舱装了杂货，故船上集装箱装载量减少，这种船舶一般都没有装卸集装箱的起重设备。

实际上，这种半集装箱船很少，而大量采用的是集装箱两用船，并把集装箱两用船都称为半集装箱船。

3) 集装箱两用船（Conventional Container Ship)

集装箱两用船是一种既可以装普通杂货又同时可以装载集装箱的两用船舶。其特点是大舱口、平舱盖，舱盖上也可以装载集装箱。目前世界上的多用途船，大多可以装载集装箱，因此都可以称为集装箱两用船。

2. 滚装式集装箱船

滚装式集装箱船是指利用船侧、船首或船尾的开口，通过跳板将集装箱与拖车一起，沿水平方向拖进拖出，进行装卸的船舶。它还可分以下几种。

1）多层甲板滚装船

多层甲板滚装船是一种包括上甲板在内的多层甲板船，在各层甲板上都设有固定集装箱用的拴固装置，故在舱内可以装载拖车或集装箱。

2）尾角跳板滚装船

滚装船装载集装箱时，跳板与码头平面的夹角不能太大，否则拖车要把载货的集装箱拖上甲板很困难。为了降低这一夹角，又不使码头作业面损失太大，都采用尾角跳板。

3）滚装/吊装两用船

滚装/吊装两用船是一种为了加速集装箱的装卸，在舱内利用跳板进行滚装装卸，在甲板上靠岸壁集装箱装卸桥进行吊装的一种特殊船型。为配合这种船型的装卸，国外还有滚装/吊装两用船的专用码头。

3. 浮装式集装箱船

浮装式集装箱船是把驳船作为集装箱，利用顶轮推着驳船在水面上浮进浮出，或利用驳船起重机把驳船从水面上吊起，放入舱内的一种大型货船。许多载驳货船的甲板上还装有大量的集装箱。

1）普通载驳船

普通载驳船是最主要的载驳船，其主要特点表现在：它是一种单层甲板、无双层底的尾机。舱内为分格结构，设驳船格栅和导柱，驳船顺着垂直导轨装入并固定在舱底，舱内最多可堆装 4 层子驳，甲板上堆装两层。为便于装卸驳船，在甲板上沿两舷设置轨道，并有可沿轨道纵向移动的门式起重机，以便起吊子驳进、出货舱。

2）海蜂式载驳船

海蜂式载驳船是一种双舷、双底、多层甲板船。甲板上沿纵向设运送子驳的轨道，尾部设升降井和升降平台（升降机），其起重量可达 2 000 t。子驳通过尾部升降平台进、出母船而不是用门式起重机吊装进、出母船，当子驳被提升至甲板同一水平面后，用小车将驳船滚动运到指定位置停放。

3）双体载驳船

双体载驳船主要特点是：子驳进、出母船，既不是用门式起重机吊进、吊出，也不是利用升降平台的升、降进、出母船，而是利用载驳船（母船）沉入一定水深，用浮船坞方式将驳船（子驳）浮进、浮出进行装卸和运输。

以上 3 种载驳船，以普通载驳船应用最多。载驳船的主要缺点是船舶造价高，经济效益较差。

4. 集装箱船的结构特点

全集装箱船与普通杂货船相比较具有如下特点。

（1）集装箱船均为“统舱口船”，即船舱的尺度与舱口的尺度相同，并且在船体强度允许的条件下，尽量把舱口开大。这是为了既可便于装卸，又可多装集装箱。

(2) 由于集装箱装卸的需要，舱内无中间甲板。

(3) 为了使舱内集装箱固定而不能随意移动，舱内采用分格结构，用箱格导轨把船舱分隔成许多箱格。

(4) 由于是统舱口船，故舱口缘垂直向下直到舱底，从而形成双层侧壁（双层壳），双层侧壁的长度占船长的一半以上。横舱壁也为双层舱壁，船底为双层船底。集装箱船中部剖面的布置类型如图 6－4 所示。

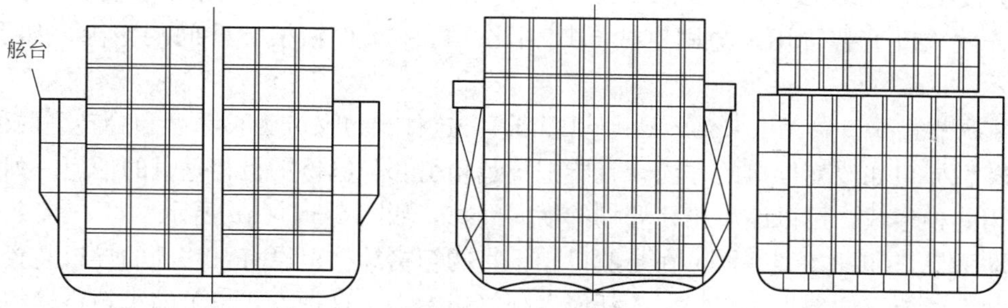

图 6－4　集装箱船中部剖面图

(5) 由于集装箱船的大舱口，其纵向强度较弱，这种双层侧壁和双层船底大大地增加了其纵向和扭曲强度，对集装箱船十分有利。

(6) 集装箱船的横剖面呈“U”字形，为了抵抗横向的水压力、波浪的冲击载荷，以及纵向弯矩和扭力，防止“U”字形上部自由端的变形，在集装箱船的纵向设置了许多横舱壁，增加了船舶的横向强度。

5. 与积载有关的装置和设备

1) 箱格导柱

全集装箱船的船舱内均采用箱格结构，它是利用角钢把船舱按集装箱的尺寸分隔成许多箱格，箱格从货舱底部到舱口垂直设置，集装箱装卸时角钢起导向柱作用，故称箱格导柱，同时对集装箱在舱内进行了定位。如图 6－5所示。

有些船舶，为了减少集装箱的绑扎作业，在露天的甲板上还装有甲板箱格导柱。

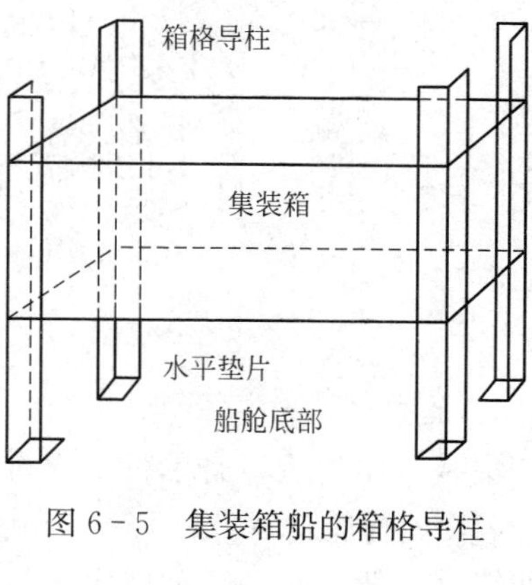

图 6－5　集装箱船的箱格导柱

2) 箱格货舱

箱格货舱是指装有箱格导柱的集装箱专用舱，舱内设有箱格的目的，一方面是为了减少舱内的绑扎作业；另一方面是使舱内的上下层集装箱之间堆码整齐，不致造成偏码状态。集装箱在舱内堆码时，在舱底板上承受了集装箱四角的集中载荷，因此，位于承受集中载荷的这一部分双层底板的面积应做必要的加强。此外，必须引起注意的是由于集装箱船是大舱口船，因船体翘曲或扭曲极易造成箱格导柱变形，变形量过大甚至会造成装卸困难。

3）箱格导口

由于箱格导柱与集装箱之间的空隙较小，为了便于集装箱进入箱格内，在箱格导柱的上端设有倾斜面的导向装置，称为“导口”。导口分固定式导口、铰接式导口与调节式导口3种形式，如图6-6所示。

(1) 固定式导口（Fixed Type Entry Guide）。这是最常用的一种形式。从装卸集装箱所受的冲击力看，这是一种最安全的形式，缺点是造成箱与箱之间的空隙较大，如图6-6(a) 所示。

(2) 铰接式导口（Hinged Type Entry Guide）。该导口设置在舱口围板上方，在装卸完毕时兼作放舱口盖装置用，与固定式导口相比，可以减少箱格导柱间的空隙，如图6-6(b) 所示。

(3) 调节式导口（Adjustable Entry Guide）。这种导口又分为移动型和翻转型两种。

翻转型导口如改变导口的方向，就能把集装箱引入与舱口围板相垂直的任何一列箱格中去，采用此种形式，可以缩小箱格导柱的横向间隙，如图6-6（c）所示。

移动型导口和翻转型一样，在与舱口相垂直的箱格导柱上设有可移动的导口装置，使其横向移动，就能方便地把集装箱引入任何一列箱格中去。这种方式也可缩小箱格导柱的横向间隙，如图6-6（d）所示。

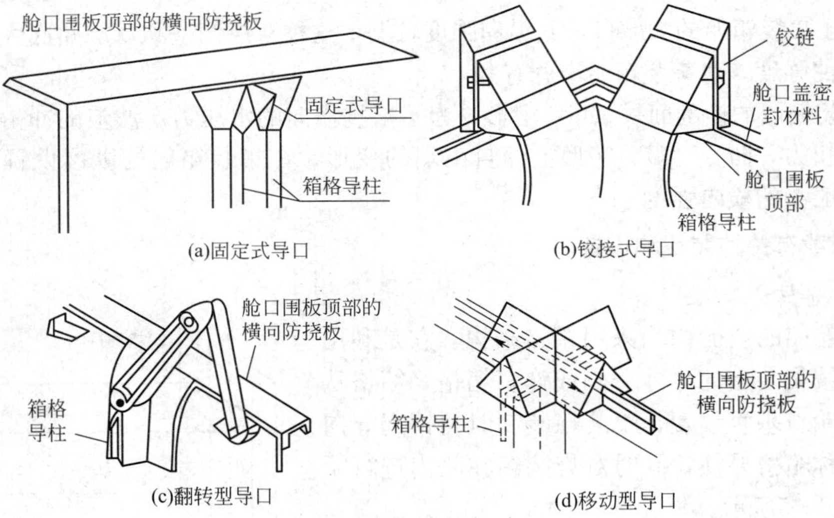

图6-6 导口形式

4）舱口

集装箱船的舱口有单行、双行和三行3种。

(1) 单行舱口（One Row Hatch）：此舱口的长度覆盖1行集装箱，宽度可覆盖好几列集装箱（一般可盖住7列以内）。

(2) 双行舱口（Two Row Hatch）：此舱口的长度可覆盖2行集装箱，宽度方向可覆盖2列集装箱。

(3) 三行舱口（Three Row Hatch）：舱口的长度可覆盖3行集装箱，宽度方向可覆盖3列集装箱。

单行舱口对于船体结构，以及甲板上和舱内集装箱的装卸是十分有利的，但只限于装载

C 类和 D 类箱型，不能兼装 A 类和 B 类箱型。

对于双行和三行舱口，它有利于兼装 A、B、C、D 类箱型，但给甲板上集装箱的装卸带来了不利。

5）舱盖

(1) 形式和结构。集装箱船的舱盖为了能承受较大的集装箱载荷，故一般采用钢质箱型舱盖，用集装箱装卸桥进行开闭，靠舱盖四周内侧的橡胶垫和舱口围板顶部的密封材料保持水密。舱盖端板和侧板的下面与舱口围板顶部相接触，把装在舱盖上面的集装箱重量和舱盖本身的重量传给舱口围板。

(2) 重量和尺寸限制。由于舱盖是利用集装箱装卸桥进行吊装的，因此舱盖的重量应与装卸桥的额定负荷相一致，有时要利用浮吊等特殊设备作为重大件来装卸。因此对大型集装箱船的船盖尺寸有时会受到限制，大型舱盖的重量一般限制在 150 kg/cm^2 左右。

(3) 强度。集装箱堆放在舱盖上时，其载荷集中在集装箱四角的角件底部，由于这几个载荷承载点靠近舱盖的边板，因此在结构上是能够承受这些载荷的。但是，在装 1A 型箱船舱的舱盖上，若要堆装两行 1C 型箱，则在舱盖中央部位承受的载荷相当大，这就要在这一部位增加舱盖舱盖板的厚度，以提高这一部位舱盖的强度，但这会使甲板集装箱重心提高。

6.1.4　装卸方法

海上集装箱运输的装卸方法因集装箱船而异，可有下列几种方式。

(1) 吊上吊下型。这类装卸方式主要使用于船格式集装箱船，以码头或是船上自备的起重机为装卸机具，集装箱通过起重机作垂直式的装卸。

(2) 驶进驶出型。这类装卸方式主要使用于拖车式集装箱船上，拖车利用船上的跳板驶进船舱，待抵目的港后再直接以拖车将集装箱运出船舱，完成集装箱装卸。

(3) 浮上浮下型。这类装卸方式主要用于子母船，子船对于母船而言就好比是一个超大型集装箱，母船可在船上设重型起重机直接装卸子船；也有利用大型升降台以升降方法装卸子船；更有母船采取将子船直接驶入驶出船舱的方式，这种方式是母船以强力马达迅速将水灌入船舱使母船船身略为下沉，再打开尾门，使子船驶入驶出母船，从而完成接驳任务。

6.1.5　作业方式

早期的海上集装箱运输企业只担当“港对港”之间的主干运输服务。近年来，由于企业间竞争及消费者意识的增强等原因，航运企业纷纷加强“门到门”服务观念，而使海上集装箱运输作业方式更符合托运人的需求。集装箱运输的作业方式可有以下几种。

(1) 直达作业。这种作业方式是传统的运输方式，运送人只担当主要港口之间的集装箱运输服务。

(2) 接驳作业。这种作业方式是突破传统运送方法，以小船来往于主要港口附近的小港口，担当集装箱的集中任务，将集装箱集中于主要港口，以大型集装箱轮负责越洋长途运送任务。

(3) 复合作业。这种运输方式是为了实现“门到门”服务的目标，由海运企业负责将各种运输工具协调结合在一起共同担当集装箱运输任务的作业方式。对于托运人而言，海运企业即是唯一发出提单的直接负责人。

6.1.6 集装箱班轮运营组织

班轮运营组织主要解决以下问题：班轮航线论证、航线系统配船优化、班轮船期表的编制，班轮日常货运管理。在具体的生产管理过程中，还要经常对班轮航线的营运效益进行核算与分析，对在航次活动中遇到的问题及时作出决策。

1. 集装箱班轮运营组织的基本内容

(1) 确定航线基本港。根据对集装箱运输需求的预测分析、船公司经营定位，以及经营网络对货流的控制能力，确定航线上的始发港、中途港和终到港。

确定基本港时应考虑的因素有港口的地理位置、货源因素、港口因素、其他（如金融、保险、服务设施)。一般来讲，货源充足的航线，选用大型集装箱船舶，挂靠的港口数目应少。

(2) 航线配船。在确定航线和班轮班期的基础上，给每条航线和航班配置运力，保证运力和需求的平衡。

(3) 编制、发布船期表。船期表的主要内容有航线、船名、航次编号、始发港、中途港、终到港、到达和驶离各港的时间、其他有关事项等。船期表是船公司向发货人公布的航线、航班、开行时间等的信息汇总。

(4) 船舶配积载。确定集装箱在船舶上的装载方法，包括配载、积载两个内容。

(5) 运行调度组织。运行调度组织重点在集装箱使用的调配、船舶海上运行的调度组织、船舶在港调度组织等方面。

(6) 航线的运行调整。根据航运市场的变化，随时对航线的运行进行调整。

2. 班轮航线参数

班轮航线参数说明航线的特征，主要有以下参数。

1) 航线总距离 $L_{线}$ 和港间总距离 $L_{间}$

航线总距离是指第一始发港至最后一个目的港的距离，有时也表示往返距离，即由第一始发港出发到达最后一个目的港后，又返回原来的始发港的总距离。在班轮运输中，港间距离一般指相邻两个港口之间的距离。

航线总距离和港间距离均采用计费距离，单位为海里。

2) 航线往返航次时间 $t_{往返}$

航线上船舶的往返航次时间，也称为班期，是指船舶在空间上完成一个循环的总延续时间。其计算公式为：

$$t_{往返} = t_{正航} + t_{反航} + \sum t_{始停} + \sum t_{终停} + \sum t_{中停} \tag{6-1}$$

式中：$t_{正航}$、$t_{反航}$——航线正向（去向）与反向（返向）的航行时间，其中包括进出港和过运河的时间 (d)；

$\sum t_{始停}$、$\sum t_{终停}$、$\sum t_{中停}$——航线上所有始发港、终点港及中途港的停泊时间 (d)；

往返航次时间或班期按天计算。

3) 航线发船间隔时间 $t_{间}$ 和发船频率 γ

航线发船间隔时间是指一个班次的船舶驶离港口后，直至下一班次的船舶再次驶离该港口的时间间隔。其计算公式如下：

$$t_{间} = \frac{\alpha_{发} \cdot D_{净} \cdot t_{历}}{\sum Q} \tag{6-2}$$

式中：$\alpha_{发}$——船舶在货运量较大方向上的发航装载率；

$D_{净}$——船舶净载重量（t 或 TEU）；

$t_{历}$——历期时间（d）；

$\sum Q$——历期时间内，航线始发至目的港各种货物数量之和（t 或 TEU），取往返航向中运量较大的方向。

航线发船间隔按天计算，应保持具有一定的规则性。

已知发船时间间隔 $t_{间}$，由下面公式可计算出一定时期内航线上应完成的班次数 $n_{班}$：

$$n_{班} = \frac{t_{往返}}{t_{间}} \tag{6-3}$$

班次一定取不小于 $n_{班}$ 的整数。

航线发船频率（也称发船密度），是指单位时间内发出的船舶班次数。它与发船间隔时间互为倒数，即

$$\gamma = \frac{1}{t_{间}} \tag{6-4}$$

发船间隔时间和发船频率体现出航线上船舶发送的连续性和节奏性，是定期班轮的一个重要参数。

4）航线配船数 m

在一定航线条件下，为了维持某一发船间隔，需要几艘船舶投入到航线上便对运行，航线配船数等于 $t_{往返}$时间内的班次数，计算公式如下：

$$m = \frac{t_{往返}}{t_{间}} \tag{6-5}$$

由于船舶数不能为小数，这就要求船舶往返航次时间是发船时间间隔的整数倍。按照式（6-1）计算出的往返航次时间通常达不到这个要求，这时就需要调整 $t_{往返}$，多数情况下采取延长实际往返航次时间的办法，人为地使两者成为倍数关系。

5）准班率 k

$$k = \frac{n_0 - n_1}{n_0} \times 100\% \tag{6-6}$$

式中：n_0——一定时期内（年、月）计划航次数；

n_1——相应时期内脱班航次数。

显然，准班率的大小反映了船舶按船期表公布时间抵离港口的程度。

6）航线平均装卸总定额 $\overline{M}_{总}$

航线平均装卸总定额表示航线上各港口的平均装卸效率和组织管理水平，它决定着航线上船舶的在港时间。航线平均装卸总定额的计算公式为：

$$\overline{M}_{总} = \frac{Q_{装} + Q_{卸}}{\frac{Q_{装}}{\overline{M}_{装}} + \frac{Q_{卸}}{\overline{M}_{卸}}} \tag{6-7}$$

式中：$Q_{装}$，$Q_{卸}$——航次装货数量和卸货数量；

$\overline{M}_{装}$，$\overline{M}_{卸}$——航线上各港口的装货效率和卸货效率的加权平均数，权系数由该港口装、卸货的数量占装、卸货总数量的比重确定。

7）航线货流总量$\sum Q$及两港间货流总量Q_{ij}

航线货流总量是指一定时期内（如1年）在该航线上所承载的或可能承运的各港间的货运量之和。两港间货流量则仅指两港之间在一定时期内（如1年）的货流量。对于杂货航线，货流量用t表示；对于集装箱航线，货流量用TEU表示，或同时用t和TEU表示。

8）航线货流方向不平衡系数μ

班轮航线都是封闭的，具有两个方向，即去向和返向，它们分别对应于外贸的出口和进口方向；对于环状航线，也有顺时针和逆时针方向之分。由于受种种因素影响，两个方向的货流量通常情况下是不平衡的。规定货运量大的方向为正向，小的方向为反向。为了表示和分析货流的这种特性，引用了方向不平衡系数μ，它等于反向货流量与正向货流量的比值。其计算公式为：

$$\mu=\frac{\sum Q_{反}}{\sum Q_{正}} \tag{6-8}$$

式中：$\sum Q_{正}$，$\sum Q_{反}$——正向和反向货运量（t或TEU）。

从式（6-8）中可以看出，$0\leqslant\mu\leqslant1$。当$\mu=0$时，表示反向无货载，即正向有货载，反向空载；当$\mu=1$时，说明正反方向货流量相同，是平衡的。通常情况下，方向不平衡系数介于0和1之间，它表示一个方向的货流量小于另一个方向的货流量。

9）航线货流时间不平衡系数ρ

班轮货流量不但在方向上存在着不平衡，而且在同一方向上历期内也具有较大的波动性，这种在时间上分配不平衡情况可用货流时间不平衡系数ρ来表示。其计算公式如下：

$$\rho=\frac{Q_{最大}}{\overline{Q}} \tag{6-9}$$

式中：$Q_{最大}$——最繁忙时期（如某月）的货运量（t）；

$\overline{Q}$——计算时期的平均货运量（t）。

10）航线货物平均运距$\bar{l}$

航线货物平均运距$\bar{l}$等于航线上一定时期内总的货运周转量$\sum(Q\cdot l)$除以该时期航线货流总量$\sum Q$，即

$$\bar{l}=\frac{\sum(Q\cdot l)}{\sum Q} \tag{6-10}$$

3. 班轮航线系统配船

较大的班轮公司通常经营多条班轮航线，分配在这些航线上的船舶类型、规模和数量随着时间的推移，将呈现不完全适应的状况。例如，有的航线集装箱化进程迅速，有的则较缓慢；有的航线竞争日趋激烈，有的则在班轮公会的严格控制之下；有的航线货运量发展比预期的快，有的则可能呈萎缩状态。所以，结合各航线的实际情况及公司的各种船型，统一对各条航线的配船问题进行综合论证、系统优化，将会取得更好的效果。

班轮航线系统配船优化是指最合理地将班轮船队中不同吨级（箱位）的船舶配置到船公司经营的各条航线上，做到不仅要保证满足每条航线的技术、营运方面的要求，而且能够使船公司取得最好的经济效益。班轮航线系统配船的基本要求是“技术上可行，经济上合理”。

(1) 技术上可行包括下列几个方面。

① 船舶的尺度性能要适应航道水深、泊位水深、码头和船闸的尺度要求。

② 船舶的结构性能、装卸性能和船舶设备等应满足航线货物、港口装卸条件的要求。例如，长大件货物较多的航线应选择舱口及舱内尺度较大的船舶，船上还应配备有起重机；集装箱货流量较大且稳定的航线应配置专用的集装箱船。

③ 船舶的航行性能要能适应航线营运条件。例如，船舶的续航能力、抗风浪性能应满足航线所经过航区的要求，以保证船舶的安全航行。

④ 船舶航速应满足航线班期和船期表的要求。

(2) 经济上合理是班轮航线系统配船优化的主要研究内容。传统的航线配船大都采用"大船大线"法则，即大吨位、高速船配置在航距长、装卸效率高、货源充足的航线上。按此法则确定的配船方案虽然在一定程度上体现了经济上合理的原则，但不能保证其最优化。随着运筹学理论方法在航运中的应用，各种航线配船的数学模型相继建立。纵观各种模型，大同小异，基本上都是以运力限制和货源（运量）限制为约束条件、以成本最低或运量最大为目标函数，建立分配问题线性规划模型。这些模型基本上反映了班轮航线配船的实质，为航线配船的优化提供了一种科学的方法。

4. 班轮船期表的制定

1) 船期表概述

在班轮营运中，不论是严格按照船期表运行的班轮，还是定线不严格定期的班轮，都需要预先编制船期表。班轮船期表是以表格的形式反映船舶在空间和时间上运行程序的计划文件。班轮船期表的主要内容包括航线、船名、航次编号，始发港、中途港、终点港的港名，到达和驶离各港的时间，其他有关的注意事项等。其形式如表 6-1 所示。

表 6-1　船期表

东南亚——美西周班航线(S. E. A)								
船名 VSL	航次 VOY	宁波 NBO	厦门 XIA	香港 HKG	盐田 YIN	长滩 LGB	温哥华 VCR	横滨 YOK
川河 CHUANHE	109E/W	08/26-26	08/27-28	08/28-30	8/30-31	09/11-14	09/16-17	09/27-27
皖河 WANHE	115E/W	09/02-02	09/03-04	09/04-06	09/06-07	09/18/21	09/23-24	10/04-04

班轮在营运过程中涉及船舶、港口、航区或航道等众多环节，影响因素较多，其中有些因素是船公司无法控制的客观条件，这就给船期表的制定造成了一定的困难。班轮船期表制定的成功与否不仅会影响船舶的正常运行，而且直接关系到船公司的运输服务质量、信誉，以及营运经济效果。因此，编制好船期表具有十分重要的意义。

2) 编制船期表的基本要求

(1) 船舶的往返航次时间（班期）应是发船间隔时间的整倍数。船舶往返航次时间 $t_{往返}$、发船间隔时间 $t_{间}$、航线配船数 m 之间的关系可用公式（6-5）计算。

(2) 船舶到达和驶离港口的时间要恰当。船舶应尽量避免在非工作日（周六、周日、节假日、夜间）到达港口，以减少船舶在港口的非工作停泊，加速船舶周转。船舶应尽可能在当地时间早晨 6 点左右抵达港口，船舶一靠上码头，马上就可以进行装卸作业，减少等待工人的时间和夜班工作的加班费用。船舶驶离港口的时间也应根据实际情况加以考虑。例如，在5天工作制的港口，周五这一天货源相对比较充足，所以安排船舶周五晚上开航对提高船舶载重利用率有一定的效果。当几个班轮公司的船舶同时使用某港口的同一码头时，装卸公司一般都具体安排每艘船舶的具体停泊时间，在这种情况下，制定船期表时还必须考虑这方面的时间限制问题。为方便起见，船舶抵离港时间都应通过时差换算成当地时间。

(3) 船期表要有一定的弹性。在制定船期表时，应根据统计资料或经验数据，对航行时间加以修正，港口停泊时间的计算也应根据具体情况，如码头装卸效率的不稳定、潮水影响等，预先给出一定的富余时间。

此外，船期表应尽可能方便船公司揽货的需要，使船舶能够取得良好的经济效益。通常把运费收入或利润作为评价班轮船期表经济效果的指标。

3) 船期表的编制方法

制定班轮船期表时，应较详细地了解和掌握有关船舶、港口、货流、航线的资料、数据。例如，投入到航线的船舶航速、艘数，港口所在的时区、进出港口所需要的时间、港内停泊时间、港口的工作习惯、非工作时间，航线上港口间的距离、运河的情况、每个航段的自然条件等。

(1) 航线发船间隔时间的计算和处理。航线发船间隔时间计算方法见式（6-2）。班轮的发船间隔时间必须有一定的规律性，如远洋运输常以月、旬、周为单位，沿海、江河及短途班轮常以周天为单位。

(2) 往返航次时间（班期）计算。计算方法见公式（6-2）。

(3) 航线配船数计算。计算方法见公式（6-5）。

当往返航向上出现货运量不平衡时，一般应把往返航向中较大的货运量作为计算依据。

(4) 航段时间的计算与调整。在掌握了有关资料的基础上，按照下面给出的公式，就可以计算出船舶到达和驶离航线上各个港口的时间，确定出船舶在整个航次中的运行时间。

$$\mathrm{ETA}_{(j)}=\mathrm{ETD}_{(i)}+t_{航(ij)}+t_{航富(ij)}+t_{时差(ij)} \tag{6-11}$$

$$\mathrm{ETD}_{(i)}=\mathrm{ETA}_{(i)}+t_{停(i)} \tag{6-12}$$

$$t_{航(ij)}=\frac{L_{间(ij)}}{v}+t_{出(i)}+t_{进(j)} \tag{6-13}$$

$$t_{时差(ij)}=t_{区(j)}-t_{区(i)} \tag{6-14}$$

$$t_{停(i)}=t_{装卸(i)}+t_{停富(i)}+t_{延(i)} \tag{6-15}$$

$$t_{隔(i)}=t_{港非(i)}-\mathrm{ETD}_{(i)} \tag{6-16}$$

$$t_{总富}=\sum_{i}t_{航(ij)}+\sum_{ij}t_{停富(i)} \tag{6-17}$$

$$t_{差}=\mathrm{ETA}_{虚(i)}-\mathrm{ETA}_{(i)} \tag{6-18}$$

式中：i，j——船舶停靠的上一港口和下一港口，j 是近邻 i 港的第一个港口；

$\mathrm{ETA}_{(i)}$——estimated time of arrival，预计到达 i 港的时间（h）；

$\mathrm{ETD}_{(i)}$——estimated time of departure，预计离开 i 港的时间（h）；

$L_{间}$——两港间的距离（n mile）；

v——船舶的航速（km）；

$t_{进}$，$t_{出}$——船舶进、出港时间（h）；

$t_{航富}$——船舶航行的富余时间（h）；

$t_{区}$——港口所在地的时区，规定东时区为正，西时区为负；

$t_{时差}$——两港间的时差，船舶由西向东行驶时时差为正，相反方向为负（h）；

$t_{停}$——船舶在港口的总停泊时间（h）；

$t_{装卸}$——船舶在港口装卸货物的时间（h）；

$t_{停富}$——船舶在港口的富余时间（h）；

$t_{延}$——船舶在港口的延误时间（h）；

$t_{总富}$——船舶在往返航次的总富余时间（h）；

$t_{隔}$——船舶驶离港口的时间与同一个港口的下一个非工作时间的时间间隔（h）；

$t_{港非}$——港口的非工作时间，包括周六、周日、节假日、夜间等（h）；

$t_{差}$——航线始发港的实际到港时间与虚拟到港时间的时间差（h）；

$ETA_{虚(i)}$——始发港虚拟到港时间（h）；

$ETA_{(i)}$——始发港实际到港时间（h）。

式（6－11）和式（6－15）中的富余时间是根据某航段或某港口的具体情况，由船公司调度人员凭经验或历史统计数据分配的时间储备，以便使所制定的船期表时间具有伸缩性，适应外界条件的变化。

$t_{隔}$ 这一参数的引入是为了衡量船舶在某一港口遇到非工作时间进港的可能性的大小，便于到港时间的调整。$t_{差}$ 的功能是确定实际往返航次时间与计划往返航次时间的差异情况，它的大小表示调整往返航次时间的余地有多大。

实际计算时，上述公式中的到港时间和离港时间用“星期/小时：分钟”表示，其他时间用“天数/小时：分钟”表示，按照挂靠港口的顺序进行类推计算各港口的到港时间和离港时间。例如，在给定的挂靠港口中，令第一个挂靠港的预计到达时间（此时，是虚拟到港时间）为星期日零时零分，表示为 $ETA_{虚(i)}$＝SU/00:00，然后应用上述公式计算其他港口的到港和离港时间。如果在上述计算过程中某个港口由于到港时间不适当（非工作日到港）而发生了延误，可调整 $ETA_{虚(i)}$，使发生延误的港口的到港时间发生变化，错开该港的非工作时间。重复上述计算，直至船舶在所有港口都不发生延误，时间储备根据需要也相应地分配到各港口和航段中，才认为此船期表是可行的。

【例 6－1】 某船公司班轮航线挂靠港口为 G＝{LIV，ROT，NYC，BAL，POR}，有关资料见表 6－2。LIV 港本时期内装卸效率偏低，需要加上 8 h 的港口时间储备。在 LIV—ROT 航段，考虑到 LIV 港船舶需要等潮水，需要增加 8 h 的航行时间储备。ROT—NYC 航段受海上风浪影响较大，需增加 14 h 的富余时间。

表 6－2 某船公司班轮航线挂靠港口的有关资料

港名	$t_{区}$/h	$t_{装卸}$	$t_{航}$	非工作时间		
				星期六	星期日	00:00—00:00
LIV	0	0/22:00	1/11:16	×	√	√
ROT	1	0/19:00	6/13:03	√	√	√
NYC	－5	0/18:00	0/22:35	√	√	√
BAL	－5	0/14:00	0/11:00	×	√	√
POR	－5	0/09:00	6/08:03	×	√	√

注：×——不工作；√——工作

初定第一始发港 LIV 的虚拟到港时间为星期日/00:00，运用上面介绍的公式和计算的方法，确定各港口的到港时间和离港时间，形成船期表。为避开星期六到达 BAL 港和 POR 港，需要做出调整，第一始发港 LIV 的虚拟到港时间逐步调整到星期二/12:00。调整结果如表 6-3 所示。

表 6-3 某船公司班轮航线船期表

港名	ETA	$t_{装卸}$	$t_{停富}$	$t_{停}$	$t_{隔}$	ETD	$t_{航}$	$t_{航富}$
LIV	TU/12:00	0/22:00	0/08:00	1/06:00	2/06:00	WE/18:00	1/11:16	0/08:00
ROT	FR/14:16	0/19:00	0/00:00	0/19:00		SA/09:16	6/13:03	0/14:00
NYC	SA/06:19	0/18:00	0/00:00	0/18:00		SU/00:19	0/22:35	0/00:00
BAL	SU/22:54	0/14:00	0/00:00	0/14:00	4/11:05	MO/12:54	0/11:00	0/00:00
POR	MO/23:54	0/09:00	0/00:00	0/09:00	3/15:05	TU/08:54	6/08:03	0/14:00

注：$t_{总富}$=1/20:00；$t_{差}$=0/00:03

总的来看，该船期表基本上满足了要求。在任何港口都没有发生因星期六到港而引起的延误，各港离港时间也符合要求。

同一班轮航线上几艘船舶的运行时间规律同上，其具体日期依次相距一个发船间隔时间。在时间和日期调整方面，应充分考虑各挂靠港口的条件和规定，避免不利因素，利用有利条件，尽量将星期六和星期日安排在航行过程中（星期班轮尤应如此），应选择并安排最合适的进出港口的时间等。

班轮船期表公布的时间范围视不同航线的情况而异，一般除航线定船、定港、定时等基本情况外，以每月度的安排为主要内容。

6.1.7 集装箱船舶的配积载

1. 集装箱船配积载的概念与目的

集装箱船与普通货船一样，为了船舶的航行安全，减少中途港的倒箱，缩短船舶在港停泊时间，保证班期和提高经济效益，因而要进行配积载。

船舶的配载和积载是有不同的含义的。通常理解时，船公司根据订舱单进行分类整理以后，编制一个计划配载图，又称预配图或配载计划。而码头上实际装箱情况与预配图将会有出入，根据实际装箱情况而编制的船图称为积载图，又称最终积载图或主积载图。

2. 集装箱船的箱位号

每个集装箱在集装箱船上都有一个用 6 个阿拉伯数字表示的箱位号。它以“行”、“列”、“层”三维空间来表示集装箱在船上的位置。第 1、2 两位数字表示集装箱的行号，第 3、4 两位数字表示集装箱的列号，第 5、6 两位数字表示集装箱的层号。

1）行号的表示方法

“行”是指集装箱在船舶纵向（首尾方向）的排列次序号，规定由船首向船尾顺次排列。由于集装箱有 6.1 m（20 ft）和 12.2 m（40 ft）之分。因此，舱内的箱格也分为 6.1 m（20 ft）和 12.2 m（40 ft）两种。根据箱格结构的不同，有的箱格导柱是固定的，6.1 m（20 ft）的箱格只能装 6.1 m（20 ft）箱，12.2 m（40 ft）的箱格只能装 12.2 m（40 ft）箱。也有的箱格，其导柱是可以拆装的，把 6.1 m（20 ft）的箱格导柱拆除就可以装 12.2 m（40 ft）箱。通常情况下，12.2 m（40 ft）箱格内可以装 2 个 6.1 m（20 ft）箱，但并非所有的 12.2 m（40 ft）箱格内都可以装 2 个 6.1 m（20 ft）箱。为了区分 6.1 m（20 ft）和 12.2 m（40 ft）箱的行位，规定单数行位表示为 6.1 m（20 ft）箱，双数行位表示 12.2 m（40 ft）箱。如图 6－7 所示，01、03、05、07、…均为 6.1 m（20 ft）箱，而 02、06、10、14、…均为 12.2 m（40 ft）箱。由于 04、08、12、…箱位间有大舱舱壁隔开，无法装 12.2 m（40 ft）箱。

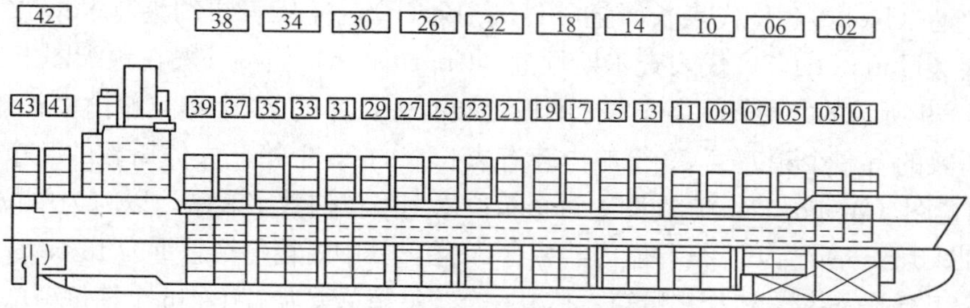

图 6－7　集装箱船的行号编号

2）列号的表示方法

“列”是指集装箱在船舶横向（左右方向）的排列次序号，有两种表示方法。

（1）从右舷算起向左舷顺次编号，01、02、03、05、…以此类推，如图 6－8（a）所示。

（2）从中间列算起，向左舷为双数编号，向右舷为单数编号。如左舷为 02、04、06、…右舷为 01、03、05、…中间列为“00”号，如列数为双数，则“00”号空，如图 6－8（b）所示。这种表示法目前较常用。

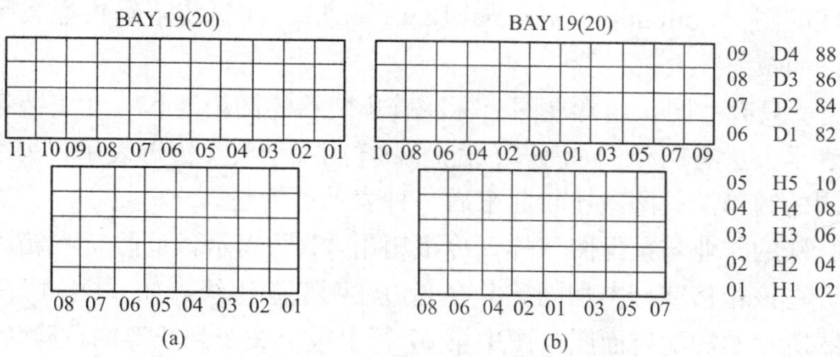

图 6－8　集装箱船的列号编号

3）层号的表示方法

“层”是指集装箱在船舶竖向（上下方向）的排列次序，有以下 3 种表示方法。

（1）从舱内底层算起，一直往上推到甲板顶层，如舱底第 1 层为 01，往上为 02、03、…如图 6－8 所示。

（2）舱内和甲板分开编号，舱内层号数字前加“H”字头，从舱底算起为 H1、H2、H3、H4、…甲板上层号数字前加“D”字头，从甲板底层算起为 D1、D2、D3、…如图 6－8所示。

（3）舱内和甲板分开编号，从舱底算起用双数，即 02、04、06、08、10、…甲板上从甲板底层算起，层号数字前加“8”，即 82、84、86、…如图 6－8 所示。目前常用这种编号方法。

3. 集装箱船配积载图的编制

集装箱船的船图分预配图、实配图和最终积载图 3 种，实配图和最终积载图都是以预配图为基础的。

1）预配图

集装箱船的预配图（Prestowage Bay Plan）是集装箱船配积载中最重要、最关键的环节，装箱船配载的好坏，不仅影响到能否保证班期和营运的经济性，还会影响航运的安全。集装箱船的预配图由字母图、重量图、冷藏箱和危险货物箱图组成。

(1) 字母图 (Letter Plan)。船图上每个箱位内用 1 个英文字母表示该箱的卸箱港，如 K 代表神户港 (Kobe)，L 代表长滩港 (Long Beach)，N 代表纽约港 (New York)，H 代表休斯敦港 (Houston)，C 代表查尔斯顿港 (Charleston) 等，一般在预配图上有注明。

如图 6－9 所示的字母图，第 37 行甲板上装有去长滩的 23 个箱，舱内去长滩的有 36 个箱，去休斯敦的有 8 个箱。第 39 行舱内装有去长滩的 35 个箱，去休斯敦的 5 个箱。

(2) 重量图 (Weight plan)。在图上每个箱位内用阿拉伯数字表示，以吨为单位计算的集装箱总重。如图 6－10 所示，第 25 行舱内共装有 20 箱，其中 3 箱每箱总重为 18 t，17 箱每箱总重为 20 t。第 27 行舱内并装 24 个集装箱，其中 8 个箱每箱总重为 17 t，16 个箱每箱总重为 20 t。

(3) 冷藏箱和危险货物箱图 (Reefer/Dangerous Plan)。该图上所配的均为冷藏箱和危险货物箱，冷藏箱在图上的箱位内用英文字母“R”表示，危险货物箱在图上箱位内用阿拉伯数字表示按国际危规规定的危险等级。如图 6－11 所示，第 33 行甲板上，最底层装有 6 个冷藏箱，这 6 个冷藏箱的卸货港是 N (纽约港) (由图 6－9 可知)，其重量每箱为 21 t (由图 6－10 可知)。第 05 行舱内 08、10、12 层共装有 5 个 1.4 级危险货物箱，这 5 个危险货物箱卸港为 H (休斯敦) (由图 6－9 可知)，其重量每箱重为 19 t (由图 6－10 可知)。

2) 实配图

集装箱的实配图 (Container Terminal Bay Plan) 又称集装箱码头配载图，由封面图和每一行的箱位图组成。

(1) 封面图。只有一图，通常在图上标注着集装箱的卸箱港和特殊集装箱的标记。封面图上卸箱港的表示方法有两种，一种与预配图一样用一个英文字母表示，另一种是用不同的颜色来表示不同的卸箱港。两者比较起来后一种表示更清楚。

封面图上特殊的作业与预配图一样，冷藏箱用“R”表示，危险货物箱因图上的箱格内标示了卸箱港，在该箱格字母上加圈，并在旁边注明危险等级，如“D4.1”、“D6.1”等。

如图 6－12 所示的实配封面图，图中第 07 行甲板上 2 个到长滩的危险货物箱为 4.0 级，第 05 厅舱内 5 个到休斯敦的危险货物箱为 4.0 级。在预配图中，第 33 行甲板上最底层的 6 个冷藏集装箱在实配图中转移到第 35 行，并增加了 1 个而变为 7 个。在图上箱位中的表示方法是在卸箱港 N 的下方加注小“R”，以表示为冷藏箱。

(2) 行箱位图。图 6－13 所示为图 6－12 第 19 行的行箱位图。此图每行位一张，在每一箱位图中应标有如下内参数。

① 集装箱的卸箱港和装箱港，表示方法一般卸箱港在前，装箱港在后，中间用“×”符号隔开，也有的只标注卸箱港不标注装箱港。卸箱港和装箱港用 3 个英文字母代号表示，此代号表示方法借用国际航空港标准代码，不另订标准。

② 集装箱的总重。

③ 集装箱的箱主代号、箱号和核对数字。

④ 堆场上的箱位号，堆场箱位号主要给码头上的堆场管理员提供该集装箱在堆场上的堆放位置。

例如，图 6－13 所示“190712”箱位，NYK 为卸箱港纽约，20.06 为集装箱总重为 20.06 t，COSU 为箱主代号，8201254 为箱号和核对数字，G3904 为堆场上箱位号。

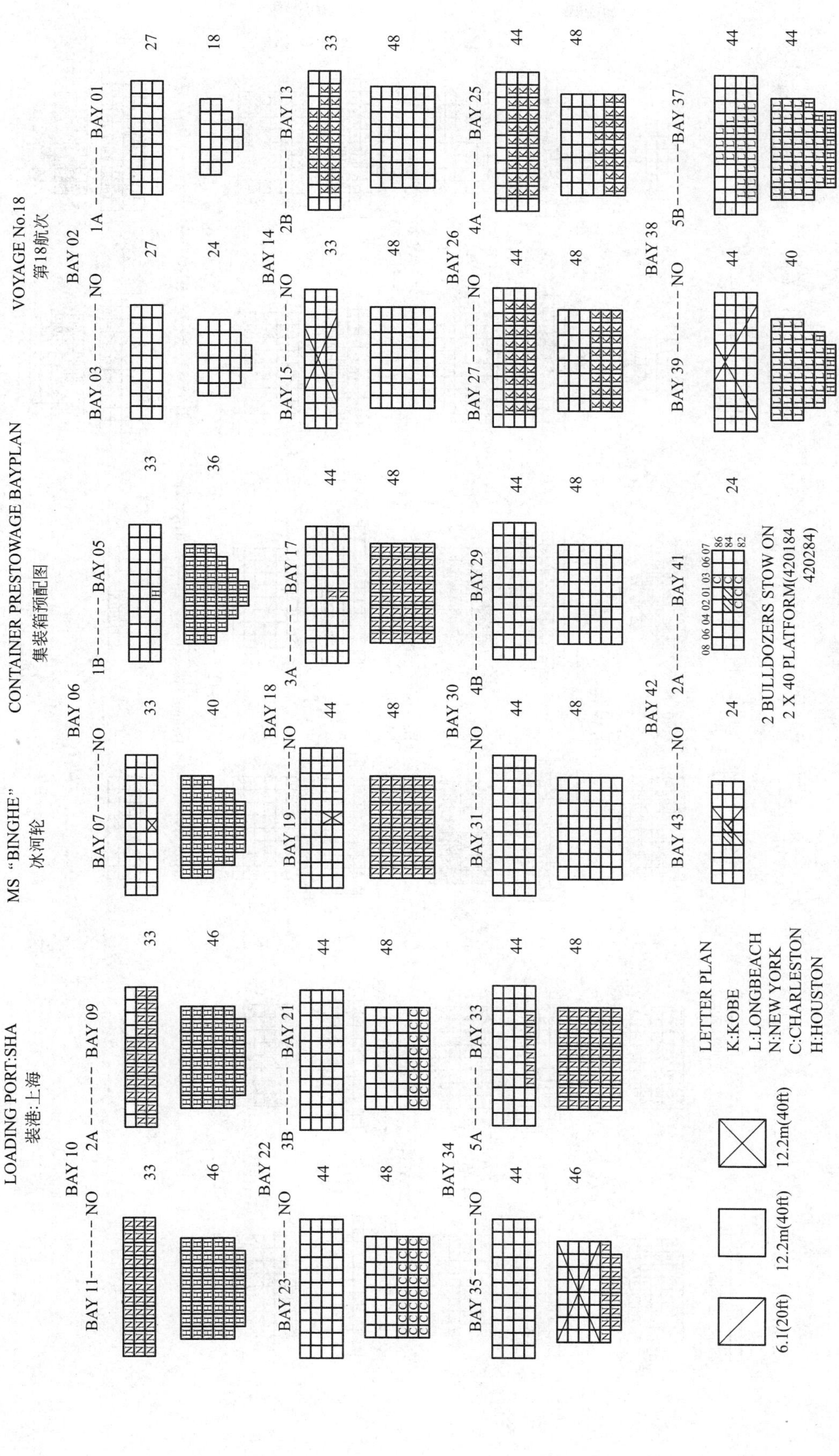

MS "BINGHE"
冰河轮
CONTAINER PRESTOWAGE BAYPLAN
集装箱预配图
VOYAGE No.18
第18航次
LOADING PORT:SHA
装港:上海
BAY 11------NO BAY 10 2A------- BAY 09
BAY 07------NO BAY 06 1B------- BAY 05
BAY 03-------NO BAY 02 1A------- BAY 01
BAY 23------NO BAY 22 3B------- BAY 21
BAY 19------NO BAY 18 3A------- BAY 17
BAY 15-------NO BAY 14 2B------- BAY 13
BAY 35------NO BAY 34 5A------- BAY 33
BAY 31------NO BAY 30 4B------- BAY 29
BAY 27-------NO BAY 26 4A------- BAY 25
BAY 43------NO BAY 42 2A------- BAY 41
BAY 39-------NO BAY 38 5B------- BAY 37
2 BULLDOZERS STOW ON
2 X 40 PLATFORM(420184
420284)
6.1(20ft)
12.2m(40ft)
12.2m(40ft)
LETTER PLAN
K:KOBE
L:LONGBEACH
N:NEW YORK
C:CHARLESTON
H:HOUSTON

图 6-9　预配图（字母图）

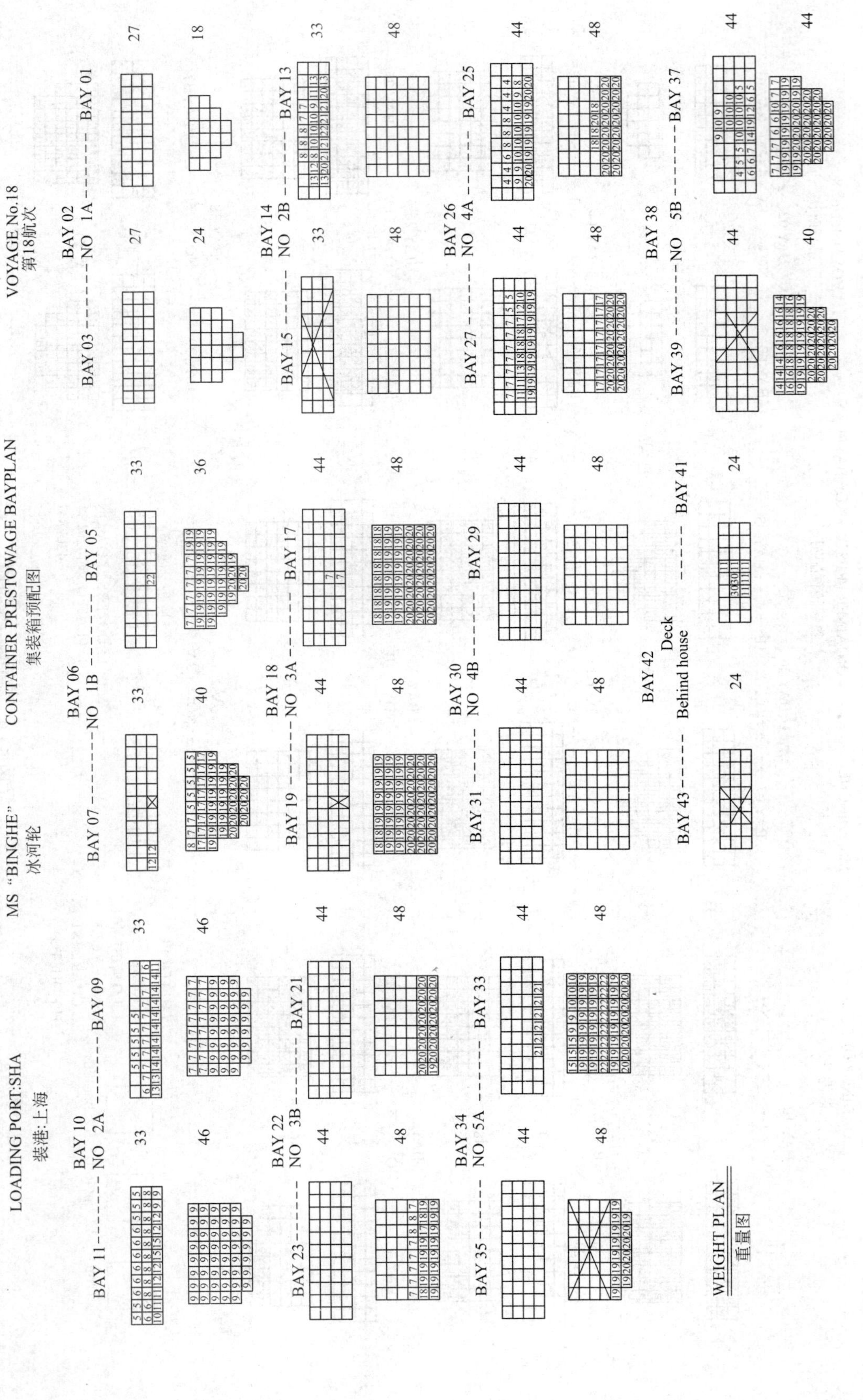
LOADING PORT:SHA
装港:上海
MS "BINGHE"
冰河轮
CONTAINER PRESTOWAGE BAYPLAN
集装箱预配图
VOYAGE No.18
第18航次
BAY 11
BAY 10 NO 2A
BAY 09
BAY 07
BAY 06 NO 1B
BAY 05
BAY 03
BAY 02 NO 1A
BAY 01
BAY 23
BAY 22 NO 3B
BAY 21
BAY 19
BAY 18 NO 3A
BAY 17
BAY 15
BAY 14 NO 2B
BAY 13
BAY 35
BAY 34 NO 5A
BAY 33
BAY 31
BAY 30 NO 4B
BAY 29
BAY 27
BAY 26 NO 4A
BAY 25
BAY 43
BAY 42 Deck Behind house
BAY 41
BAY 39
BAY 38 NO 5B
BAY 37
WEIGHT PLAN
重量图

图 6-10 预配图（重量图）

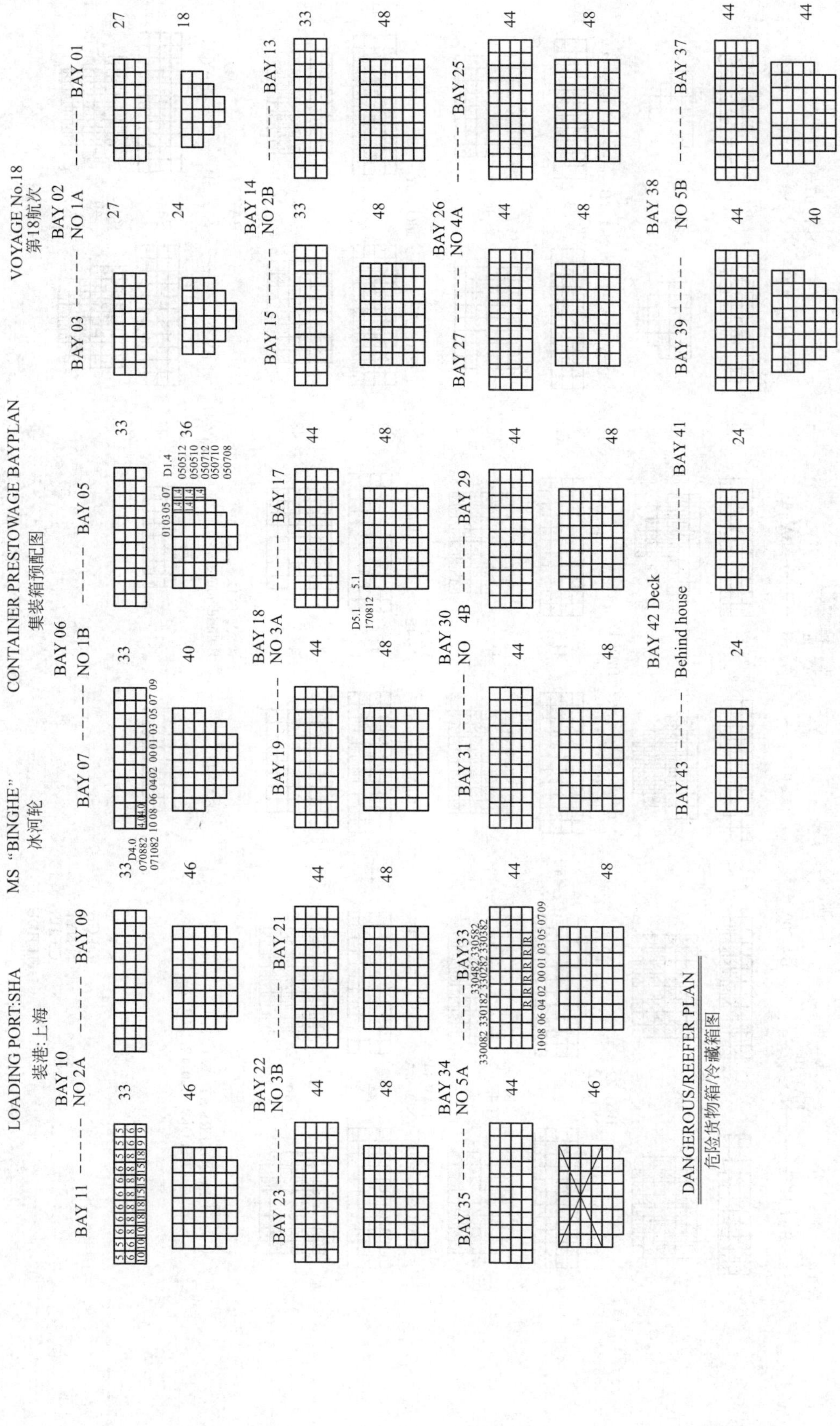

图6－11 预配图（特殊货物箱图）

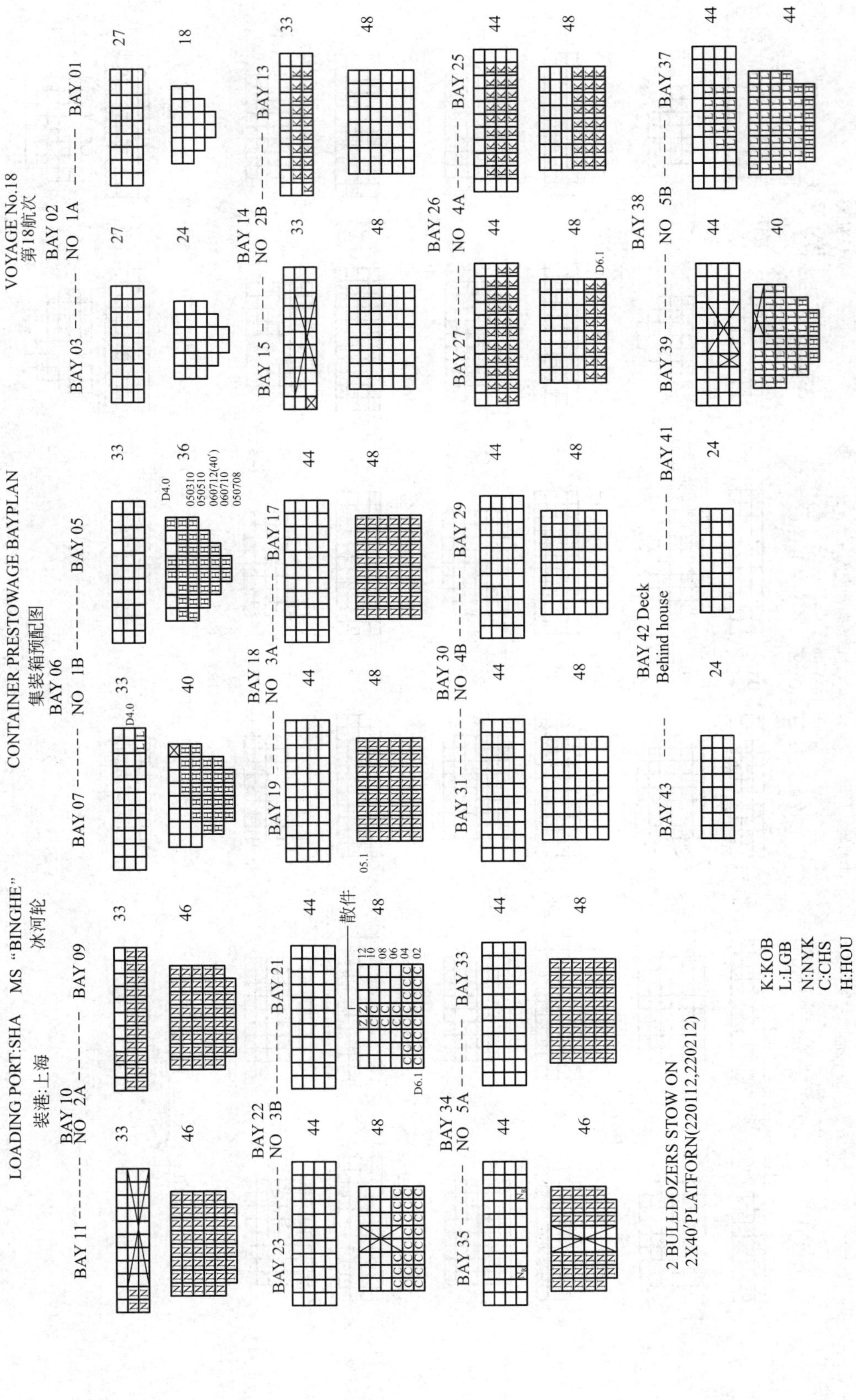
LOADING PORT:SHA MS "BINGHE" CONTAINER PRESTOWAGE BAYPLAN VOYAGE No.18
装港:上海 冰河轮 集装箱预配图 第18航次
2 BULLDOZERS STOW ON
2X40'PLATFORM(220112,220212)
K:KOB
L:LGB
N:NYK
C:CHS
H:HOU
BAY 42 Deck
Behind house

图 6-12 实配封面图

BING HE　　VOY.18　　BAY 19

	10	08	06	04	02	00	01	03	05	07	09
88											
86											
84											
82											

	08	06	04	02	01	03	05	07
12	NYK 19.50 COSU5000154 G2901	NYK 19.35 COSU8131754 G2902	NYK 19.35 COSU8129037 G2903	NYK 19.69 COSU3355394 G2904	NYK 20.42 COSU5000160 G3801	NYK 20.27 COSU8154385 G3802	NYK 19.87 COSU8231615 G3903	NYK 20.06 COSU8201254 G3904
10	NYK 20.27 COSU8156958 G3905	NYK 19.21 COSU3787649 G3906	NYK 19.43 COSU4157217 G3907	NYK 19.67 COSU8178664 G3908	NYK 18.69 COSU8039953 G3909	NYK 19.72 COSU8013469 G3910	NYK 20.33 COSU0117550 G3911	NYK 20.06 COSU8075650 G3912
08	NYK 20.19 COSU8023169 G3913	NYK 20.05 COSU8035973 G3914	NYK 20.24 COSU8175069 G3915	NYK 19.96 COSU8038319 G3916	NYK 20.13 COSU8047780 G3917	NYK 20.15 COSU8183932 G3918	NYK 19.92 COSU2353700 G3919	NYK 19.95 COSU4557788 G3920
06	NYK 19.48 COSU8058207 T2501	NYK 17.60 COSU8210621 T2502	NYK 19.53 COSU2722771 T2503	NYK 19.91 COSU8028833 T2504	NYK 17.18 COSU8011419 T2505	NYK 19.32 COSU8157511 T2506	NYK 19.30 COSU5022908 T2507	NYK 19.73 COSU3404773 T2508
04	NYK 19.62 COSU3116770 T2509	NYK 19.51 COSU8092869 T2510	NYK 17.12 COSU8233191 T2511	NYK 18.51 COSU8101739 T2512	NYK 19.18 COSU8190504 T2513	NYK 19.12 COSU8199883 T2514	NYK 18.09 COSU5037641 T2515	NYK 19.35 COSU8139164 T2516
02	NYK 19.70 COSU4395750 T2517	NYK 19.34 COSU5034025 T2518	NYK 19.43 COSU5021199 T2519	NYK 18.86 COSU8219 06 T2520	NYK 18.90 COSU8143483 T2521	NYK 19.61 COSU8208922 T2522	NYK 19.51 COSU8095683 T2523	NYK 19.52 COSU8230757 T2524

图 6－13　实配行箱位图

3）最终积载图

最终积载图（Final Bay Plan），又称主积载图，是船舶实际装载情况的积载图，是计算集装箱船舶的稳性、吃水差和强度的依据，它由最终封面图、装船统计表及最终行箱位图 3 部分组成。

(1) 最终封面图。最终封面图是把预配图中的字母图和特种箱位图合并在一起，按照实际装箱情况来表示。关于各个箱的重量，在最终行箱位图中可以找出。有关图中各种符号的说明见最终行箱位图。最终封面图如图 6－14 所示。

(2) 最终行箱位图。图 6－15、图 6－16 为 33（34）和 35 行的最终行箱位图。最终行箱位图的每一个箱位上应标有如下内参数。

① 卸箱港和装箱港：卸箱港在前，装箱港在后，中间用“×”隔开，也可以只标卸箱港，不标装箱港。

② 箱主代号、箱号和核对数字。

③ 特种箱的标志：冷藏箱用“R”，敞顶箱用“O/T”，板架箱用“F/R”，危险货物用“IMCO”或“D”，还要标出危险货物等级。

④ 集装箱的总重。

⑤ 船上的箱位号。

⑥ 12.2 m（40 ft）箱的标志：用“□”表示 12.2 m（40 ft）箱位，即此箱位已被 12.2 m（40 ft）箱占用。

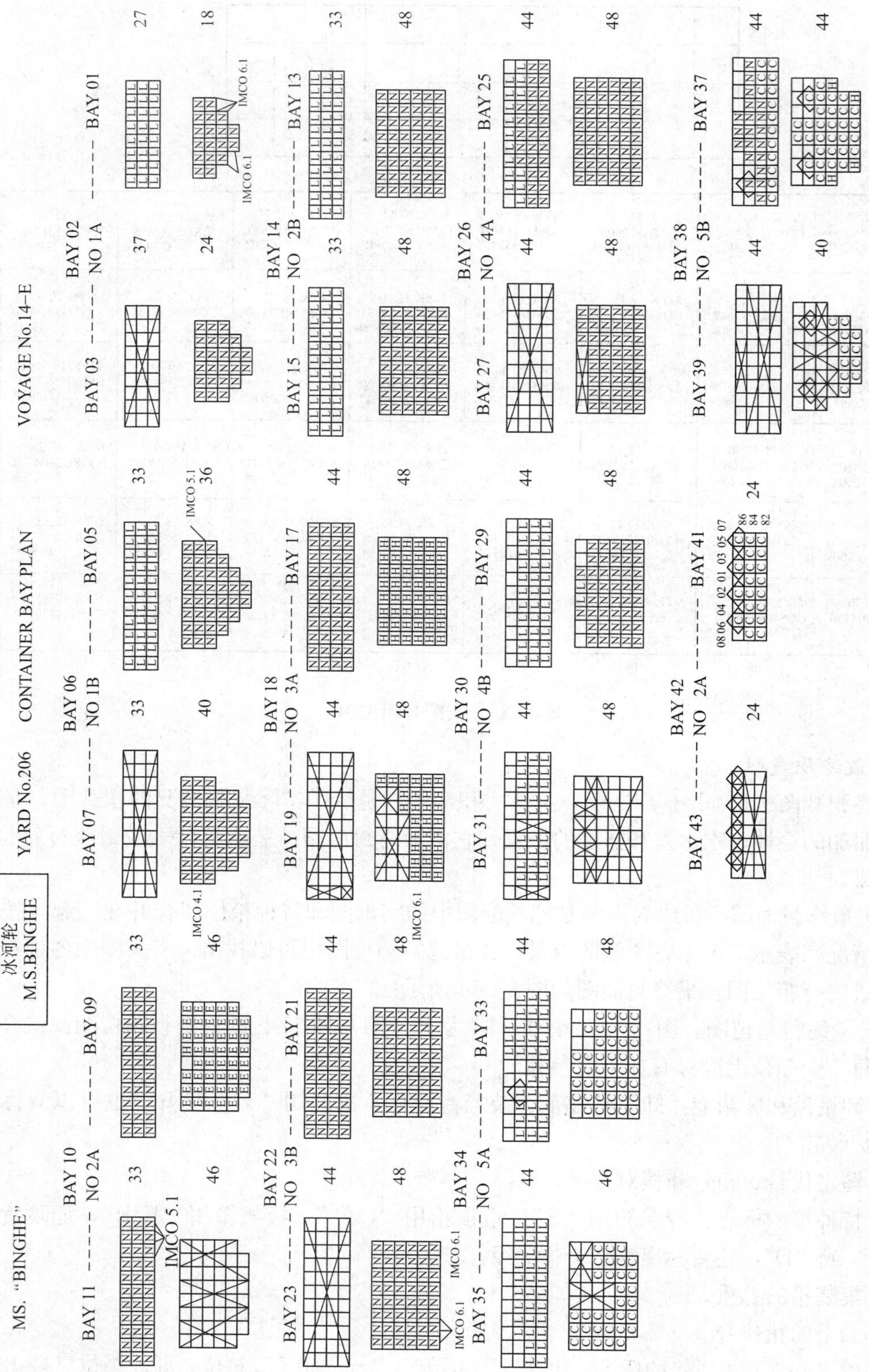

图 6-14 最终积载封面图

⑦ 超高和超宽标志：超高（O/H）箱应在箱位上方用“∧”符号表示，并标出其超高的高度；超宽（O/W）箱要在箱位的左向或右向用“＜”或“＞”符号表示，并标出其超宽的宽度。

例如，图 6－15 所示中“331082”箱位，CHS×KOB 表示卸箱港查尔斯顿，装箱港神户；COSU8218031 表示箱主代号、箱号及核对数字；IMCO5.1 表示危险货物 5.1 级；20.1 表示总重 20.1 t；D/C 表示杂货集装箱；331082 表示本箱在船上的箱位。

如图 6－15 所示，“350106”、“350108”箱位，表示此两箱位被 40 ft 所占用，就是说图 6－15 中“330106”、“330108”箱位中的 SCXU4311160 和 COSU4122775 这 2 个集装箱均为40 ft箱。

如图 6－16 中的“350510”箱位，是一个既超长又超宽的板架集装箱（F/R）；O/H100 cm，超高 100 cm；O/W35 cm，左侧超宽 35 cm；O/W37 cm，右侧超宽 37 cm。

(3) 装船统计表。装船统计表中包括下列内容。

① 装箱港、卸箱港和选箱港。

② 集装箱状态：重箱、空箱、冷藏箱、危险货物箱，以及其他特种箱。

③ 箱型：分 20 ft 和 40 ft。

④ 数量和重量的小计和总计。

表 6－4 是冰河轮第 14 航次在神户港装船完毕后集装箱的统计数字。

表 6－4　冰河站第 14 航次在神户港装船统计表　　t

装卸港		长滩		纽约		查尔斯顿		休斯敦		总计		选港
		6.1 m (20 ft)	12.2 m (40 ft)	6.1 m (20 ft)	12.2 m (40 ft)	6.1 m (20 ft)	12.2 m (40 ft)	6.1 m (20 ft)	12.2 m (40 ft)	6.1 m (20 ft)	12.2 m (40 ft)	12.2 m (40 ft)
上海	重箱	33 582.1	5 86.4	111 2 041.5	32 526.7	28 419.3	5 92.3	38 584.8	1 7.7	210 3 627.7	43 693.1	
	冷藏箱	2 42.1								2 42.1		
	危险货物箱			8 148.0		1 19.6				9 167.6		
	空箱			12 27.6	8 28.8					12 27.6	8 28.8	44 158.4
神户	重箱	148 2 323.1	80 1 173.5	323 5 409.3	138 1 964.3	58 1 017.3	57 725.9	21 382.9	19 221.4	550 9 132.6	294 4 112.1	
	冷藏箱											
	危险货物箱	1 20.4		11 215.5	1 20.2	1 20.2		2 30.9		15 286.9	1 20.2	
	空箱											
	重箱											
	冷藏箱											
	危险货物箱											
	空箱											
总计	集装箱	184	85	465	179	88	62	61	20	798	346	44
	重量	2 967.7	1 239.9	7 841.9	2 540.0	1 476.2	845.2	998.6	229.1	13 284.5	4 854.2	158.4
总重		4 207.6		10 381.9		2 321.5		1 227.7		18 138.7		158.4

MS "BINGHE"					VOYAGE No.14				BAY No.33(34)		
331088	330888	330688	330488	O/H 10 cm 330288	330288	330088	COUS 8082285 330388 4.6	LGB/KOB UFCU 6391338 330588 5.7	COSU 8013345 330788 17.5	330988	88
UFCU 3672563 7.2 331086	COSU 8132365 9.1 330886	COSU LGB 8029085 11.0 330686	O/W 9 cm 330486	SCXU 8117873 15.9 330286	O/W 9 cm 330086	HTMU 840358 42.0 330186	TCLU KOB 4402499 17.0 330386	UFCU 6415975 5.0 330586	COSU 8128914 4.1 330786	WCLU 0638163 11.1 330986	86 86.6
TOLU 2818976 4.9 331084	HTMU 8062207 12.1 330884	HCLU LGB 3060373 12.8 330684	COSU 8219887 19.7 330484	COSU 8008924 19.8 330284	IKSU 7151840 5.9 330084	COSU 8022496 19.8 330184	COSU KOB 8073072 19.1 330384	COSU 8149603 19.9 330584	COSU 8020555 19.9 330784	COSU 8072369 19.7 330984	84 74.2
CHSxKOB COSC 8218031 IMCO5.1 20.1 331082	UFCU 3606155 20.0 330882	COSU LGB 8085561 19.7 330682	COSU 8074037 19.7 330482	COSU 5023648 19.7 330282	COSU 8086296 19.7 330082	COSU 8238146 20.0 330182	COSU KOB 3467537 19.7 330382	IEAU 2408184 19.8 330582	HTMU 5006909 19.1 330782	TOLU 2614910 19.9 330982	82 217.4

330812	COSU 8010515 5.2 330810	CHS/KOB COSU 8002166 20.2 330412	IEAU 4409990 16.2 330212	CHS/KOB ICSU 1388613 13.3 330102	330312	O/H 100 cm 330512	330712	12 57.4
COSU 8010515 5.2 330810	HTMU 8042793 17.5 330610	CHS/KOB COSU 2203690 18.0 330410	HIMU 4107284 13.8 330210	CHS/SHA COSU 4157236 12.4 330100	O/W 35 cm 330310	CHSxKOB scxu 4384296 F/R24.5 330510	O/W 35 cm 330710	10 91.4
CSTU 4035510 22.7 330808	CHS/KOB COSU 5029179 19.8 330608	COSU 5025770 19.8 330408	CHS/SHA ICSU 2329744 23.7 330208	COSU 4122775 11.5 330108	TOLU 4611191 18.0 330308	CHS/KOB COSU 8184604 6.5 330508	TOLU 2302165 14.7 330708	08 136.8
COSU 8029465 19.2 330806	CHS/KOB COSU 8130850 20.0 330606	COSU 8218130 20.4 330406	CHS/SHA COSU 4169500 23.5 330206	SCXU 4311160 21.3 330106	COSU 8005289 20.2 330306	CHS/KOB HTMU 8065130 20.0 330506	COSU 8132844 20.0 330706	06 164.7
UFCU 6152312 6.5 330804	HTMU 8049437 9.8 330604	CHS/SHA SXCU 6069032 15.9 330404	HTMU 3039965 15.6 330204	TOLU 2769099 15.3 330104	COSU 8224076 15.8 330304	CHS/SHA COSU 8167037 9.9 330504	NULU 3003372 6.4 330704	04 95.2
COSU 8013052 19.3 330802	COSU 8117484 19.4 330602	CHS/SHA COSU 8191136 19.6 330402	HTMU 8037586 19.7 330202	COSU 8193890 19.4 330102	HTMU 806821 19.4 330302	CHS/SHA COSU 8117680 20.0 330502	COSU 8132452 16.2 330702	02 153.0

1176.8

TOTAL TONS

DEST	No.OF CONT
TOTAL	

ON DECK | UNDER DECK

图 6-15　最终行箱位图（1）

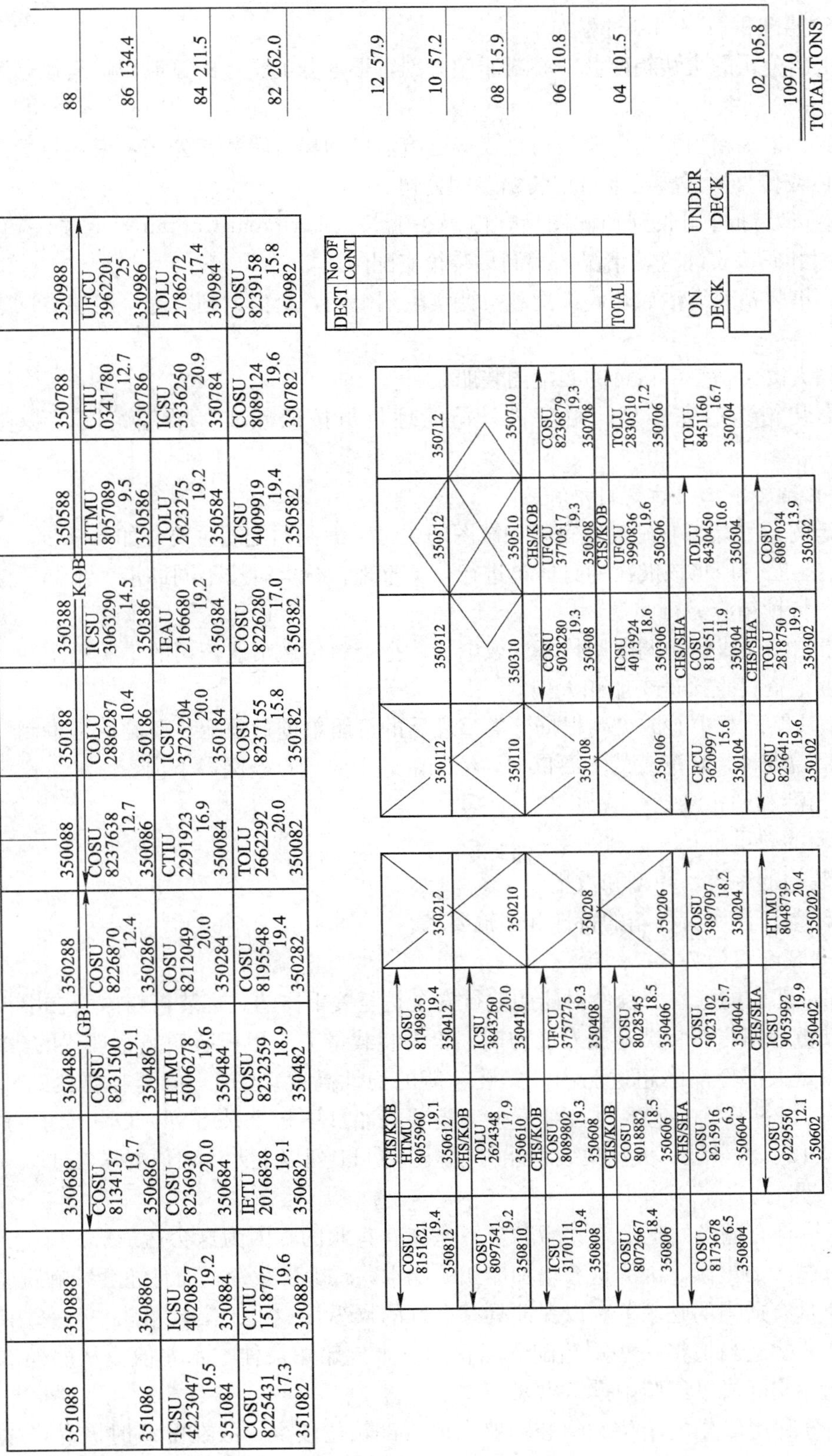

图 6-16　最终行箱位图（2）

4）集装箱船配积载图的编制过程

集装箱船配积载图编制过程如下。

（1）由船公司的集装箱配载中心或船舶大副，根据分类整理的订舱单，编制航次集装箱预配图。

（2）航次集装箱预配图由船公司直接寄送给港口的集装箱装卸公司，或通过船舶代理用电报、电传或传真形式转给港口集装箱装卸公司。

（3）港口装卸公司收到预配图后，由码头船长（Terminal Captain）或集装箱配载员，根据预配图和码头实际进箱情况，编制集装箱实配图。

（4）待集装箱船靠泊后，码头配载员持实配图上船，交由大副审查，经船方同意后应签字认可。

（5）码头按大副签字认可的实配图装船。

（6）集装箱装船完毕后，由理货公司的理货员按船舶实际装箱情况，编制最终积载图。

5）集装箱船预配图的编制方法

集装箱的预配是编制好集装箱船积载图的关键。编制预配图主要分如下3步。

（1）由船舶代理将该航次的订舱单进行分类整理，分类时按不同卸港、不同重量、不同箱型来分，特种箱应另行归类。

（2）船舶代理或船舶调度用传真（或电传）把资料传送给船公司的集装箱配载中心，或由船舶调度把资料直接送交船舶大副。

（3）集装箱配载中心或大副根据分类整理后的订舱单进行预配。订舱单是编制配载图的最重要的原始资料，是配载的主要依据。编制配载图时重点查阅以下内容。

① 装箱港和卸箱港；

② 每箱的总重量；

③ 集装箱的种类、箱型和数量；

④ 备注中应注明特种箱的特性和运输要求。

6）编制预配图的要求

（1）保证船舶的稳性。稳性对船舶航行安全是至关重要的。集装箱船由于在甲板上装载集装箱，其重心很高。集装箱船发展初期，舱内装载量大于甲板装载量；现代的集装箱船，其甲板装载量大部分都已超过舱内。集装箱船的稳性高度（GM）值至少要达到0.7 m以上，一般在1.2～1.5 m范围内。对于小型集装箱船（甲板上装8列）GM要求为1.2 m，横摇周期以15 s为最佳；大型集装箱船（甲板上装11列以上）GM值要求在1.5 m，横摇周期以18 s为宜。

（2）保持具有适当的吃水差。船舶是不允许有首倾的，因为这会造成螺旋桨产生空泡，但也不宜有过大的尾倾，因为这会增加船舶的吃水，减少装载量，而且还会影响航速。因此集装箱船应具有适当的吃水差，以保证具有良好的操纵性。由于集装箱船一般采用尾机型，尾部较重，故要适当地将一些重箱配于船首箱位上。船舶最佳吃水差值应从船模试验中取得，或从船舶实际操纵经验中摸索出来。

（3）充分利用船舶的箱位。集装箱船一般首部箱位较少，故在配载时极易产生过大的尾吃水。尾吃水过大就需要用压载水来调整，就会增加压载重量，减少集装箱的装载量。

例如，上海港是个潮汐港，航道水深浅，大船的吃水受到很大的限制，如果箱量多，平均箱重很大时，预配时要求船舶达到平吃水出港，就能减少压载而使箱位得到充分利用。

(4) 要保持船舶的纵向强度。集装箱船大多数为尾机型船，油舱、淡水舱一般也集中在尾部，所以船舶在开航时如首部箱量满载，容易产生中拱，而且集装箱船都是大舱口，船舶纵向强度本来就弱，如果配载不当，在风浪中容易断裂。为了使船舶具有良好的纵向强度，抵消船舶的中拱变形，配载时要适当地在船中部多配重箱。

(5) 尽量避免中途港倒箱。选择集装箱船，一般途中均需要靠多个中途港，因此配载时必须注意港序，避免中途港倒箱。对于某些航线上的船舶，其箱位少而挂港又多，后港箱压在前港箱上面的情况也不可避免，所以对挂靠日本港口的中远集装箱船规定，倒箱数在 10 个以内，港口不收费。但是倒箱不仅是经济损失还会贻误船期，应尽量减少。

(6) 在平衡舱时，消灭重点舱。对于箱量特别多的港口的集装箱，应分舱装载，不要集中装在一个舱内，以免造成重点舱，延长船舶在港装卸时间。在分舱配载时还要注意到几台装卸桥同时作业的可能性。

(7) 在装卸作业中要能保持船舶左右平衡。全集装箱船都采用箱格结构，在装卸中不能产生过大的横倾，一般横倾大于 3°，集装箱进出箱格时就会产生困难。因此，在配载时要注意，不要把同一港口的集装箱集中配于一侧，应左右对称，以免在装卸过程中使船舶出现过大的横倾，影响船舶作业。

(8) 要注意特种箱的配载。各种特种箱都有特殊的配载要求，这些要求必须满足。例如，危险货物集装箱必须按国际有关规定的要求配载。

6.2　公路集装箱运输

公路汽车可为铁路、港口（水运）、航空港的集装箱提供集疏运服务；同时，也自成为一个独立的集装箱运输系统，为货主提供运输服务。

公路运输以其机动灵活、快速直达的优势，在集装箱运输与多式联运中成为重要的环节。所以，公路集装箱运输在集装箱内陆运输系统和海陆联运中，都占有重要的地位。

6.2.1　集装箱运输对公路的要求

1. 对公路技术规格的要求

一般来说，运输大型集装箱，最大轴负重 10 t，双轴负重 16 t 就够了。为了最大限度利用轴负重，可使用不受高度限制的低拖车。所以，对公路基本建设的最低要求是公路网的载运能力至少满足车辆轴负重的要求，以及车辆运行时对车道宽度、曲线、限高的要求。

2. 对运输车辆的要求

汽车集装箱运输的车辆是根据集装箱的箱型、种类、规格尺寸和使用条件来确定的，一般分为货运汽车和拖挂车两种。货运汽车适用于小型集装箱，适合短距离运送；拖挂车适用于大型集装箱，适合长途运输。拖挂车的技术性能较好，在一些工业发达国家采用较多。

3. 配备必备的装卸机械

虽然汽车集装箱运输的装卸作业主要在场、站或货主自己的库场上进行，不像码头、铁路货场那样进行大量的集装箱装卸工作，但为了适应某些货主，以及汽车集装箱货场作业的要求，也需要配备一定数量的装卸集装箱的机械设备。

4. 公路集装箱营运管理

汽车集装箱的营运管理主要指两方面，一是货运组织工作；二是车辆的运行管理。

（1）货运组织工作：包括集装箱运输的货源组织、集装箱的业务管理和装卸作业、运费结算、集装箱的保管及交付、与其他部门的衔接配合工作等。

（2）车辆运行管理：车辆运行管理是指集装箱业务量的分配、车辆运行计划制订、运输工作的日常管理、集装箱车辆在线路上的运行组织管理、集装箱的运输统计分析等。

6.2.2　集装箱运输车辆

公路集装箱运输可以发挥其通达性高的优点，以完成集装箱运输系统的末梢运输任务。一般而言，运送方法有 4 种，如图 6－17 所示。

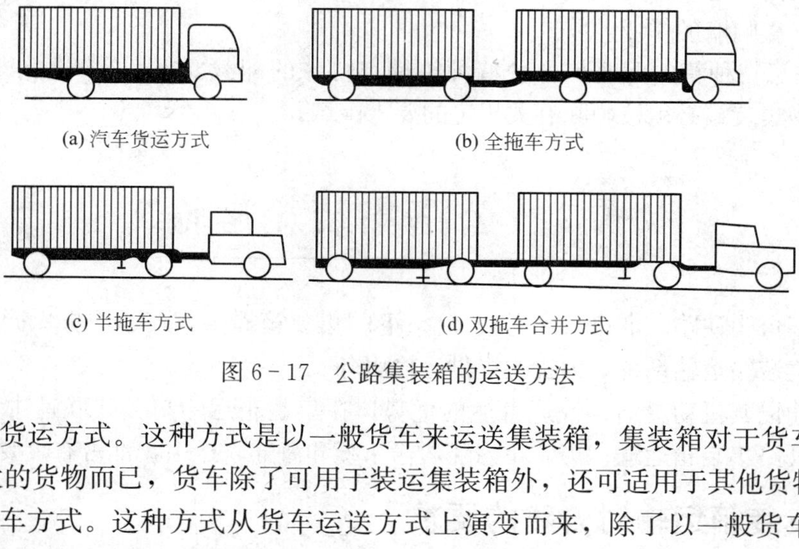

(a) 汽车货运方式　(b) 全拖车方式

(c) 半拖车方式　(d) 双拖车合并方式

图 6－17　公路集装箱的运送方法

（1）汽车货运方式。这种方式是以一般货车来运送集装箱，集装箱对于货车而言，只是一件较为庞大的货物而已，货车除了可用于装运集装箱外，还可适用于其他货物。

（2）全拖车方式。这种方式从货车运送方式上演变而来，除了以一般货车装载集装箱外，再与货车尾端以一拖杆牵带一辆车架运送另一个集装箱。

（3）半拖车方式。这种方式是以一辆拖车后拖一车架以装运集装箱，拖车可脱离车架而灵活调度使用，以增加使用率。

（4）双拖车合并方式。这种方式是在半拖车之后以一台引车衔接另一车架，用以装运第二个集装箱。

6.2.3　公路集装箱运输与多式联运

在国际集装箱由海上向内陆延伸的运输系统中，公路集装箱中转站（也称为公路集装箱货运站）是一个重要作业环节，也是集装箱货物交接及划分风险责任的场所。它集“门到门”运输、中转换装、集装箱交接、堆存、拆装和货物仓储，以及集装箱的清洁、检验和修理等多种作业功能于一体，并可揽货、代办提箱、报关、报验等业务，与船公司、港口、国际货运代理等企业及“一关三检”、理货、保险等部门有着密切的业务联系和协作关系。正是它的多种作业功能，决定了其在国际集装箱运输系统中的重要地位和作用。

(1) 公路集装箱中转站是国际集装箱运输在内陆集散和交接的重要场所。随着外向型经济和国际贸易的发展，内陆地区外贸商品的进出口频率和数量显著增多。公路集装箱中转站的建立，可预先在腹地集中出口货物，按流向将货物进行合理配积载，拼装成箱，再根据运输要求及时向港口发运。具备“一关三检”的中转站，货物还可就地通关。这样的运输组织形式可以显著提高进出口货物的集装化程度，有效地减少货损货差，缩短集装箱周转时间，提高集装箱的利用率。

(2) 公路集装箱中转站是港口向内陆腹地延伸的后方库场。通过公路集装箱中转站堆存、仓储和中转等功能的发挥，可使进口国际集装箱货物能够快速有效地从港口运往内地，及时交付收货人。出口集装箱货物可根据货物的流量、流向、品类及船期安排，有计划、有准备地按期起运，进港上船。内陆公路集装箱中转站的设立，等于将港口的后方库场延伸到了内陆腹地，大大缩短船、箱、货的在港停留时间。

(3) 公路集装箱中转站是海上国际集装箱向内陆延伸运输系统的后勤保障作业基地。内陆公路集装箱中转站的设立起到海上国际集装箱向内陆延伸运输系统的后勤保障作业基地的作用。因为集装箱在使用寿命期间，为保证不危及人身安全并及时取消其存在的缺陷，集装箱经营人都要通过合同方式委托集装箱堆场经营人按照《国际集装箱安全公约》对集装箱定期进行检验和修理。公路集装箱中转站一般具备上述作业所需的软硬件条件。

(4) 公路集装箱中转站既是内陆的一个口岸，又是国际集装箱承托运等各方进行交易和提供服务的中介场所。公路集装箱中转站的设立是国际集装箱由港口向内陆腹地延伸运输系统中的一个重要“窗口”。它既是内地办理国际集装箱进出口业务的一个口岸，又是国际集装箱货主、货代、船公司、集装箱管理部门、公路运输企业，以及与之有关的“一关三检”等各方进行交易和为之监管服务的中介场所。由于公路集装箱中转站完善的设施和规范有效的运作，从而能保证国际集装箱运输在内陆延伸系统中的顺利进行。

(5) 公路集装箱中转站的设立可改善内陆地区的投资环境，从而能促进外向型经济的快速发展，随之又带动国际集装箱运输在内陆的推广和应用。随着内陆外向型经济的快速发展，对国际集装箱运输的需求将更加迫切。这既是中国经济发展的需要，也是与国际贸易接轨的要求。而内陆公路集装箱中转站的建立将促进内陆集装箱运输的发展。由于国际集装箱运输的发展将进一步优化内陆招商引资环境，提高国际贸易管理水平，增强出口产品的竞争力，从而大大推动内陆外向型经济的快速发展。

6.2.4 公路集装箱运输在多式联运中的货运形式

公路集装箱运输在多式联运中具有的重要作用，限于多式联运（国内段）的公路运输的货运形式进行说明。公路承担“场—站—门”之间的重箱和空箱运输，货运形式主要表现为以下几个方面。

(1) 重箱的“场—门”之间运输。

(2) 重箱的“场—站”之间运输。

(3) 重箱的“站—门”之间运输。

(4) 重箱的“站—站”或“场—场”之间运输。

(5) 空箱的“场—门”之间运输。

(6) 空箱的“场—站”之间运输。

(7) 空箱的“站—门”之间运输。

(8) 空箱的“站—站”或“场—场”之间运输。

6.2.5 公路运输工艺流程

目前，我国公路汽车集疏运港口国际集装箱的工艺流程，基本上分为以下3种形式。

1. 港口—货主

一般为整箱不间断运输，即从港口集装箱码头堆场直接运到货主仓库及相反的过程。这种运输形式，在一定距离内，对公路运输企业最为理想，可以不必投资建设仓库、堆场和购置装卸机械，运输效率也较高，是典型的“门到门”运输。

2. 港口—公路集装箱货运站—货主

先将集装箱从港口集装箱码头堆场运到公路集装箱货运站，然后再转运到货主仓库及相反的过程。这种整箱中转形式，一般是在码头发生阻塞、压港或由于货主的原因，不能直接到门的情况下采用。它需要公路运输企业具有一定能力的堆场，并配备集装箱专用装卸机械。

3. 港口—公路集装箱货运站

一般为拆装箱运输，即将集装箱从港口集装箱码头堆场运到公路集装箱货运站拆箱储存，再将箱内货物转运到货主仓库及相反的过程。这种运输形式，适用于货流量较小而流向分散的拼箱货，或货主不具备接卸整箱的条件和没有足够的仓储能力的情况。它需要公路运输企业建有拆装箱作业的场地和仓库，并配备小型装卸机械。

6.3 铁路集装箱运输

铁路集装箱运输经过货源组织、计划配装、装车、中转、卸车、交付等运输过程来完成。因此，与传统的零担运输和整车运输不同，有其相应的组织方法和管理手段。

6.3.1 铁路集装箱货源组织形式

1. 整列的集装箱货源

同一品名的整列集装箱货源较少，但在与海运联运时，即与集装箱码头相连的枢纽站接运时，由于集装箱船载箱量大，铁路则需要编排整列的、到达同一终点站的集装箱直达列车。

2. 整车的集装箱货源

整车的集装箱货源比较普遍。目前，有些国家铁路集装箱专用车长度一般为 18.3 m（60 ft），最长的达 27.4 m（90 ft），一节整车可装载 3～4 个 6.1 m（20 ft）的集装箱。有些国家的铁路为了争取集装箱货源，规定集装箱运价按整车收取，集装箱总长不得超过 24.4 m（80 ft），装多装少均按车计费。因此，如何配装一节整车的集装箱数量对每箱运费的分摊很有关系。

3. 整箱的集装箱货源

对货运量较少的货主来说，在其货源能装满一个整箱，但不够一节整车时，有些国家铁路为方便这些货主托运集装箱，则采取按箱计费的办法。

4. 拼箱的集装箱货源

拼箱的集装箱货源是由运输部门根据不同货主托运的货物，加以整理后装载的集装箱货物，也就是一箱里有几个货主的货物。

6.3.2 铁路集装箱办理站的类型

铁路集装箱办理站按其业务性质与办理范围的不同可分两种：一种是集装箱运量较大，是定期直达列车的始端站或终端站，也有的称基地站；另一种是集装箱运量较小，仅办理集装箱运输业务，称为办理站。建立集装箱办理站必须具备以下几个条件。

(1) 有一定数量且稳定的集装箱货源。

(2) 有装卸、搬运集装箱的机械设备。

(3) 有一定面积且硬化面的堆场。

(4) 有办理业务的专职人员。

(5) 具有与其他运输方式相衔接的条件。

在上述条件中，集装箱货源是基础，也是开展铁路集装箱运输的先决条件。因此，铁路方面要认真调查和掌握货源，货源来源不清、数量不准，即使开办了集装箱运输业务也因运量少或运量不均衡给运力带来亏损。装卸、搬运机械，以及硬化场地是开办集装箱办理站的物质条件，没有硬化面的场地，集装箱直接放在地面上，装卸机械也不能很好作业，而专职人员就是提高工作效率和保证质量的根本。

6.3.3 铁路集装箱办理站的职能

从目前所有的铁路集装箱办理站来看，一般都具有两种职能，即商务职能和技术职能。

1. 商务职能

以下内容为铁路集装箱办理站的商务职能。

(1) 受理集装箱货物的托运申请。

(2) 向到站发出到达预报通知。

(3) 编制有关单证。

(4) 核收有关费用。

(5) 联系其他运输方式。

(6) 联系铁路之间的联运等。

2. 技术职能

以下内容为铁路集装箱办理站的技术职能。

(1) 编制用车计划。

(2) 提供适合装货、运输的集装箱。

(3) 安排集装箱装卸、搬运等机械。

(4) 办理装卸箱业务。

(5) 装箱、拆箱及加封等。

6.3.4 铁路集装箱运输装运方式

利用铁路平车装载集装箱以担当陆上较长运距的集装箱运输服务，是一种所谓“背载运输”的作业方式。根据集装箱的装载情况不同，它又可分为下列两种方法（如图 6-18 所示）。

(1) 平车载运拖挂车。将集装箱同载运拖挂车一起固定于铁路平车上，作长距离运送服务，到达目的站以后，用拖挂车将集装箱直接送往收货人处。

(2) 平车载运集装箱。利用机具将集装箱直接固定于铁路平车上，待运抵目的站后，再以机具将集装箱卸放到拖挂车的车架上送抵收货人货仓，这种运输方式是较为常见的。近年来，随着双层集装箱列车的出现，使得铁路集装箱运输的经济效益又有了进一步的提高。

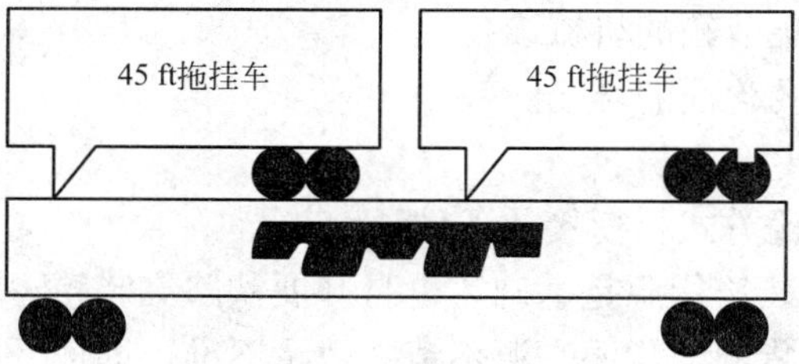

(a) 平车载运拖挂车

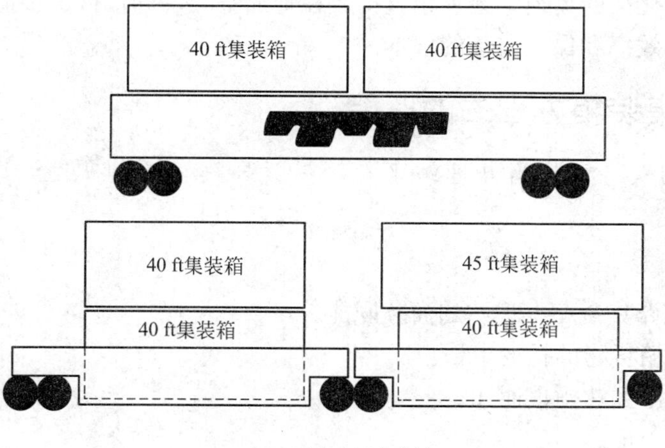

(b) 平车载运集装箱

图 6-18 铁路集装箱装运方式

6.3.5 铁路集装箱货运程序

1. 集装箱承运日期表的确定

通过集装箱承运日期表，使发货人明确装往某一方向或到站的装箱日期，有计划地安排货物装箱，以及准备短途搬运工具等，使路内外紧密配合，共同搞好集装箱货物计划运输。

2. 集装箱货物的接收

目前，大多数车站都采用由货运公司集中受理的形式，这种受理形式大致又分集装箱单独受理和集装箱、零担统一受理。它是在接受发货人的托运后，由货运公司审批运单，审批的方法有以下几种。

(1) 随时受理。按装箱计划或承运日期表规定的日期，在货物运单上批注进箱（货）日期，然后将运单退还给发货人。

(2) 集中受理。集中审批，由受理货运员根据货物运单，按去向、到站分别登记，待凑够一车集中一次审批，并由发货人取回运单。

(3) 驻在受理。驻在受理是指车站在货源比较稳定的工厂、工矿区设受理处，专门受理托运的集装箱货物。在货物运单受理后，批准进箱（货）日期，或由驻在货运员把受理的运单交货运室统一平衡，集中审批。

(4) 电话受理。电话受理是指车站货运室根据发货人电话登记托运的货物，统一集配，审批后用电话通知发货人进箱（货）日期，在进箱（货）同时，向货运室递交运单，审核后加盖进货日期戳记。

3. 货物运单的审核

受理货运员接到运单后，按有关规定逐项详细审核下列内容。

(1) 托运的货物能否装载集装箱运输。

(2) 所到站能否受理该吨位、种类、规格的集装箱。

(3) 应注明的事项是否准确、完整。

(4) 有关货物重量、件数、尺码等是否按规定填写。

4. 空箱发放

车站在发放空箱时，应认真检查箱子外表状况是否会影响货物的安全运输而产生不应有的责任，在发放空箱时应做好以下几项工作。

(1) 发送货运员在接到运单后，应核实批准进箱日期，审核运单填写是否准确，并根据货物数量核对需要发放的空箱，如有不符时即应和受理货运员核实。

(2) 对实行“门到门”运输的货物，应开具集装箱“门到门”运输作业单交发货人，填写集装箱“门到门”运输登记簿。

(3) 会同发货人共同检查空箱箱体状态，发货人在集装箱“门到门”运输作业单上签字后，领取主箱。如发运员认为所领取的空箱不能保障货物安全运输时，发运员应予以更换，如无空箱更换时，发货人有权拒绝使用，如使用后发生货损行为，应由车站负责，除非空箱存在的缺陷是以一般手段无法从外表检查发现的。

(4) 发送货运员有义务向发货人介绍箱子的内部尺寸、容积和货物积载法，这样不仅能充分利用箱容、载重量，而且能使货物装载安全。

(5) 货物装箱后，由发货人关闭箱门，并在规定的位置悬挂标签和加封。

(6) 加封后，应将封志环节插入封盘落销。

5. 集装箱货物的接受和承运

发送货运员在接受集装箱货物时，必须对由发货人装载的集装箱货物逐箱进行检查，符合运输要求的才能接受承运。接受集装箱货物后，车站在货物运单上加盖站名、日期戳，表明此时货物已承运。所谓承运，是指发货人将托运的集装箱货物移交铁路的开始，一直至到达站将货物交给收货人时止。

在接受所托运的集装箱货物时，发送货运员应做到以下几点。

(1) 对由发货人装载的集装箱货物应逐批、按箱检查箱门是否已关闭，锁舌是否落槽，合格后在运单上批注货位号码。对“门到门”运输的集装箱货物还要核对是否卸入指定货位，然后在集装箱“门到门”运输作业单上签字，返还给发货人一份。

(2) 以运单为依据，检查标签是否与运单记载一致，集装箱号码是否与运单记载相符，铅封号码是否正确。

(3) 检查铅封的加封是否符合技术要求。

(4) 检查箱体是否受损，如有损坏，应编制集装箱破损记录。如损坏是由于发货人过失所致，则要求发货人在破损记录上签章，以划分责任。检查时，如发生铅印失效、丢失、无法辨认站名、未按加封技术要求进行铅封。上述情况均由发货人负责恢复至正常状态。

(5) 检查确认无误，车站便在货运单上签字，交发货人交款发票。

(6) 对进行“门到门”运输的集装箱，还应补填集装箱门到门运输登记簿有关事项。

6. 装车

装车货运员在接到配装计划后到站确定装车顺序，并做到以下几点。

(1) 装车前，对车体、车门、车窗进行检查，是否过了检查期，有无运行限制，是否清洁等。

(2) 装车时，装车货运员要做好监装，检查待装的箱子和货运票据是否相符、齐全、准确，并对箱体、铅封状态进行检查。

(3) 装车后，要检查集装箱的装载情况，是否满足安全运送的要求。装车完毕后，要填写货车装载清单，货运票据，除一般内容的填写外，还应在装载清单上注明箱号，在货运票据上填写箱数总和，即包括货重和箱体自重。

7. 卸车

集装箱货物到达卸车站后即行卸车。卸车时应注意以下几点。

(1) 做好卸车前的准备工作，首先要核对货运票据、装载清单等与货票是否相一致，然后确定卸车地点，并确定卸箱货位。

(2) 卸车前，还应做好货运检查，检查箱子外表状况和铅封是否完整。

(3) 卸车开始时做好监卸和卸货报告，如在卸车过程中发生破损应做出记录，以便划分责任。

(4) 做好复查登记，要以货票对照标签、箱号、封号，在运单上注明箱子停放的货位号码，根据货票填写集装箱到达登记簿和卸货卡片。

8. 集装箱货物的交付

交货时，交箱货运员在接到转来的卸货卡片和有关单据后，认真做好与车号、封号、标签的核对，核对无误后通知装卸工组交货，并当面点交收货人。收货人在收到货物后应在有关单据上加盖“交付讫”的戳记，对“门到门”运输的集装箱货物，应填写“门到门”运输作业单，并由收货人签收，对由收货人返回的空箱，应检查箱体状况，在“门到门”运输作业单上签章。

上述集装箱货运程序均指铁路专用箱。适应国际标准箱的运输条件和规定主要有以下几项内容。

(1) 国际集装箱在铁路只限用 6.1 m (20 ft)、12.2 m (40 ft) 箱。

(2) 由货主自备的上述两种货箱则限在专用路线办理，但 6.1 m (20 ft) 箱范围可放宽。

(3) 使用国际标准箱运输货物，由发货人加铅封，铁路与发货人、收货人之间交接凭封印办理。

(4) 国际联运的国际标准箱按国际铁路货物联运协定及其细则有关规定办理。

(5) 运输国际标准箱应使用敞车或平车装运，装载时箱门相对间距应不超过 200 mm。使用平车时，应捆绑加固。

办理国际标准箱运输的车站应按月向铁路局填报“集装箱运输情况月报”。

6.3.6　铁路集装箱的中转

铁路集装箱中转站的主要任务是把来自不同车站的集装箱货物，通过有计划地组织重新按到站装车，将集装箱货物以最快速度运至到站。

目前，在进行集装箱中转时，有时会发现集装箱箱体损坏或封印丢失、失效等情况。一旦发现，中转站要立即会同有关部门清点货物，编制详细记录说明情况，补封后继续运送。如箱体损坏危及货物运输质量时，对箱内货物进行换箱。

中转站的中转作业过程如下。

1. 编制中转配装计划

(1) 详细核对中转计划表，主要内容有方向、主要到站和存箱数、已开始作业和待运的站存箱数。特别值得一提的是站存箱数必须以货票与集装箱逐批、逐箱进行复查，然后再与中转计划表的数字进行核实。

(2) 确定中转车的去向，审核到达货票，并根据到达待送车的货票，统计中转集装箱去向，确定重车卸后的新去向。

(3) 做集配计划。集配计划是按去向、主要到站站别统计出的，内容包括停留在堆场的集装箱、各到达车装载的集装箱，以及各货车之间相互过车的箱数（卸下的箱要确定堆存箱位）。

(4) 根据集配计划，结合送车顺序，确定货车送入后的中转车作业顺序。

(5) 传达中转作业计划。货运员和装卸工组对计划进行复查核对，做好作业前的准备。在复查中不但要对数字进行复查，还要检查箱体、铅封状态、标签、箱号是否与箱票记载一致。

2. 中转作业

（1）集装箱中转作业顺序一般是在货车送妥后，根据中转作业计划，首先卸下落地箱，再将过车箱装载到应过的车上，最后整理仍在车上的其他货箱。在进行车内整理作业时，要检查留于车内的集装箱的可见箱体和铅封的状态，以便划分责任。

（2）进行装载。

（3）中转作业完毕后对货车进行加封。

3. 中转作业后的整理工作

中转作业后的整理工作，既是中转作业结束后对中转工作质量的检查，也是下一次作业的开始。其主要包括货运票据的整理，报表填记，复查中转作业完成的质量。

6.3.7 铁路集装箱货物的交接责任

铁路集装箱运输虽然没有零担货物那样复杂，但就集装箱货物运输交接工作而言，却与零担货物运输同样重要。

1. 铁路与发货人、收货人之间的交接

铁路与发货人、收货人之间（其中包括他们的代理人）的交接主要是指集装箱的接收、交付两个作业环节，它直接关系到铁路与发货人、收货人之间的责任划分。

铁路集装箱的交接均应在铁路货场内进行，主要检查箱体状态，还要检查铅封。铁路集装箱起运时应由发货人将集装箱堆放在指定的货位上，关好箱门，并与发货人按批逐箱与货签核对。经检查接收完毕后，在运货单上加盖承运日期戳记，即表明已接受承运，或承运已开始。铁路在交付集装箱时，则应根据收货人提交的货物运单（或集装箱“门到门”运输作业单），与集装箱到达登记簿进行核对，然后到货场会同收货人按批逐箱进行检查对照，经确认无误后，将集装箱向收货人进行一次点交，并注销交货卡片，交付完毕，责任即告终止。对进行“门到门”运输的空箱交接，经双方检查，确认箱体完好后，在集装箱“门到门”运输作业单上签字盖章办理交接手续。

2. 铁路货运员之间的交接

铁路货运员之间的交接，一是按同一工种因班次交替而进行的交接；二是不同工种之间的工作交接。对于上述两种交接，交接双方均应到现场。交者与接受者应采取以票对箱，或以箱对票的方法，按批逐箱进行检查，交接后双方在交接簿上签字，以分清责任，在交接过程中，如发现集装箱与货物运单记载的发站、到站、箱数、货名、发货人和收货人不符，以及铅封失效、丢失、箱体损坏危及货物安全等情况时，则应按《铁路货运事故处理规则》的有关规定进行处理。

3. 集装箱破损的责任划分及其记录的编制

集装箱的破损大致有两种情况，一是箱子损坏；二是箱子破损。前者是指某一单位或个人的责任造成集装箱未及时修理、定期修理，而后者通常指箱子的全损或报废。上述两种损害按其责任可分为以下几种责任。

（1）发货人、收货人的过失责任。

（2）承运人的过失责任。

(3) 第三者的过失责任。

(4) 不可抗力、意外原因、自然灾害。

(5) 铁路装卸工人的过失。

(6) 铁路货运员的过失。

凡属于上述责任造成的损坏箱、破损箱，以及货主自己的集装箱在铁路运输过程中发生的破损，都由货运员按箱编制集装箱破损记录。这个记录是划分集装箱破损责任的重要依据。因此，记录中所记载的内容必须准确、明确、肯定、完整。

6.4 航空集装箱运输

航空运输是一种现代化的运输方式，具有运送速度快、安全性能高、货物破损少等特点。由于航空运输所运送的货物均属高价值且具有时间性的物品，因此集装箱化运输的引进至少可以为航空运输企业创造下列两项竞争优势：一是安全，二是快速。就安全性而言，在航空运输未使用集装箱之前，航空运输企业往往无法有效防止所运载的高价值商品发生盗窃及碰撞，因此托运人与运送人之间常因所运货的遗失而发生争执；其次就快速性而言，由于目前国际贸易的发达，产品或原料的成本计算方式已向考虑总成本方向发展，因此虽然航空运费在所有运输工具中仍属最昂贵者，但是由于其在运送速度上所带来的高品质及时间效用，为商业企业在仓储成本的节省及商品配送速度方面，创造了另一项竞争优势。

目前，在空运业务中，进出口货物主要采用两种方式，一种是班机运输，另一种是包机运输。前者运输有固定的航线和起飞时间、到达时间，运价一般是从出发地机场至到达地机场的运价，地面运输则由收、发货人自行负责。后者是指确定起飞、到达时间，其费用（包机费）也是按来回行程计算的。

现行的国际航空运输公约有 3 个。一是 1929 年于华沙签订的公约《统一国际航空运输某些规则的公约》(简称《华沙公约》)，该公约规定了以航空运输承运人为一方，旅客、货物托运人和收货人为另一方的法律关系和相互义务，是国际空运方面一个最基本的公约。至今已有 100 多个国家和地区参加了该公约，我国在 1955 年加入。二是 1955 年在海牙对华沙公约中的责任限制、运输单证、航空过失责任、索赔期等方面进行修改后，形成文件《海牙议定书》，也有的将其称为《华沙公约修订本》。到目前为止已有近 100 多个国家和地区参加了海牙议定书，我国于 1975 年正式加入了该议定书。三是在 1961 年于墨西哥的瓜达拉哈拉签订了一个就“承运人”这一问题对《华沙公约》的修订，该公约称《1961 年瓜达拉哈拉公约》。

在上述 3 个公约中，《华沙公约》是基础，其他两个公约是对《华沙公约》的修改和补充。

6.4.1 航空集装箱货物运输的特征

1. 航空集装箱货物均为适箱货物

集装箱运输技术虽在全世界被广泛采用，然而无论是水路承运人、公路承运人或铁路承运人，在他们所承揽的货物中，有适合集装箱运输的货物，也有不适合集装箱运输的货物。但是对于航空承运人所承揽的货物中，一般均为适箱货物。

2. 货物的价值是判定其是否适于空运的主要条件

适于空运的特定货物的价值越高，其采用空运的可能性就越大。有以下两个主要原因。

(1) 空运运费比水路、公路、铁路的运费都要高，而货物价值越高，则越容易承担较高的运费。

(2) 货物价值越高时，采用空运给货主带来的好处也越大，这种好处包括能保证货运质量，能使商品及时投放市场，能减少货物的库存量等。

可见，货物的高价值无疑是促使货物采用航空运输的一个重要特征。随着全球经济一体化的不断加强和世界贸易的高速扩展，具有快速、可靠、灵活，以及高附加的航空集装箱运输在整个货运领域中所占的位置越来越突出。

3. 货物的运送时间要求是判定其是否采用空运的重要因素

有些货物的价值虽然并不很高，但其运送的时间要求却很高，这类货物如特定的普通件货物或急件货物在航空货运量中占有相当大的比重。这是由于区域经济的分工与协作，以及不同的自然地理条件使产品产生差异，因而促使不同地区之间的货物要进行流通。

6.4.2 航空运输的货物种类

空运货物一般可分为工业制成品、鲜活易腐货物及邮件等3类。

1. 工业制成品货物

工业制成品货物主要包括电子产品、精密仪器、服装、针织品、生物制品、工业品和医药等。

2. 鲜活易腐货物

鲜活易腐货物主要包括海鲜货、鲜嫩蔬菜、新鲜水果、活体动物和鲜花等。

3. 航空邮件货物

航空邮件货物主要包括包裹、信函、明信片、印刷品和盲人读物等。

6.4.3 航空集装箱

航空集装箱产品一般包括航空集装箱运输使用的各种类型的集装箱、集装板（网）和其他有关辅助器材。国际航空协会将航空运输的集装箱称之为“成组器”。它又分为航空用成组器和非航空用成组器两种。

1. 航空用成组器

航空用成组器是指装载在飞机内与固定装置直接接触，不用辅助器就能固定的装置，它可以看成是飞机的一部分。从结构上又可分为部件组合式和完全整体结构式两种。部件组合式是由货板、货网和非固定结构圆顶3部分组成，或者由货板和货网组成；完全整体结构式则有主货舱用集装箱、下部货舱用集装箱和固定结构圆顶集装箱等。

2. 非航空用成组器

非航空用成组器是指未满足上述航空用成组器条件的成组器。这种成组器可用叉式装卸车进行装卸。它是按照航空用成组器或飞机货舱的形状实现标准化了的航空用成组器，而且它必须根据国际航空运输协会规定的标准规格制造。

国际航空运输协会对属于非航空用成组器范畴内的货主登记的集装箱给予的定义为："这种集装箱是指用铝、波纹纸、硬板纸、玻璃纤维、木材、胶合板和钢材等组合而制成的，并可以铅封和密封的箱子。其侧壁可以固定，也可以拆卸。"

6.4.4　集装箱运输对空运的要求

(1) 航空运输的集装箱在尺寸、结构和容积方面，与其他运输方式使用的集装箱不同，而且，航空公司所关心的是避免飞机的损伤和减轻集装箱的重量。所以，所有空运集装箱和国际航空协会批准的成组货载装置、弯顶、低底板的集装箱都比国际标准化集装箱要轻得多，空运集装箱不需要重型角铸件、角柱，它不受海运或其他装卸作业的压力。而且，此种集装箱不符合国际标准化装卸设备，如门式起重机、集装箱起重机、抓具等要求。所以，空运成组货要与海运和其他运输方式开展集装箱多式联运业务时，则必须在机型、箱型等方面进行改革，使空运的集装箱能符合国际标准化的要求。

(2) 就航空来说，与其他运输方式，如陆运、海运、水运相接送的机会很少。这是因为空运的接箱有两种类型：其一，为接送、转运业务，在这一类型中，航程两端都用货车接送业务，并用货车将货物从一个机场运至另一个机场；其二，陆运和空运相接，这种类型实际上是"短途货车接送业务"，即用货车在两端机场四周接送业务。而且，这种货物仅限于"适宜空运"的货物，是具有一定价值与重量比率因而能承受较高的空运费用的货物。同时，由于空运货物的包装比陆运、海运轻，因此，就箱子本身来说，也不能进行接送和交替使用。在"短途接送业务"中，货车接送是航空运程的一个附带部分，整个航程都包括在空运运单内，空运承运人对全程运输负责，并受制于《华沙公约》严格赔偿责任制和相当高的赔偿责任限额。

(3) 就《华沙公约》有关适用的范围、单据、赔偿责任限制、通知的期限、诉讼时效、管辖等方面的规定，与集装箱国际多式联运也有分歧。根据《华沙公约》的规定，该公约的条款对所有国际空运都强制适用，任何违背本公约条款的合同均属无效。《华沙公约》关于联合运输的规定是："本公约的规定仅适用于航空运输，在整个运输过程中，某一区段涉及其他运输方式的多式联运问题时，其中空运区段应遵守华沙制度的规定。"

6.4.5　国际航空运输组织及有关当事人

1. 国际民用航空组织

国际民用航空组织（ICAO）成立于 1944 年 4 月 4 日。它是政府间的国际航空机构，也是联合国所属专门机构之一，总部设在加拿大的蒙特利尔，现有成员国 150 多个。它的大会是最高权力机构，常设机构是理事会，由大会选出的成员国组成。我国是该组织的成员国，也是理事国之一。它的宗旨是促进国际航空运输的规划和发展，以保证全世界国际民用航空的安全和有秩序的增长，具体工作包括以下内容。

(1) 鼓励为和平用途的航空器的设计和操作技术。

(2) 鼓励发展国际民用应用的航路、航站和航行设备。

(3) 满足世界人民对安全、正常、有效和经济的空运的需要。

(4) 防止因不合理的竞争而造成经济上的浪费。

(5) 保证缔约各国的权利充分受到尊重，每一缔约国具有开辟国际航线的均等机会。

(6) 避免缔约各国之间的差别待遇。

(7) 促进国际航行的安全。

(8) 普遍促进国际民用航空在各方面的发展。

2. 国际航空运输协会

国际航空运输协会是各国航空运输企业（空运承运人）之间的联合组织，会员必须是上述民用航空组织的一个成员国的航运企业。该协会于1945年4月16日在哈瓦那成立，其最高权力机构是年会，年会选举执行委员会主持日常工作，下设财务、法律、技术和运输等委员会，协会有以下主要任务。

(1) 促进安全，并定期以经济的航空运输有利于世界人民，扶助发展空运业。

(2) 提供各种方式以促进直接或间接从事国际空运业务的空运企业之间的合作。

(3) 促进与国际民用航空组织和其他国际组织的合作。

3. 国际货运代理人协会

国际货运代理人协会成立于1926年，其目的是解决由于日益发展的国际货运代理业务所产生的问题，它的会员不仅限于货运代理企业，还包括海关、船舶代理、空运代理、仓库、载货汽车、铁路等，这是因为这些部门都是国际运输的一部分。该协会下设10个技术委员会，它们是公共关系、运输和研究中心、法律单据和保险、铁路运输、公路运输、航空运输、海运和多式联运、海关、职业训练和统计等。

4. 空运代理

航空货运是一项较复杂的商业业务，处理不当往往有可能造成错误和损失，因而一般货主比较愿意委托空运代理办理有关业务，空运代理在经营出口货运时，通常向发货人提供下列业务。

(1) 从发货人处接受货物，向航空公司订舱，并按时将货运至机场。

(2) 填写航空运单，计算运单上所列明的各项费用，保证发票及其他商业单据符合航空运输的需要。

(3) 检查进出口许可证是否完善，办理其他有关政府规定的事项。

(4) 为发货人办理保险等。

6.5 陆桥运输

所谓陆桥，是指以铁路或公路作为中间“桥梁”，将大陆两端的海运航线连接起来的运输通道。大陆桥运输是以铁路为主体，以集装箱为媒介，海运、公路、内河、航空等多种方式相结合，横跨洲际大陆，实行海陆衔接的国际联运。主要的大陆桥运输有西伯利亚大陆桥、亚欧第二大陆桥和北美陆桥 3 个。

6.5.1　西伯利亚大陆桥

西伯利亚大陆桥（也称亚欧大陆桥）是将集装箱货物由远东海运到俄罗斯东部港口，经跨越欧亚大陆的西伯利亚铁路运至波罗的海沿岸港口；然后再采用铁路、公路或海运运到欧洲各地的国际多式联运的运输线路。该大陆桥自 1967 年开始试运营，1971 年正式运营，全长 11 896 km，由俄罗斯的过境运输总公司担当总经营人，它拥有签发货物过境许可证的权利，并签发统一的全程联运提单，承担全程运输责任。参加联运的各运输区段，采用“互为托/承运”的接力方式完成全程联运任务。通过这条线路，比经过苏伊士运河的海上运输线缩短运距 1/3，运费减 20%～30%，运期节省 35 d。其运输线路如图 6-19所示。

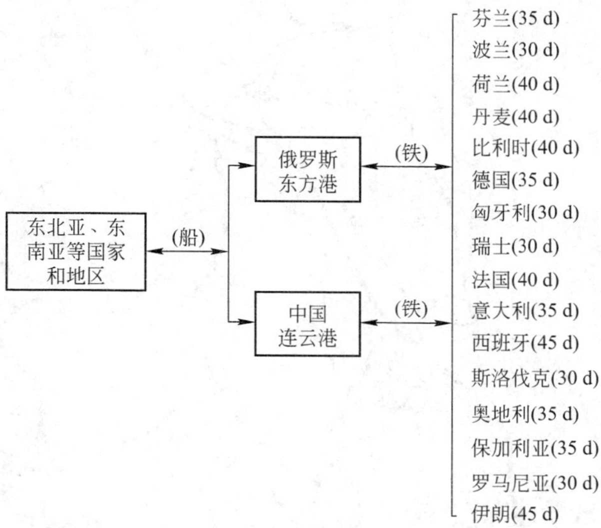

图 6-19　西伯利亚大陆桥运输线路图

6.5.2　亚欧第二大陆桥

亚欧第二大陆桥也称新亚欧大陆桥，东起中国连云港，西至荷兰鹿特丹港，全长 10 837 km，在中国境内 4 143 km，途径中国、哈萨克斯坦、俄罗斯、白俄罗斯、波兰、德国和荷兰 7 个国家，可辐射到 30 多个国家和地区。1990 年 9 月，中国铁路与哈萨克铁路在德鲁日巴站正式接轨，标志该大陆桥的贯通。1991 年 7 月 20 日开办了新疆—哈萨克斯坦的临时边贸货物运输。1992 年 12 月 1 日由连云港发出首列国际集装箱联运“东方特别快车”，经陇海、兰新铁路，西出边境站阿拉山口，分别运送至阿拉木图、莫斯科、圣彼得堡等地，标志着该大陆桥运输的正式开办。我国国内的线路如图 6-20 所示。

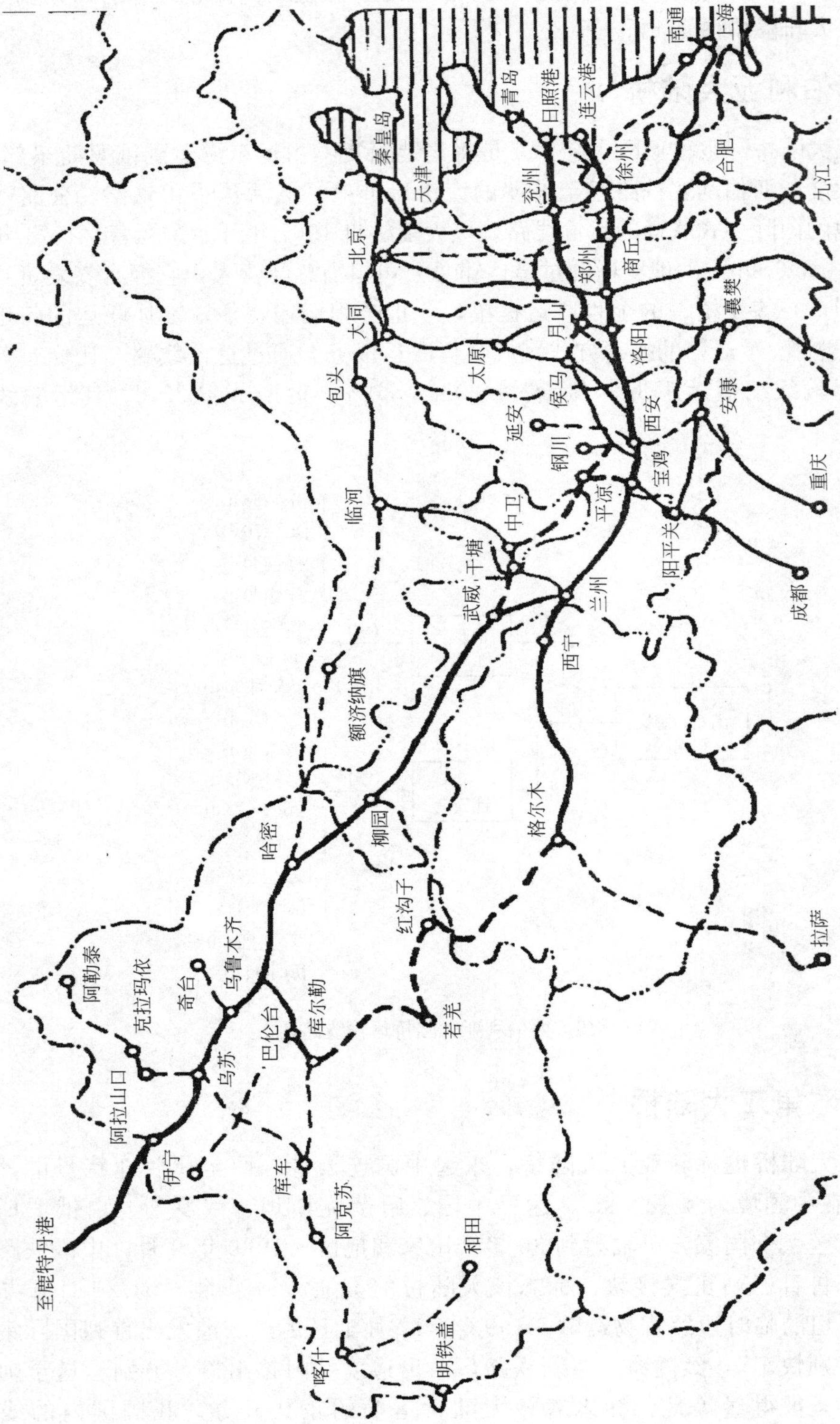

图 6-20　新亚欧大陆桥中国境内沿线示意图

6.5.3 北美陆桥

北美地区的陆桥运输包括北美大陆桥、小陆桥运输和微桥运输。

1. 北美大陆桥

北美大陆桥（Land bridge）是指利用北美的大铁路从远东到欧洲的“海陆海”联运，包括美国大陆桥和加拿大大陆桥。美国大陆桥有两条运输线：一条是从西部太平洋沿岸至东部大西洋沿岸的铁路和公路运输线；另一条是从西部太平洋沿岸至东南部墨西哥湾沿岸的铁路和公路运输线。

2. 小陆桥运输

小陆桥运输（Mini bridge）从运输组织方式上看与大陆桥运输并无大的区别，只是其运送货物的目的地为沿海港口。北美小陆桥主要运送从日本经北美太平洋沿岸到大西洋沿岸和墨西哥湾地区港口的集装箱货物。也承运从欧洲到美国西部及海湾地区各港口的大西洋航线的转运货物。北美小陆桥在缩短运输距离、节省运输时间上效果是显著的。

3. 微桥运输

微桥运输（Micro bridge）与小陆桥运输基本相似，只是其交货地点在内陆地区。北美微桥运输是指经北美东、西海岸及墨西哥湾沿岸港口到美国、加拿大内陆地区的联运服务。例如，往来于日本和美国东部内陆城市匹兹堡的集装箱货，可从日本海运至美国西海岸港口（如奥克兰），然后通过铁路直接联运至匹兹堡，这样可完全避免进入美国东部的费城港，从而节省了在该港的港口费支出。

北美陆桥运输系统如图 6－21 所示。

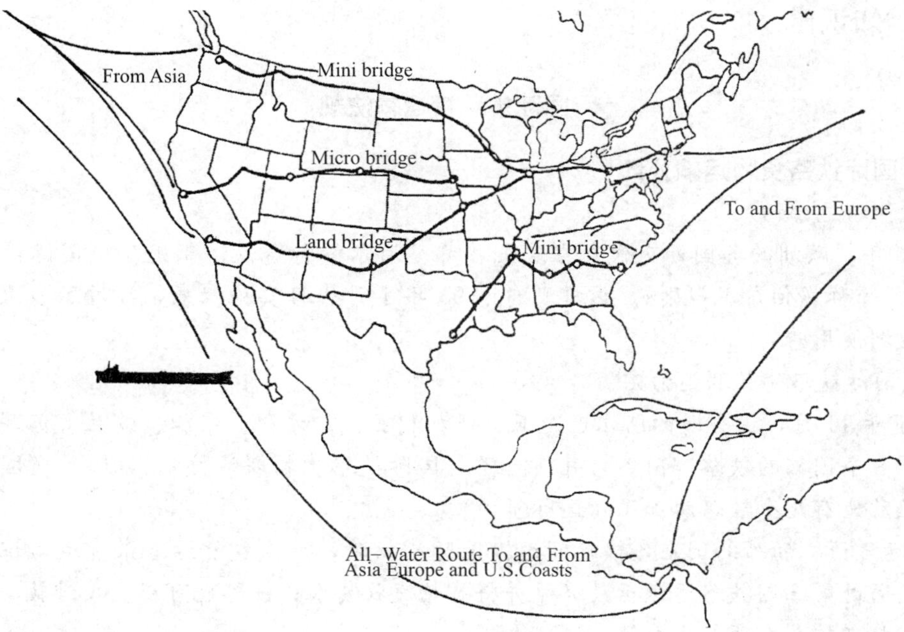

图 6－21 北美陆桥运输系统示意图

专业术语

集装箱班轮运输　集装箱班轮航线　集装箱船舶　集装箱积配载　行　列　层　预配图　实配图　最终积载图　航线总距离　港间距离　航线发船间隔时间　航线发船密度　航线往返航次时间　航线配船数　准班率　航线平均装卸总定额　航线货流总量　两港间货流量　航线货流方向不平衡系数　航线货流时间不平衡系数　航线货物平均运距　货流分析　班轮航线系统配船　班轮船期表

复习思考题

1. 简述海上国际集装箱运输经营企业主要业务范围。
2. 什么是集装箱班轮运输？目前主要的班轮航线有哪些？
3. 集装箱的箱位号如何表示？
4. 集装箱船的预配图、实配图、最终积载图有什么区别？
5. 集装箱船配积载图编制过程是什么？编制预配图有哪些要求？
6. 集装箱运输对公路的要求有哪些？
7. 公路集装箱货运站在集装箱运输与多式联运的作用主要表现在哪些方面？
8. 铁路集装箱货源组织形式有哪些？
9. 什么是陆桥运输？典型的陆桥运输系统有哪些？

知识窗

国际集装箱运输法规

一、国际铁路货物运输公约

1.《伯尔尼公约》

1890 年，欧洲的各国外交代表在瑞士首都尼泊尔举行会议，制定了《国际铁路货物运送规则》，简称《伯尔尼规则》。该规则自 1893 年 1 月 1 日实施以来，经过了多次修改，至今仍在欧洲使用着。

2.《国际铁路货物联运协定》

1951 年 11 月，由当时的阿尔巴尼亚、保加利亚、匈牙利、东德、波兰、苏联、捷克斯洛伐克等 8 个国家的铁路部门签订并实行了《国际铁路货物联运协定》，简称《国际货协》。至此，亚欧又有几个铁路参加了《国际货协》。

《国际货协》的缔约国在各铁路间运输国际货物时，是以发货站一张货运单证，铁路负责直接或通过第三国铁路运送至最终站并将货物交收货人；铁路也可以直接过轨。而非缔约国间则需要中转人办理转运手续。

二、国际公路货物运输公约

1.《关于在国际公路手册担保下进行国际货物运输的海关公约》

《关于在国际公路手册担保下进行国际货物运输的海关公约》(*Transport International Router*, *TIR*) 是各国海关当局规定国际公路运输货物过境时，要通过检查批准的公约。该公约规定，国际公路上行驶的车辆和车辆上装载的集装箱，在中途不换装而通过国境时，在已施封的条件下可以免验过境，以利货物流通。该公约于1975年11月14日在瑞士日内瓦由英、美、法、前苏联等国共同签订。该公约以集装箱为对象，主要便利货物在过境时的关税处理。

2.《国际公路货物运输合同公约》

联合国所属欧洲经济委员会起草，于1956年5月19日在日内瓦由欧洲17国签订了《国际公路货物运输合同公约》(CMR)，统一了公路运输所使用的单证和承运人的责任。公约内容包括：适用范围、承运人的责任、合同的签订与履行、索赔与诉讼、连续承运人履行合同等。

3.《国际公路运输协定》

1956年，欧洲23国缔结了《国际公路运输协定》(TIR)，又名《根据TIR手册进行国际货物运输的有关关税决定》，1960年开始实施。根据该协定，对装运集装箱的公路承运人，如持有《TIR手册》，允许由发运地至目的地，在海关封志下途中不受检查，不支付税收，也可不付押金。这种《TIR》手册是由缔约国政府批准的运输团体发行。这些运输团体多数是参加国际公路联合会的成员，保证监督其所属运输企业遵守海关法则和其他规则。

三、《集装箱海关公约》

《集装箱海关公约》(*Customs Convention on Containers*, *CCC*) 是对集装箱本身的报关作出规定的国际公约。最早的《集装箱海关公约》是由欧洲经济委员会 (ECE) 于1956年5月18日在瑞士日内瓦制订的。1972年11月13日—12月2日由联合国和政府间海事协商组织联合召开的“国际集装箱运输会议”上，制订和采纳了该公约，并委托海关合作理事会实施，1972年《集装箱海关公约》代替1956年的公约，其宗旨是为简化并协调各国海关对集装箱国际运输的管理手续，以推进国际集装箱化的进程。至1976年3月已有37个国家批准了该公约，我国于1986年7月也加入该公约。

四、1980年《联合国国际货物多式联运公约》

《联合国国际货物多式联运公约》(*United Nations Convention on International Multimodal Transport of Goods 1980*) 是关于国际货物多式联运中的管理、经营人的赔偿责任及期间、法律管辖等的国际协议。它于1980年在联合国贸易和发展会议全权代表会上通过，但至今未能生效。我国没有参加该公约。

该公约有以下主要内容。

(1) 本公约适用于货物起运地和（或）目的地位于缔约国境内的国际货物多式联运合同。

(2) 本公约并不排除各缔约国国内法律管辖。

(3) 实行统一责任制和推定责任制。

(4) 多式联运经营人的责任期间为自接管货物之时起，至交付货物之时止。

(5) 赔偿责任限制为每件或每一运输单位920特别提款权，或按货物毛重计算，每千克2.75特别提款权，两者以较高者为准。

(6) 货物损害索赔通知应于收到货物的次一工作日前以书面形式提交多式联运经营人，

延迟交付损害索赔通知必须在收到货物后60天内书面提交，诉讼或仲裁时效期间为两年。

(7) 有管辖权法院有：①被告主要营业所或被告的居所所在地；②合同订立地；③货物接管地或交付地；④合同指定并在多式联运单据中载明的其他地点。仲裁申诉方有权选择在上述地点仲裁。

(8) 公约附有国际多式联运海关事项的条款，规定缔约国海关对于运输途中的多式联运货物，一般不做检查，但各起运国海关所出具的材料应完整与准确。

五、1973年《国际商会联运单证规则》

《国际商会联运单证规则》(*Uniform Rules for a Combined Transportation Document 1973*) 是最早的关于联运单证的国际民间协议。由国际商会于1973年制定，1975年进行了修改。作为民间规则，其适用不具有强制性，但被国际货物多式联运合同双方当事人经常协议采用。

该规则有以下主要内容。

(1) 多式联运经营人的责任形式。规则对于多式联运经营人实行网状责任制。对于发生在多式联运经营人责任期间内的货物灭失或损坏，如果知道这种灭失或损坏发生的运输区段，多式联运经营人的赔偿责任，依据适用于该区段的国际公约或国内法予以确定；在不能确定货物发生灭失或损坏的区段时，即对于隐藏的货物损失，其赔偿责任按完全的过错责任原则予以确定。赔偿责任限额为，按灭失或损坏的货物毛重每千克30金法郎计算。如果发货人事先征得多式联运经营人的同意，已申报超过此限额的货物价值，并在多式联运单据上注明，则赔偿责任限额应为所申报的货物价值。

(2) 多式联运经营人的责任期间。规则规定，为从接管货物时起，至交付货物时止的整个运输期间。

(3) 多式联运经营人对货物运输延迟的责任。只有在确知发生延迟的运输区段时，多式联运经营人才有责任支付延迟赔偿金。赔偿金的限额为该运输区段的运费。但适用于该区段的国际公约或国内法另有规定的除外。

(4) 货物灭失或损坏的通知与诉讼时效。收货人应在收货之前或当时，将货物灭失或损坏的一般性质书面通知多式联运经营人。如果货物灭失或损坏不明显，应在7天内提交通知，否则，便视为多式联运经营人按多式联运单据所述情况交付货物的初步证据。就货物灭失、损坏或运输延迟而向多式联运经营人提出索赔诉讼的时效期间为9个月，自货物交付之日或本应交付之日，或自收货人有权认为货物已灭失之日起计算。

六、1991年《联合国国际贸易和发展会议/国际商会多式联运单证规则》

《联合国国际贸易和发展会议/国际商会多式联运单证规则》(*UNCTAD/ICC Rules for Multi-modal Transport Documents 1991*) 是1991年由联合国国际贸易和发展会议与国际商会共同制定，是一项民间规则，供当事人自愿采纳。该规则共13条。

该规则有以下主要内容。

(1) 本规则经当事人选择后适用，一经适用就超越当事人订立的条款，除非这些条款增加多式联运经营人的义务。

(2) 对一些名词做了定义。

(3) 多式联运单证是多式联运经营人接管货物的初步证据，多式联运经营人不得以相反的证据对抗善意的单据持有人。

(4) 多式联运经营人责任期间自接管货物时起到交付货物时止。多式联运经营人为其受雇人。代理人和其他人的为或不为承担一切责任。

(5) 多式联运经营人的赔偿责任基础是完全责任制，并且对延迟交付应当承担责任。

(6) 多式联运经营人的责任限制为每件或每单位 666.67 特别提款权，或者毛重每千克 2 特别提款权。

(7) 如果货物的损坏或灭失的原因是多式联运经营人的为或不为造成的，则不得享受责任限制。

(8) 如果货物的损坏或者灭失是由托运人的原因造成的，则多式联运经营人应先向单据的善意持有人负责，而后向托运人追偿。

(9) 货物损坏明显，则收货人立即向多式联运经营人索赔，如不明显，则在 6 日内索赔。

(10) 诉讼时效为 9 个月。

(11) 本规则对无论是侵权还是违约均有效。

(12) 本规则适用于所有多式联运关系人。

案例分析

案例一　船舶配载不当造成甩货货损赔偿案

1. 案情介绍

原告：山东省畜产进出口公司

被告：香港永合船务公司

第三人：青岛金安储运有限公司（以下简称金安储运）

第三人：中外运集装箱运输有限公司山东分公司（以下简称海运公司）

1998 年 7 月初，原告向被告订舱出运 8 个货柜的园葱，约定由被告将货物从装港青岛运至目的港日本神户，原告应支付约定的海运费、港杂费等。被告接受订舱后，又以自己的名义通过第三人金安储运向第三人箱运公司订舱。箱运公司接受订舱后，即出具了提单号。1998 年 7 月 7 日，被告向原告发出入货通知，告知提单号、使用半开门集装箱，同时告知装运航次。原告按入货通知单运货准备好货物，由被告从原告工厂接受已装箱铅封的集装箱入港。因该航次船舶超载，原告有 5 柜货物共 120 吨园葱未能装上预定的船舶，导致甩箱，被告迟至 7 月 15 日才将货物送回原告货场。7 月 16 日，原、被告双方的代表共同进行了盘货，并决定对已腐烂的园葱进行分检。7 月 22 日，莱西市公证处应原告证据保全的申请，指派公证员会同原告及有关见证人对受损园葱进行查验，并对制作的勘验记录出具了公证书。检验记录表明，查验园葱共计 120 吨，腐烂数量 69.15 吨，腐烂率为 57.625%。该批园葱 CFN 价格 270 美元/吨。以全损 69.15 吨计算，货损 CNF 价值为 154 965.15 元人民币。货物回运后产生卸车费 960 元、包装网袋费 9 000 元、二次分检加工费 3 万元及公证费 1 200 元，合计 41 160 元人民币。该 5 个货柜的货物运费 5 200 美元，69.15 吨的运费经折算为 24 870 元人民币，因未装船原告未予支付。

1998 年 6 月 19 日，被告在承运原告另一票园葱货物中，货到目的港日本大阪后有腐烂发霉现象。但提单中未载明货到日期。原告以被告此航次交货比前几航次交货晚三四天属迟延交付为由，索赔因此产生的损失6万元。

原告于1998年8月25日向青岛海事法院提起诉讼，请求法院判令被告支付因甩箱造成的货损180 997.20元及因迟延交付造成的货损6万元。

被告香港永合船务公司答辩称：被告作为原告的货运代理人，于1998年7月5日接受原告委托向第三人金安储运订舱，金安储运经第三人箱运公司取得提单号，后第三人箱运公司因舱位已满未将原告提单项下5柜货物装船，第三人应承担甩箱造成损失的连带责任。甩箱货物送回原告货场后，原告未采取措施防止损失进一步扩大，应负相应责任。对于原告所称1998年6月由被告承运的货物迟延交付损失，因收货人未依《海商法》第八十一条的规定在集装箱交付的次日起十五日内将货损书面通知承运人，应视为承运人已经按照运输单证的记载交付，以及货物状况良好的证据。请求法院驳回原告的诉讼请求。并申请追加金安储运及箱运公司为第三人参加诉讼。

第三人金安储运述称：我司接受被告委托租船订舱，系被告的货运代理人，对于甩箱不应承担责任。

第三人箱运公司述称：被告接受原告委托订舱托运货物，并以自己的名义签发提单，原、被告之间的海上货物运输合同关系依法成立。被告再以自己的名义向金安储运订舱，金安储运按其要求转向我公司订舱，被告与金安储运是货运代理关系。但被告与我公司之间的海上货物运输合同关系并未成立。因为，从被告提供的订舱单证据来看，由其缮制的订舱单中没有对货量、箱量及对货柜的特殊要求有所规定，金安储运凭此订舱单口头要求我公司提供一个提单号，我公司出具了提单号。当我公司得知被告所要求的货柜为半开门时，考虑到用半开门柜运输保鲜园葱的风险，即通知金安储运要求被告出具保函才接受订舱。但被告在接到我公司及时通知的情况下，未按要求提供保函，我公司遂拒绝接受订舱，不予承运此票货物。原告货损的发生，部分系因天气原因、货物本身属性及集装箱的不合理使用引起的，原告对货损也应负相应责任。

2. 审判

青岛海事法院经审理认为：被告以承运人身份接受原告的订舱承运货物，并向原告出具了第三人箱运公司提供的提单号，其虽未按惯常作法向原告签发提单，但双方的海上货物运输合同关系已依法成立。被告自原告工厂接受已装箱铅封的集装箱，但未将货物装上船而致货损，根据《中华人民共和国海商法》第四十六条的规定，系在承运人责任期间内发生的，被告应负赔偿责任。第三人金安储运系为被告办理订舱的货运代理人，被告要求其承担责任，无事实和法律依据，不予支持。第三人箱运公司向被告提供提单号，视为接受被告的委托承运货物，系该航次运输的实际承运人，因其未妥善积载而未将货物装上船所造成的损失，应与承运人被告对原告承担连带责任。第三人箱运公司主张被告不按要求提供保函而未接受订舱，其双方的海上运输合同关系不成立，因而不存在承担违约责任的观点，因证据不足，不予采信。

原告货物未装上船造成的损失，应以货物回运至工厂后产生的有关费用及货物本身损失合理计算。货损检验虽未经商检机关进行，但原、被告双方对货物进行分检达成了协议，分检后，有公证机关派员参加的查验所证明的事实是客观真实的，被告与第三人不能提供相反证据否定该事实，因此，公证机关的公证书应作为定损的依据。货损应以CNF价值扣除未发生的运费计算。原告索赔的卸车费、包装网袋费、二次加工费、公证费计41 160元系相关合理费用，应予认定。其他的加工费、商检费等费用系发生在预计装船前，包括在货物成本之内，不应另计。综上，认定原告索赔的损失共计 171 255.15 元。被告与第三人箱运公司认为部分货损系因原告自身扩大损失所致，或因货物自然特性及天气原因所造成，因无证据证明，不予支持。

原告向被告提出的前一航次因迟延交付造成货损的诉讼请求，因提单中未约定交货时间，证据不足，不予支持。

依照《中华人民共和国海商法》第四十一条、第四十六条、第四十八条、第五十条第一款、第五十五条、第六十三条及《中华人民共和国民法通则》第一百零六条第一款、第一百一十一条的规定，青岛海事法院于 1999 年 4 月 6 日判决如下。

① 被告香港永合船务公司及第三人中外运集装箱运输有限公司山东分公司连带赔偿原告山东省畜产进出口公司货损等经济损失 171 255.15 元人民币，以及自货损发生之日 1998 年 7 月 16 日起至本判决生效之日止的银行同期存款利息。

② 驳回原、被告的其他诉讼请求。

判决后，各方当事人均未上诉。

3. 法律分析

本案主要涉及海上货物运输合同中，承运人与实际承运人的确定及其对于甩箱造成的货损责任的承担；延迟交付的构成要件等问题。

(1) 本案涉及四方当事人，弄清他们之间的关系是本案的关键，是确定责任的前提和基础。

被告香港永合船务公司是不是承运人，在与托运人订立的合同中承担货物运输义务，并以自己的名义委托实际承运人运输货物中，是货物承运人而非货运代理人，应当承担承运人的责任。本案被告以自己名义接受原告的订舱，约定的权利义务是被告将货物从青岛港运至目的港日本神户，原告支付约定的海运费、港杂费等费用，这是典型的运输合同的内容。根据我国《海商法》第四十一条的规定，原、被告间的海上货物运输合同关系成立。被告虽未签发提单，但已提供提单号，并接受了货物，被告是本案所涉航次的合同承运人。

金安储运在本案中是何种身份，金安储运接受被告委托租船订舱，其依照被告的装运指示，选择合适的承运人并向选定的承运人订舱，索取提单号后即已履行完毕被告所委托的订舱义务。据此，金安储运的身份是被告的货运代理人。

箱运公司是不是承运人，金安储运按被告要求向箱运公司订舱，箱运公司接受订舱并出具提单号，表明其与被告间的装货协议已明确成立，承托双方的海上货物运输合同已成立。此时，箱运公司虽还未签发提单，但不能以此否定其与被告间的海上货物运输合同关系。因为，提单并非海上货物运输合同成立的唯一证明。对于原告而言，箱运公司是本案所涉航次的实际承运人。

(2) 甩箱责任应由承运人与实际承运人连带承担。根据我国《海商法》第四十六条、第四十八条的规定，承运人对因其积载不当而造成的甩箱应当负赔偿责任。根据我国《海商法》第六十三条的规定，被告香港永合船务公司与第三人箱运公司分别作为本案的承运人与实际承运人，因都对给原告造成的货损负有赔偿责任，即应承担连带赔偿责任。

(3) 原告所诉之延迟交付不能成立。关于迟延交付，我国《海商法》第五十条明确规定了迟延交付的构成要件，以及法律责任。对交付货物的时间有明确的约定，是构成迟延交货的时间概念。“明确约定”是指承运人与托运人之间在运输合同中，或者在提单中，或者以其他方式明确记载或表明货物在目的港交付的具体时间。本案原、被告间并未以任何方式明确约定交货时间，是否构成迟延交付，就得看承运人是否存在过失。本案原告没有任何证据能够证明承运人存在过失，因此不能仅凭承运人比前几航次晚三四天交货而断定承运人迟延交付。因为海上运输存在诸多风险，有许多因素影响着航线、航速，承运人只要在合理时间内将所运货物运至目的港，即应认为其已按运输单证的记载交付货物。

案例二　信用证无法结汇铁路承运人放货责任案

1. 案情介绍

1996年11月，某运输公司承办了一票由武汉发往乌兰巴托的运输业务。这是一票以信用证结汇的贸易运输，发货人是湖北某县外贸局，收货人是中国台湾聚金贸易公司在蒙古国的代理商。承运人将此票货物在正常的时间、完整的数量及良好的包装交给了发货人书面所指示的收货人。交货后，发货人一直未能结汇、收回货款，其原因是发货人所提供的单证与信用证的规定有多处不符。自货物起运后的第3天起，开证行接连7次传真发货人要求予以书面解释，但均被其具体经办人私自扣押，既不上报单位领导，也不通知运输公司及时将货留置。致使台商在蒙古国的代理商钻了该国经贸制度不完善及人熟地熟的空子，将货物全部提走而拒付货款。造成发货人钱货两空，由此蒙受近60万元人民币的损失。发货人在无法从收货人处收回货款的情况下，向法院起诉该运输公司，要求赔偿此票货物的全部损失。

法院判定：驳回原告请求，并认定被告已完整正常地履行了全部运输合同的责任和义务，不应承担赔偿责任。

2. 法律分析

根据《国际铁路货物运输协定》，承运人从承运货物时起，至到站交付货物时止，对于货物运到逾期、因货物全部或部分灭失或损毁所发生的损失负责。本案承运人将此票货物与正常的时间、完整的数量及良好的包装交给了发货人书面所指示的收货人，已完成了运输合同项下的全部义务。发货人因单证与信用证不符而无法结汇是信用证的问题，已超出了承运人在运输合同下的义务范围，责任不在承运人，承运人不应对此承担赔偿责任。

此外，铁路运输凭运单交付货物，在铁路承运人交付货物前，发货人可以凭运单通知承运人留置货物。

案例三　船舶不合理绕航致延迟交货

1. 案情介绍

1994年，某运输公司承揽了国内某大型电厂的一批超重型机械设备的进口运输业务，该设备用于国家重点电力工程。运输公司为了确保该设备准时到达目的港，并衔接好国内段的内陆运输，特别与德国某大件运输公司签订了部分订舱合同，由该公司使用专门从事大件运输的船舶运输。由于超大件货物在国内运输途中必须经过专门机构的批准，而且还需要事先联系专用铁路线做特殊处理，所以对货物到达目的港天津的时间有特殊要求。为此，在签订部分订舱合同时，专门约定货物必须在特定时间之前运抵目的港，并支付了高于普通货物两倍的运费。

处于大件运输公司自身经营的需要，该船舶没有按照原定的航线航行，而是临时加挂了其他港口。在此期间，运输公司多次与大件运输公司联系，但是都没有得到确切的答复。通过国际商会海事局的查询，得知了船舶的具体动态，确定了大件运输公司的违约事实，即大件运输公司违反《海商法》有关承运人合理速遣的法定义务，属于不合理绕航。涉案货物在合同约定期限之后15天抵达目的港，大型电厂为此向运输公司提出索赔。为了尽快解决纠纷、避免遭受损失，运输公司决定向法院提出扣船申请，索赔金额为20万美元。

2. 处理结果

船舶抵达天津港口被扣押。由于大件运输公司在接受其他业务时已经考虑了可能遭受的索赔。双方诚恳协商，很快达成16万美元的赔偿协议。

3. 经验教训

本案纠纷之所以处理得十分迅速，主要是运输公司事前掌握了有力的证据材料，充分证实了大件运输公司的违约责任。同时运输公司利用了大件特种船舶经营成本高的特点，把握了大件运输公司急于解决纠纷的心理特点，以扣船作为谈判的重要砝码，取得索赔的成功。

第7章 集装箱货物运输出口业务

【本章内容概要】

本章重点介绍集装箱出口业务的一般运输程序及所用单证，发货人、船公司、集装箱码头堆场和集装箱货运站在出口货运中的主要业务，提单的内容和条款。通过对本章的学习，能够对国际物流的运作有一个整体认识，为详细掌握每一个操作细节打好基础；能够认识各种单证的作用，了解国家对出口货物的监管方法，掌握单证对出口业务当事人权利与义务的约束和保障；能够详细认识国际物流出口业务的每一个操作细节，加深对国际物流运作的认识；能够学会填写各种提单，并认清各种提单内容的侧重点。本章的主要内容框架如图7-1所示。

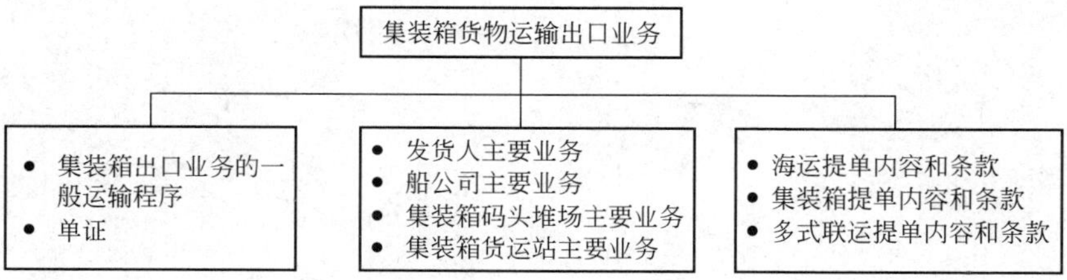

图7-1　本章的主要内容框架

【本章学习重点与难点】

学习重点：集装箱货物出口的一般运输程序、提单及其他单证。

学习难点：单证之间的关系及使用。

7.1 集装箱货物出口的一般运输程序及单证

7.1.1 集装箱货物出口的一般运输程序

集装箱运输出口货运程序包括订舱、确认、发放空箱、拼箱货装运交接、整箱货装运交接、集装箱交接签证、换取（签发）提单、装船等环节。

1. 订舱

发货人应根据贸易合同或信用证条款的规定，最迟在船舶到港前5天填制订舱单，向船公司或其代理人，或经营运输的其他人申请订舱。订舱单是发货人向船公司或其代理人（代理公司）提出托运的单证，一经船公司确认，即成为船、货双方订舱的凭证。

2. 确认

船公司或其代理人，或负责运输的其他人在决定是否接受发货人的托运申请时，首先要考虑其航线、船舶、运输要求、港口条件、运输时间等方面能否满足发货人的要求。发货人填制递交的订舱单，经过船公司或其代理人（代理公司）确认后，即成为船货双方的订舱凭证。

一旦接受托运申请，船方将根据订舱单编制订舱清单。订舱清单是船公司承接货物运输的凭证，也是码头接货的通知，要分送集装箱码头堆场和集装箱货运站，以便安排空箱及办理货运交接。

3. 发放空箱

整箱货运输，空箱由发货人到集装箱码头堆场领取；拼箱货运输则由集装箱货运站负责领取。在由发货人到集装箱码头堆场领取空箱时，发货人与集装箱所有者在集装箱码头办理交接，并填制集装箱设备交接单。设备交接单是交接集装箱及其设备的凭证。双方在交接时，应在设备交接单上填写下列项目。

（1）交箱的日期、时间和地点。

（2）集装箱箱号、规格及铅封号、空箱还是重箱。

（3）底盘车及有关设备情况：批注正常还是异常，如有损坏则注明割伤、擦伤、破洞、凹损、坏损、部件灭失等。

（4）集装箱、底盘车及电动机等设备返回集装箱码头堆场的预定地点、日期及安排。

（5）使用箱的货主，以及到达日期及时间。

设备交接单一式 4 份，由船公司的代理人签发，经租借双方签署后，一份交拖挂车驾驶员。与集装箱出门类似，集装箱进门也要办理进门设备交接单，其格式及份数基本上与出门交接单相同。

不仅是空箱进门、出门要办理设备交接单，重箱进门、出门也要办理设备交接单，也就是说对各种不同目的的移出、移进的集装箱及其设备都要办理设备交接单。

4. 拼箱货装运交接

发货人将不足一整箱的货物交给集装箱货运站，并由货运站根据订舱清单的资料，核对货主填写的场站收据，负责整理装箱，填制装箱单。

场站收据是证明托运的集装箱货物已经收讫，也是明确表示船公司（货运站为船公司代理人）开始对货物负责的依据。场站收据的编制及签发须遵循下列几个原则。

（1）场站收据由发货人按照船公司规定格式编制，随货物一起送集装箱码头堆场或集装箱货运站。如同一批货有几个集装箱时，先凭装箱单验收，直到最后一个集装箱交给码头堆场时，由码头堆场管理员或集装箱货运站签发场站收据。

（2）货物种类多、空格不够时，可另附明细表。

（3）如在装货港当地的装货人仓库或工厂交接集装箱时，应列入仓库或工厂至集装箱码头堆场之间的接运人。

（4）如在集装箱码头堆场以外的内陆集装箱货运站或非出口港交接集装箱时，由船公司负责接运者，应列明收箱地点。

(5) 冷藏货须注明需要温度，危险货物应列明标准或性能、等级。

(6) 整箱货由货主自行装箱，并应在货运资料格内批注“由发货人装箱、计数并加铅封”、“据称装载内容”。

(7) 由代理公司将运费及有关服务费分别列明。

(8) 集装箱交接时，如有异状，应在批注栏内如实批注。

(9) 如由船方负责内陆、内河或沿海接运并支付费用的，应列明交箱的目的地。

(10) 卸箱港至目的港（地）的内陆、内河或沿海运输由收货人自行安排的，应加列目的地地名及接运人名称。

(11) 卸箱港以外的最终目的港，其收货人有两个或两个以上的，只要收货人认为有必要，可以列明目的地港名。

5. 整箱货装运交接

发货人自行装箱，制作装箱单及场站收据，经海关加盖出口许可章，加上出口申请书原件，连同已装货物的重箱送交码头堆场，由码头堆场根据订舱清单，核对场站收据及装箱单接收货物。

装箱单是详细记载装进集装箱内的货物名称、数量等资料情况的唯一单据，作为向海关申报货物运进码头堆场的代用单据，是承运人通告箱内所装货物的明细表，是卸货港作为办理集装箱保税运输手续的依据。填制装箱单时应注意以下事项。

(1) 整箱货由发货人填制装箱单，其内容必须与订舱单及场站收据一致。

(2) E/DNO（即发货人向海关申请出口许可证的号数）必须填写清楚。

(3) 如集装箱内装入不同货种，按货物装箱位置，由端壁起至箱门，顺序依次填写，以载明箱内积载情况。

(4) 除发货人签署外，运箱底盘车的驾驶员和堆场管理员必须在单上签证。

(5) 如原铅封因故损坏，经行政部门指定启封检查，事后应由集装箱码头堆场代表船方或由行政部门另行加封，并在单上批注。

(6) 拼箱货由集装箱货运站填制装箱单。

(7) 拼箱货同一票货分装两箱。例如，一提单 50 包货，第一箱 20 包，第二箱 30 包，则在第一箱单的末行加注“注意：提单××号共 50 包，本箱 20 包，余另列”字样。

(8) 装箱单一式 11 联，分发制单者（发货人）或货运站、集散港（点）的代理人、集装箱管理处、集装箱港代理公司、装箱港海关、装箱港堆场、船长、卸箱港代理公司、卸箱港集装箱货运站、卸箱港海关、卸箱港堆场。

(9) 如在内陆集装箱货运站或非出口港装运的，除上述第一、第二两联外，其余均随箱带至出口港装卸区分发。

(10) 有些国家对动植物检疫特别严格，故在装箱单下尚印有卫生部门检疫申请联。

6. 集装箱交接签证

集装箱货运站验收拼箱货，集装箱码头堆场验收整箱货。验收后，在场站收据上签字，并将签署的场站收据交还给发货人，由发货人据以换取提单。

7. 换取提单

发货人凭经签署的场站收据，向负责集装箱运输的人或其代理人换取提单，然后去银行结汇。如果信用证规定需要装船提单，则应在集装箱装船后，经船长或大副签证后，才能换取已装船提单。

集装箱运输提单与传统海运的提单有所不同，是一种收货待装提单。但在大多数情况下，根据发货人的要求，船公司在提单上填制“装船备忘录”即为签发已装船提单。这样它就与传统提单相似了。当发货人在仓库、工厂、码头堆场或集装箱货运站交货交箱时，取得场站收据后即可据以向船公司要求签发。

8. 装船

集装箱码头堆场根据接受待装的货箱情况，制订出装船计划，等船靠泊后即行装船。

集装箱码头堆场根据船舶性能和装载情况、订舱清单及场地积载计划等，编制船舶积载图，等船靠泊后，经船方确认，即行装船。

至此，集装箱出口货运程序结束。集装箱运输出口货运程序如图 7－2 所示。

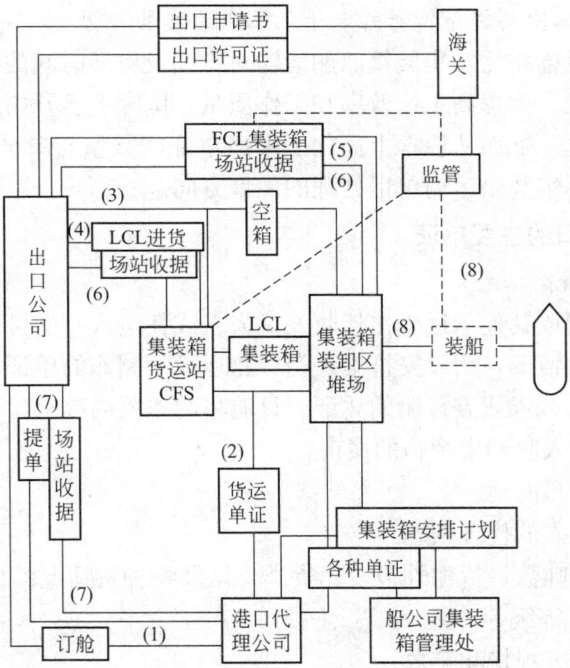

图 7－2　集装箱出口货运程序简图

7.1.2　集装箱货物出口的主要货运单证

1. 集装箱运输单证的构成

国际集装箱运输单证系统由出口运输单证、进口运输单证及向口岸监管部门申报所用的相关单证等三大类构成。

2. 集装箱运输单证的特点

与普通货物运输单证相比，集装箱运输单证的特点主要体现在以下几个方面。

1）集装箱运输单证使用了一些在传统件杂货运输中未曾使用过的新单证

在集装箱运输中使用的一些新的单证，主要有设备交接单、集装箱货物托运单、场站收据、交货记录、装箱单、集装箱装载清单。这些新单证的使用是实现运输正规化管理、充分发挥集装箱运输高效率和高效益的优越性所必不可少的。

2）集装箱运输单证使用的是与普通海运提单有本质区别的集装箱联运提单

由于国际集装箱运输具有联运的特点，因此一般使用集装箱运输提单。普通海运提单由海上承运人即船舶所有人或船舶承租人签发，规定海上承运人的责任范围是“船边—船边”。而集装箱运输提单是由海上承运人或多式联运经营人签发，规定承运人的责任范围须延伸到“码头—码头”或“装船港收货地—卸船港交货地”。在提单栏目设置上，集装箱运输提单有集装箱号、封志号、箱数、收货地、交货地等栏目，背面条款中订有“不知条款”、“封志完整交货条款”，以及集装箱在舱面装载等同于舱内装载的条款，上述栏目和条款都是普通海运提单上所没有的。而且，集装箱运输提单既可以是装船提单也可以是待装提单，以“装船备忘录”是否填注内容为区别，只要买卖双方在信用证中规定可以接受待装提单，发货人可以持待装提单到银行结汇。

3）集装箱运输单证的制作与传送的电子化已成为发展趋势

与传统的件杂货运输相比，集装箱船舶运输对班期及停港时间的要求更高，而集装箱运输单证处理工作量更大，为提高工作效率和工作质量，国际上已开始广泛使用计算机进行单证与信息的处理和传送，从而从根本上简化了书面单证的数量与单证的流转程序。可以说，电子数据交换将是国际集装箱运输单证处理的发展方向。

3. 集装箱货物出口的主要单证

1）订舱单（Booking Note）

订舱单是由船公司或其他承运人在接收发货人（或托运人）的订舱时，根据发货人口头或书面申请货物托运的情况，用以安排集装箱货物运输而制作的单证。该单证一经承运人确认，便作为承运人和托运人双方订舱的凭证。订舱单的主要内容有以下几个方面。

（1）装箱港及承运人收到集装箱的城市。

（2）卸箱港及货运目的地。

（3）发货人及发货人的代理人。

（4）货名、数量、吨数、货物外包装、货类，以及特种货情况的说明，如冷藏货所需的温度，危险货物性能、等级等。

（5）集装箱的种类、规格和箱数。

（6）集装箱的交接点及方式，是集装箱码头堆场还是集装箱货运站，是货主仓库或工厂还是“门到门”。

（7）填明内陆承运人是由发货人或其代理人（代理公司）还是船公司安排。

（8）在集装箱码头堆场交接时，应注明装箱地点、日期及重箱运到堆场的承运人和运到日期。

（9）拼箱货中如有超长货，应注明规格及尺寸。

订舱单上填写的装运条件必须与信用证条件一致。

2）订舱清单（Booking Note List）

订舱清单，系指船公司或其代理根据众多的订舱单，并根据订舱单上所记载的内容分别根据不同的货物交接地、装卸地绘制的一览表。

订舱清单绘制后，船公司或其代理应分别寄送有关部门，如集装箱码头堆场、集装箱货运站，作为集装箱码头堆场接受集装箱，集装箱货运站接受货物并进行交接的资料。

3）装箱单（Container Load Plan）

集装箱装箱单是详细记载集装箱内货物的名称、数量等内容的单据，每一个载货的集装箱都要制作这一单据，它是根据已装进集装箱内的货物制作的。

无论是由货主自行装载的整箱货，还是由集装箱货运站负责装载的拼箱货，负责装箱的人都要制作装箱单。

集装箱装箱单是详细记载每一个集装箱内所装货物情况的唯一单据。因此，在以集装箱为单位进行运输时，集装箱装箱单是一张极其重要的单据。该单据有以下主要作用。

(1) 在装货地点，作为向海关申报货物出口的代用单据。

(2) 作为发货人，集装箱货运站与集装箱码头堆场之间的货物交接单。

(3) 作为承运人通知集装箱内所装货物的明细表。

(4) 在卸货地作为办理集装箱保税运输手段的单据之一。

(5) 该单据上所记载的货物与集装箱的总重量是计算船舶吃水差、稳性的基本数据。

集装箱装箱单内容的记载准确与否，对保证集装箱货物的安全运输有着密切的关系。

4）场站收据（Dock Receipt，D/R）

场站收据也称码头收据或港站收据，是国际集装箱运输专用出口货运单证，它是由承运人委托 CY、CFS 或内陆 CFS 在收到 FCL 或 LCL 后，签发给托运人的证明已收到托运货物并对货物开始负有责任的凭证。场站收据一般是在托运人口头或书面订舱，与船公司或船代达成货物运输的协议，船代确认订舱后由船代交托运人或货代填制，在承运人委托的码头堆场、CFS 或内陆 CFS 收到 FCL 或 LCL 后签发生效，托运人或其代理人可凭场站收据向船代换取已装船或待装船提单。

接受货物的一方在签署码头收据时，应详细审核收据上所记载的内容与运来的货物实际情况是否相一致，如货物实际情况与收据上记载的内容不一致，则必须修改。如发现货物或箱子有损坏的情况，则一定要在码头收据的备注栏内加批注，说明货物和箱子的实际情况。码头收据的签署不仅表明承运人已收到货物，而且也明确表示承运人对收到的货物开始负有责任。

5）批注清单（Exception List）

集装箱码头堆场或集装箱货运站在接受货物时，如发现货物有异状，则应将这一异状程度、内容记在场站收据的备注栏内，然后再根据这些内容编制成的单证称为批注清单。

批注清单除作为划分责任的依据外，主要起索赔参考资料的作用。

6）装货单（Shipping Order）

装货单由承运人或其代理人签章后，既是货物办理托运的凭证，又是通知船上接受承运货物装船的凭证。在货物装船后，由理货人员根据理货计数单核对，然后在装货单上签注实际装船数量、装载位置、装货日期。

通常装货单一式三联。第一联留底，作为编制装货清单用。第二联是装货单本身，货方凭此向海关办理货物出口申报的手续，又称关单。第三联是收货单，又称大副收据，是承运人收到货物的凭证，也是发货人换取提单的依据。

7）装货清单（Loading List）

装货清单是由承运人或其代理人，根据本航次所托运的货物，按先后到港把性质接近的货物加以归类后制成一张装货单的汇总清单。

8）危险品清单（Dangerous Cargo List）

在承运危险品时，承运人往往要求除列入装货清单，并在备注栏内注明有关特殊性要求外，还要求货物托运人或发货人填制危险品清单。装船时应根据港口码头规定，申请有关部门监督装卸。

9）提单（Bill of Lading）

普通运输的货运提单，是在货物实际装船完毕后，经船方在收货单上签署，表明货物已装船，发货人据经船方签署的收货单（大副收据）交船公司或其代理公司换取已装船提单。而集装箱运输中的货运提单则是用码头收据换取的，它与普通货物运输下签发的已装船提单不一样，它是一张收货待运提单。所以，在大多数情况下，船公司根据发货人的要求，在提单上填注具体的装船日期和船名后，该收货待运提单也便具有了与已装船提单同样的性质和作用。

10）设备收据（Equipment Receipt）

设备收据是作为集装箱，以及其他机械设备交接的证书，由借方和出借方共同签字。当集装箱或机械设备在集装箱码头堆场或集装箱货运站出借或回收，由码头堆场制作设备收据，经双方签字后，作为两者之间设备交接的证书。

11）集装箱设备交接单

集装箱设备交接单，系指货主使用船公司的集装箱时填写的单证，船公司依此指示集装箱保管人将空箱交给此单证的持有人。集装箱是一种具有较高价值的设备，单靠口头指示交接，一旦发生纠纷难以分清责任。所以，由用箱人或其代理填写集装箱设备交接单是一种较好的办法。

一般的习惯做法是，当空集装箱提出集装箱堆场时，用箱人或内陆承运人向集装箱经营人或其代理人提出书面申请，集装箱代理人依据出口订舱单、出口集装箱预配清单向货主或内陆承运人签发集装箱发放通知单、出场集装箱设备交接单。当重箱进场时，填写进场集装箱设备交接单。

12）保函（Letter of Indemnity）

在集装箱运输过程中，承运人的责任是从接收货物时起，因而对货物接收前已发生的货物损害、集装箱损害均详细地记载在场站收据上，继而将这一记载转移至提单，从而在事实上构成不清洁提单。对于批注提单，银行不接受结汇，发货人欲向银行结汇，一般习惯做法：一是消除这一批注内容；二是由发货人提出由发货人负责赔偿因提单上的不诚实记载而使承运人遭受损失为内容的证书，这一证书就是保函。因此，保函是当承运人签发与事实不符的提单时，主张不得以此种不实的记载而对善意的提单持有人享有免责。所以，发货人以保函作为给予补偿的证书，才由承运人签发清洁提单。

保函能起使提单顺利流通的作用，但在仅承认提单具有推定证据力的法律中，收货人和保险人会有不测的风险。因此，保函在法律上不作为合同成立的基础。

13）发票（Invoice）

发票是指出口人向国外进口人证明已正当地履行了贸易合同的货物运输的明细书或明细表。发票根据不同的出口人、出口货物，其格式、内容有所不同，但其基本内容应包括货物名称、件数、货物标志、质量、价格、总额、外汇汇率、内容、包装说明、容积、重量，以及贸易合同条款和运输注意事项，上述内容均由出口人编制并签字。

通常发票又分两种，即商业发票和海关发票。其中商业发票具有货物运输明细书、表示价格构成、买卖计算书、贷款请求书的作用。同时，对进口人来说还起着进口采购书、结汇、保险价值确定、进口关税等多种证明单据的作用。

14）报关单证

凡一切出口货物的发货人、进口货物的收货人，或其他的代理人都必须在货物进、出口时填写出口货物报关单或进口货物报关单，进而向海关申报。申报时，同时出具批准货物进出口的证明文件和有关货运、单位单据，以使海关依据这些单据、证明文件，审核货物进出口是否合法，并确定和征收相应的关税，编制海关统计表。

通常随同报关单应向海关递交以下单据。

(1) 对外贸易管理部门签发的进出口货物许可证和国家规定的其他批准文件。

(2) 装货单、提货单、运单（海关核查单证和查验实货后，在货运单据上加盖放行章，退还给报关人凭以提取或装运货物）。

(3) 发票一份（实行集中纳税的进口货物，除在口岸海关报关时递交一份外，还要由负责对外订购的承付货款的公司向办理集中纳税业务的中华人民共和国海关总署递交一份）。

(4) 装箱单一份（散装货物或单一品种且包装内容一致的件装货物可免交）。

(5) 减税、免税或免验的证明文件。

如报关人员在递交报关单后发现有填报错误，或因其他原因而要变更填报内容时，则应主动、及时地向海关递交更改单。如出口报关发生退关事由，则应在 3 天内向海关办理更改手续。

15）出口许可证（Export Permit）

出口许可证是指海关在对出口货物和出口申报进行核查后，且认为此项货物出口正当时，对出口申请人签发的许可证。

出口许可证的管理是国家对出口货实行统一对外、协调出口，防止低价竞争的措施，因而也可以说，出口许可证是国家批准某种货物出口的证明文件。

出口许可证所列货物应在批准的有效期内出口，如因特殊原因不能出口，则应持原出口许可证正本去发证机关重新办理出口许可证，原证退还发证机关注销。

出口许可证管理程序基本上是：签发货物出口合同—申领出口许可证—口岸海关凭出口许可证放行货物。

集装箱出口主要货运单证的使用情况如表 7-1 所示。

表 7-1　集装箱出口货运单证

单位名称	发货人	集装箱起运地	集装箱管理处	出口港				船长	卸船港			
				代理公司	货运站	堆场	海关		代理公司	货运站	堆场	海关检疫机关
订舱单	编			△								
订舱清单				编	△							
场站收据	编	△6	△4	△3.5	△3	△8	△7	△2	△			
装箱单	编	△2	△3	编 4	LCL	△11	△9	△10	△5	△6	△8	7
	FCL△				△							

续表

单位名称	发货人	集装箱起运地	集装箱管理处	出口港				船长	卸船港			
				代理公司	货运站	堆场	海关		代理公司	货运站	堆场	海关检疫机关
特种货清单	编	△	△	△	△	△						
出口许可证	申请				LCL	FCL	批准					
衡量单	申请			△	LCL	FCL						
提单副本	编		△	△				△	△		△	
设备交接单	△		△	签		△						
积载草图				△		编		△				
积载图			△	△		编		△	△		△	
装箱清单			△	△		编	△		△		△	
批注清单			△	△	△	△						
理货清单			△	△	△	编		△	△		△	
订舱汇总清单			△	编		△	△	△				
装箱报告			△	△	编							
货载舱单			△	编		△	△	△	△	△	△	
特种货舱单			△	编		△	△	△	△	△	△	
巴拿马运河申请单				最后装船港				△				

注：① 表中△表示需要使用这一单证的部门，△后面的数字表示一或几份中的第几份；

② 特种货清单包括：冷藏货、危险货、动植物货清单；

③ 理货清单包括：理货计数单和溢短残损单。

7.2 发货人在出口货运中的业务

在集装箱运输中，发货人的出口货运业务与普通货物运输中发货人应办理的事项没有什么特别大的变动。当然，会出现集装箱运输所要求的一些特殊事项，如货物的包装应适合集装箱运输，保证货物所需要的空箱，在整箱货运输下负责货物装箱等。

7.2.1 订立贸易合同

作为出口货物的一方，发货人首先必须同国外的收货人（买方）订立贸易合同。因为货物运输是建立在货物贸易的基础上的，这一点与普通货物运输下的做法是一致的。如是集装箱货运，必须注明。

7.2.2 备货

出口贸易合同订立后，发货人（习惯上称为卖方）应在合同规定的装运期限前，全部备妥出口货物，货物的数量、品质、包装等内容必须符合合同条件的规定。

7.2.3 申请出口许可证

发货人的出口申请书上经有关法定单位盖章签证后，即为出口许可证。

7.2.4 租船订舱

在以CIF（运费和保险费付至指定目的地）价格条件成交时，发货人负有租船订舱的责任。特别是在出口特殊货物需用特殊集装箱时，如冷藏集装箱、牲畜集装箱、开顶集装箱等，由于一般集装箱船对上述特殊集装箱的接受数量有限，应尽早订舱。

运输集装箱货必须具备下列条件：

(1) 信用证应列有允许装集装箱的条款，而且必须在有效期内；

(2) 货物适宜于集装箱货运，并有出口许可证；

(3) 每件货物的毛重及长度不超过集装箱所能承载的重量及长度；

(4) 货物的密度必须是集装箱所能承受的；

(5) 特种货必须具备特种集装箱，承运人难以提供时，发货人须自备。

7.2.5 报关

拼箱货的报关可按普通货物运输的报关方法。整箱货则通常采用统一报关，海关人员到现场审查，既可更好地发挥集装箱运输的优越性，又可省略部分手续。

7.2.6 货物装箱与托运

货物报关后，在整箱货运输情况下，发货人即可着手装箱，货物装箱完毕须加铅封，然后将货箱运至集装箱码头堆场，取得码头堆场签署的场站收据。发送整箱货至集装箱码头堆场必须附送场站收据、装箱单、设备交接单（入门）、出口许可证、衡量单及特种货清单等单证。重量必须正确，如复查超过5%将被处罚款。装载冷藏货物或危险货物时，必须随附特种货清单，说明货物的性能、标志、等级等。冷藏货物还需填写所需冷藏温度。

拼箱货运输经报关后即可将货物运至集装箱货运站，由货运站负责装箱并签署场站收据。发送拼箱货至集装箱货运站时，须附场站收据、出口许可证、特种货清单等单证。集装箱货运站应逐项核对场站收据及订舱单所列各项，然后签发场站收据交发货人。货运站有权将同一票货分装在两个集装箱内。

7.2.7 投保

出口货物如按CIF（运费和保险费付至指定目的地）价格条件成交，发货人则负责办理投保手续，并支付保险费。

7.2.8 支付运费和提单签发

如是预付运费，发货人只要出示经码头堆场签署的场站收据，支付全部运输费用，船公司或其代理人即签发提单。

如是到付运费，出示场站收据即签发提单。此外，在对签发清洁提单有异议时，发货人可向船公司出具保证书，即可得到清洁提单。

7.2.9 向收货方（买方）发出装船通知

在以 FOB（离岸价）价格条件订立出口货物贸易合同时，发货人在货物装船完毕后应向收货人发出装船通知，这一通知则作为合同的一项要件，如果货物的灭失、损害是由于发货人在货物装船完毕后，没有向收货人发出装船通知，致使收货人不能及时投保而受损失，则该货物的灭失、损害由发货人赔偿。

7.3 船公司在集装箱出口货运中的业务

在现行的国际集装箱运输关系中，船公司占主要地位。因此，船公司作为国际集装箱运输中枢，如何做好集装箱的配备，掌握货运情况，在各港口之间合理调配集装箱，接受订舱，并以集装箱码头堆场、货运站作为自己的代表向发货人提供各种服务是极为重要的。从某种意义上说，集装箱运输能否顺利进行，很大程度上依赖于船公司的经营方法。

在集装箱出口货运业务中，船公司的主要工作有以下内容。

1. 配备集装箱

不管是陆运还是海运，要开展集装箱运输，首先要配备集装箱，特别是采用集装箱专用船运输时，由于该种船舶的特殊结构，只能装载集装箱运输。为此，经营集装箱专用船舶的船公司，需要配备适合专用船装载的集装箱，但并不是所有的集装箱都由船公司配备，有的货主自己也配备有集装箱。另外，还有专门供出租使用的集装箱出租公司，要有效地利用船舶的载箱能力，船公司就必须配备最低数量的集装箱。在进行货物运输时，还应备有特殊种类、规格的集装箱。船公司除为货物运输配备集装箱外，还要适当地部署，最大限度地提高集装箱的周转率，增加运费收入。

2. 掌握待运的货源

船公司通常采用下述两种方法掌握待运的货源情况，并据以部署空箱计划。

(1) 暂定订舱（Provisional Booking）。暂定订舱通常在船舶到港前 30 天左右提出。由于掌握货源的时间较早，因此这些货物能否装在预订的船上，以及这些货物最终托运的数量是否准确，都较难确定。

(2) 确定订舱（Confirmed Booking）。确定订舱通常是在船舶到港前 7～10 天左右提出。一般情况下都能确定具体的船名、装船日期。

3. 接受托运

发货人根据贸易合同，以及信用证条款的有关规定，在货物装运期限前向船公司或其代理人，以口头或书面形式提出订舱。船公司根据所托运的货物运输要求和配备集装箱的情况，决定是否接受这些货物的托运申请。船公可或其代理签署订舱单后，则表明已同意接受该货物的运输。

船公司在接受货物托运时，应了解以下情况。

(1) 订舱货的货名、运输要求。

(2) 装、卸港口，交接货地点。

(3) 有关货物的详细情况（货物名称、数量、包装、特殊货物的详情等）。

(4) 由谁安排内陆运输等。

船公司代理接受托运、确认订舱单，并据以编制订舱清单。在船舶到港 10 天前，开始将订舱清单送集装箱码头及集装箱货运站。船到港 3 天前再汇总清单，分送海关及船长。交给集装箱货运站的那一份订舱清单作为装箱指示，货运站即可据此联系发货人送货装箱。

船方在确认订舱的同时，如是整箱货运，应立即签发集装箱收发单或设备交接单交发货人，发货人凭以上单证向集装箱码头领取空箱装货。

船公司代理在确认订舱单后，应编制订舱汇总清单（相当于传统的装货清单），供集装箱堆场及船长编制配载图之用，并作为向集装箱管理处汇报订舱情况的书面材料。

清单的主要内容包括船名、航次、装箱港、装箱数及备注。装箱数一栏的填制，首先按卸箱港顺序，然后在同一卸箱港内按集装箱种类及规格分列，在同一种集装箱内按毛重分列。重量一般分为 10 t 以下、10～15 t、15 t 以上（指 6.1 m 即 20 ft 箱）或 15～20 t、20 t 以上（指 12.2 m 即 40 ft 箱）等级。

4. 接受货物

在集装箱货物运输中，船公司在以下地点接受货物。

(1) 集装箱码头堆场：在集装箱码头堆场接受的货物一般都是由发货人或集装箱货运站负责装箱并运至码头堆场的整箱货。

(2) 集装箱货运站：集装箱货运站作为船公司的代理接受拼箱货的运输。

(3) 发货人的工厂或仓库：在由船公司负责安排内陆运输时，则在发货人的工厂或仓库接受整箱货运输。

不论是在什么地点接受货物，船公司都应了解以下内容。

(1) 是否需要借用空集装箱。

(2) 所需集装箱的规格、种类、数量。

(3) 领取空箱的时间、地点。

(4) 由谁负责内陆运输。

(5) 货物具体的装箱地点。

(6) 有关特殊事项。

5. 装船

通过各种方式接受的货物，按编制的堆场计划堆放后，在船靠泊后即可进行装船作业。装船的一切工作由码头堆场负责进行。

6. 制送主要的装船单证

为了能及时向收货人发出通知，以及能使目的港码头堆场编制卸船计划和有关内陆运输等工作的需要，在集装箱货物装船离港后，船公司或其代理即行编制有关装船单证，从速送至卸船港。

通常，由装船港船公司代理编制和寄送以下单证。

(1) 提单副本或码头收据副本。

(2) 集装箱号码单。

(3) 货物舱单。

(4) 集装箱装箱单。

(5) 货物（箱位）积载图。

(6) 装船货物残损报告。

(7) 特殊货物表等。

7.4 集装箱码头堆场在出口货运中的业务

集装箱码头堆场的主要业务工作是办理集装箱的装卸、转运、拆箱、收发、交接保管、堆存、捆扎、搬运，以及承揽货源，此外，还办理集装箱的修理、冲洗、熏蒸、有关衡量等工作。

集装箱码头堆场作业是以集装箱船装卸工作为中心的一系列业务，主要包括集装箱的交接、堆场作业、装卸和其他有关的业务。

1. 集装箱的交接

发货人或集装箱货运站将由其或由其代理负责装箱的集装箱货物运至码头堆场时，设在码头堆场大门的门卫要对进堆场的集装箱货物核对订舱单、码头收据、装箱单、出口许可证、设备交接单等单据。同时，还应检查集装箱的数量、号码、铅封号等是否与场站收据记载相一致，箱子的外表状况，以及铅封有无异常情况，如发现有异常，门卫则应在码头收据备注栏内注明，如异常情况严重，以致影响装卸、运输的安全，应与有关方面联系后决定是否接受这票货物。

2. 堆场作业计划

堆场作业计划是对集装箱在堆场内进行装卸、搬运、储存、保管的安排。这是为了更能经济合理地使用码头堆场和有计划地进行集装箱装卸工作。

堆场作业计划有以下主要内容。

(1) 确定空箱、重箱的堆放位置和堆高层数。

(2) 装船的集装箱应按先后到港顺序，集装箱的种类，载重的轻、重分别堆放。

(3) 同一货主的集装箱应尽量堆放在一起。

为了能在最短的时间内完成装船工作，码头堆场应在船舶到港受载前，根据订舱单及先后到港的卸箱次序，制订船舶的积载图和装船计划。等船靠泊后，码头堆场根据码头收据和装箱单，按装船计划装船。在装船完毕后，由船方在装箱单、码头收据、积载图上签字，作为确认货物装船的凭证。

3. 对特殊集装箱的处理

对堆存在堆场内的冷藏集装箱应及时接通电源，每天还应定时检查冷藏集装箱冷冻机的工作情况是否正常，箱内温度是否保持在货物所需限度内，在装卸和出入堆场时，应及时断开电源。

对于危险品集装箱，应根据可暂时存放和不能暂时存放两种情况分别处理。能暂存的箱子应堆放在有保护设施的场所，且堆放的箱子数量不能超过许可的限度。对于不能暂存的集装箱应在装船预定时间，进场后即装上船舶。

4. 装船积载

根据订舱清单、装箱单和堆场作业计划编制装船积载草图，待船舶到港征得船方同意后即装船。如是中途挂港，船上已装有集装箱，应将订箱数量、规格、目的港等信息电告船方，以便配舱，等收到回电后再编制装船积载草图。积载应达到下列要求。

(1) 保证船舶的强度及稳性。

(2) 保持理想的吃水差，使船舶具有最好的航行性能。

(3) 合理地利用船舶的载重及舱容。

(4) 确保集装箱在舱内完整无损、在舱面安全。

(5) 便于装卸作业。

(6) 各港装卸时，尽量不要造成翻舱。

编好装船积载草图后，由理货员验查集装箱数及其外表状况，编制理货单证，等装船完毕应立即编制及分送实际积载图。

堆场管理员编制装箱清单，作为对内、对外确认货物的书面报告。理货员根据场站收据、设备交接单，以及在装船时发现异状的有关批注，编制批注清单，以明确责任。

装船完毕，码头堆场应向船长提供下列单证。

① 装箱单。

② 场站收据。

③ 提单副本。

④ 装船积载草图及船舶积载图。

⑤ 货载舱单。

⑥ 装箱清单。

⑦ 特种货清单。

⑧ 批注清单。

⑨ 订舱清单。

⑩ 理货单证。

⑪ 订舱汇总清单。

船长应在场站收据海关联上签字，以证实集装箱已装船。然后，集装箱堆场将该联连同出口许可证和有关装箱单送请海关盖章，以完成监管手续。

5. 集装箱码头堆场与有关当事人的关系

(1) 与船公司的业务关系和有关规定。船公司与码头堆场的主要业务为以下内容。

① 收、发箱作业及相关业务，缮制设备交接单等工作。

② 装、卸箱作业，以及船边到堆场之间的箱子搬移、理箱作业，并将缮制的装、卸箱清单、积载图报送代理公司。

③ 接受装、拆箱交接货物的作业，编制装箱单。

④ 堆存、捆扎、转运、冲洗、熏蒸、修理等事项。

码头应保证做到以下几点。

① 根据船期表提供合适的集装箱船舶泊位。

② 船舶靠泊后，及时提供足够的劳力与机械设备，以保证船舶按时完成装卸。

③ 提供足够的集装箱作业及堆存场地。

④ 适当掌握和注意船方设备，不违章作业。

船公司应保证做到以下几点。

① 向码头确报船期，通常在船舶到港前一定时间（15～20 天左右）提出预计抵港通知，如发生船期变更，或其他意外原因应及时通知码头，在船舶到港前 24 小时以书面形式提供船舶到港时间；

② 出口装船前 10 天提供货运资料；

③ 应及时提供积载图，以便正常作业，如由于船公司不能及时提供单证，则有失去靠泊的可能。

(2) 与发货人的业务关系和有关规定。如货物是由发货人自行负责装箱，码头堆场应根据船公司或其代理人的通知向发货人提供空集装箱，并负责填制出场和进场设备收据。

在由码头堆场负责统一报关的情况下，发货人应保证提供给码头堆场为办理海关手续的申报资料的正确性，以及对海关签发出口许可证的可能性作出保证，由于资料不准确致使码头堆场或使码头堆物对第三者造成损害，则均由发货人负责赔偿。

7.5 集装箱货运站在出口货运中的业务

集装箱运输的主要特点之一就是船舶在港时间短，这就要求有足够的货源，一旦卸船完毕，即可装满船开航。集装箱货运站的主要任务就是集、散货物，办理装、拆箱业务。

1. 办理货物交接

在货物不足以装满一整箱，而贸易合同或信用证条款又规定要用集装箱装载运输时，货物一般都送至集装箱货运站装箱。集装箱货运站收到拼箱货物订舱单后，应立即估计所需集装箱规格种类和数量，通知船公司并联系堆场取空箱，再联系发货人按期送货。然后根据托运的货物种类、性质、包装、目的港，将该货物与其他货物一起拼装在集装箱内，并负责将已装货的集装箱运至码头堆场。集装箱货运站在根据订舱单接受托运的货物时，应查明这些货物是否已订舱，如货物已订舱，货运站则要求货物托运人提供码头收据、出口许可证，然后检查货物的件数与码头收据记载是否相符，货物包装是否正常，能否适应集装箱运输，如无异常情况，货运站即在码头收据上签字。反之，应在码头收据上的备注栏内注明不正常的情况，然后再签字。如不正常情况较严重，可能会影响以后的安全运输，则应会同有关方面共同决定是否接受这些货物。

2. 积载装箱

集装箱货运站根据货物到站情况，在达到一定数量后即开始装箱。货物装箱前应先由公证行衡量，在装箱时应请海关监督理货、验货、点数。要充分注意按货的目的地或卸港装箱，要尽量不出现亏箱，更应特别注意货物的性质及包装的状况。货物装箱时还应注意以下事项。

(1) 集装箱的选择（规格、种类、结构等）。

(2) 拼装时应注意货物的不同性质。

(3) 应注意箱子的最大装载量和单位面积负荷量。

(4) 根据货物包装决定在箱内的堆高高度。

(5) 货物在箱内的安全系数等。

货运站在进行货物装箱时，必须制作集装箱装箱单，装箱单的作用已在前有所说明，制单时必须清楚、准确。

3. 将拼装的货箱运至码头堆场

集装箱货运站在装箱完毕后，货运站代表承运人在海关监管之下，对集装箱加海关封志，并签发场站收据。同时，应尽快与码头堆场取得联系，将已装货的集装箱运至码头堆场。一同验对铅封，核对有关单证，办理交接手续。

7.6 提　单

7.6.1 海运提单

1. 提单（Bill of loading，B/L）的定义

《中华人民共和国海商法》第 71 条规定："提单，是指用以证明海上货物运输合同和货物已经由承运人接收或者装船，以及承运人保证据以交付货物的单证。提单中载明的向记名人交付货物，或者按照指示人的指示交付货物，或者向提单持有人交付货物的条款，构成承运人据以交付货物的保证。"《海牙规则》和《海牙—维斯比规则》都没有给提单下定义。而《汉堡规则》鉴于提单在国际贸易和运输中所起的作用，概括了提单的本质属性作为提单的定义，即证明承运人接管货物或货物已装船，证明海上货物运输合同和承运人据以交付货物。我国《海商法》借鉴了这个定义。

2. 提单的性质

1) 提单是承运人接收货物或货物装船的收据

一般来说，货物装船后才由承运人或其代理人签发提单，表明货物已由承运人接收或者装船。但是在实际业务中，货物装船后，根据负有监督装货责任的船上大副签发的大副收据，或港站签发的场站收据正本，作为承运人接管货物或货物装船的收据。提单是根据大副收据或场站收据而来，记载了大副收据或场站收据的内容，所以提单也具有承运人接收货物或货物装船的收据的作用。虽然大副收据或场站收据是承运人收到货物的原始收据，但它们仅作为船务单证或称为运输单证；而托运人最终所要取得的不是船务单证，而是能够用于结汇、收货人凭以提取货物和商业流通的提单。因此，提单既属运输单证，又属商务单证。

提单作为货物收据，不仅证明收到货物的名称、种类、数量、标志、外表状况，而且证明收到货物的时间。由于国际贸易中习惯地将货物装船象征卖方将货物交付给买方，于是签发已装船提单的时间就意味着卖方的交货时间。在实际操作中，托运人取得已装船提单即可到银行结汇而获得货款。因此，用提单来证明货物的装船时间是非常必要的。

2) 提单是海上货物运输合同成立的证明

班轮货物运输合同的成立，首先是由托运人持托运单或订舱单到船公司或其代理人（船代）处订舱，可谓“要约”。如果承运人可以满足托运人的要求，接受订舱，确定船名、航次、提单号，并在装货单上签章，可谓“承诺”，即认为海上货物运输合同成立。承、托双方就是根据此约定来安排货物运输的，如果发生争议，当然也应以这种约定作为解决争议的依据。

而提单是在货物装船后取得的，或者说提单是在合同履行过程中取得的。但是托运单或订舱单没有规定承、托双方之间的权利、义务，而提单背面的条款却规定了，而且法律上承认提单是解决班轮货物运输争议的依据。但按严格的法律概念，提单并不完全具备经济合同应具备的基本条件，它不是双方意思表示一致的产物，而约束承、托双方的提单条款是承运人单方面拟定的，甚至提单签发的托运人根本没有看就去银行结汇。实践中，更有甚者，从事国际贸易业务多年，而不了解提单究竟有哪些条款，作了哪些规定。所以，承运人签发提单只是海上货物运输合同已经订立的证明，如果承、托双方除提单外并无其他协议或合同，那么提单就是订有提单上条款的合同的证明。

如果托运人与承运人订有运输合同，承、托双方的权利、义务应以合同为依据；但收货人或提单持有人与承运人之间的权利、义务却按提单条款办理，此时提单就是收货人与承运人之间的运输合同。我国《海商法》第 78 条规定：“承运人与收货人、提单持有人之间的权利、义务关系，依据提单规定确定。”

3）提单是承运人保证凭以交付货物和可以转让的物权凭证

根据提单的定义，承运人要按提单的规定凭提单交货，谁持有提单，谁就可以提货。提单持有人，不论是谁，只要他能递交提单，承运人保证凭以交付货物，他不会过问其提单来自何方，甚至不会追究如何合法持有提单。所以，提单的持有人就是物权的所有人，充分体现出提单是一张物权凭证，除法律有规定外，提单可以转让和抵押。

3. 提单的种类

按不同的分类标准，提单可以按以下方法划分。

1）按照货物是否已经装船划分

（1）已装船提单（On Board or Shipped B/L），指整票货物已经全部装进货舱或装上甲板（如集装箱）后，船长或承运人或其授权的代理人凭大副收据所签发的提单。

已装船提单除满足与其他提单相同的要求外，提单上一般有“货物已装具名船只”字样或注明装运的船舶和装船日期。航运实践中，除集装箱运输外，大多数采用已装船提单，银行结汇一般也要求使用已装船提单。《国际商会跟单信用证统一惯例》（ICC Uniform Customs and Practice for Documentary Credits，1993 Revision，Publication No. 500，以下简称 UPC 500）在 1993 年修订本的第 23 条就规定：“……如果信用证要求港至港运输提单作为运输单据时，除非信用证另有规定，银行将接受……货物已装船或已装具名船只（的提单）……”。

（2）备运提单（Received for Shipment B/L）。又称收货待运提单，是承运人在接管托运人送交的货物后在装船之前应托运人的要求签发的提单。

在集装箱运输中，集装箱进入集装箱货场或集装箱货运站后，承运人会签发备运提单。因为备运提单只说明承运人接管货物而无法说明货物将何时装船、装哪一条船，所以买方对货物能否按时装船无法肯定，更不能据此估计货物到港时间。货物尚未装船，买方所承担的风险也更大。因此，买方一般不愿意接受该种提单，银行结汇一般也不接受备运提单。

货物装船后，托运人可凭备运提单换取已装船提单，或者由承运人在备运提单上加注船名和装船时间并签字盖章使之成为已装船提单。

2）按照提单的不同抬头划分

(1) 记名提单（Named B/L），是指在提单的收货人一栏内具体填写某一特定人或公司名称的提单。记名提单原则上不能转让，我国《海商法》第 79 条规定“记名提单：不得转让”。所以提单项下的货物只能由提单上写明的特定收货人提取，避免了转让过程中可能给货方带来的风险。只是在少数国家，依法律可以采取类似财产转让的手法转让记名提单。

由于提单的流通受到限制，给贸易商带来很大不便，所以在国际贸易当中使用并不多，一般只在运输展览品或贵重物品时使用。

(2) 不记名提单（Bearer B/L），是指提单上收货人一栏未写明具体收货人，只填写“持有人”（Bearer）字样，即货交提单持有人，或在收货人一栏空白。

凭不记名提单可进行交付转让，手续简便，流通性极强。承运人交付货物也仅以提单为依据，提单持有人即被视为货主。但由于在提单遗失时很难区分非法获得提单者和提单的善意受让人，容易造成货物丢失或引起纠纷，因此不记名提单的风险很大，在国际贸易中很少使用。

(3) 指示提单（Order B/L），指收货人一栏内填写“凭指示”（To order）或“凭××指示”（To order of ××）字样的提单。指示提单可以作不记名指示（不标明指示人），也可以作记名指示（标明指示人）。指示人可以是托运人、收货人或者是银行。

指示提单是一种可转让的商业票据，无论是指示提单或不记名提单，转让时都无须经过原提单签发人，即承运人的同意。转让以背书（Endorsement）的方式进行，其中经空白背书后的指示提单又被称为“空白抬头，空白背书的提单”，其功用类似于不记名提单，交付即可转让。交付货物时，对承运人来讲只要提单真实，背书连续，指示提单持有人的身份符合提单上所记载的指示，就可交付货物，完成自己的交付义务。

由此可见，指示提单既转让方便，又有一定的流通性，比不记名提单的安全性强，所以它是国际贸易中使用最为广泛的一种提单。

(4) 按照提单有无批注划分为以下两种。

① 清洁提单（Clean B/L），是指在装船时货物的外表状况良好，承运人对提单上的货物说明无疑议，对所记载的“外表状况良好（In apparent good order and condition)”未做相反批注的提单。

银行结汇、提单转让一般都要求是清洁提单。《UPC 500》第 32 条也规定“清洁运输单据是指未载有明确宣称货物及或包装状况有缺陷的条款或批注的运输单据”。但清洁提单只说明承运人确认货物在装船时外表状况良好，无破损，并不能保证货物内在品质的完好，更不能排除货物具有无法直接观察到的内在瑕疵。

② 不清洁提单（Unclean Or Foul B/L），是指承运人明确地对有关货物包装状况不良或存在缺陷等情况加以批注的提单，目的是为了对抗收货人可能提出的索赔。因为提单具有货物收据的性质，而根据《海牙规则》承运人负有保管货物的责任，其中包括保持货物外表状况良好。由于清洁提单表明货物表面状况良好，承运人对有关货物的说明不存疑议，如果卸货时货物出现表面残损，就可以推定为承运人在运输途中未尽到自己照料货物的责任，承运

人就可能要赔偿由此给货主造成的损失。所以在装船时一旦发现货物表面残损或者承运人对有关货物说明存在疑惑，保护自己的较好办法就是在提单上加以注明，如“包装箱破损”、“货物表面污渍”、“渗漏”等以免除自身责任，这就形成了不清洁提单。又因为货物表面状况不良很可能对货方利益造成侵害，买方风险因此加大，所以银行一般不接受不清洁提单。《UPC 500》第 32 条同时规定“除非信用证明确规定可以接受上述（指货物外表不良等——编者注）条款或批注，银行将不接受载有此类条款或批注的运输单据”。

在实际业务中，因为不清洁提单对托运人十分不利，有时托运人会向承运人出具保函以将不清洁提单换取清洁提单，方便银行结汇。但各国法律对保函效力的态度不一，有的一概不予承认，有的则认为只有善意的保函有效（如我国），而且法律也并没有对所谓善意保函给出一个明确的定义，所以承运人在具体事例中的法律地位仍然很难事先确定，其利益也无法得到保证。因此，承运人应慎重行事，不要轻易接受保函。

（5）按照提单运输方式不同可将其划分为以下 4 种。

① 直达提单（Direct B/L），是指由同一船舶将货物从起运港直接运抵目的港卸货所签发的提单。因为各转运港情况不同，货物在装卸中很容易出现货损货差，而且转船会延长货物在途时间，给货方带来更大的风险，所以凡信用证规定不得转船的，结汇时必须使用直达提单。

直达提单上不能有“转船”或“在××港转船”之类字样的批注。但有的提单背面条款中写有“如有需要，承运人得任意将货物交由属于承运人自己的船舶或属于他人的船舶或经由铁路或以其他运输工具直接或间接地驶往目的港”的字样，也称为“自由转船”条款，此类提单上如果没有转船的批注则仍为直达提单。

② 转船提单（Trans Shipment B/L），是指在起运港装载的货物不能直接运往目的港，需要在中途换装其他船舶转运至目的港时承运人签发的提单。

转船提单一般由负责一程船（由起运港至第一个转运港）的承运人签发并且在提单上加转船批注。因为转船往往增加费用、风险，而且货物在中转港停留的时间不易掌握，对收货人极为不利，因此一般信用证规定不得转船，银行也不接受转船提单。

③ 联运提单（Through B/L），是指承运人对经由海—海、海—陆、陆—海运输的货物所出具的覆盖全程的提单。比较而言，转船提单只不过是在海—海运输形式下所签发的提单，可以说是联运提单中的一种特例。

④ 多式联运提单（Multi-modal Transport B/L or Inter-modal Transport B/L）。《联合国国际货物多式联运公约》规定：“按照多式联运合同以至少两种不同的运输方式，由多式联运经营人将货物从一国境内接管货物的地点运至另一国境内指定交付货物的地点”的货物运输形式称之为多式联运。多式联运提单即承运人或多式联运经营人对采用多式联运方式的货物出具的提单。多式联运提单主要用于集装箱运输，全程可涉及远洋运输、铁路运输、航空运输、内河运输、公路运输等多种运输形式，以实现所谓“门到门”的服务。业务中，人们常常把联运与多式联运混为一谈，实际上他们各有自己的适用范围。联运提单除适用于包含海运在内的陆—海、空—海联合运输形式外，还可用于海—海联运，也就是转船运输。而多式联运提单则要求货物必须经两种以上运输形式。

不仅如此，由于近年来集装箱运输的发展，国际多式联运公约的签订，各种法规、惯例对多式联运提单的规定更加具体、更加明确，多式联运单证也成为一种重要的结汇单证。如

《UPC 500》规定："如信用证要求提供至少包括两种不同运输方式（多式联运）的运输单据，除非信用证另有规定，银行将接受……表面注明承运人名称或多式联运经营人名称……，注明货物已发运，接受监管或已装船的多式联运提单……。即使信用证禁止转运，银行也将接受注明转运将发生或可能发生的多式联运单据，只要同一多式联运单据包括运输全程……"

4. 提单的内容

(1) 提单的正面有以下内容。

① 托运人（Shipper）：一般为信用证中的受益人。如果开证人为了贸易上的需要，要求做第三者提单（Third Party B/L），也可照办。

② 收货人（Consignee）：如要求记名提单，则可填上具体的收货公司或收货人名称；如属指示提单，则填为"指示"（Order）或"凭指示"（To Order）；如需在提单上列明指示人，则可根据不同要求，填成"凭托运人指示"（To Order of Shipper），"凭收货人指示"（To Order of Consignee）或"凭银行指示"（To Order of××Bank）。

③ 被通知人（Notify Party）：这是船公司在货物到达目的港时发送到货通知的收件人，有时即为进口人。在信用证项下的提单，如信用证上对提单被通知人有具体规定时，则必须严格按信用证要求填写。如果是记名提单或收货人指示提单，且收货人又有详细地址的，则此栏可以不填。如果是空白指示提单或托运人指示提单则此栏必须填写被通知人名称及详细地址，否则船方就无法与收货人联系，收货人也不能及时报关提货，甚至会因超过海关规定申报时间被没收。

④ 提单号码（B/L No.）：一般列在提单右上角，以便于工作联系和查核。发货人向收货人发送装船通知（Shipment Advice）时，也要列明船名和提单号码。

⑤ 船名（Name of Vessel）：应填写货物所装的船名及航次。

⑥ 装货港（Port of Loading）：应填写实际装船港口的具体名称。

⑦ 卸货港（Port of Discharging）：填写货物实际卸下的港口名称。如属转船，第一程提单上的卸货港填转船港，收货人填二程船公司；第二程提单装货港填上述转船港，卸货港填最后目的港，如由第一程船公司出联运提单（Through B/L），则卸货港即可填最后目的港，提单上列明第一程和第二程船名。如经某港转运，要显示"VIA××"字样。在运用集装箱运输方式时，目前使用"联合运输提单"（Combined Transport B/L），提单上除列明装货港、卸货港外，还要列明"收货地"（Place of Receipt）、"交货地"（Place of Delivery）及"第一程运输工具"（Pre-Carriage by）、"海运船名和航次"（Ocean Vessel，Voy No.），填写卸货港还要注意同名港口问题，如属选择港提单，就要在这一栏中注明。

⑧ 货名（Description of Goods）：在信用证项下货名必须与信用证上规定的一致。

⑨ 件数和包装种类（Number and Kind of Packages）：要按箱子实际包装情况填写。

⑩ 唛头（Shipping Marks）：信用证有规定的，必须按规定填写，否则可按发票上的唛头填写。

⑪ 毛重、尺码（Gross Weight，Measurement）：除信用证另有规定者外，一般以公斤为单位列出货物的毛重，以立方米列出货物体积。

⑫ 运费和费用（Freight and Charges）：一般为预付（Freight Prepaid）或到付（Freight Collect）。如 CIF 或 CFR 出口，一般均填上运费预付字样，千万不可漏列，否则收

货人会因运费问题提不到货，虽可查清情况，但拖延提货时间，也将造成损失。如系 FOB 出口，则运费可制作“运费到付”字样，除非收货人委托发货人垫付运费。

⑬ 提单的签发、日期和份数：提单必须由承运人或船长或他们的代理签发，并应明确表明签发人身份。一般表示方法有 Carrier、Captain 或“As agent for the Carrie：××”等。提单份数一般按信用证要求出具，如“Full Set of”一般理解成 3 份正本若干份副本。等其中一份正本完成提货任务后，其余各份失效。提单还是结汇的必需单据，特别是在跟单信用证结汇时，银行要求所提供的单证必须一致，因此提单上所签的日期必须与信用证或合同上所要求的最后装船期一致或先于装船期。如果卖方估计货物无法在信用证的最后装船期之前装上船，应尽早通知买方，要求修改信用证，而不应利用“倒签提单”、“预借提单”等欺诈行为取得货款。

(2) 提单的背面条款有以下内容。

提单属于格式合同，关于货主和承运人的权利和义务都已事先拟定好，并印制于提单背面，称之为背面条款。其中有些是合乎情理，与业务惯例一致，同时也是符合法律规定的，而有些条款的效力是令人怀疑的。就《海牙规则》而言，其第三条第八款有这样的规定：“运输合同中的任何条款、约定或协议，凡是解除承运人或船舶由于疏忽、过失或未履行本条规定的义务，因而引起货物或与此有关的损失，或采用本规则以外的方式减轻这种责任的，都应作废或无效。”因此，凡属上述性质的提单条款为无效条款，不能约束当事人的法律关系。

与正面条款一样，各种提单的背面条款会有所不同，下面将介绍提单中的一些主要背面条款。

① 定义条款（Definition Clause）：各种提单中的定义条款包括的范围是不完全一致的，一般来讲应包括船舶、承运人、货主、货物、集装箱、件数等。定义条款中的规定往往是使这些概念所包含的内容扩大，以适应商业业务上的需要。例如，“船舶”是包括能用于完成合同的任何替代船、租赁船，以及其他运送工具；“集装箱”包括集装箱、托盘、拖车等相类似的容器，这里需着重指出的是承运人（Carrier）、货方（Merchant）的定义。承运人的定义中包括“承运人、船舶、经营人、承运人的雇佣人员等”，同时又强调分清内陆承运人（Inland Carrier）和海上承运人。货方的定义中则包含了“发货人、收货人、受货人、提单持有人等”。这表明提单当事人绝不仅仅就是承运人与托运人，还包括上述人员。

② 首要条款（Paramount Clause）：此条是用以明确提单中所适用法规的条款，规定提单受某国海商法或海上运输法或某国际公约制约。例如，提单上列有“本提单引入海牙规则”则表明即使是在非《海牙规则》缔约国签发的提单照样适用《海牙规则》，提单中如有与之规定的强制性义务发生抵触的条款，均属无效。但在有些情况下，当规定的适用法律与真正适用的一国国内法相悖时，还存在着一种弹性条款，即当发生上述情况时，提单就适用该国的国内法的规定，以避免使提单条款全部无效。

③ 运费条款（Freight Clause）：在此条款中，一般对运费、滞期费、亏舱费，以及其他费用均有所涉及，但其关键在于对运费的规定：运费认为在货物装船时已经取得，不论船舶、货物是否灭失均需支付。关于此种规定是否有效存在着争议，其实在货物灭失情况下运费的收取问题，可归结为两点：一是预付运费不退；二是到付运费不付，由此可判断运费条款的效力如何。

④ 承运人的赔偿责任限制（Limitation of Liability）：此条中规定或依发票价值或依市

场价等而确定货物价值，同时规定提单下承运人对于货物损害的最高赔偿限额，对超过的部分不予负责，从而使承运人获得保护。但这种赔偿限额不能低于其所适用的国际公约或国内法，否则将使之无效。

⑤ 转船条款（Transhipment Clause）：此条规定承运人有转船自由，而对转船后的责任，则规定承运人只对处于自己控制下的运输负责。承运人对这条应该持谨慎小心的态度，因为在很多情况下据此提出的抗辩都被否定了。安排转船时，承运人应注意：转船应是合理而适当的，应与货主保持联系、共同协商，等等。

⑥ 甲板货条款（Deck Cargo Clause）：《海牙规则》是不适用甲板货的，而把集装箱货物装在甲板上运输，是集装箱船构造和集装箱运输的经济性能所决定的，所以几乎所有集装箱提单都有甲板装载货物条款，其大体内容是：本公司有权将集装箱装在甲板上或甲板下运输。装在甲板上的集装箱应视为装在甲板下。对装在甲板上的集装箱的损坏，本公司不负任何责任。

⑦ 自由绕航条款（Liberty to Deviation Clause）：此条规定为了承运人的需要，船舶可以自由绕航，这种需要有的是为了添加燃料，有的是为了揽货，有的是为了救助财产，有的是为了船上人员登陆方便，等等。显然在绝大多数情况下，自由绕航条款是无效的。单纯为了承运人自己的利益而进行的绕航对承运人来讲是有很大风险的，绕航属于根本违约，承运人绕航后将丧失一切权利，甚至根本无权收取运费。

⑧ 危险货物条款（Dangerous Cargo Clause）：此条一般规定货方应将货物的危险性质事先通知承运人，否则货方对此造成的后果负责，当危险货物在运送过程中发生危险，承运人可随时将其卸下，销毁或使之无害，而不负赔偿责任。这是符合惯例，也是符合法律精神的。

⑨ 货物检验、货物描述条款（Inspection of Cargo，Description of Cargo Clause）：在“货物检验”中规定承运人在任何时候都有权打开集装箱而检验其中货物内容的权利。而在实际业务中，承运人很少会这样做的，往往是当时货物发生怀疑时而在提单上加以批注。“货物描述”中提单上的记载只是承运人收到良好状况货物的初步证据，对货物的重量、体积、数量、品质、标志等的准确性概不负责。一般海商法或海上运输法对此的规定是提单在发货人和承运人之间是关于货物记载的初步证据，在收货人和承运人之间则是最终证据，不得推翻。

⑩ 索赔通知、时效条款（Notice of Loss Time Bar Clause），此条中的时效的规定应该是符合国际公约或一国海商法或海上运输法的规定，或者比之规定的时效还要长，否则将会使之无效，而对索赔通知的规定并不是如此严格。

⑪ 双方互有过失碰撞条款（Both to Blame Collision Clause）：由于美国不是1910年碰撞公约的参加国，其法律又规定碰撞船舶对货物损害负连带责任，为防止货主变相地取得本属航海过失可负责的赔偿，此条款中规定本船货主根据美国法律，向对方船舶取得货物的全部损失后，应将其相当数额交还本船船方，以便恢复到1910年碰撞公约中的做法。

⑫ 共同海损条款（General Average Clause）：此条款一般规定共同海损所适用的理算规则，国际上一般是采用经1990年修订的1974年约克—安特卫普规则理算。在这里要着重指出与共同海损有关的“新杰森条款”。根据美国的法律，承运人可负责的过失造成的共同海损并未赋予承运人肯定的共同海损分摊请求权，为改变这种状况，提单中订入了“新杰森条

款”其中规定，只要承运人尽到了谨慎处理使船舶适航的义务就有权请求共同海损的分摊。目前，这个条款的效力得到了比较普遍的接受。

⑬ 托运人装箱条款（Shipper - packed Containers）：此条款用以明确在集装箱货物是由托运人装载时，承运人对于由装载方式，集装箱本身不适货、或者货物不适于集装箱运输等原因造成的货物灭失或损坏不予负责，并且货方应对承运人由以上原因造成的损失、责任，费用等要予以赔偿。这条的规定是比较合乎情理，并且也是符合法律精神的。而有的提单条款中只是笼统地提到一条集装箱条款（Container Clause），在其中一方面规定了以上内容，另一方面还规定了在使用集装箱或相类似设备时的费用、责任的划分，尤其强调造成承运人的集装箱损害时的赔偿问题。

5. 约束提单的法规

(1) 国际公约。约束提单的国际公约有以下几项规则。

①《海牙规则》。《海牙规则》全称为《统一提单的若干法律规则的国际公约》（*The International Convention for the Unification of Certain Rules of Law Relation to Bills of Loading*，1924），是海上运输方面一个十分重要的公约，至今已得到五十多个国家的承认。许多国家的航运公司都在其制发的提单上规定采用本规则，据以确定承运人在货物装船、收受、配载、承运、保管、照料和卸载过程中所应承担的责任与义务，以及其应享受的权利与豁免。由于《海牙规则》主要由海运业发达的一些国家制订，因此比较明显地偏袒船主的利益。

《海牙规则》作为一个国际货运公约，仅适用于参加该规则的国家，该规则的主要内容包括：承运人的责任和义务；承运人的免责事项；货物托运人的责任和义务；承运人的赔偿责任限制；索赔与诉讼时效；公约的适用范围。

②《维斯比规则》。自 1931 年《海牙规则》生效以来，国际贸易和航运业发展很快，《海牙规则》的某些内容早已不适需要。1963 年国际海事委员会在斯德哥尔摩会议上订立了一个对《海牙规则》的修改议定书，会议期间，代表们访问了附近的哥特兰岛的海运古城维斯比，并在那里由会议主席正式签署了该规则的修改建议，因此，习惯上称该规则为“维斯比规则”。该规则于 1968 年 2 月在布鲁塞尔的会议上正式通过，并定名“布鲁塞尔 1968 年议定书修改的海牙规则”，该规则在 1977 年生效。《维斯比规则》对《海牙规则》修改的主要内容有：扩大了公约的通用范围；提高了承运人的赔偿责任限制；对侵权行为的请求；提单的最终证据。

③ 汉堡规则。自《海牙规则》、《维斯比规则》实施以来，国际贸易、运输又有新的发展，特别是第三世界作为货主国家，为发展自己的经济强烈要求修改《海牙规则》，于是，联合国贸易和发展会议在 1968 年 3 月设立了国际航运立法工作组，该主作组的任务是讨论国际海商法给发展中国家的经济带来的障碍，并对需要修改的意见，向联合国国际贸易法委员会提出建议。1969 年 11 月，国际航运立法工作组召开第一次会议，决定优先审议有关提单的法律。1971 年 2 月，国际航运立法工作组召开第二次会议，决定重点修改《海牙规则》，并进行新公约的准备工作。为避免工作的重复，贸易会议航运立法工作组建议联合国国际贸易法委员会继续接办这项工作，修改提单的法律和惯例，并制定新的条文草案。

联合国际贸易法委员会第四次会议总会接受了航运立法工作组的建议，于 1971 年 4 月建立了另一个国际航运立法工作组，归国际贸易法委员会领导。该工作组前后召开了 6 次会议，于1978年3月由联合国主持在汉堡召开了海上货物运输会议，通过了“1978年联合国海上货物运输公约”，简称《汉堡规则》，该规则至今未生效。《汉堡规则》对《海牙规则》修改的主要内容有：扩大了货物范围，货物包括活的动植物和舱面货；扩大了承运人的责任期限；修改和废除了承运人的免责条款；扩大了公约的适用范围；延长了索赔诉讼时效；提高了赔偿责任限制；对提单作了定义规定等。

中国没有参加《海牙规则》和《维斯比规则》，也没有参加制订《汉堡规则》。为便于国际交往，在实践中采用了《海牙规则》中有关双方权利与义务关系的规定。

20世纪70年代，随着国际贸易的领域和范围不断扩大，综合运用海、陆、空等多种运输方式的多式联运业务得到迅猛发展。为此，联合国制定了《联合国国际货物多式联运公约》(1980年9月1日通过)，以规范多式联运托运人与承运人之间的权利、义务关系。

(2) 国内法规。我国《海商法》于1993年7月1日生效。它是我国第一部全面调整海上运输关系、船舶关系的专门性法律。这部法律中有关海上货物运输合同的规定主要是参照了国际上现行3个调整海运提单公约而制定的。

我国的海商法对承运人免责规定是参照了《海牙规则》和《维斯比规则》，实行的是不完全过失责任制，它允许承运人在法定情况下，即使有过失也可不承担赔偿责任；关于举证责任，参考了汉堡规则，采用了推定过失或疏忽的原则。承运人要想免责（除火灾以外），就须负举证责任，以说明他和代理人已经为避免事故的发生及其后果采取了一切合理的措施。这个新制度加重了船方的责任，使船东的免责受到很大的限制，这是当今海上运输合同中普遍采用的一项制度；关于承运人责任期间，我国海商法规定的有两种，即集装箱装运的责任期间和非集装箱装运的责任期间。前者采用了当今世界各国船舶公司均采纳的“门到门”责任原则，后者采用了《海牙规则》的“钩到钩”责任原则；关于赔偿限额，我国海商法规定，承运人对货物的灭失或损坏的赔偿限额，按照货物件数或者其他货运单位计算，每件或者每个其他货运单位为666.67计算单位（简称SDR，是国际货币基金组织规定的特别提款权），或者按照货物毛重计算，每千克为2计算单位，以二者中赔偿限额较高的为准。但是，托运人在货物装运前已经申报其性质的价值，并在提单中载明的，或者承运人与托运人已经另行约定高于本条规定的赔偿限额的除外。

7.6.2 集装箱运输提单

1. 集装箱提单的概念（Container Bill）

集装箱提单是集装箱货物运输下主要的货运单据，是负责集装箱运输的经营人或其代理人在收到集装箱货物后而签发给托运人的货物凭证。因此，集装箱运输提单是收货待运提单，它与普通货物提单的作用和法律效力基本相同，但也有以下特点。

(1) 由于集装箱货物的交接地点不同，一般情况下，由集装箱堆场或货运站在收到集装箱货物后签发场站收据，托运人以此换取集装箱提单。

(2) 集装箱提单的承运人责任有两种：一种是在运输的全过程中，各段承运人仅对自己承担的运输区间所发生的货损负责；另一种是多式联运经营人对整个运输承担责任。

(3) 集装箱内所装货物必须在条款中说明。因为有时由发货人装箱，承运人不可能知道内装何物，一般都有“Said to Contain”条款，否则损坏或灭失时整个集装箱按一件赔偿。

(4) 提单内说明箱内货物数量、件数，铅封是由托运人来完成的，承运人对箱内所载货物的灭失或损坏不予负责，以保护承运人的利益。

(5) 在提单上不出现 On Deck 字样。

(6) 集装箱提单上没有“装船”字样，它们都是收讫待运提单，而提单上却没有“收讫待运”字样。

集装箱提单的作用和法律效力如下。

(1) 集装箱提单业经签发则表明负责集装箱运输的人收到外表状况良好、铅封号码完整的集装箱货物，其责任已开始。

(2) 集装箱货物至目的港地，提单持有人将提单交还给目的港地集装箱运输经营人的代理人，以取得提货的权利，因此，集装箱提单是交货的凭证。

(3) 集装箱提单业经签发，负责集装箱运输的经营人凭其收取运费，完成或组织完成集装箱货物的运输，所以，该提单是集装箱运输经营人与货物托运人之间运输合同订立的证明。

(4) 集装箱提单是代表货物所有权的凭证，即货物的物权凭证，可自由转让买卖。

集装箱提单种类很多，内容、格式繁多，其中有几个国家、几家船公司共同使用一种提单的，也有同一条船使用不同格式的提单。

2. 集装箱提单主要条款

1) 承运人的责任期限

在集装箱运输中，负责集装箱运输的承运人接货、交货地点往往是距离港口较远的内陆货运站或货主仓库，这样，普通船提单中对承运人规定的责任期限不再适用了，因此，集装箱提单将承运人的责任期限规定为：“从收到货物开始至交付货物时止”，以代替普通船提单下的“钩至钩原则”。例如，英国 OCL 公司的集装箱提单对承运人的责任期限规定为：“承运人对自接货之时起至交货时止期间所发生的货损事故应承担责任。”中国远洋运输公司联运提单采用前后条款（BEFORE AFTER CLAUSE)，也就是说，承运人对收货前，交货后的货物损害不负责任。开展集装箱运输最终之目的是通过多种运输方式实行“门到门”运输，但目前实际“门到门”运输的集装箱货物由于诸多原因，其比例不大。因为，作为集装箱运输的经营人在实行“门到门”运输时，不仅有进口国、出口国有关法令是否允许的问题，而且，实行“门到门”运输承运人负责内陆运输还必须做到以下两点。

① 进口国或出口国有关法令是否允许海上承运人充当内陆或内河承运人。

② 海上承运人必须对全程运输负责，也就是海上承运人与内陆或内河承运人订立分运合同，内陆或内河承运人作为受海上承运人委托的实际承运人。

实际上，集装箱运输下承运人的责任期限完全是根据集装箱货物的交接方式或运输条款来决定的，而什么样的交接方式或运输条款也就决定了承运人对货物负责的时间或期限。根据集装箱货物的交接地点，有下列交接方式。

① 整箱货（Full Container Load，FCL）接收、整箱货交付。

② 整箱货接收、拼箱货（Less than Container Load，LCL）交付。

③ 拼箱货接收、拼箱货交付。

④ 拼箱货接收、整箱货交付。

根据上述集装箱货物的交接方式，承运人或其代理人签发集装箱提单有以下地点。

① 发货人门（工厂或仓库）(Door)。在发货人门签发的集装箱提单则表明货物系由发

货人自行装箱，集装箱运输经营人或其代理人在接收货物后，签署场站收据（相当于普通货运输下的大副收据），并负责安排内陆运输，发货人凭场站收据换取提单。

② 集装箱码头堆场（Container Yard，CY）。所谓集装箱码头堆场签发的提单，则表明发货人在装箱后，自己负责安排内陆运输，发货人和集装箱运输经营人接受货物的地点以码头堆场为界，严格来说，以堆场大门为界。集装箱运输的经营人或其代表在收到货物后，签署场站收据，发货人凭其换取提单。

③ 集装箱货运站（Container Freight Station，CFS）。在货物不足以装满一整箱，而贸易合同又规定货物要用集装箱来运输时，发货人则将货物运至集装箱货运站，由货运站负责装箱，拼箱货的交接与普通货运输下的交接无多大区别，只是普通货运输下的货物交接以大副收据为凭证，而拼箱货以场站收据为凭证。

上述情况下签发的提单均属待装船提单。

2）舱面货选择权条款

现行的海上运输法规定，如承运人将货物装载甲板运输，此种运输仅限于该种货根据航海习惯可装载甲板运输，或事先已征得货主的同意，并在提单上记载“装载甲板运输”字样。反之，如承运人擅自将货物装载甲板运输而导致货物损害，则构成根本违反运输合同的行为，随之运输合同中给予承运人的一切抗辩理由、免责事项等均无效，由此而产生的一切损失承运人必须负责赔偿。

但由于集装箱船舶构造的特殊性和经济性，要求有相当数量的集装箱装载甲板运输，通常，一艘集装箱船在满载时有30%左右的货箱装载甲板运输。然而，在实际业务中要决定将哪些货箱装载甲板运输是不可能的，因此，集装箱提单中规定了一条舱面货（甲板货）条款，规定装载舱面运输的集装箱与舱内集装箱享有同样权益，如日本邮船、昭和海运和大阪三井等船公司所使用的集装装箱提单就有这样的规定：“本公司有权将集装箱货物装载甲板下运输，或甲板上运输，如货物装载甲板上，对包括共同海损在内的一切用途来说应认为是甲板下装载。”又如中国远洋运输公司联运提单条款第十七条第（1）款规定：“集装箱（平板、托盘或其他类似装运工具除外）中所装的货物，不论是由承运人，或由货方装载，都可作舱面装运或舱内装运，而无须通知货方。此种货物（牲畜和植物除外），不论装载舱面或舱内，就本提单所载包括共同海损在内的所有情况，都视作舱内积载。”

3）承运人的赔偿责任限制

所谓承运人的赔偿责任限制，是指“承运人对每一件或每一货损单位负责赔偿的最高限额”，各国的法律和船公司的提单对承运人的赔偿责任限制都有明确规定，有的按照《海牙规则》，有的按照国内法规。

在集装箱运输中，如货物由承运人或其代理人负责装箱，即拼箱货运输，承运人的责任与普通货提单规定的责任一样，按件或单位数负责赔偿，或毛重每公斤。但在整箱货运输中，承运人收到的仅仅是外表状况良好，铅封完整的集装箱，至于内装什么货、多少件、包装如何等，承运人只能从有关单证上知悉。为此，《维斯比规则》对《海牙规则》修改时，对集装箱、托盘或类似的运输工具在集装时作了这样的规定：“如在提单中已载明这种工具内的货物件数或单位数，则按所载明的件数或单位数赔偿，如集装箱、托盘，或类似的运输工具为货主所有，赔偿时也作为一件。”将货主所有的集装箱、托盘，或类似的装运工具也作为赔偿，这是因为集装箱提单对货物下的定义是：“货物是指从货物托运人处接受的货物，包括不是由承运人或代表承运人提供的任何集装箱，集装箱包括任何种类的集装箱、拖车、平板、集装油罐、托盘或类似的装运工具。”

现行的海上运输法规对承运人规定的最高赔偿责任限额每一件或每一货损单位，《海牙规则》为100英镑，《维斯比规则》为1 000金法郎或毛重每千克30金法郎，并按其中高者计算。中国远洋运输总公司联运提单条款有如下规定。

① 当承运人应对货物的灭失或损害负责赔偿时，此种赔偿应根据该货物的发票价值加上运费、保险费（如已支付）计算。

② 如无货物发票价值，此项赔偿则应根据该项货物交付地点和交付货方当时的价值，或应如此交付时的价值计算。货物价值应根据商品交易价值计算，而在无此项价格时，则按现时市场价格计算，如无商品交易价格或现时市场价格，则应根据相同品种及质量货物的正常价值计算。

③ 赔偿金额不得超过灭失或损害时货物的毛重每千克2个特别提款权。

④ 只有在承运人同意之下，托运人所宣布的超过本提单规定限制的货物价值已在提单上记明时，才能要求赔偿较高的金额，在此情况下，宣布的价值便作为赔偿限额。任何部分灭失或损害，都应在此宣布价值的基础上按比例调整。

⑤ 如经证明，货物的灭失或损害是发生在海上或者内陆水路，承运人的责任限额定为每件或每一计费单位666.67个特别提款权。

4）制约托运人的责任条款

（1）发货人装箱、计数或不知条款。《海牙规则》规定如承运人、船长或其代理人有适当依据怀疑货物的任何标志、号码、数量、重量不能确切代表其实际收到的货物，或无适当的方法进行检验，便没有必要在提单上将其注明或标明。根据《海牙规则》的这一规定，承运人可以在提单上拒绝载明箱内货物的详情。但是，如果提单上缺少这些记载，势必会影响提单的流通性，因此，在实际业务中又不得不根据货主的通知内容予以记载。但另一方面，如果承运人默认了货主提供的集装箱内的件数，则会在能否享受最高赔偿限额等责任限制方面带来不利。因而，承运人在根据货主提供的内容如实记载于提单同时，又保留“发货人装箱、计数”或“不知条款”，以最大限度地达到免除责任的目的。

如有的集装箱提单规定：“如货物件数是由发货人或其代理人装箱并加封，该种集装箱又为本公司接受运输的，则本提单正面所列的内容（有关货物的重量、尺码、件数、标志、数量等），本公司均不知悉。”在提单中订有不知条款，从表面上看能保护承运人的利益，但其保护范围也有一定的限度，如货主能举证说明承运人明知货物详细情况，且又订上不知条款，承运人仍不能免责。特别是集装箱运输下的整箱货，承运人收到的仅是外表状况良好，铅封完整的集装箱，对里面所装的货物一无所知，所以，有必要加注这样的条款。

（2）铅封完整交货条款。集装箱提单中这一条款的规定仅适用于整箱货交接，也就是说，承运人在铅封完整下接货、交货，业已认为承运人完成货物运输，并解除所有责任。因此，从某种程度上说，集装箱运输下的整箱货交接是以铅封完整与否来确定承运人责任的。如货物受损人欲提出赔偿要求，不仅需举证说明，还应根据集装箱提单中承运人的责任形式来确定。

（3）货物检查权条款。所谓货物检查权条款，是指承运人有权，但没有义务在任何时候将集装箱开箱检验，核对其所载装的货物。经过查核，如发现所装载的货物全部或一部分不能适合运输，承运人有权对该部分货物放弃运输，或是在由托运人支付合理的附加费后完成这部分的货物运输，或存放在岸上或水上具有遮蔽的或露天的场所，这种存放业已认为按提单交货，即承运人的责任已告终止。

集装箱提单上订有货物检查权条款是为了承运人对箱内货物的实际状况怀疑或积载不正常时启封检查。承运人在行使这一权利时，无须得到托运人的预先同意，当然一般来说，对由货主自己装载的集装箱启封检查时，原则上应征得货主同意，其费用由货主负担。

(4) 海关启封检查条款。根据《国际集装箱海关公约》的规定，海关有权检查集装箱，因此，集装箱提单中都规定："如果集装箱的启封是由海关当局认为检查箱内货物内容打开而重新封印，由此而造成任何货物灭失、损害，以及其他后果，本公司概不负责。"在实际业务中，尽管提单条款作了这样的规定，承运人对这种情况还应做好记录，并保留证据，以使其免除责任。

(5) 发货人对货物内容准确性负责条款。集装箱提单中所记载的内容，通常由发货人填写，或由负责集装箱运输的承运人或其代表根据发货人所提供的有关托运文件制成。在集装箱运输经营人接受货物时，发货人应视为他已向承运人保证，他在集装箱提单中所提供的货物种类、标志、件数、重量、数量等概为准确无误，或系危险货物就说明其危险特性。

如货物的损害系发货人提供的内容不准确或不当所致，发货人应对承运人负责，即使发货人已将提单转让他人也不例外。集装箱货物在由货主自行负责装箱时，符合下列原因的，货主应对承运人造成的损害负责赔偿：由于货主自己装载不当；箱内的货物不适合装载集装箱运输；箱内货物包装不牢、标志不清；装箱之前未对箱子作合理检验；由于自己搬运、运输而造成的损害。

5）危险货物运输

运输集装箱危险品时，对货物托运人来说，必须在货物外表刷上清晰的、永久性的货物标志，并能提供任何适用的法律、规章，以及承运人所要求的文件证明。集装箱提单条款规定如下。

(1) 承运人在接受具有爆炸性、易燃性、放射性、腐蚀性、有害性、有毒性等危险货物时，只有在接受由货主为运输此种货物而提出的书面申请时方能进行。

(2) 承运人或其代理人对于事先不知其性质而装载的具有易燃、爆炸，以及其他危险性的货物，可在卸货前任何时间、任何地点将其卸上岸，或将其销毁，或消除具危害性而不予赔偿。该货物的所有人对于该项货物所引起的直接或间接的一切损害和费用负责。

(3) 如承运人了解货物的性质，并同意装船，但在运输过程中对船舶和其他货物造成危害可能时，也同样可在任何地点将货物卸上岸，或将其销毁，消除危害性而不负任何责任。

因此，在托运危险品货物时，托运人应保证做到以下几点。

① 提供危险品货物详细情况。

② 提供运输注意事项、预防措施。

③ 满足危险品货物有关运输保管、装卸等要求。

④ 货物的包装外表应注有清晰、永久性标志。

⑤ 在整箱货运输时，箱子外表（四面）应贴有危险品标志。

6）承运人的运价本

由于集装箱运输的特点，特别是涉及有关集装箱运输术语、具体交接办法、计费方法、禁运规定，以及交货方式等问题，均无法一一在提单上列举说明，这时则需要运价本补充予以详述。在国际货运业务中，各船公司一般均将运价本的主要条款装订成册，必要时对外提供，以弥补提单条款规定之不足。集装箱提单中有关承运人的运价本是提单的组成部分，运价本与提单发生矛盾时，以提单为准。如中国远洋运输总公司联运提单条款第 4 条规定："在装运时使用的承运人运价本的条款与条件，已载入本提单。因与此种运价本之间发生矛盾时，应以本提单规定为准。"

7）索赔与诉讼

现行的海上货运公约规定，根据运输合同或提单有权提取货物的人，在收货时发现货物业已发生灭失或损害，或损害不明显，最迟不超过从收货之日起 3 天内以书面通知承运人或其代理人，这种交接应作为承运人已按照提单规定交付货物的初步证据。如货物的状况在货物交接时已经双方联合检验或检查，则无须书面通知，除非从货物交付之日或应支付之日起 1 年内提出诉讼。

现行的集装箱提单对于拼箱货货损事故处理，即索赔要求和诉讼时效基本上与普通船提单的规定相同，但在整箱货运输下，由于整箱货在卸船港交付后一般并不拆箱，因此，只能根据表面状况交货，如箱子外表状况良好、铅封完整，承运人的责任即告终止。如货物或箱子外表状况并不良好，考虑到集装箱运输的特点，有的提单条款规定收货人应在 3 天、7 天内以书面通知承运人。对于诉讼时效，有的规定为 1 年，有的为 9 个月，如属全损，有的提单仅规定为 2 个月，超出规定期限，承运人将解除一切责任。中国远洋运输总公司联运提单有关索赔、诉讼条款规定如下。

（1）如货物损坏明显，收货人在收货时当场提出。

（2）如在收货时没有当场提出，则在从提货之日起于 15 天内提出索赔。

（3）如承运人的责任期限是从装船港至卸船港，诉讼从收到货 2 年内提起；否则，承运人解除一切责任。

（4）如承运人的责任期限从装船港码头或紧邻码头至卸船港码头或紧邻码头，诉讼从收到货 2 年内提起；否则，承运人解除一切责任。

（5）在货物全部发生灭失时，自该货物发生灭失时 2 个月内提起诉讼；否则，承运人将解除一切责任。

8）货主自行装载集装箱责任

在由货主自行装载集装箱，以集装箱作为运输单元交承运人运输时，集装箱提单一般均订有以下内容。

（1）承运人接收的是外表状况良好、铅封完整的集装箱，有关箱内货物的详细情况概不知悉。

（2）货主应向承运人保证，集装箱及箱内货物适应装卸、运输。

（3）当集装箱由承运人提供时，货主有检查集装箱的责任。

（4）当承运人在箱子外表状况良好、铅封完整下交付时，承运人完成交货义务。

（5）承运人有权在提单上作出类似"由货主装载并计数"或"据称内装"等字样的保留文字。

9）首要条款

集装箱提单中的首要条款内容系指以下内容。

（1）凡提单中所涉及的海上或内陆水路运输的货物，提单内容受制于《海牙规则》或

《海牙—维斯比规则》，即使除《海牙规则》或《海牙—维斯比规则》以外的其他任何法规被强制适用于本提单，事实上它仍将受制于《海牙规则》或《海牙维斯比规则》内容的管辖。如提单中已有的条款在任何程度上被认为与其他任何法规内容相抵触，或其他任何法律、法令或法规强制性适用于提单所证明的合同，提单条款内容将被视为无效。

(2) 凡提单所涉及的航空货物，提单内容受制于 1929 年的华沙航空货运公约，以及 1955 年经修改的海牙议定书。

(3) 如提单被用于多式联运时，则应视为具体体现了 1980 年已通过的多式联运公约的内容，如提单内容与多式联运公约内容不符时，提单条款仍然有效。

10) 强制性法律、管辖权、限制性法令

提单所证明的或包含的合同将受提单签发地法律、法令或法规的管辖，如当地法律另有规定时则除外。但提单并不限制或剥夺任何国家的现行法律、法令或法规对承运人所认可的任何法定保护、有关事项的免责或责任限制。

11) 提单可转让性

除非提单正面已注有“不可转让”，否则一旦接受提单，提单出让人、受让人，以及提单签发人一致同意提单可转让性，并通过背书或无须背书转让，提单持有人有权接受或转让本提单所记载的货物。

7.6.3　集装箱多式联运单据

集装箱多式联运经营人在接收集装箱货物时，应由本人或其授权人签发集装箱多式联运单据。多式联运单据并不是多式联运合同，而只是多式联运合同的证明，同时是多式联运经营人收到货物的收据和凭其交货的凭证。根据我国于 1997 年 10 月 1 日施行的《国际集装箱多式联运管理规则》的定义：“国际集装箱多式联运单据（简称“多式联运单据”）是指证明多式联运合同，以及多式联运经营人接管集装箱货物并负责按合同条款交付货物的单据。该单据包括双方确认的取代纸张单据的电子数据交换信息。”

1. 多式联运单据的内容

对于集装箱多式联运单据的记载内容，《联合国国际货物多式联运公约》，以及我国的《国际集装箱多式联运管理规则》都作了具体规定，根据我国的《国际集装箱多式联运管理规则》的规定，多式联运单据应当载明下列事项。

(1) 货物名称、种类、件数、重量、尺寸、外表状况、包装形式。

(2) 集装箱箱号、箱型、数量、封志号。

(3) 危险货物、冷冻货物等待种货物应载明其特性、注意事项。

(4) 多式联运经营人名称和主营业所。

(5) 托运人名称。

(6) 多式联运单据表明的收货人。

(7) 接收货物的日期、地点。

(8) 交付货物的地点和约定的日期。

(9) 多式联运经营人或其授权人的签字及单据的签发日期、地点。

(10) 交接方式，运费的支付，约定的运达期限，货物中转地点。

(11) 在不违背我国有关法律、法规的前提下，双方同意列入的其他事项。

当然，缺少上述事项中的一项或数项，并不影响该单据作为多式联运单据的法律效力。

《联合国国际货物多式联运公约》对多式联运单据所规定的内容与上述规则基本相同，只是公约中还规定多式联运单据应包括下列内容。

(1) 表示该多式联运单据为可转让或不可转让的声明。

(2) 如在签发多式联运单据时已经确知，预期经过的路线、运输方式和转运地点等。

2. 多式联运单据的转让

多式联运单据分为可转让的和不可转让的两种。根据《联合国国际货物多式联运公约》的要求，多式联运单据的转让性在其记载事项中应有规定。

作为可转让的多式联运单据，具有流通性，可以像集装箱运输提单那样在国际货物买卖中扮演重要角色。多式联运公约规定，多式联运单据以可转让方式签发时，应列明按指示或向持票人交付。如列明按指示交付，需经背书后转让；如列明向持票人交付，无须背书即可转让。此外，如签发一套一份以上的正本，应注明正本份数；如签发任何副本，每份副本均应注明“不可转让副本”字样。对于签发一套一份以上的可转让多式联运单据正本的情况，如多式联运经营人或其代表已按照其中一份正本交货，该多式联运经营人便已履行其交货责任。

作为不可转让的多式联运单据，则没有流通性。多式联运经营人凭单据上记载的收货人而向其交货。按照多式联运公约的规定，多式联运单据以不可转让的方式签发时，应指明记名的收货人。同时规定，多式联运经营人将货物交给此种不可转让的多式联运单据所指明的记名收货人或经收货人通常以书面正式指定的其他人后，该多式联运经营人即已履行其交货责任。

对于多式联运单据的可转让性，我国《国际多式联运管理规则》也有规定。根据该规则，多式联运单据的转让依照下列规定执行。

(1) 记名单据：不得转让。

(2) 指示单据：经过记名背书或者空白背书转让。

(3) 不记名单据：无须背书，即可转让。

3. 多式联运单据的证据效力

多式联运单据的证据效力主要表现在它是该单据所载明的货物由多式联运经营人接管的初步证据。由此可见，作为多式联运合同证明的多式联运单据，其记载事项与其证据效力是密切相关的。多式联运单据主要对以下几个方面起到证明作用：一是当事人本身的记载；二是有关货物状况的记载；三是有关运输情况的记载；四是有关法律约束方面的记载。

根据《联合国国际货物多式联运公约》的规定，多式联运经营人对多式联运单据中的有关记载事项可以作出保留。该公约规定，如果多式联运经营人或其代表知道、或有合理的根据怀疑多式联运单据所列货物的品种、主要标志、包数或件数、重量或数量等事项没有准确地表明实际接管的货物的状况、或无适当方法进行核对，则该多式联运经营人或其代表应在多式联运单据上作出保留，注明不符之处、怀疑的根据，或无适当的核对方法。如果多式联运经营人或其代表未在多式联运单据上对货物的外表状况加以批注，则应视为他已在多式联运单据上注明货物的外表状况良好。

多式联运经营人如在单据上对有关货物或运输方面加了批注，其证据效力就会产生疑问。多式联运单据有了这种批注后，可以说丧失了其作为货物收据的作用：对发货人来说，这种单据已不能作为多式联运经营人收到单据上所列货物的证明，不能成为初步证据；对收货人来说，这种单据已失去了其应有的意义，是不能被接受的。

如果多式联运单据上没有这种保留性批注，其记载事项的证据效力是完全的，对发货人来说是初步证据，但多式联运经营人可举证予以推翻。不过，根据多式联运公约的规定，如果多式联运单据是以可转让方式签发的，而且已转让给信赖该单据所载明的货物状况的、包括收货人在内的第三方时，该单据就构成了最终证据，多式联运经营人提出的反证不予接受。

另外，该多式联运公约对一些经过协议达成的记载事项，如交货日期、运费支付方式等并未作出法律规定，这符合合同自由原则，但公约对由于违反此类记载事项带来的责任还是作了规定：如果多式联运经营人意图诈骗，在多式联运单据上列入有关货物的不实资料或其他规定应载明的任何资料，则该联运经营人不得享有该公约规定的赔偿责任限额，而须负责赔偿包括收货人在内的第三方因信赖该多式联运单据所载明的货物的状况行事而遭受的任何损失、损坏或费用。

4. 多式联运提单的签发时间和地点

集装箱货物在国际多式联运下，多式联运经营人收到货物的时间、地点有时不在装船港，而是在集装箱码头堆场或货运站，甚至发货人的工厂仓库。这样，从接受货物到货物实际装船有一待装期。而且根据多式联运的特点，货物的托运人一经交出货物，即使该货物未实际装上船，也可凭场站收据要求多式联运经营人签发提单。由于货未装上船，因而在这种情况下签发的提单为待装船提单，而待装船提单在结汇上是有困难的。多式联运下签发的待装船提单种类有以下几种。

(1) 在发货人工厂或仓库收到货后签发的提单（从发货人工厂或仓库到装船港的内陆运输由多式联运经营人负责）。

(2) 在集装箱货运站收到货后签发的提单。

(3) 在码头堆场收到货后签发的提单（内陆运输由货主自己负责）。

为了适应信用证规定下的集装箱运输，以及多式联运下结汇的需要，《跟单信用证统一惯例》规定，如信用证需要联合运输单证或规定的联合运输，但未指定所需要单证形式或该项单证的开户人，银行应当按照所提交的该项单证予以接受。同时规定，如联合运输包括海运，即使单证中未标明货物已装上指定船舶，或即使单证上订有如“用集装箱运输”、“货物可能载于舱面”的条文，但未特别表明货物已装于舱面者，该项单证银行均予接受。

7.7 集装箱场站收据的应用

7.7.1 场站收据印刷

场站收据应用无碳复写纸印刷。

7.7.2 场站收据的作用

场站收据是一份综合性单证，它把货物托运单（订舱单）、装货单（关单）、大副收据、理货单、配舱回单、运费通知等单证汇成一份，这对于提高集装箱货物托运效率和流转速度有很大意义。一般认为，场站收据有以下功能作用。

(1) 船公司或船代确认订舱并在场站收据上加盖有报关资格的单证章后，将场站收据交给托运人或其代理人，意味着运输合同开始执行。

(2) 是出口货运报关的凭证之一。

(3) 是承运人已收到托运货物并对货物开始负有责任的证明。

(4) 是换取海运提单或联运提单的凭证。

(5) 是船公司、港口组织装卸、理货、配载的资料。

(6) 是运费结算的依据。

(7) 如信用证中有规定，可作为向银行结汇的单证。

7.7.3 码头收据的格式

码头收据是集装箱运输专用的进出口单证，标准格式是一套共 10 联（各港使用有差异)。收据内容与格式如本章知识窗所示。

7.7.4 场站收据的组成

场站收据是集装箱运输重要出口单证，其组成格式在不同的港、站使用有所不同，联数有 7、10、12 不等。这里以 10 联单格式为例说明场站收据的组成情况。

第 1 联　集装箱货物托运单—货主留底，白色

第 2 联　集装箱货物托运单—船代留底，白色

第 3 联　运费通知 (1)，白色

第 4 联　运费通知 (2)，白色

第 5 联　场站收据副本—装货单（关单)，白色

第 6 联　场站收据副本—大副联，粉红色

第 7 联　场站收据（正本联)，淡黄色

第 8 联　货代留底，白色

第 9 联　配舱回单 (1)，白色

第 10 联　配舱回单 (2)，白色

标准格式为 12 联的其第 11、12 联供仓库收货和点数使用。标准格式为 7 联的场站收据无上述第 1、3、4、10 联，但增加集装箱理货留底联。

7.7.5 场站收据流转程序

在集装箱货物出口托运过程中，场站收据要在多个机构和部门之间流转。在流转过程中涉及的有托运人、货代、船代、海关、堆场、理货公司、船长或大副等。现以 10 联单为例说明场站收据的流转过程及程序。

第 1 步：发货人或代理填制场站收据一式 10 联，留下第 1 联（发货人留底联)，将其余 9 联送船代订舱。

发货人或代理填制场站收据时应注意以下内容。

(1)“场站收据”各栏目由托运人用电脑或打字机填制以求清晰。托运人应正确完整地填写场站收据的各项目，尤其注意下列栏目的内容。

① 货物装卸港、交接地。

② 运输条款、运输方式、运输要求。

③ 货物详细情况，如种类、唛头、性质、包装、标志等。

④ 装船期，能否分批出运。

⑤ 所需箱子、规格、种类、数量等。

(2) 场站收据的收货方式和交货方式应根据运输条款如实填写，同一单内不得出现两种收货方式或交货方式。

(3) 冷藏货出运应正确填写冷藏温度。

(4) 危险品出运应正确填报类别、性能、《国际危规》页数和联合国编号。如《国际危规》规定除主标以外还有副标，在性能项目栏用“主标/副标”方式填报。

(5) 第 2、3、4 联和第 8、9、10 联右下角空白栏供托运人备注用。

(6) 托运人对场站收据内容变更必须及时通知变更时已办好手续的有关各方，并在 24 小时内出具书面通知，办理变更手续。

第 2 步：船代接受场站收据第 2—10 联，经编号后自留第 2 联（船代留底联）、第 3 联（运费计收联（1））、第 4 联（运费计收联（2）），并在第 5 联（关单联）上盖章确认订舱，然后退回发货人或代理第 5—10 联。

船代订舱签单时，应将场站收据编号用打字机打上，在第 5 联上盖章签单时应仔细核对托运人所填项目是否完整，如有问题应及时联系托运人或其货运代理。应注意以下栏目。

(1) 是否指定船公司、船名。

(2) 是否规定货物运抵日期或期限。

(3) 有无特殊运输要求。

(4) 对发货人提出的运输要求能否做到。

(5) 是否应收订舱押金。

第 3 步：发货人或货代将第 5—10 联送海关报关，海关核对无误后在第 5 联（关单联）上盖章放行。

托运人或代理的出口货物一般要求在装箱前 24 小时向海关申报，海关在场站收据上加盖放行章后方可装箱。如在海关盖章放行前装箱或先进入堆场的集装箱，必须经海关同意并在装船前 24 小时将海关盖章的场站收据送交收货的场站业务员。

发货人或承运人应切记，未经海关放行的货物不能装箱出运，一旦发现以走私论处。

第 4 步：海关在第 5 联盖章放行后，自留第 9 联，将其余联（第 5—8、10 联）退回发货人或代理。

第 5 步：发货人或代理负责将箱号、封志号、件数等填入第 5—7 联，并将货物连同第 5—8 联、第 10 联在规定时间一并送交堆场或 CFS。

场站收据中出口重箱的箱号允许装箱后由货代或装箱单位正确填写，海关验放时允许无箱号，但进场完毕时必须正确填写所有箱号、封志号和箱数。

第 6 步：堆场或 CFS 在接受货物时进行单、货核对。如果无误，则在第 7 联（场站收据正本）上填入实收箱数、进场完毕日期并加盖场站公章签收，然后退回发货人。堆场或 CFS 自留第 5 联（关单联）。

各承运人委托场站签发场站收据必须有书面协议，各场站与承运人签订委托协议后签发的场站收据可以向船代换取提单，已签出场站收据的集装箱货物在装船前的风险和责任由船公司承担。如采用 CY 交接条款，货主对箱内货物的准确性负责；如采用 CFS 交接条款，装箱单位对货物负责。

堆场或 CFS 签发场站收据第 7 联时应注意以下事项。

(1) 第 5 联（关单联）上是否有海关放行章。没有海关放行，不得签发场站收据，并不安排集装箱装船。

(2) 进堆场或 CFS 的货物与单证记载内容是否相符。

(3) 进堆场的箱号、关封号是否与单证记载相符。

(4) 一起送交的单证，其内容是否单单相符。

(5) 货箱未进堆场或 CFS 不能签收。

(6) 船公司是否已给舱位。

(7) 堆场内一旦发生倒箱，新箱号是否报海关。

(8) 一批货分批进堆场，最后一批进场完毕后签发场站收据。

(9) LCL 货物以箱为单位一票一单签发场站收据。

第 7 步：发货人凭签收的第 7 联去船代处换取待装船提单，或在装船后换取已装船提单。

船代签发集装箱提单时应注意以下事项。

(1) 货物是否已经实际装上船舶。

(2) 货物是否在装运期内装船出运场。

(3) 如货物是预付运费，该运费是否已经支付。

(4) 提单记载内容是否与装箱单、商检证、发票、信用证一致。

(5) 场站收据上运输条款与提单记载内容是否一致。

(6) 场站收据上对货物有无批注。

(7) 货运代理人是否已经先签发 HOUSE - B/L。

(8) 签发几份正本提单。

船代在货箱装船后，应核对单据与集装箱装船的情况是否一致。如不一致，应迅速与港方和理货联系，避免出现差错。凭场站收据正本船代应立即签发待装船提单。在船舶开航后 24 小时内，船代应核对并签发已装船提单。

第 8 步：货物装船时，堆场将第 6、8、10 联送外理，外理于货物实际装船后在第 8 联（外理联）上签收并自留。

第 9 步：等货箱全部装上船舶，外理将第 6 联（大副联）和第 10 联（空白联）交船方留存。第 10 联也可供有关方使用。

堆场业务员必须在装船前 24 小时内将场站收据第 6 联（大副联）分批送外轮理货人员，最后一批不得迟于开装前 4 小时。外轮理货在港区的理货员收齐港区场站业务员送来的场站收据（大副联）后，在装船时将装船集装箱与单据核对无误后交大副。

外轮理货人员应根据交接条款在承运人指定的场站和船边理箱，并在有关单证上加批注，提供理货报告和理箱单。如有变更应及时更正场站收据，并在船舶开航后 24 小时内通知船代。船舶开航后 24 小时内，外轮理货人员将装船集装箱理箱单交给船代。

港区堆场业务员在船舶开航后立即将已签场站收据而未装上船舶的出口箱信息通知船代，并在 24 小时内开出工作联系单。港区场站受船公司委托签发场站收据，应对由于其工作中的过失而造成的后果负责。

7.7.6　场站收据流转的注意事项

(1) 托运人或货代的出口货物，一般要求在装箱前 24 小时内向海关申报，海关在场站收据上加盖放行章后方可装箱。如在海关盖章放行前装箱或先进入堆场的集装箱，必须经海关同意，并在装箱前 24 小时内将海关盖章的场站收据送交收货的场站业务员。

(2) 场站收据中出口重箱的箱号，允许装箱后由货代或装箱单位正确填写，海关验放时允许无箱号，但进场完毕时必须填写所有箱号、封志号和箱数。

(3) 托运人和货代对场站收据内容的变更，必须及时通知有关各方，并在 24 小时内出具书面通知，办理变更手续。

(4) 各承运人委托场站签发场站收据必须有书面协议。

(5) 场站业务员签发的场站收据必须验看是否有海关放行章。没有海关放行章不得安排所载明的集装箱装船。

(6) 采用 CY 交接条款，货主对箱内货物的准确性负责；如采用 CFS 交接条款，装箱单位对货物负责。拼箱货物以箱为单位签发场站收据。

(7) 外轮理货人员应根据交接条款，在承运人指定的场站和船边理箱，并在有关单证上加批注，提供理货报告和理箱单。

(8) 货代、船代应正确完整地填写和核对场站收据的各个项目。

专业术语

订舱　订舱单　订舱清单　装箱单　装货单　装货清单　危险品清单　码头收据　设备收据　保函　发票　报关单证　出口许可证　堆场作业计划　装船积载　物权凭证　已装船提单　备运提单　记名提单　不记名提单　指示提单　清洁提单　不清洁提单　直达提单　转船提单　联运提单　多式联运提单　托运人　收货人　被通知人　集装箱提单

复习思考题

1. 简述集装箱运输出口货运程序。
2. 在出口货运中，托运集装箱必须具备哪些条件？
3. 简述船公司或其代理人（代理公司）在出口货运中的业务工作。
4. 简述集装箱码头堆场在出口货运中的业务。
5. 简述集装箱货运站在出口货运中的业务工作。
6. 简述发货人在集装箱出口货运中的业务工作。
7. 海运提单的定义和性质是什么？
8. 签发提单可能会有哪些风险？
9. 集装箱运输提单有哪些特点？

10. 集装箱运输提单有哪些主要条款?

11. 根据集装箱运输提单的条款，承运人应该注意哪些地方?

知识窗

一、场站收据

▽

Shipper （发货人）

D/R No.（编号）

Consignee （收货人）

装 货 单

场站收据副本

第五联

Notify Party （通知人）

Received by the Carrier the Total number of containers or other packages or units stated below to be transported subject to the terms and conditions of the Carrier's regular form of Bill of Lading (for Combined Transport or port to Port Shipment) which shall be deemed to be incorporated herein.

Date （日期）:

场站章

Precarriage by （前程运输）	Place of Receipt （收货地点）
Ocean vessel （船名） Voy. No.（航次）	Port of Loading （装货港）

Port of Discharge （卸货港）	Place of Delivery （交货地点）	Final Destination for Merchant's References （目的地）

Particulars Furnished by Merchants

Container No.（集装箱号）	Seal No.（封志号） Marks & Nos.（标记与号码）	No. of containers or P'kgs.（箱数或件数）	Kind op Packages: Description of Goods （包装种类与货名）	Gross Weight 毛重（公斤）	Measurement 尺码（立方米）
TOTAL NUMBER OF CONTAINERS OR PACKAGES(IN WORDS) 集装箱数或件数合计（大写）					

Container No. （箱号）	Seal No. （封志号）	Pkgs. （件数）	Container No. （箱号）	Seal No. （封志号）	Pkgs. （件数）

Received （实收）	By Terminal clerk （场站员签字）

FREIGHT & CHARGES	Prepaid at （预付地点）	Payable at （到付地点）	Place of Issue（签发地点）
	Total Prepaid （预付总额）	No. of Original B(s)/L（正本提单份数）	BOOKING （订舱确认） APPROVED BY

Service Type on Receiving □-CY，□-CFS，□-DOOR	Service Type on Delivery □-CY，□-CFS，□-DOOR	Reefer Temperature Required.（冷藏温度）	°F	°C

TYPE OF GOODS （种类）	□Ordinary，（普通） □Reefer，（冷藏） □Dangerous，（危险品） □Auto.（裸装车辆） □Liquid，（液体） □Live Animal，（活动物） □Bulk（散货） □______	危险品	Class: Property: IMDG Code Page: UN NO.

二、提单格式

SHIPPER CODE:

SHANDONG FOODSTUFFS IMP. AND EXP. CORP.
96. XIANGGANG ZHONG ROAD, QINGDAO, CHINA

TRANPAC

泛茂船务企业有限公司

TRANPAC SHIPPING ENTERPRISES LTD.

(Incorporated In Hong Kong)

FOR COMBINED TRANSPORT AND PORT TO PORT SHIPMENT

BILL OF LADING

CONSIGNEE OR ORDER (IF "ORDER" STATE NOTIFY PARTY) CODE:

TO ORDER

NOTIFY PARTY CODE:

AGRICULTURAL AND FISHERY MARKETING CORPORATION,
SEOUL, KOREA.

B/L NO: SNLSK 823000445

Received in apparent goodorder and condition except as otherwise noted the total number of other packages or units enumerated below for transportation from the place of receipt to delivery subject to the trems nereof. One of the signed Bilis of Lading must be surrendered at in excnange for the Goods or delivery order. On presentation of this document iduty endo Carner by or on benalf of the Hoider the nghts and ltabifities arising in accorcance with the snall without prejudice to any rule of common faw or statute rendenng them binding on in become binding in all respeets between the Carrier and the Holder as though the contract evide had been made between them.

VESSEL AND VOYAGE NUMBER E.SUN 9904E	PORT OF LOADING QINGDAO, CHINA	PLACE OF RECEIPT
PORT OF DISCHARGE PUSAN, KOREA	FOR TRANSHIPMENT TO	PLACE OF DELIVERY

CONTAINER NOS./SEAL NOS. MARKS AND NUMBER	NO. OF CONTAINER/PACKAGES	DESCRIPTION OF GOODS	GROSS WEIGHT (KILOS)	MEAS (CU-M)
PRODUCT OF CHINA		CHINESE DEHYDRATED ONION 1998 CROP		
UXXU4246686/035452 GSTU6147101/114712 GSTU8102010/035451 WSDU4003570/035370 UXXU4246541/035454	2200 CARTONS	FREIGHT COLLECT	48400. 00Kgs	

SAY: TWO THOUSAND TWO HUNDRED CARTONS ONLY.

ABOVE PARTICULARS AS DECLARED BY SHIPPER

SHIPPED ON BOARD DATE

NUMBER OF CONTAINERS PACKAGES (IN WORDS)

NUMBER OF ORIGINAL B/L THREE

FREIGHT & CHARGES

SHIPPED 2 5 JAN 1999

SHIPPED 2 5 JAN 1999

PLACE AND DATE OF ISSUE QINGDAO, CHINA

THE PRESENT CONTRACT AGREED UPON IS SUBJECT TO CONDITIONS ON BACK

IN WITNESS WHEREOF THIS NUMBER OF ORIGINAL BILLS OF LADING STATED ABOVE ALL OF THE TENOR AND DATE ONE OF WHICH BEING ACCOMPLISHED THE OTHERS TO STAND VOID.

SIGNATURE OF SHIPPER

SIGNED FOR THE CARRIER:

三、进出口货物的口岸报关程序

进出口货物的报关形式有纸质报单报关、电子数据报关单报关、H2000 报关、中国电子口岸系统报关等，其中口岸报关的程序为以下内容。

1. 预录入

报关人预录入可采用以下 3 种方式。

(1) 前往报关大厅委托预录入企业使用连接海关计算机系统的终端录入。

(2) 在本企业办公地点使用 EDI 方式自行录入。

(3) 委托预录入企业使用 EDI 方式录入。

2. 电子申报

一般集装箱进入堆场后，先由堆场把集装箱信息录入口岸系统后，报关人才能申报。申报时，报关人向海关审单中心发送报关单电子数据。海关进行电子审单，并将审单结果和提示信息通过设置在报关或预录入的大厅的显示屏幕和自助终端及 EDI 通关系统等手段通知报关人。

3. 现场交单

报关人收到海关发布的“现场交单”信息后，至预录入处打印纸质报关单，备齐提单(或运单)、发票、合同、装箱单、进（出）口许可证等随附单证并加盖企业报关专用章后，到海关接单现场交单。现场官员审核单证和电子数据，打印、签发各类税费缴款书后，收发货人缴纳各项税费，并凭税费缴纳凭证到接单现场核注税费。

4. 查验货物

海关确定是否对货物实施查验及查验方式，采取机器查验还是人工查验，并通知收发货人。收发货人按照海关通知配合海关实施查验。查验货物结果正常并且已缴纳税费的，办理放行手续。

5. 放行货物

在放行环节中，关员在提单（或运单）上加盖海关放行章后退还报关人，并将放行电子数据传送至海关监管场所及卡口，报关人即可提取或发运货物。

四、海关查验方式

海关查验的目的是核实进出口货物收发货人是否如实申报，确认其进出境货物的真实性、合法性。

查验时，货物的当事人之一必须在场，查验结果由当事人签字确认。当事人包括以下人员。

(1) 进出口货物的收发货人，即物权人或经营人的报关员或技术员。

(2) 进出口货物收发货人的代理人，一般为该企业的报关员。

(3) 见证人，一般为海关监管仓库、监管区的海关监管货物的保管人员。

常用的查验方法有人工查验、电子地磅查验、射线检查仪查验、特训犬查验 4 种。

(1) 人工查验主要是依据目测进行查验，先核对箱号、箱封号与申报是否相符，箱封是否完整；必要时开箱验货，凭装箱单核对实物。

(2) 电子地磅查验是将货物的申报重量、数量等信息输入系统，在把地磅测量的重量输入系统进行比对，如果不符，再采用人工查验。这种方式仅适用于单一品种货物的散货集装箱、通用集装箱或罐式集装箱的查验，如液态化工原料、油品、果胶、粮食、化肥、玻璃、钢材、钢铁制品、大理石板等。

(3) 射线检查仪查验是利用射线穿透不同物质的能力，通过计算机的处理，显示出物品的真实面貌。

(4) 特训犬查验是指海关利用犬自身的嗅觉优势和经过特殊培训后能够与人配合的特性，采用“人导、狗嗅、后验”的方式对集装箱所装货物、行李物品进行查验。

案例分析

案例一　承运人违约责任案

1. 基本案情

卖方：青岛某进出口公司，简称A公司

买方：韩国某贸易公司，简称B公司

承运人：某轮船公司，简称C公司

1996年4月，A公司与B公司签订了陶瓷出口合同，委托了某轮船公司承运。1996年4月12日将共计7个20英尺箱的货物载于X轮（青岛至釜山的定期班轮）。承运人签发了运费到付的已装船清洁提单，提单载明托运人为A公司，收货人为凭韩国国民银行指示，通知方为B公司。

4月14日X轮到达目的港釜山时，接到C公司驻釜山办事处通知，B公司称该批货物未经买方检验，不接收该批货物，并要求将货物运回青岛。

C公司于4月16日在未收回运费的情况下电传托运人A公司要求解决运费，但未得到答复，便通知X班轮将该批货物返运回青岛。1996年4月18日，该批货物安全运回，存储于承运人堆场。承运人多次通知A公司提货，A公司却忙于与C公司纠缠索赔，没有提货。1996年12月，因未及时报关，该批货物被海关罚没。

自货物被运回后，于1996年6月A公司起诉承运人，辩称，承运人在未经同意的情况下擅自将货物运回，违反了应尽的义务，损害了A公司的合法利益，要求共同承担货物损失20万美元及其他费用。

承运人辩称，货物运抵目的港后，及时通知了韩国公司，但该公司称货物未经其检验，拒绝提货，并要求将货物运回青岛。承运人向A公司通报了此事，但原告却迟迟不予回复。为了减少A公司的经济损失，只好将货物运回。又因A公司拒绝提货，只好将货物存放其堆场仓库。

2. 处理结果

法院判决，C公司原则上有将货物安全、及时运至约定地点交付的义务，但未经A公司的许可便将货物运回，是一种违约行为；又运回后不向海关申报货物情况，造成该批货物被海关没收，应承担货物损失的主要责任，承担货物损失的70%；A公司不积极地履行敦促承运人向海关申报的义务，作为货主亦不到海关主张权利，放任该批货物闲置在仓库，致使因超过报关期限而被海关没收，承担次要责任，承担货物损失的30%。

3. 经验教训

(1)“当卸货港无人提取货物或者收货人延迟、拒绝提取货物的，船长可以将货物卸在仓库，或其他适当的场所，由此产生的费用和风险由收货人承担。”这是基本法律常识。但承运人私自将货物运回，把托运人的贸易纠纷揽在自己名下，最终承担了损失。

(2) 货物运回后应在一定期限内报关，否则将被海关没收，这也是基本常识。当托运人

A 公司拒绝报关时，C 公司应代为履行报关手续，以防损失扩大。但 C 公司却怠于履行，致使海关没收货物。

案例二　误签清洁提单招致巨额赔偿

1. 基本案情

某运输公司承运一批花生到法国，货物装船时发现货物部分霉变。承运人拒绝签发清洁提单，且大副在大副收据特别批注货物部分发生霉变。在当时确保出口的地方政策的压力下，承运人应发货人的要求，签发了清洁提单。货物运抵目的港后，收货人发现大部分货物已经霉变，基本上丧失了使用价值。为维护自身权益，收货人在当地采取了扣船措施，承运人被迫提供 200 万美元的担保用于释放船舶。由于承运人是在明知货物发生霉变的情况下仍然签发清洁提单，违反了保赔协会的规则，无法得到保赔协会的保险补偿和司法协助。

2. 处理结果

承运人在庭审抗辩中曾经希望援引提单背面的责任限制条款，以限制自身的赔偿责任。但是由于大副收据上批注的状况与提单记载状况不符，承运人在签发提单时有欺诈成分，丧失了限制责任的权利。在这种全面不利的诉讼背景下，承运人只好庭外和解，最终赔偿收货人 70 万美元。

3. 经验教训

如果货物表明仅仅有轻微瑕疵，发货人为此以担保函换取了清洁提单，而事后发现了货损，承运人可以凭担保函向有关方追偿因此造成的损失。如果货物有明显的缺陷，承运人凭担保函出具了提单，事后承运人将无法依担保函向有关方追偿，因为该担保函有欺诈性，法律不予保护。

案例三　错误交付提单引发赔偿案

1. 基本案情

卖方：服装公司

买方：香港公司

一程承运人：运输公司，既是一程承运人，又是承运人 APL 的货代。

卖方服装公司与卖方香港公司签订了长期服装出口协议，运输条款为 FOB 南京。卖方服装公司与运输公司签署长期运输协议，负责货物的一程运输，并且作为 APL 的货代转发 APL 签发的提单。

由于贸易双方并没有采取信用证的结算方式，提单在双方的贸易往来中并未起到重要单据的作用。服装公司曾就某一票货物的运输，要求运输公司将提单直接发给香港公司南京办事处，运输公司由此与服装公司发生了业务往来。

为了节省单据交接时间，服装公司时常通知运输公司在签发提单后，直接将提单交给香港公司南京办事处，然后香港公司电汇货款，这样香港公司能够及时接到货物。上述通知都是以电话方式进行的，到后来几乎形成业务惯例，其中有些货物甚至未经服装公司电话确认。

在某一次履行服装出口协议的过程中，香港公司收到货物后，因货物的品质和价款与服装公司发生了争议，以品质与合同不符为由拒绝支付货款。

服装公司为了顺利解决问题、全额获得货款，将索赔的目标锁定到运输公司上，上诉至法院。运输公司认为，涉案提单的流转程序是服装公司、香港公司、运输公司认可的，经过一段时间的运作已经成为了业务习惯。所以认为自己的做法是接受服装公司的指示操作的。

法院审理焦点：运输公司此次将提单直接交给香港公司南京办事处的行为是否得到了服装公司的指示。由于运输公司无法举证证明提单交付给香港公司南京办事处是受服装公司委托，因此法院判决运输公司的行为属于提单侵权，应当承担全部货物价款的赔偿责任。

2. 经验教训

(1) 在FOB条款下，提单应该交给提单标注的承运人，即实际交运货物的人。在本案中，运输公司将提单直接交付给香港公司的做法需要得到服装公司的明确授权，否则就构成了违反提单项下义务和法律规定的行为。

(2) 实际业务中双方经过长期合作形成了一定的习惯，往往忽视指示、授权，而依据惯例行事，同时忽视了往来证据的保存，一旦出现纠纷，则很难进行举证。因此，为了分清责任，减少经营风险，必须履行相应的手续，坚持得到明确的授权和指示才行事的原则，虽然增加了平时的工作量，但为今后避免更大的损失还是值得的。

第 8 章 集装箱货物运输进口业务

【本章内容概要】

本章重点介绍了集装箱进口业务的一般运输程序及所用单证，发货人、船公司、集装箱码头堆场和集装箱货运站在进口货运中的主要业务。通过对本章的学习，能够对国际物流的运作有一个整体认识，为详细掌握每一个操作细节打好基础；能够认识各种单证的作用，了解国家对进口货物的监管方法，掌握单证对进口业务当事人权利与义务的约束和保障；能够认识国际物流进口业务的每一个操作细节，加深对国际物流运作的认识。本章的主要内容框架如图 8-1 所示。

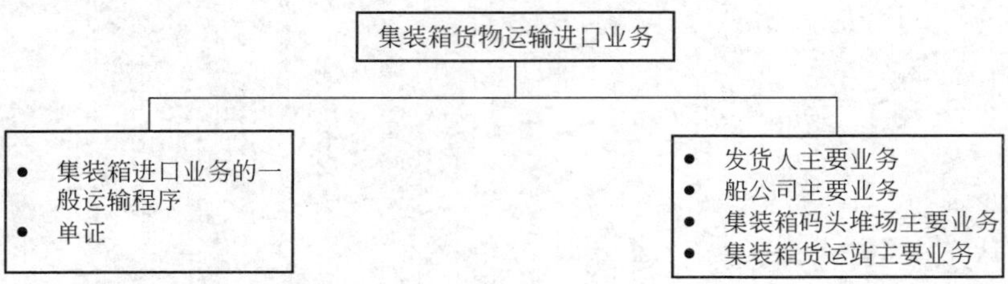

图 8-1　本章的主要内容框架

【本章学习重点与难点】

学习重点：集装箱货物进口的一般运输程序及单证。

学习难点：单证之间的关系及使用。

8.1　集装箱货物进口的一般运输程序及单证

8.1.1　集装箱运输在目的地（进口国）交接责任的特点

集装箱运输与普通海运相比，在集装箱货物运到目的地后，船、货双方交接的责任有所不同。主要表现在以下方面。

（1）交货地点不同。普通海运的交接点在船舷或船边，而集装箱货运交货地点则延伸到陆地，如站、场、门等。

（2）交货条件不同。拼箱货船方的责任虽与传统海运一样，即负责货物的件数和包装的完整。但整箱货船方只负交箱责任，只要铅封完好，箱的外表与接运时相似，责任即告终止。

(3) 经济利益不同。在传统海运中，船舶等运输设备只与承运方有关，不涉及货方的经济利益。而在集装箱运输中，集装箱作为运输设备，当整箱货在门场交接后即由货方控制，直至空箱送回，在此期间均由货方负责。

8.1.2　集装箱货运进口的一般程序

集装箱货运进口的一般程序如下。

(1) 出口港在船舶开航后，应将有关箱运单证航空邮寄至进口港区船公司的集装箱管理处。

(2) 集装箱管理处收到出口港寄来的各种货运单证后，即分别发给进口港代理公司和集装箱码头堆场。

(3) 进口港代理公司在接到船舶到港时间及有关箱运资料后，即分别向收货人发到货通知。

(4) 收货人接到到货通知，即向银行付款购单，并以正本提单向代理公司换取提货单。

(5) 代理公司根据收货人提供的正本提单，经与货运或箱运舱单核对无误后，即签发提货单。提货单是收货人向码头堆场或集装箱货运站提货的凭证，也是船公司向码头堆场或集装箱货运站交箱交货的通知。船公司的代理公司签发提货单时，除了收回正本提单并查对进口许可证外，还须货方付清运费及一切有关费用。如果码头收据对集装箱有批注，原注也应列入提货单备注栏内。

(6) 收货人凭进口许可证及提货单到集装箱码头堆场办理提箱提货手续。

(7) 就整箱货而言，码头堆场根据正本提货单交箱，并与货方代表在船公司签发的设备交接单上签字，以示办妥交接手续。

(8) 拼箱货在集装箱货运站办理提货手续，由集装箱货运站向收货人收回正本提货单，将货交由收货人提取。

至此进口货运程序结束。集装箱进口货运程序简图如图 8-2 所示。

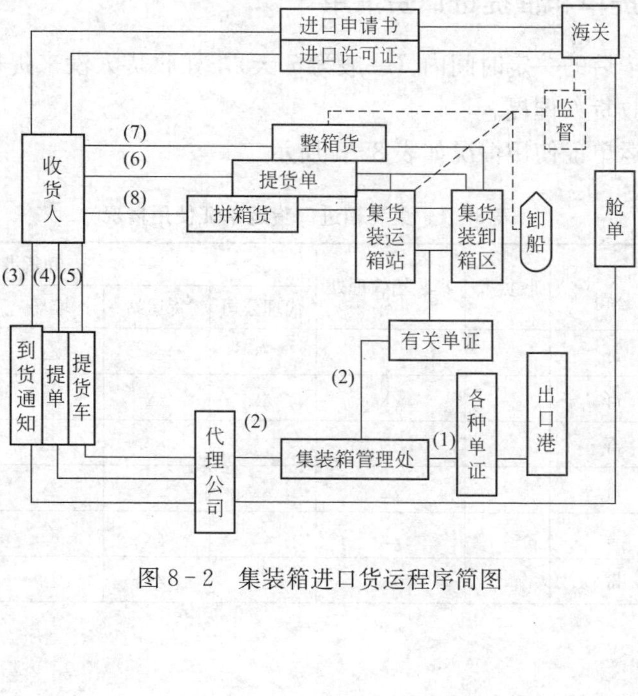

图 8-2　集装箱进口货运程序简图

8.1.3 几种主要进口单证

在进口货运中，涉及的单证包括提货单、卸箱清单、理货计数单、溢短残损单、催提单、拆箱单、集装箱催提单和催提进口货清单等。

1. 提货单（Delivery Order）

提货单是收货人向集装箱码头或集装箱货运站提货的凭证，也是船公司向码头或货运站交货的通知。提货单一般一式5份。

2. 卸箱清单（Container Unloading List）

卸箱清单是由码头理货人员编制的，其作用是记录船舶卸下集装箱的数量和有关情况。其主要内容包括承运船公司、船名、航次、卸箱港、卸箱日期、集装箱经营人、箱号、集装箱情况、装箱港及集装箱外表批注等。卸箱清单也是供集装箱管理处编制"编目控制"的基本资料之一，如有集装箱异状，应即列入批注栏内。

3. 理货单证

理货单证主要有理货计数单和溢短残损单两种，都是由码头理货人员编制的。理货计数单是在集装箱货运站拆箱时，理货人员核对装箱单及货物舱单点验件数，编制理货计数单；同时还应将可能出现的异状、件数不符等情况列入理货计数单。溢短残损单是根据卸货时所编的卸箱清单所列批注，并参照出口港的批注清单编制。如无溢短残损，也应在单内填"无"，如果在填单后再发现集装箱有新的损坏或其他需要批注的事项，则应由码头堆场负责。拼箱货拆箱时，如发现异状或件数不符，理货人员也应填溢短残损单。

4. 拆箱单（Devanning Report）

拆箱单由集装箱货运站有关人员根据理货计数单编制。其主要内容包括船公司、船名、航次、箱号、拆箱日期及起讫时间和提单号等。

5. 集装箱催提单和催提进口货清单

在卸箱作业完毕后的一定时间内（一般为7天），如收货人没来提取，码头应编制上述两项单证，向有关收货人催提。

集装箱进口货运单证使用情况如表8-1所示。

表8-1 集装箱进口货运单证使用情况

单位名称	出口港代理公司	收货人	集装箱管理处	卸货港				
				代理公司	货运站	堆场	海关	海关检疫机关
装箱单	寄		△	△	△	△	△	
提单副本	寄		△	△	△	△		
积载图	寄					△		
批注清单	寄		△	△	△	△		
货载舱单	寄		△	△	△	△	△	△
特种货舱单	寄		△	△	△	△	△	△

续表

单位名称	出口港代理公司	收货人	集装箱管理处	卸货港				
				代理公司	货运站	堆场	海关	海关检疫机关
装箱清单	寄		△	△	△	△	△	
进口许可证		申请			LCL	FCL	批准	
提货单		△		签	△	△		
设备交接单		△	△	签		△		
卸货清单	△		△	△		编		
进口理货清单			△	△		编		
集装箱催提单			△	△		编		
拆箱单			△	△	编			
催提进口货清单			△	△	编			
空箱存场报告			△	△		编		
集装箱翻舱清单			△	△		中转港编		

注：表中△表示需要使用这一单证的部门。

8.2 收货人在进口货运中的主要业务

同普通货物运输相比较，收货人在集装箱进口货运中的业务变化不大，只是个别之处稍有不同，下面按应办事项的顺序具体说明。

1. 签订贸易合同

收货人作为买方（进口人）首先必须同国外的卖方（发货人）签订贸易合同。其中，买卖合同的运输条款中必须注明采用集装箱装运。

2. 申请进口许可证

收货人事先向海关或有关部门申请进口许可证，否则卸船港集装箱码头堆场可拒绝交货。

3. 提出开证（信用证）申请

收货人必须在贸易合同规定的日期向其所在地银行提出开信用证申请（在采用信用支付方式下），并按合同的内容填写开证申请书，请开证行（所在地银行）开证。根据集装箱运输的特点，一般都应在信用证中证明是否必须签发已装船提单，有的还应具体指定船名。

4. 租船订舱

货物如是以 FOB（离岸价）价格条件成交，收货人则负有租船订舱的责任，并有将船名、装船期通知发货人的义务。在采用特殊集装箱运输时，更应尽早预订舱位。

5. 投保

进口货物如以 FOB（离岸价）价格条件成交，收货人则负有投保、支付保险费用的责任。通常情况下，此种保险都是预约保险。所以，只要开始运输，实际上货物只要装上船舶，其货名、数量、保险金额一经确定，即应正式投保。

6. 取得装船单据

收货人要取得全套装船单据，必须向银行支付货款，购买装船单据，或向银行开信托收据取出装船单据。如是按托收汇票结汇时，进口地银行对出口地银行负有代收货款的责任。所以，在付款交单条件下，收货人只有在支付货款后才能取得单据。收货人在得到单据后，应仔细审核提单所记载的事项和提单背书的连贯性。

7. 报关放行

收货人应待进口许可证、运输单证和贸易证向海关及有关单位办理报送放行手续。某些货物，如植物、动物、食品、危险货物等还须申请检验。

8. 换取提货单

收货人在提货前，应将提单交还给船公司或其代理人，据此换取提货单。当货物从船上卸货后，凭提货单即可提货。

9. 提取货物

通常情况下，整箱货应到码头堆场提货，而拼箱货则应在货运站提货。必须注意的是，整箱货物应连同集装箱一起取出，同时，还应办理有关集装箱的设备交接单。整箱货在送达收货人单位后，应立即进行拆箱卸货，并将空箱在规定时间内（一般是 48 小时）送回，否则须支付滞期费。

10. 索赔

收货人提取货物时，如发现实际收到的集装箱或货物与持有的提单记载不符，即有短少、损坏、灭失等，经查证应由承运人负责的，收货人通过代理公司向承运人提出索赔，或委托保险公司办理索赔。

8.3 船公司在进口货运中的主要业务

1. 集装箱管理处向集装箱码头堆场下达任务

在船舶到达卸货港 5 天前，由船公司航区的集装箱管理处对卸货港的码头堆场下达卸货指示。其内容是卸箱总数，以及特殊要求（如变更目的港等）。

2. 做好卸船准备工作

由于集装箱专用船要求在最短的时间内卸完集装箱，如没有一个完整的卸船计划，集装箱有可能停滞在码头上，影响船舶装卸，使码头工作陷入混乱，延迟对收货人的交货，从而在相当程度上削弱了集装箱运输能缩短作业时间和提高船舶周转率的优越性。

因此，对船公司来说，应在船舶从最后装船港开出后，着手制订船舶预计到港的计划，并从装船港船公司代理那里得到有关单证。与此同时，应同港方、收货人、海关和其他有关部门尽早取得联系，船舶一靠泊，尽快将集装箱卸下，并办理海关手续，做好交货准备。

从装船港船公司代理取得以下主要单证。

(1) 进口货运舱单：即出口港的货运舱单，由于某些国家要求必须按海关规定格式，所以有时必须由进口港重新编制。

(2) 提单副本或码头收据副本：提单副本或码头收据副本作为船舶预计到港通知书，以及交货通知书、交货凭证、货物舱单、动植物清单等，并据此答复收货人有关货物方面的各种咨询。

(3) 积载图：在进口业务中，积载图可作为编制集装箱卸船计划、集装箱在码头堆场的安置、保管和交货计划，以及有关设备管理的资料。

(4) 集装箱装箱单：该单作为办理保税内陆运输手续，办理货物从码头堆场运出的手续，以及集装箱货运站办理拆箱、取货、分类的依据。

(5) 进口集装箱清单：即装箱清单，与货运舱单一样，作报关卸货之用。

(6) 集装箱号码单：该单作为向海关办理集装箱暂时进口手续、设备管理的依据，并且可在与其他单据核对时使用。

(7) 装船货物残损报告：凭此单可向责任方提出索赔。

(8) 特种货清单：凭该清单可向海关和有关方面办理危险品申报，以及冷藏货物、活牲畜等特殊货物的交货。

(9) 批注清单：供划分船舶与装卸区及船方与货方责任之用。

3. 制作寄送有关单据

船公司或其代理人在收到装船港寄来的单据后，应从速制作下述有关单证寄送有关方。

(1) 船舶预计到港通知书。船舶预计到港通知书是向提单副本所记载的收货人或通知人寄送的单据，其内容和提单大致相同，除货物情况外，还记载该船预计抵港日期。在普通运输中，船公司一般没有给收货人寄送船舶预计到港通知书的义务。但在集装箱运输中，为使码头堆场能顺利进行工作，防止货物积压，使集装箱能有效地利用而不发生闲置，加速集装箱的周转，则有必要将货物预计到达的日期早日通知收货人。让收货人在船舶抵港前作好收货准备工作，等集装箱货物一从船上卸下即可从速提走。

(2) 交货通知。交货通知是货物具体交付日期的通知，是在确定了船舶抵港日期和时间并且决定了集装箱的卸船计划和时间后，船公司或其代理人将货物交付的时间通知收货人的单据。货物交付通知习惯上先用电话通知，然后寄送书面通知，防止不必要的纠纷。

(3) 货物舱单。货物舱单供向海关申请批准卸货之用。

4. 卸船与交货计划

集装箱的卸船与交货计划，主要由码头堆场负责办理，但如收货人在接到船公司寄送的船舶预计到港通知后，有时会通知船公司，提出一些要求。对收货人的要求，船公司应即转告集装箱码头堆场，在交货时，尽可能满足收货人的要求。

5. 签发提货单

一般情况下，船公司或其代理人只要收到正本提单，便有义务对提单持有人签发提货单。因此，提货单的签发是采用与正本提单相交换的形式进行的。提货单仅作为交货的凭证，并不具有提单那样的流通性。

在签发提货单时，首先要核对正本提单签发人的签署、签发的年月日、背书的连贯性，判断提单持有人是否合法，然后再签发提货单。提货单应具有提单所记载的内容，如船名、交货地点、集装箱号码、铅封号、货物名称、收货人名称等交货所必须具备的内容，在到付运费和未支付其他有关费用情况下，原则上，应在收讫后再签发提货单。在正本提单尚未到达，而收货人要求提货时，可采用与银行共同向船公司出具担保书的办法，该担保书内应保证以下内容。

(1) 待正本提单一到，收货人即将正本提单交船公司或其代理人。

(2) 由于在没有正本提单下发生的提货，对船公司由此遭受的任何损失，收货人应负一切责任。

此外，如收货人要求更改提单上原指定的交货地点，船公司或其代理人应收回全部的正本提单后，才能签发提货单。

上述为一般情况下提货单的签发，在特殊情况下的签发手续如下。

(1) 船舶发生共同海损时，收货人必须提供海损协议书、共同海损货物保价单、现金保证或由保险公司签具的保证书等单证。

(2) 发生货损货差时，因船公司代理事先不知，故收货人可以在提货单上批注，同时向码头堆场索取短缺残损单，以便办理索赔。

(3) 提单或舱单上载有件数争议，如是溢出，则仍按正本提单原列件数签发提货单，实际交货后确有多余，再通过出口港船公司代理征求发货人意见加以处理；如遇短缺，船公司代理可签两份提货单，第一份签上减去争议数字的件数，第二份签上争议的件数，实际交货时再按实际情况处理。

6. 签发设备交接单

签发本单手续与出口港发货人借用集装箱的手续相同。

7. 货损货差理赔

在集装箱货运中，承运人与货物所有人之间，委托方与代理公司之间，船方与码头堆场或其他业务服务单位之间，由于其中一方违反合约或其他约定，或是未按提单条款履行和未按设备交接单背面条款履行，或是工作中的疏忽和过失，造成另一方的损害等，受损方可以就遭受的直接损失向责任方取得补偿。

在处理货损货差的理赔中，船公司代理处理步骤包括受理、审查、提赔和结案 4 项内容。其处理方法与传统海上货运手续相同。但因在集装箱运输中造成货损货差的原因与传统运输有所不同，如因操作不当、维修保护不当造成集装箱损坏和装货积载不当、集装箱失窃及集装箱掉入海底等引起货损，所以在审查分析时必须给予充分考虑。

8.4 集装箱码头堆场在进口货运中的主要业务

1. 集装箱的卸船准备

进港靠泊的集装箱船如是定期班轮，则根据协议或业务章程的规定，在一定时间内将船期计划告知码头，在船舶靠泊前（通常为两个星期）正式通知码头。如由于气候或其他原因未能按期到港应提早通知。在船舶抵港前几天，船公司或其代理应将下列单证送交码头业务部门。

(1) 货物舱单。

（2）集装箱号码单。

（3）积载图。

（4）集装箱装箱单。

（5）装船货物残损报告。

（6）特种货清单。

码头堆场根据这些单证安排卸货准备，并制订集装箱卸船计划、堆存计划、交货计划。

集装箱卸船计划：为了能缩短船舶在港时间，卸船与装船往往需要同时进行，卸船计划的制订就是为了能在最短的时间内使大量的集装箱能顺利地装上或卸下。

集装箱堆存计划：集装箱能否合理地安置在集装箱码头堆场内，除了会影响卸船计划的执行外，还会严重地影响交货计划的执行。因此，码头堆场应充分考虑卸船的集装箱数量、种类，以及向内地运输和交给收货人的数量，有条不紊地将集装箱卸下，并且立即交给内陆运输的承运人或收货人，为达到这一目的，有必要制订堆存计划。

集装箱交货计划：交货计划是为了使船上卸下的集装箱不积压在堆场内，并向最终目的地继续运输或直接交给收货人所制订的计划。

2. 向港口有关当局申报

码头堆场收到集装箱管理处转出的出口港所编的单证后，应分别向海关和有关防疫所申报。

3. 卸船与堆放

码头堆场根据制订的卸船计划从船上卸下集装箱后，根据堆场计划堆放集装箱，从船上卸下的集装箱如存放在码头堆场时，则应注意以下问题。

（1）根据管理处的卸箱指示、出口港所编的货运舱单、船舶积载图、装箱清单等编制卸箱计划，应立即进行卸船作业。

（2）了解重箱内货物的详细情况，集装箱是否要安排中转运输，是在码头堆场交货还是在货运站交货，预定交货的日期，空箱与重箱应分开堆放。

（3）在卸箱时如发现异状，应在卸箱清单上注明。对照出口港所编批注清单，如发现损坏有所扩大，亦应在单中注明。

（4）卸箱完毕，应根据卸箱清单批注汇编、分送溢短残损单，并对照出口港所编装箱清单核对箱数，如有不符也应在溢短残损单中注明。

4. 交货

从船上卸下的集装箱货，交货对象大致可分为收货人、集装箱货运站、内陆承运人。根据不同的交货对象，交货时应办理以下手续。

（1）交给收货人。当收货人或其代理人前来提取装有货物的集装箱时，应出具船公司或其代理人签发的提货单，经核对无误后，码头堆场将集装箱交给收货人。交货时，码头堆场和收货人双方在交货记录上签字交接，如对所交接的货物有批注，则应将该批注记人交货记录。交货记录是证明承运人责任终止的重要单证。

船公司或其代理签发的提货单和设备交接单是整箱货交箱的依据，并应对照是否与出口港所寄装箱单、提单副本一致，如有不符应及时与船公司或其代理联系。交箱时先核对进口许可证，然后根据提货单交箱。交、收货方应一同查验铅封及集装箱外表情况，如有异状，可在交货记录上批注。交箱完毕，码头堆场还应根据交箱记录汇编另一份溢短残损单，分送船公司及集装箱管理处，作为区分责任及办理理赔的参考。码头堆场应逐日查对船公司给收货人所发的提箱通知，注意提货动态。船舶卸箱完毕后7天应编制清算，分送船公司及管理处，再次向收货人催提。

（2）交给集装箱货运站。如是拼箱货，则由集装箱货运站从码头堆场将集装箱货物运至货运站，并由货运站拆箱将货交给收货人。通常进行的集装箱货物交接，由码头堆场和货运站共同在集装箱装箱单上签字，作为货物交接的依据。如码头堆场和货运站是各自独立的，交接时应制作交货记录，并由双方签署，以明确对集装箱货物的责任关系。

（3）交给内陆承运人。如果集装箱货物是原封不动运往内地最终交货地点，则码头堆场必须与船公司或其代理公司取得联系后，再把集装箱交给内陆承运人。在这种情况下，如海上承运人的责任终止于码头堆场，则以交货记录进行交接；如内陆承运人作为海上承运人的分包承运人，海上承运人则对全程运输负责，码头堆场和内陆承运人只需办理内部交接手续，在集装箱货物运至最终交货地点后再办理交货记录。

5. 有关费用收取

码头堆场在将集装箱货物交给收货人时，应核查该货物是否发生了保管费、再次搬运费用。另外，箱子的使用是否超出了免费使用期，如已超过则应收取滞期费。在发生上述费用的情况下，码头堆场应在收取了这些费用后，再交付集装箱货物。

6. 制作交货报告与未交货报告

码头堆场在交货工作结束后，应根据实际情况制作交货报告送交船公司，作为日后船公司据以处理收货人提出的关于货物灭失或损坏的索赔。

如收货人一时未能前来提货，码头堆场则应制作未交货报告送交船公司，船公司据此催促收货人早日提货，如收货人仍不能前来提货，船公司对货物可采取必要措施。

7. 内陆集装箱货运站或非卸箱港集散点交箱

如交箱地点在内陆集装箱货运站或非卸箱港，则卸箱港所签设备交接单仅作为内部交接之用。这是因为提货单是交结货运目的地的装卸区的，而不是卸箱港的装卸区的。

8. 空箱管理

每日下班前，应将当日存场空箱编制报告，于次日报送集装箱管理处及当地船公司。

8.5 集装箱货运站在进口货运中的主要业务

拼箱货由货运站从码头堆场领取后，在货运站拆箱，并按提单分类，将货物交给前来提货的人员，集装箱货运站有以下主要的进口货运业务。

1. 交货准备工作

集装箱货运站在船舶到港前几天，从船公司或其代理人处取到下列单证。

（1）提单副本或码头收据副本（为交货时核对提货单的依据）。

(2) 货运舱单、集装箱清单、特种货清单（为船公司的交货通知）。

(3) 集装箱装箱单（为船公司的拆箱指示）。

(4) 装船货物残损报告。

(5) 特种货清单。

(6) 批注清单（为交货时划分责任的依据）。

货运站根据上述单据，编制拆箱计划，并及时联系收货人，确定提货时间，据以安排拆箱卸货计划，做好拆箱交货准备工作。

2. 发出交货通知

在确定了船舶进港时间和卸船计划后，集装箱货运站应与码头堆场联系决定提取拼箱集装箱的时间，根据这个时间，由货运站制订出拆箱交货计划。

集装箱船在港期间，集装箱货运站同时要进行拆箱交货、接货装箱等作业，业务相当繁忙。为了使拆箱的货物尽快让收货人提走，对收货人发出交货日期的通知是完全必要的。

交货日期通知也是货运站计算集装箱保管费或再次搬移费用的依据。

3. 从码头堆场领取载货的集装箱

集装箱货运站根据拆箱计划在与码头堆场取得联系后，即从堆场领取载货的集装箱。在进行交接时，码头堆场应与货运站在集装箱装箱单上签字。另外，对出堆场的集装箱应办理设备交接手续，由堆场出具设备收据，双方共同签字。

4. 拆箱交货

集装箱货运站从堆场领取集装箱货后，应联系海关派员监督，会同检验开铅封，如有异状，在残损单上批注。启封后，即行卸货，由理货员对照货运舱单或提单副本及装箱单核对货运资料，即货名、标志、件数，以及外表情况，如有异状，应在溢短残损单上批注，及时联系船公司解决。从箱内取出货物时，应按装箱单记载的末尾向前的顺序进行，这是因为箱内的货物是由装箱地按货物装箱的顺序记载的。

当收货人前来提货时，货运站则要求收货人出具船公司签发的提货单、有效的进口许可证或内陆运输证，在提货单记载的内容与货物核对无误后，即可交货。交货时货运站与收货人应在交货记录上签字，如发现货物有异常，则应将这种情况记入交货记录的备注栏内。如货物有溢短，则理货员应编制溢短残损单，分送船公司及集装箱管理处。

这种交货记录与普通货物运输下的船舶记录有着相同的性质，是交货完毕的凭证，船公司对货物的责任以双方在交货记录上的签署为准。

集装箱货运站应逐日查对船公司对收货人所发的提货通知以及和收货人约定的提货时间，进行催提。在船舶卸箱完毕 8 天后，应编制催提进口货清单，分送船公司及集装箱管理处，以便再次催提。

5. 空箱管理

拼箱货在拆箱卸货完毕，将空箱交回堆场前，必须检查下列事项。

(1) 集装箱必须清洁，如有防水布或其他设备，都应处于完好状态。

(2) 加固用的钉子、木板，捆扎的索具或其他设备等材料，应全部清除出箱。

(3) 发现集装箱损坏，应立即通知箱子所有人及时进行修补。

检查后，应将空箱退还给码头堆场。

6. 收取有关费用

集装箱货运站在交付货物时，应查核该货物有无发生其保管费和再次搬运费，如有发生，则应收取后再交付货物。

7. 制作交货报告或未交货报告

集装箱货运站在交货工作结束时，应制作交货报告寄送船公司，船公司据以处理有关货物的损害赔偿责任。对未交货积压在货运站的货，则应制作未交货报告寄送船公司，船公司据以催促收货人迅速提货，如收货人在船公司催促后仍未前来提货，船公司可对货物采取必要的措施。

8.6 集装箱交货记录的应用

集装箱交货应严格遵循收货人凭正本提单向承运人或其代理人提货这一国际惯例，以维护国内外收、发货人及海上承运人或多式联运经营人的正当权益。

8.6.1 交货记录标准格式

交货记录一套有以下 5 联。

第 1 联：到货通知书（除进库场日期外，所有栏目由船代填制）。

第 2 联：提货单（同上，盖章单位由责任单位盖章）。

第 3 联：费用账单（蓝色，场站或港区留存用，剩余栏目由场站港区填制）。

第 4 联：费用账单（红色，向收货人收取费用的凭证，填制内容同上）。

第 5 联：交货记录（同上，提货人签名）。

8.6.2 交货记录流转程序

交货记录流转程序内容如下。

(1) 船舶代理人在收到进口货物单证资料后，在规定时间向收货人或通知人发出到货通知书，即第 1 联。

(2) 收货人或其代理人在收到到货通知书后，凭海运正本提单（背书）和到货通知书向船舶代理换取其他 4 联，即提货单、费用账单、交货记录。提货单经船代盖章方始有效。

(3) 收货人或其代理人持提货单在海关规定的期限内备妥报关资料，向海关申报。海关验放后在提货单的规定栏目内加盖放行章。收货人或其代理人还要办理其他有关手续的，亦应办妥手续，取得有关单位盖章，如检验检疫等。

(4) 收货人及其代理人凭海关盖章放行的提货单及费用账单和交货记录向场站或港区的营业所办理申请提货作业计划。港区或场站营业所核对船代提货单是否有效及有关放行章后，将提货单和费用记录联留下，作放货、结算费用及收取费用依据。在第 5 联交货记录联上盖章，以示确认手续完备，受理作业申请，安排提货计划，并同意放货。

(5) 收货人及其代理人凭港区或场站已盖章的交货记录联到港区仓库或场站仓库、堆场提取货物。提货完毕后，提货人应在规定的栏目内签名，以示确认提取的货物无误。交货记录上所列货物数量全部提交后，场站或港区应收回交货记录联。

(6) 场站或港区凭收回的交货记录联核算有关费用。第 3 联蓝色的费用账单用于船公司与场站、港区之间结算费用，第 4 联红色的费用账单用于船公司与收货人之间结算费用。

(7) 交货和结算完毕后，港区或场站将第 2 联的提货单及第 4 联的费用结算单和第 5 联的交货记录留存归档备查。

集装箱交货应不违背我国法律、法令及我国政府承认的有关国际海商法规及国际惯例，为压缩进口集装箱货物在港口停留时间，各有关方应面应提高工作效率加快单证流转。

8.6.3　承运人

承运人在集装箱交货时应注意以下事项。

(1) 按集装箱运输的交货条款交货。收货人或其代理人凭海运正本提单（背书）在规定的时间内向承运人或其代理人换取提货单及场站或港区的费用账单和交货记录 4 联，并在交货记录上签字后，货物交接手续完成。

(2) 收货人凭正本多式联运提单（背书）向多式联运经营人在当地的代理人提取、交接货物。多式联运经营人的代理人必须具有合法的代理资格。

(3) 承运人必须通知其装货港代理：远洋航线船舶在确报船舶抵卸货港前 7 天，将舱单、副本提单等完整资料寄达卸货港的船舶代理人；近洋航线船舶在抵港前 24 小时，将上述资料寄达卸货港代理。

8.6.4　船舶代理

船舶代理应注意以下事项。

(1) 船舶代理人在收到船舶资料后 24 小时内将其代理的船舶舱单送达口岸主管海关及卸货港区。

(2) 船舶代理人在收到远洋船舶抵港资料前若干天，近洋船舶抵港后 24 小时内，向收货人或被通知人或其代理人发出到货通知书。如进口舱单或其他有关资料无法查明确切的收货人或提单被通知人时，应立即向发货港船舶代理查询，接到复电后立即发通知。

(3) 船舶代理人在收到正本提单并核对无误后，方可签发提货单等 4 联，并在提货单上加盖专用章，以示确认。在特殊情况下，收货人或其代理人无正本提单提取货物，船舶代理人可凭收货人或其代理人的银行担保或其他可接受的有效保函，签发提货单。但收货人或其代理人必须在 30 天内办理销保手续。

(4) 船舶代理人在签发提货单时，应仔细确认船舶货物是否属于自己代理的职责，不属于自己代理的船舶，任何船舶代理人无权签发提货单及其他有关证明。

(5) 如承运人交货地点为内地的集装箱货物，船舶代理人应根据承运人指定的业务范围通知有关单位，有关单位可凭副本提单到船舶代理处签发提货单等有关手续，并向口岸海关等有关检验机构办理转运手续。

(6) 运费到付的进口货物，必须结清运费后方可签发提货单等有关单证。

(7) 船舶代理人仅对其代理的海运承运人负责。

8.6.5　场站或港区

场站或港区应注意以下事项。

(1) 场站或港区所存放的集装箱和货物，场站或港区负保管的责任，并应按船公司或其代理人的通知放货。

(2) 场站或港区对海关需要查验后放行的货物，凭海关出具的查验证明受理作业计划。对分批提货的货物凭交货记录受理交货计划。

(3) 收货人或其代理人在交货记录上签收后，场站或港区应将交货记录整理归档备案。

(4) 进口箱内地交货时，场站、港区不得以任何理由擅自拆箱。

8.6.6 收货人或其代理人

收货人或其代理人应注意以下事项。

(1) 收货人及其贸易代理在签订进口贸易合同时，应要求发货人在托运时，写明国内收货人或通知方的全称及通信地址。

(2) 收货人或国内代理在收到到货通知书后，应及时凭正本提单（背书）和到货通知书向船舶代理人换取提货单。

(3) 收货人办理进口手续。根据贸易性质，必须备妥：进口许可证、合同、来料加工或进料加工补偿贸易登记手册、发票、包装清单、内地海关转关证明等有关资料。

(4) 收货人对运费到付的货物，在换取提货单时必须结清运费。

(5) 进口集装箱重箱运往内地的，按照“一关三检”交货的有关规定办理。

(6) 无正本提单，凭保函换取提货单的，必须在 30 天内去船代办理销保手续。

8.6.7 海关及有关法定检验机构

海关及有关法定检验机构应注意以下事项。

(1) 海关受理进口申报，应验看船代出具的提货单，所提货箱是否属于其代理的船舶承运进口业务。对不属于其代理的船舶，不受理其进口申报。

(2) 海关受理进口申报，准予放行的货物，在提货单上规定位置盖放行章以示确认。受理申报后，需查验后放行的应向申报人出具海关查验证明，便于向场站、港区申请作业计划。

(3) 承运人交货地在内地，且内地有海关，应准予申报人办理海关监管手续，到内地交货地办理结关手续。同样必须进行法定检验的进口货物，商检、卫检、动植物检机构仍按口岸机构有关规定办理手续。

专业术语

提货单　卸箱清单　理货单证　拆箱　拆箱单　内陆承运人　交货报告

复习思考题

1. 集装箱运输与普通海运相比船货双方在目的地的交接责任有什么不同?

2. 简述集装箱运输进口货运程序。

3. 简述船公司或其代理人（代理公司）在进口货运中的业务工作。
4. 简述集装箱码头堆场在进口货运中的业务工作。
5. 简述集装箱货运站在进口货运中的业务工作。
6. 简述收货人在集装箱进口货运中的业务工作。

知识窗

提货单及报检

一、提货单

中国外运天津集团船务代理公司
SINOTRANS TIANJIN MARINE SHIPPING AGENCY
提货单
DELIVERY ORDER

No.

<table>
<tr><td colspan="3">收货人
通知人</td><td colspan="2">下列货物已办妥手续，运费结清请准许交付收货人</td></tr>
<tr><td>船名：</td><td>航次：</td><td>起运港：</td><td colspan="2" rowspan="5">唛头：</td></tr>
<tr><td>提单号：</td><td>交付条款：</td><td>目的港：</td></tr>
<tr><td>卸货地点：</td><td>进场日期：</td><td>箱进口状态：</td></tr>
<tr><td>抵港日期：</td><td colspan="2">到付海运费</td></tr>
<tr><td>一程船：</td><td colspan="2">提单号：</td></tr>
<tr><td>集装箱/铅封号</td><td>货物名称</td><td>件数与包装</td><td>重量（kg）</td><td>体积（m^3）</td></tr>
<tr><td></td><td></td><td></td><td></td><td></td></tr>
<tr><td colspan="5">请核对放货：
中国外运天津集团船务代理公司
提货专用章

凡属法定检验、检疫的进口商品，必须向有关监督机关申报。</td></tr>
<tr><td>海关章</td><td></td><td></td><td></td><td></td></tr>
</table>

二、报检

报检是针对出入境检验检疫的申报。出入境检验检疫是指作为政府的一个部门，以保护国家整体利益和社会效益为衡量标准，以法律、行政法规、国际惯例或出口国家法规要求为准则，对出入境货物、交通运输工具、人员及其事项等进行检验检疫、管理及认证，并提供官方检验检疫证明、居间检验检疫公证和鉴定证明的全部活动。中国出入境检验检疫按其业务内容，包括进出口商品检验、进出境动植物检疫和国境卫生检疫，这就是国际物流中的“三检”。

（一）主管机构

1998 年 3 月以前，三检工作分别由国家进出口商品检验局、农业部动植物检疫局、卫生部卫生检疫局 3 个部门分工负责。1998 年 3 月，上述 3 个部门合并组建成中华人民共和国出入境检验检疫局，形成“三检合一”，成为三检的行政执法机构。2001 年 4 月 10 日，国家出入境检验检疫局与国家质量技术监督局合并，成立中华人民共和国质量监督检验检疫总局，为国务院正部级直属机构。中华人民共和国质量监督检验检疫总局下设中国进出口商品检验总公司、中国国家认证认可监督委员会和中国国家标准化管理委员会 3 个主要事业单位，分别统一管理全国三检、质量认证认可和标准化工作。其作用是把关（作为进出境检验检疫主管机关）和服务（作为公正鉴定人）。

（二）报检内容

1. 商检

进出口商品检验简称商检，是出入境检验检疫的主要业务内容，它是指在进出口贸易活动中，为了保证货物的质量、数量符合合同的要求，由商品检验机构进行检验的过程。

法律依据是《中华人民共和国进出口商品检验法》、《中华人民共和国进出口商品检验法实施条例》、《中华人民共和国食品卫生法》。

商检分为法定检验和公证鉴定。

法定检验是强制性检验，无检验证书，海关不放行。对列入《必须实施检验目录的进出口商品目录》的进出口商品进行检验，检验进出口商品的质量、规格、重量、数量、包装、安全性能、食品卫生，以及车辆、船舱、集装箱等运载工具的清洁、密固、冷藏效能等装运技术条件。

公证鉴定是根据贸易关系人的申请，办理有关公证业务，出具鉴定证明，作为办理进出口商品交接、结算、计费、理算、报关、纳税和处理索赔的有效凭证。检验内容包括积载鉴定、舱口检验、监视装载和监视卸载、集装箱拆箱检验、检残、海损货物鉴定、鉴封样品、签发产地证明书和价值证明书、其他公证鉴定业务。

出口商品一般报关前 10 天报验。进口商品留有一定的索赔有效时间。

2. 动植物检疫

动植物检疫是在进出口贸易活动中，为了防止动物传播疾病、寄生虫和植物危险性病、虫、杂草，以及其他有害生物（简称病虫害）传入、传出国境，保护农、林、牧、渔生产和人体健康，促进对外经济贸易的发展，对进出境的动植物、动植物产品和其他检疫物，对装载动植物、动植物产品和其他检疫物的装载容器、包装物，以及来自动植物疫区的运输工具，依法实施检疫。

法律依据是《中华人民共和国进出境动植物检疫法》及《中华人民共和国进出境动植物

检疫法实施条例》。

检疫措施有辐射、微波、消毒、熏蒸、热处理等。

3. 卫生检疫

卫生检疫是指为了防止传染病由国外传入或者由国内传出，保护人体健康，对入境、出境的人员、交通工具、运输设备，以及可能传播检疫传染病的行李、货物、邮包等物品实施国境卫生检疫，经国家卫生检疫机关许可方准入境或者出境。传染病指检疫传染病和检测传染病，其中检疫传染病是指鼠疫、霍乱、黄热病，以及国务院确定和公布的其他传染病。法律依据是《中华人民共和国国境卫生检疫法》及《中华人民共和国国境卫生法实施条例》。

（三）商品报检

三检工作实行联检办公，根据需要申报内容并接受检验检疫。出境商品法定检验一般工作程序如下。

1. 报检

时限：最迟在出口报关或装运前 7 天备齐出口货物并申报。

地点：原产地检验检疫，活动物由出境口岸检验检疫。

备齐单证：《出境货物报检单》、贸易合同、信用证、厂检结果单原件、《出境货物运输包装性能检验结果单》、卫生注册编号和质量许可证编号、《出境危险货物运输包装使用鉴定结果单》正本（危险品时）、《出境货物换证凭单》正本（异地报检时）。

备齐样品。

2. 抽检

抽检即抽样检验，从待检批的货物中抽样以备检验，将用检验的结果对全批的结果进行判断。凡经检验合格的出口商品，应保存一定数量有代表性的样品到合同规定的有效期满为止。

3. 检验

检验即对抽检的样品进行鉴定。常用方法包括感官检验、物理检验、化学检验、仪器检验、生物检验。

在检验环节中，与动植检疫和卫生检疫有关的项目由相关专业部门实施检验。

4. 出口查验

出口检验主要是针对产地和报关地不一致的出境货物。产地检验检疫机构预见合格的商品，在出口发运前由签证或放行的检验检疫机构实施的核查活动。查验合格的，将《出境货物换证单》正本换发《出境货物通关单》正本。经口岸检验检疫机构查验不合格的货物，不得签证放行。

出口查验内容如下。

(1) 查验包装，是否有无破损、污染、水渍等。

(2) 查验货物外包装所列品名、标记、批号、件数与换证凭单是否相符。

(3) 查验原始检验结果与合同、标准的要求是否符合。

5. 签证

检验检疫机构对检验合格的商品签发《检验证书》，或在《出口货物报关单》上加盖检验印章；经检验不合格的，签发《出境货物不合格通知单》。

6. 放行

出口商品经检验合格后，报检人持检验申请单、贸易合同、发票、④装箱单、《出境货物通关单》、报关单（一式两份）向出口地检验检疫机构办理放行手续。商检机构审核单证无误后，在报关单上加盖放行章，或签发《放行通知单》，或签发注有“限国内通关使用”字样的检验证书。

不论是内地的还是口岸检验检疫机构，只要检验合格后签发了商检证书，海关均可以凭此放行出口货物。

对产地和报关地一致的出境货物，经检验检疫合格的，出具《出境货物通关单》；对产地和报关地不一致的出境货物，出具《出境货物换证凭单》，由报关地检验检疫机构换发《出境货物通关单》；出境货物检验检疫不合格的出具《出境货物不合格通知单》。

进口货物的报检与出口货物报检基本一致。

（四）集装箱报检

按照《进出境集装箱检验检疫管理办法》第四条的规定：“集装箱进出境前、进出境时或过境时，承运人、货主或其代理人（以下简称报检人），必须向检验检疫机构报检。检验检疫机构按照有关规定对报检集装箱实施检验检疫。”

1. 出境集装箱的报检

(1) 出境集装箱应按规定实施下列检验检疫。

① 应实施卫生检疫。

② 装载动植物及产品和其他检验检疫物的集装箱应实施动植物检疫。

③ 装运出口易腐烂变质食品、冷冻品的集装箱应实施适载检疫。

④ 输入国要求实施检验检疫的集装箱，按要求实施检验检疫。

⑤ 法律、法规和国际条约规定或贸易合同约定的其他应实施检验检疫的，按有关规定、约定实施检验检疫。

(2) 报检的时间和地点。报检人应在装货前向所在地检验检疫机构报检，未经检验检疫机构许可，不准装运。

(3) 检验检疫工作程序如下。

① 在申请出境集装箱检验检疫时，应填写《出/入境集装箱报检单》，并提供相关资料，如贸易合同、提单等。

② 实施检验检疫。

③ 经检验检疫合格的集装箱，发给《集装箱检验检疫结果单》。

2. 入境集装箱的报检

(1) 入境集装箱应按规定实施下列检验检疫。

① 应实施卫生检疫。

② 来自动植物疫区的，装载动植物及产品和其他检验检疫物的，以及箱内带有植物性包装或铺垫材料的集装箱，应实施动植物检疫。

③ 法律、法规和国际条约规定或贸易合同约定的其他应实施检验检疫的，按有关规定、约定实施检验检疫。

(2) 报检的时间和地点。报检人应在办理海关报关手续前向入境口岸检验检疫结构报检，未经检验检疫机构许可，不准提运和拆箱。

(3) 检验检疫工作程序如下。

① 在报关前，向入境口岸所在地区检验检疫机构办理申请，填写《出/入境集装箱报检单》，并提供相关资料，如贸易合同、提单等。

② 检验检疫机构依据有关规定对集装箱（包括火车保温车厢）实施检验检疫。

③ 经检验检疫合格的集装箱，发给《集装箱检验检疫结果单》；对装运经国家批准进口的废物原料的集装箱符合规定的，可签发《检验检疫情况通知单》。

④ 入境集装箱及其装载的应检货物经检验检疫合格的，准予放行；不合格的，按有关规定处理。

3. 转关与过境集装箱的报检

(1) 转关运输的集装箱，报检人在入境口岸检验检疫机构报检，入境口岸检验检疫机构受理报检后，检查集装箱外表，办理调离和封签手续，并通知指运地检验检疫机构，到指运地进行检验检疫。

(2) 过境运输集装箱的报检人应按入境口岸检验检疫机构的要求，采取密封措施；无法采取密封措施的，不准过境。

（五）交通运输工具报检

对出入境的运输工具，如船舶、航空器、列车和汽车等车辆，均应依法接受口岸检验检疫机构卫生检疫和动植物检疫；出入境检验检疫机构对运输工具实施检疫时有权登船、登机、登车查验，任何单位和个人不得以任何形式阻止检验检疫人员登船、登机、登车实施检疫。

1. 卫生检疫

检疫医师登上交通工具，查验乘载人员和旅客的健康证明、预防接种证明，观察和询问健康情况、检查有无病媒昆虫和啮齿动物，必要时对相关物品采样送检。检验合格的，签发《运输工具检疫证书》。

2. 动植物检疫

(1) 出境运输工具的动植物检疫。

① 装载动物的运输工具，装载前应当在口岸动植物检疫机关监督下进行消毒处理。

② 装载植物、动植物产品及其他检疫物的运输工具，必须经口岸检验检疫机构查验合格并签发《运输工具检疫处理证书》（只限本次出境有效）。

(2) 入境运输工具的动植物检疫。

① 对来自动植物疫情发生或流行的疫区，包括始发和途径地的船舶、飞机、火车等，无论是否装载检疫物，都应在入境口岸实施动植物检疫。

② 装载入境动物的运输工具，无论是否来自疫区，都应实施动植物检疫。

③ 入境的机动车和非机动车，无论是否来自疫区，都应在入境口岸由检验检疫机构实施动植物检疫进行防疫消毒处理。

④ 入境供拆解的废旧船舶和入境修理的船舶，以及我国淘汰的远洋废旧钢船，无论是否来自疫区，都应由口岸检验检疫机构实施检疫。

(3) 过境运输工具的动植物检疫。

① 装载过境动物的运输工具到达口岸时，由口岸检验检疫机构对运输工具和装载容器的外表进行消毒。

② 装载过境植物、动植物产品及其他检疫物的运输工具和包装容器，应由口岸检验检

疫机构检查外表。

③ 动植物、动植物产品，以及其他检疫物过境期间，不得开拆包装，不得卸离运输工具。出境口岸对过境货物和运输工具不再进行检疫。

案例分析

案例一　废铜进口案

1. 基本案情

上海某公司从国外进口 6 个集装箱的废铜，进口提单上注明 CY - CY；“SLAC” 字样，该公司从码头堆场将箱子拉到拆箱地点，打开箱门发现箱内装载的是废钢铁。在收到这批货 6 个月后，该公司才迟迟向国外发货人提出索赔，理由：一是提单加注 “SLAC”，发货人明知装卸的是废钢铁，而提单货物内容加注的是废铜。国外发货人事后 2 个月向该公司出具了 2 份证书，一份是该国的海关出具的“海关监装证书”，另一份是公证行出具的“装箱证明书”。这 2 份证书分别证明货主实际装载出口的货物确系废铜，而且数量与单证记载相符。作为收货人有理由怀疑发货人做手脚，但不能怀疑发货人与海关、公证行一起出具假证明。

2. 处理结果

在发货人出具有效证书并明确表示不承担责任情况下，该公司向国外保险人提出保险赔偿（因该批货物成交价是 CIF 价，由国外卖方投保），但国外保险人拒赔。理由：一是投保人向保险人申报的标的是废铜，并非废钢铁，而箱内实际装载的是废钢铁，标的不一；二是投保人有可能向保险公司做欺诈保险，如是这样，保险公司不但不赔，必要时还会保留追诉权利。显然，该公司也无法从保险人那里得到赔偿。

于是该公司向承运人提出赔偿要求，但船公司同样拒赔。理由：一是进口提单上记载 CY - CY 条款，收货人在码头堆场提货时，只要对箱子外表状况、关封没有提出任何异议，承运人责任即告终止；二是收货人在将箱子拉出堆场时，设备交接单上没有任何批注，这表明承运人已履行完整交货责任。

该案由于收货人无法举证确定责任方，最终只能自行承担损失。

案例二　错填提单托运人货物丢失

1. 基本案情

卖方：我国某贸易公司，简称 A 公司

买方：新加坡某公司，简称 B 公司

承运人：C 公司

1993 年 8 月，A 公司与 B 公司签订一份货物出口合同，价格条件 FOB 中国某港，支付方式信用证。根据信用证要求，A 公司将货物交给 B 公司指定的承运人 C 公司，并且 A 公司要求 C 公司签发以 B 公司为托运人、收货人凭指示的指示提单。

A 公司持提单结汇时因信用证过期而被银行退回。

船到达目的港后，承运人在无正本提单的情况下，将货物交付于提单上列明的托运人 B 公司，B 公司提货后未付款赎单。

A 公司几经交涉无果，于同年 10 月，A 公司凭正本提单向当地海事法院起诉 C 公司，诉称 C 公司无单放货，侵犯其所有权，要求赔偿其货款损失。

海事法院判定，在没有背书转让的情况下，货物的所有权仍属于提单列明的托运人 B 公司，A 公司不是提单关系的当事人，不享有向承运人要求交付货物或主张物权的实体。

2. 经验教训

(1) 在 FOB 贸易方式下，签发托运人为买方、收货人凭指示的指示提单，在国际贸易中非常忌讳。因为指示提单的第一手背书人只能是提单上列明的托运人，只有他才是提单实体权力的拥有人。

(2) 在信用证中规定提单托运人必须填写买方时，买方还可以要求签发不记名提单，即在收货人一栏填上"凭卖方或其代理指示"(to the order of the seller or his agent)，这样卖方持有不记名提单就保留货物处置权。

(3) 卖方不应接受要求签发托运人为买方的指示提单的条件。

案例三　出口货物回运案

1. 基本案情

三星外贸公司（简称三星公司）委托某运输公司办理一批从郑州到韩国内地某市的多式联运货物，运输公司向三星公司签发了多式联运提单。提单上的托运人为三星公司，收货人为韩国三元公司。货到目的港后韩国三元公司通过三星公司寄给它的提单副本向海关申请了保税运输，货物通过保税运输运到汉城附近的保税仓库中暂存。此时，三星公司因与韩国三元公司发生贸易纠纷，三星公司持尚未结汇的提单向运输公司提出要求回运，运输公司表示同意。但是根据韩国法律的规定，货物的回运必须由收货人提交证明或请求，没有收货人的证明或请求，海关不同意货物运离保税仓库，而此时收货人拒绝配合。由于运输公司迟迟无法进行货物的回运，三星公司认为运输公司既然无法回运货物，就说明已经丧失了对货物的实际控制，遂对运输公司提起诉讼。

2. 处理结果

本案一审法院判定运输公司应承担无单放货的责任。运输公司不服提起上诉。因收货人拒绝配合，运输公司无法从收货人处取得相关证据，后通过多方努力从韩国当地海关、公证部门，以及保税仓库取得证据，证明收货人尚未办理通关手续，货物仍在保税仓库中储存。二审法院判定运输公司不承担责任，遂驳回了三星公司的请求。

3. 经验教训

货物运输与整个贸易与进出口的流程密切相关，不仅涉及发货人与收货人，而且涉及进口国与出口国的海关、检验检疫等众多机构，任何一环无法通过，都可能影响船、货的放行，造成运输合同的无法正常履行。而这是承运人在同意托运人的回运要求时所应该考虑到的，尤其是在本案涉及内陆保税运输的情况下，承运人完成回运的难度是非常大的。因此，本案承运人对这些情况未予考虑就轻易地答应了托运人的回运要求无疑是草率的行为。

第 9 章 集装箱多式联运

【本章内容概要】

本章重点介绍了多式联运的组织方法，多式联运合同，多式联运经营人的服务范围、责任范围及赔偿责任，集装箱多式联运的责任保险和货物保险，集装箱综合保险。本章的主要内容框架如图 9－1 所示。

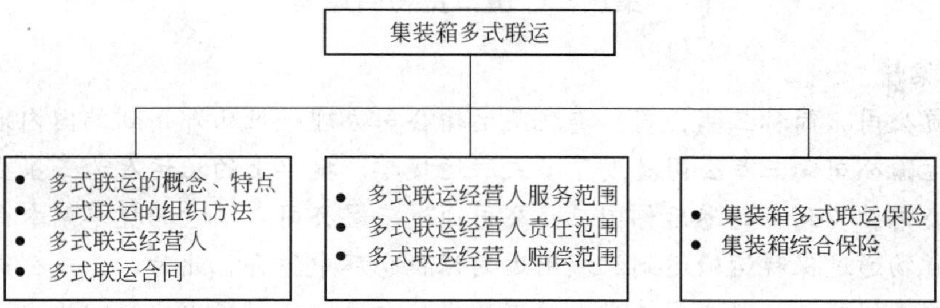

图 9－1　本章的主要内容框架

【本章学习重点与难点】

学习重点：责任范围及期间。

学习难点：责任的确定。

9.1　多式联运的概念及组织方法

9.1.1　多式联运的概念

在一些与多式联运相关的文献中，与多式联运相关而又常被相互替代使用的概念有 4 个：多式联运、国际多式联运、集装箱多式联运和国际集装箱多式联运，其原因是由于 4 个概念所定义的内容在实际操作中常是相同的。一般情况下为国际集装箱多式联运。

1980 年《多式联运公约》对国际多式联运的定义为："国际货物多式联运是指按照多式联运合同，以至少两种不同的运输方式，由多式联运经营人将货物从一国境内接管货物的地点运至另一国境内指定交付货物的地点。为履行单一方式运输合同而进行的该合同所规定的货物接送业务，不应视为国际多式联运。"

1997 年我国交通部和铁道部共同颁布的《国际集装箱多式联运管理规则》（已在 2003 年废除）对国际集装箱多式联运的定义为："国际集装箱多式联运（以下简称多式联运），是指按照国际集装箱多式联运合同，以至少两种不同的运输方式，由多式联运经营人将国际集装箱从一国境内接管的地点运至另一国境内指定交付的地点。"

两个定义的区别：前者是针对货物运输（Carriage of goods）；后者是针对集装箱运输（Carriage of goods by containers）。后者常被简写为前者，是因为目前国际货物多式联运的实施是以集装箱为装载体的。由上述两个定义，可给出集装箱多式联运的一般含义。

9.1.2　多式联运的特点

多式联运的突出特点是由多式联运经营人与托运人签订一个运输合同，统一组织全程运输，实现运输全程的一次托运、一单到底、一次收费、统一理赔和全程负责。

(1) 根据多式联运的合同进行操作，运输全程中至少使用两种运输方式的连续运输。

(2) 多式联运是不同方式的综合组织，全程运输均是由多式联运经营人完成或组织完成的，无论涉及几种运输方式，分为几个运输区段，多式联运经营人要对全程负责。

(3) 货物全程运输是通过多式联运经营人与各种运输方式、各区段的实际承运人订立分运（或分包）合同来完成的，各区段承运人对自己承担区段的货物运输负责。

(4) 在起运地接管货物，在最终目的地交付货物及全程运输中各区段的衔接工作，由多式联运经营人的分支机构（或代表）或委托的代理人完成。这些代理人及承担各项业务的第三者对自己承担的业务负责。

(5) 多式联运经营人可以在全世界运输网中选择适当的运输路线、运输方式和各区段的实际承运人，以降低运输成本，提高运达速度，实现合理运输。

(6) 多式联运是一票到底，实行单一费率的运输。发货人只要与多式联运经营人订立一份合同，一次付费，一次保险，通过一张单证即可完成全程运输。

(7) 多式联运的货物主要是集装箱货物，具有集装箱运输的特点。

9.1.3　多式联运的优点

随着集装箱运输的发展，以多式联运形式运输的货物越来越多。到目前为止，发达国家大部分国际贸易的货物运输已采用多式联运的组织形式，发展中国家采用多式联运的形式运输货物的比例也以较大的速度增长。可以说集装箱货物多式联运已成为国际货物运输的主流。多式联运之所以能如此迅速发展，是由于它与传统运输相比较具有许多优点，这些优点主要体现在以下几个方面。

(1) 统一作业过程，简单作业环节。多式联运的统一化和简单化主要表现在不论运输全程有多远，不论由几种方式共同完成货物运输，也不论全程分为几个运输区段，经过多少次转换，所有一切运输事项均由多式联运经营人负责办理，货主只需办理一次托运、订立一份运输合同、一次保险。一旦在运输过程中发生货物的灭失和损害时，由多式联运经营人处理就可以了。多式联运通过一张单证，采用单一费率，因而也大大简化了运输与结算手续。

(2) 减少中间环节，提高运输质量。多式联运以集装箱为运输单元，可以实现"门到门”运输，尽管运输途中可能有多次换装、过关，但由于不需掏箱、装箱、逐件理货，只要保证集装箱外表状况良好，铅封完整即可免检放行，从而减少了中间环节；尽管货物运输全程中要进行多次装卸作业，但由于使用专用机械设备，且又不直接涉及箱内货物，货损、货差事故、货物被盗的可能性减少；由于全程运输由专业人员组织，可做到各环节与各种运输工具之间衔接紧凑、中转及时、停留时间短，从而使货物的运达速度大大加快，有效地提高了运输质量，保证了货物安全、迅速、准确、及时地运抵目的地。

(3) 降低运输成本，节约运杂费用。多式联运全程运输中各区段运输和各区段的衔接，是由多式联运经营人与各实际承运人订立分运合同和与各代理人订立委托合同（包括其他有关人与有关合同）来完成的。多式联运经营人一般与这些人都订有长期的协议。这类协议一般规定多式联运经营人保证托运一定数量的货物或委托一定量的业务，而对方则给予优惠的运价或较低的佣金。通过对运输路线的合理选择和运输方式的合理使用，都可以降低全程运输成本，提高利润。对于货主来讲，一来可以得到优惠的运价；二来在多式联运下，一般将货物交给第一（实际）承运人后即可取得运输单证，并可据此结汇（结算货款），结汇时间比分段运输有所提前，有利于货物占有资金的周转；三则由于采用集装箱运输，从某种意义上讲，可以节省货物的运输费用和保险费用。此外，由于多式联运全程运输采用一张单证，实行单一费率，从而简化了制单和结算的手续，节约了货方的人力、物力。

(4) 扩大业务范围，提高组织水平。在多式联运开展以前，各种运输方式的经营人都是自成体系、独立运输的，因而其经营业务的范围（特别是空间地域范围）受到很大限制，只能经营自己运输工具能够（指技术和经济方面）抵达范围的运输业务，货运量也因此受到限制。一旦发展成为多式联运经营人或作为多式联运的参加者（实际承运人），其经营的业务范围即可大大扩展。从理论上讲可以扩大到全世界。除运输经营人外，其他与运输有关的行业及机构（如仓储、港口、代理、保险、金融等）都可通过参加多式联运得到好处、扩大业务。

在国际多式联运中是由专业人员组织全程运输的，这些人对世界的运输网、各类承运人、代理人、相关行业和机构及有关业务都有较深的了解和较为密切的关系，可以选择最佳的运输路线，使用合理的运输方式，选择合适的承运人，实现最佳的运输衔接与配合，从而提高运输组织水平，充分发挥现有设施的作用，实现合理运输。

由于多式联运的上述优点逐渐被各方面认识，自其产生以来，不仅得到货主和多式联运经营人的认可，同时也得到了所涉及的各种人、各方面的共同认可，从而得到迅速发展。

9.1.4 多式联运的组织方法

多式联运的全过程就其工作性质的不同，可分为实际运输过程和全程运输组织业务过程两部分。实际运输过程是由参加多式联运的各种运输方式的实际承运人完成的，其运输组织工作属于各方式运输企业内部的技术、业务组织。全程运输组织业务过程是由多式联运经营人完成的，主要包括全程运输所涉及的所有商务性事务和衔接服务性工作的组织实施，其运输组织方法可以有很多种，但就其组织体制来说，基本上可分为协作式多式联运和衔接式多式联运两大类。

1. 协作式多式联运的运输组织方法

协作式多式联运的组织者是在各级政府主管部门协调下，由参加多式联运的各种运输方式的企业和中转港站共同组成联运办公室（或其他名称）。货物全程运输计划由该机构制订。这种联运组织下的货物运输过程如图 9-2 所示。

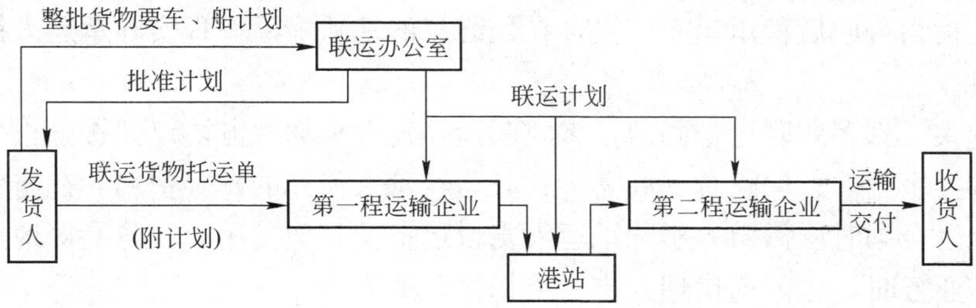

图 9-2　协作式多式联运过程示意图

协作式多式联运运输组织方法是发货人根据货物运输的实际需要向联运办公室提出托运申请，并按月申报整批货物要车、要船计划，联运办公室根据多式联运线路及各运输企业的实际情况制订货物运输计划，把该计划批复给托运人并转发给各运输企业和中转港站。发货人根据计划安排向多式联运第一程的运输企业提出申请，并填写联运货物托运委托书（附运输计划），第一程运输企业接受货物后经双方签字，多式联运合同即告成立。第一程运输企业组织并完成自己承担区段的货物运输至下一区段衔接地，直接将货物交给中转港站，经换装后由下一程运输企业继续运输，直至最终目的地由最后一程运输企业向收货人交付。在前后程运输企业之间和港站与运输企业交接货物时，需填写货物运输交接单和中转交接单（交接与费用结算依据）。联运办公室（或第一程企业）负责按全程费率向托运人收取运费，然后按各企业之间商定的比例向各运输企业及港站清算。

协作式多式联运组织方法是建立在统一计划、统一技术作业标准、统一运行时间表和统一考核标准基础上，而且在接受货物运输、中转换装、货物交付等业务中使用的技术装备、衔接条件等也需要同步建设、配套运行，以保证全程运输的协同性。这种组织方法在有的资料中称为“货主直接托运制”，是国内过去和当前多式联运（特别是大宗、稳定、重要物资运输）中采用的主要方法。

2. 衔接式多式联运的组织方法

衔接式多式联运组织业务是由多式联运经营人完成的，货物运输过程如图 9-3 所示。

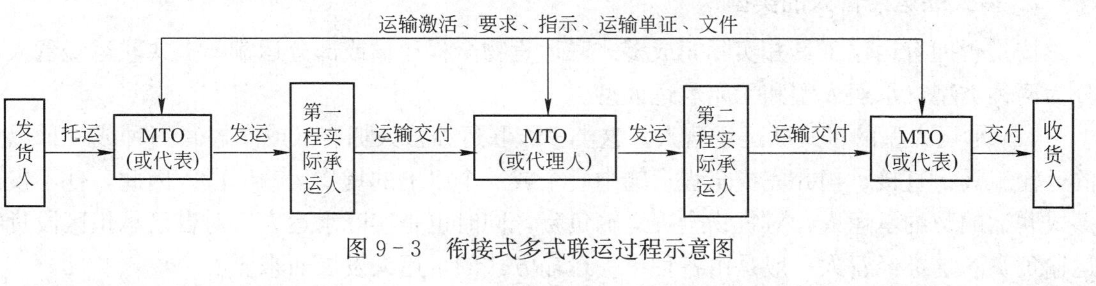

图 9-3　衔接式多式联运过程示意图

衔接式多式联运的组织方法是由多式联运经营人受理发货人提出的托运申请，双方订立货物全程运输的多式联运合同，并在合同指定地点（发货人的工厂或仓库，或指定的货运站、中转站、堆场、仓库）办理货物的交接，多式联运经营人签发多式联运单据。接受托运后，多式联运经营人首先要选择货物运输路线，划分运输区段（确定中转、换装地点），选择各区段的实际承运人，确定零星货物集运方案，制订货物全程运输计划，并把计划转发给各中转衔接地点的分支机构或委托的代理人。然后根据计划与各运程的实际承运人分别订立货物运输合同。全程各区段间的衔接，由多式联运经营人（或其代表或其代理人）从前程实际承运人接受货物再向后程承运人交接，在最终目的地从最后一程实际承运人接受货物后再向收货人交付。

在与发货人订立多式联运合同后，多式联运经营人根据双方协议，按全程单一费率收取全程运费和各类服务费、保险费（如需多式联运经营人代办的）等费用。在与各区段实际承运人订立各分运合同时，需向各实际承运人支付运费及其他费用。在各衔接地点委托代理人完成衔接服务业务时，也需向代理人支付委托代理费用。

衔接式多式联运组织方法，在有些资料中称为“运输承包发运制”。目前在国际货物多式联运中主要采用这种组织方法，在国内多式联运中也越来越多地采用这种方法。

9.2 多式联运经营人与多式联运合同

9.2.1 多式联运经营人

1. 多式联运经营人的定义

开展集装箱多式联运往往涉及海、陆、空等运输区段的运输业务，必须有人对集装箱的全程运输进行组织、安排与协调，此人就是多式联运经营人（Multimodal Transport Operator，MTO）或称契约承运人，即与货物托运人订有运输合同的人。通常，多式联运经营人既可由参与某一运输区段的实际承运人担任，也可由不参加实际运输的经营人来充当。

多式联运的形成和发展离不开多式联运经营人，他是多式联运的组织者或主要承担人。根据《多式联运公约》的定义：“多式联运经营人是指其本人或通过其代表订立多式联运合同的任何人，他是事主，而不是发货人的代理人或代表或参加多式联运的承运人的代理人或代表，并且负有履行合同的责任。”由此可见，多式联运经营人是一个独立的法律实体，他的身份是一个对货主（托运人）负有履行合同责任的承运人。

2. 多式联运经营人的类型

按是否拥有运输工具并实际完成多式联运货物全程运输或部分运输，多式联运经营人可分为两种类型：承运人型和无船承运人型。

(1) 承运人型的多式联运经营人。这类多式联运经营人拥有（或掌握）一种或一种以上的运输工具，直接承担并完成全程运输中一个或一个以上的货物运输区段。因此，他不仅是多式联运的契约承运人，对货物全程运输负责，同时也是实际承运人，对自己承担区段货物运输负责。这类经营人一般是由各种单一运输方式的承运人发展而来。

(2) 无船承运人型的多式联运经营人。该类经营人不拥有（或掌握）任何一种运输工具，而只是组织完成合同规定货物的全程运输，仅是多式联运的契约承运人，对货物全程运输负责。这类经营人一般由传统意义上的运输代理人或无船承运人或其他行业企业或机构发展而来。

我国规定，运输企业开展多式联运业务时，经营的多式联运部分应从原企业中分离出来成为独立法人。因此，我国的多式联运经营人均属于第二类。

3. 多式联运经营人应具备的条件

多式联运经营人应具备以下条件。

(1) 必须具有经营管理的组织机构、业务章程和具有企业法人资格的负责人，能够与发货人或其代表订立多式联运合同。且该合同至少要使用两种运输方式完成全程运输。

(2) 从发货人或其代表手中接收货物后，即能签发自己的多式联运单据以证明合同的订立并开始对货物负责。为确保该单据作为有价证券的流通性，多式联运经营人必须在国际运输中具有一定的资信或令人信服的担保。

(3) 必须具有与经营业务相适应的自有资金。多式联运经营人要完成或组织完成全程运输，并对运输全过程中的货物灭失、损害和延误运输负责，因此必须具有开展业务所需的流动资金和足够的赔偿能力。

(4) 必须能承担多式联运合同中规定的与运输和其他服务有关的责任。因此，必须具备与合同要求相适应的，能承担上述责任的技术能力，包括建立自己的多式联运线路，要有一支具有国际运输知识、经验和能力的专业队伍，要有完整的服务网络，要能够制定各线路的多式联运单一费率，要有必要的设备和设施，要做好宣传普及、咨询服务等工作。

4. 多式联运企业经营的基本方式

多式联运经营人的经营方式通常有以下 3 种。

(1) 独立经营方式。独立经营方式是指多式联运过程中的所有工作（除各区段实际运输外）全部由自己的办事处或分支机构承担并完成。承运人型的多式联运经营人多是这种形式。

(2) 两企业间联营方式。联营企业由分别位于多式联运线路两端国家的两个（或几个）类似的多式联运经营人联合组成，联营的双方互为合作人，分别在各自的国家内开展业务活动，揽到货物后，按货物的流向及运输区段划分双方应承担的工作。

(3) 代理方式。即在线路的两端和中间各衔接地点委托国外（内）同行业作为多式联运代理，这种代理关系可以是相互的，也可是单方面的。在这种情况下，一般由多式联运经营人向代理人支付代理费用。

第一种方式一般适用于货源数量较大，较为稳定的线路，一般要求企业具有较强的经济实力和业务基础。第二种和第三种（特别是第三种）方式多适用于公司的经济实力不足以设立众多的海外办事处和分支机构，或线路的货源不够大，不太稳定，设立分支机构在经济上不合理，或企业开展多式联运业务的初期等情况。大多数无船承运人型的多式联运经营人均采用后两种形式。在实际经营过程中，各多式联运经营人并不只按上述 3 种方式的某一种经营，而是 3 种方式结合运用。

9.2.2　多式联运合同

1. 多式联运合同的特点

多式联运合同的特点表现在以下方面。

(1) 多式联运合同为双务合同，合同双方均负有义务和享有权利。

(2) 多式联运合同为有偿合同。

(3) 多式联运合同为不要形式的合同，尽管可用多式联运单据证明，但多式联运单据不是运输合同，没有具体体现形式。

(4) 多式联运合同有约束第三者性质，收货人不参加合同订立，但可直接获得合同规定的利益并自动受合同约束。

(5) 多式联运合同有时包括接受委托、提供服务等内容，这些内容由双方议定。

2. 多式联运合同的订立

多式联运合同是处于平等法律地位的多式联运经营人与发货人双方的民事法律行为，只有在双方表示一致时才能成立。合同是双方的协议，其订立过程是双方协商的过程。

发货人或他的代理人需向多式联运经营人或其营业所或代理机构提出货物（一般是集装箱货）运输申请（或填写定舱单），说明货物的品种、数量、起运地、目的地、运输期限要求等内容，多式联运经营人根据申请的内容，并结合自己的营运路线、所能使用的运输工具及其班期等情况，决定是否接受托运。如果认为可以接受，则在双方商定运费及支付形式，货物交接方式、形态、时间，集装箱提取地点、时间等情况后，由多式联运经营人在交给发货人（或代理）的场站收据的副本联上签章，以证明接受委托。这时多式联运合同即告成立。发货人与多式联运经营人的合同关系已确定并开始执行。

多式联运中使用的集装箱一般由多式联运经营人提供，在表示接受委托之后，多式联运经营人签发提箱单给发货人或其代理人以保证其在商定的时间、地点提取空箱使用。发货人或其代理人按双方商定的内容及托运货物的实际情况填写场站收据，并在多式联运经营人编号、办理货物报关及货物装箱后，负责将重箱拖运至双方商定的地点将货物交给多式联运经营人或指定的代理人（堆场或货运站），取得正本场站收据后到多式联运经营人处换取多式联运单据（提单）。

9.3 多式联运经营人的服务范围

有的多式联运经营人可能会拥有一种或几种运输工具及集装箱装卸设备，甚至还可能会拥有自己的集装箱堆场、集装箱货运站及内陆中转站。而有的多式联运经营人可能不具备这些设施，因而必须通过订立分合同来获得这些服务。由此可见，多式联运经营人直接提供的或由与其订有分合同的人提供的服务范围是随经营人的不同而不同的，并在一定程度上随国家和地区而异，这取决于各国港口区域、内陆港站及内陆运输的管理体制。同时，根据其服务的贸易运输航线，多式联运经营人可能会从事不同的经营服务范围。

多式联运经营人的服务范围除全程运输外，还常常包括以收货人或发货人的名义（也包括以多个收货人或发货人的名义）在目的地分发全部货物。下面按多式联运链中的服务过程分别列明多式联运经营人的服务范围。

9.3.1 接受托运申请，订立多式联运合同

多式联运经营人受理托运申请，在交给发货人（或代理）的场站收据的副本联上签章，

以证明接受委托，多式联运合同即告成立并开始执行。

发货人或其代理人与多式联运经营人双方根据货物交接方式、时间、地点、付费方式等达成的协议填写场站收据。

9.3.2　空箱的发放、提取及运送

多式联运中使用的集装箱一般应由多式联运经营人提供。如由发货人自行装箱，则多式联运经营人应签发提箱单（或由租箱公司或分运人签发提箱单）交给发货人或其代理人，在规定日期、指定的堆场提箱并拖运至装箱地点。发货人亦可委托多式联运经营人办理从堆场到装箱地点的空箱拖运。如是拼箱货或是整箱货但发货人不能自装时，则由多式联运经营人将所用空箱调运至接受货物的集装箱货运站。

9.3.3　出口报关

若多式联运从港口开始，则在港口报关；若从内陆地区开始，应在附近的内地海关办理报关。出口报关事宜一般由发货人或其代理人办理，也可委托多式联运经营人代为办理（这种情况需加收报关服务费及报关手续费，并由发货人负责海关派员所产生的全部费用）。报关时应提供场站收据、装箱单、出口许可证等有关单据和文件。

9.3.4　货物装箱及接收货物

发货人可以自行装箱，装箱工作一般要在报关后进行，并请海关派员到装箱地点监装和办理加封事宜。如需理货，还应请理货人员现场理货并与之共同制作装箱单。发货人也可委托多式联运经营人或货运站装箱（指整箱货情况）。如果是拼箱货物，发货人应负责将货物运至指定的集装箱货运站，由该站按多式联运经营人的指示装箱。无论装箱工作由谁负责，装箱人均需制作装箱单，并办理海关监装与加封事宜。对于货主自装的整箱货物，发货人应负责将货物运至双方协议规定的地点，由多式联运经营人或其代表（包括委托的堆场业务员）在该地点接收货物。如是拼箱货，由多式联运经营人在指定的集装箱货运站接收货物。验收货物后，代表多式联运经营人收货物的人应在场站收据正本上签章并将其交给发货人或其代理人。

9.3.5　订舱及安排货物运送

多式联运经营人在合同订立之后，应制订该合同涉及的集装箱货物的运输计划。该计划包括货物的运输路线、区段的划分、各区段实际承运人的选择及各区段间衔接地点的到达、起运时间等内容。这里所说的订舱，是指多式联运经营人要按照运输计划安排各区段的运输工具，与选定的各实际承运人订立各区段的分运合同。这些合同的订立由多式联运经营人本人（派出机构或代表）或委托的代理人（在各转接地）办理，也可请前一区段的实际承运人作为代表向后一区段的实际承运人订舱。

9.3.6　办理保险

在发货人方面，应投保货物运输险。该保险由发货人自行办理，或由发货人承担费用由多式联运经营人代为办理。货物运输保险可以是全程，也可分段投保。

在多式联运经营人方面，应投保货物责任险和集装箱保险，由多式联运经营人或其代理人向保险公司或以其他形式办理。

9.3.7 签发多式联运单据、组织完成货物的全程运输

多式联运经营人的代表收取货物后，应向发货人签发多式联运单据。在把多式联运单据交给发货人前，应注意按双方议定的付费分工及内容、数量向发货人收取全部应付费用。

多式联运经营人在接收货物后，要组织各区段实际承运人、各派出机构及代表人共同协调工作，完成全程各区段的运输、各区段之间的衔接工作、运输过程中所涉及的各种服务性工作和运输单据、文件及有关信息传递等组织和协调工作。

9.3.8 运输过程中的海关业务

按惯例，国际多式联运的海关业务主要包括货物及集装箱进口国的通关手续，进口国内陆段保税（海关监管）运输手续及结关等内容。如果陆上运输要通过其他国家海关和内陆运输线路时，还应包括这些海关的通关及保税运输手续。这些手续一般由多式联运经营人的派出机构或代理人办理，也可由各区段的实际承运人作为多式联运经营人的代表代为办理。由此产生的全部费用应由发货人或收货人负担。

如货物在目的港交付，则结关应在港口所在地海关进行。如在内地交货，则应在口岸办理保税（海关监管）运输手续，海关加封后方可运往内陆目的地，在内陆海关办理结关。

9.3.9 货物交付

当货物运至目的地后，由目的地代理通知收货人，收货人需凭多式联运单据办理提货手续。多式联运经营人或其代理人按合同规定，收取收货人应付的全部费用，收回多式联运单据后签发提货单（交货记录），提货人据此到指定堆场（整箱货）或集装箱货运站（拼箱货）提货。

如果是整箱提货，则收货人要负责至掏箱地点的运输，并在货物掏出后将集装箱运回指定的堆场，运输合同终止。

9.3.10 货运事故处理

对于运输过程中货物的损坏或灭失，货主有权在规定的期限内向多式联运经营人索赔。在索赔过程中，货主应备妥索赔通知书（Statement of Claim）、多式联运单据副本、权益转让书（Subrogation Letter）、检验报告（Survey Report）等单证，有时还需提供商业发票和装箱单。多式联运经营人赔付后，如货物的损坏或灭失发生在明显的运输区段，则可直接向分承运人索赔，属于保险责任范围的，可向保险公司索赔。

9.4 多式联运经营人的责任范围与责任期间

集装箱多式联运的发展改变了传统的货物交接界限，也从根本上改变了多式联运经营人的承运责任范围。根据《多式联运公约》的规定，当多式联运经营人从托运人那里接管货物

时起，即表明责任业已开始。也就是说多式联运经营人的承运责任已由传统的“钩到钩”扩大到从货物被接受掌管时起至在指定地点交货时止的全程运输过程，货物在该运输过程中的任何区段发生灭失或损坏，多式联运经营人均以本人的身份直接承担赔偿责任，即使该货物的灭失或损坏并非由经营人本人的过失所致。与此同时，随着多式联运经营人责任范围的扩大，运输责任保险的范围、保险期限及保险费率等也随之发生变化。

由此可见，既有的约束和调整单一运输方式下国际运输承运人责任与保险的公约和法规已难以适应国际多式联运。本章后4节将依次讲解有关多式联运国际公约、法规对多式联运经营人的承运责任及保险的有关规定及其与单一运输公约的异同之处。

9.4.1 多式联运责任制

1. 多式联运责任制的类型

在目前的集装箱多式联运中，多式联运经营人所负的责任范围主要有以下2种类型。

(1) 分段责任制（Parted Liability System）。多式联运经营人与各区段的实际承运人仅对各区段的货物运输负责，各区段的责任原则按该区段适用的法律予以确定。这种责任形式没有全程统一的责任人。目前一些承运人型的多式联运经营人仍采用这种责任形式。

(2) 统一责任制（Uniform Liability System）。统一责任制（又称同一责任制）就是多式联运经营人对货主负有不分区段的统一原则责任，也就是说，多式联运经营人在整个运输中都使用同一责任向货主负责。即多式联运经营人对全程运输中货物的灭失、损坏或延期交付负全部责任，无论事故责任是明显的，还是隐蔽的；是发生在海运段，还是发生在内陆运输段，均按一个统一原则由多式联运经营人统一按约定的限额进行赔偿。但如果多式联运经营人已尽了最大努力仍无法避免的或确实证明是货主的故意行为过失等原因所造成的灭失或损坏，多式联运经营人则可免责。

统一责任制是一种科学、合理、手续简化的责任制度。但这种责任制对多式联运经营人来说责任负担较重，因此目前在世界范围内采用还不够广泛。

(3) 网状责任制（Network Liability System）。网状责任制（又称混合责任制）就是多式联运经营人对货主承担的全部责任局限在各个运输部门规定的责任范围内，也就是由多式联运经营人对集装箱的全程运输负责，而对货物的灭失、损坏或延期交付的赔偿，则根据各运输方式所适用的法律规定进行处理，如海上区段按《海牙规则》处理，铁路区段按《关于铁路货物运输的国际公约》处理，公路区段按《国际公路货物运输合同公约》处理，航空区段按《华沙公约》处理。在不适用上述国际法时，则按相应的国内法规定处理。同时，赔偿限额也是按各区段的国际法或国内法的规定进行赔偿，对不明区段的货物隐蔽损失，或作为海上区段按《海牙规则》处理，或按双方约定的原则处理。

网状责任制是介于全程运输负责制和分段运输负责制这两种负责制之间的一种责任制，故又称混合责任制。也就是该责任制在责任范围方面与统一责任制相同，而在赔偿限额方面则与分段负责制相同。

但是从国际多式联运发展来考虑，网状责任制并不理想，易在责任轻重、赔偿限额高低等方面产生分歧。因此，随着国际多式联运的不断发展与完善，统一责任制应更为符合多式联运的要求。

目前，国际上大多采用的就是网状责任制。我国自“国际集装箱运输系统（多式联运）

工业性试验”项目以来发展建立的多式联运责任制采用的也是网状责任制。

2.《多式联运公约》采用的责任形式

《多式联运公约》对于多式联运经营人的责任制形式采用了“修正统一责任制”（Modified Uniform Liability System），排除了“网状责任制”。根据这一责任形式，多式联运经营人对货损的处理，不管是否能确定造成货损的实际运输区段，都将适用本公约的规定。但是，《多式联运公约》又作了这样的规定：如果货物的灭失或损坏发生于多式联运的某一特定区段，而对这一区段适用的一项国际公约或强制性国家法律规定的赔偿责任限额高于本公约规定的赔偿责任限额，则多式联运经营人对这种灭失或损坏的赔偿，应按照该国际公约或强制性国家法律予以确定。显然，该规定却又是完全的网状责任制形式。根据这一规定，一旦发生货物的灭失或损坏，多式联运经营人对货损的赔偿首先要依据所适用的法律规定来确定所适用的责任制形式。

《多式联运公约》中采用的这种责任形式，使多式联运中出现了双层赔偿责任关系，即多式联运经营人与货主（托运人）之间的赔偿责任关系，以及多式联运经营人与其分包人之间的赔偿责任关系。前者的赔偿责任关系受制于《多式联运公约》的规定。由于《多式联运公约》的强制性，这一规定中多式联运经营人不能放弃或降低赔偿责任限制，也不能将自己承担的责任转嫁给货主。而对多式联运经营人与其分包人的赔偿责任，《多式联运公约》并未作任何规定，这在国际多式联运中极易产生纠纷。例如，海运方面至今采用的是“不完全过失责任制”，航空方面则采用“完全过失责任制”，而陆路运输方面无论是公路、还是铁路均采用“严格责任制”。在上述几种责任制中，海上承运人的责任最轻。

由于《多式联运公约》采用了统一责任制，下列情况将不适用于该公约的规定。

(1) 凡属于单一运输方式下合同的货物接送业务。

(2) 对于公约缔约国与非缔约国之间所发生的有关多式联运的诉讼，如两国均受同一其他公约的制约，该缔约国法院则适用其他公约的规定。

(3)《国际公路货物运输合同公约》和《关于铁路货物运输的国际公约》规定的货物运输，不能视为国际多式联运。

9.4.2 多式联运经营人的责任期间

责任期间（Period of Responsibility）是指行为人履行义务、承担责任在时间上的范围。承运人责任期间的长短，也在一定程度上体现了承运人承担义务的多少和责任的轻重。

1. 单一运输公约下承运人的责任期间

对于海上承运人的责任期间，根据《海牙规则》的规定，承运人的责任期间是“自货物装上船时起至卸下船时止”这一段时间。就是说货物的灭失或损坏是在该期间产生的，才适用《海牙规则》。然而，由于人们对“装上船”和“卸下船”的理解存在差异，因而《海牙规则》的这一规定不是很明确的。

例如，在使用船上起重机的情况下，货物装上船至少可以有以下4种理解：货物被吊离地面、货物被吊过船舷、货物被吊至甲板上或与舱口围板垂直的舱底、货物被放妥在预定的积载位置上。从中可以发现，根据每一种理解，承运人责任期间开始的时间是不同的。至于卸货，也不同程度地存在一些不同的理解。

基于上述情况，提单条款必须定出精确的时间，作为承运人责任期间的开始与结束，而大多数船公司的提单，都以“钩到钩”作为承运人的责任期间。

“钩到钩原则”（Tackle to Tackle）规定，在使用装运船舶起重机起吊货物时，对于货物的风险，承运人只在货物被吊离地面时起至货物被吊离船落地时止这一段时间内负责。由于“钩到钩原则”所表示的责任期间在《海牙规则》规定的范围内，因此这样的规定是有效的。在不使用船上起重机时，就可不以此原则来确定承运人的责任期间。一般规定，在使用岸上起重机的情况下，承运人的责任期间为船舷至船舷；在使用驳船装卸时，承运人的责任期间为货物被吊上钩起至全部货物被卸至驳船上止；石油和散货运输如使用管道和输送带，承运人的责任期间为：货物被输送至管道或输送带的入舱口起至货物被送到船舶与管道或输送带的最后一个接点止。

对于责任期间以外发生的货损货差，可由承托双方在合同上自由约定。因此，《海牙规则》又进一步规定：“对货物没有装上船或货物已从船上卸下后，承运人的权利、义务不受本规则的限制，承托双方自由协商，即使其责任或权利大于本规则，也为法律所许可。”

《海牙规则》中所规定的承运人的责任期间并非绝对的，还要受有些国家国内法的规定和港口惯例的约束。这是因为《海牙规则》对于承运人责任期间的规定是较为有利于承运人的，因而有些国家为了保护货主的利益，以法律、港口规章或惯例的形式，要求承运人负更多的责任。鉴于港口所在国法律对提单的强制适用，承运人就不得不承担这种责任。当然，承运人可以与港口、仓储经营人订立合同，对于他们的过失造成的货物损失保留追偿的权利。

1978 年通过的《汉堡规则》则延长了承运人的责任期间，规定：“承运人对货物的负责时间包括货物在装船港、运输途中和卸船港承运人掌握的整个期间。”也就是说，从收到货物时起到交付货物时止。收货和交货都有区域限制，在港口以外收交货物的，就不能以此收交为责任期间的开始和结束。《汉堡规则》的这一规定，突破了《海牙规则》对承运人的最低责任期间，向装卸前后两个方向发展，在一定程度上加重了承运人的责任。

对于承运人接受和交付货物的方式，《汉堡规则》规定，承运人可以按通常的方式从托运人或其代表处接受货物，也可依照法律或规章，从海关或港口当局处接受货物；在交付货物方面，承运人可以把货物交给收货人，也可依照法律或规章，把货物交给有关当局或第三人。如果收货人提货延迟，承运人将货物置于收货人的支配之下便无责任。通常，在将货物交给港口当局、并向收货人发出通知后，货物即可被认为已处于收货人的支配之下。

根据《汉堡规则》的规定，无论货物的灭失或损坏发生在哪一区域，只要是在承运人掌管期间发生的，收货人均可向承运人提出赔偿要求，即使是实际上的货物灭失或损坏并非属于承运人的责任。这并不排除承运人向有关责任人行使追偿的权利。

至于其他国际货物运输公约，如《国际公路货物运输合同公约》（CMR）、《关于铁路货物运输的国际公约》（CIM）、《华沙公约》等对承运人责任期间的规定，与《汉堡规则》的规定大体相同，即承运人的责任期间为：从承运人接管货物时起至交付货物后止，差别主要在于接管和交付货物的方式与地点。由于在货物运输实务中，接管和交付货物的方式涉及实际责任期间的长短和风险的大小，因此各货运公司通常都在其章程、运输条件中予以明确定。

2.《多式联运公约》对承运人责任期间的规定

《多式联运公约》根据集装箱运输下货物在货主仓库、工厂，以及集装箱货运站、码头堆场进行交接的特点，仿照《汉堡规则》，对多式联运经营人规定的责任期间是："多式联运经营人对于货物的责任期间，自其接管货物之时起至交付货物时止。"

依照《多式联运公约》的规定，多式联运经营人接管货物有以下两种形式。

（1）从托运人或其代表处接管货物，这是最常用、最普遍的规定方式。

（2）根据接管货物地点适用的法律或规章，货物必须交其运输的管理当局或其他第三方，这是一种特殊的规定。

在第二种接管货物的方式中，即使《多式联运公约》规定多式联运经营人的责任从接管货物时开始，但在从港口当局手中接受货物的情况下，如货物的灭失或损坏是在当局保管期间发生的，多式联运经营人可以不负责任。

《多式联运公约》对交付货物规定的形式有以下 3 种。

（1）将货物交给收货人。

（2）如果收货人不向多式联运经营人提取货物，则按多式联运的合同或按照交货地点适用的法律或特定行业惯例，将货物置于收货人支配之下。

（3）将货物交给根据交货地点适用法律或规章必须向其交付的当局或其他第三方。

在收货人不向多式联运经营人提取货物的情况下，多式联运经营人可按上述第二、三种交货形式交货，责任即告终止。在实践中，如收货人并不急需该批货物，为了节省仓储费用，或者遇市场价格下跌，在运费到付的情况下，都有可能造成收货人延迟提货。因此，《多式联运公约》的这种规定不仅是必要的，也是合理的。

9.5 多式联运经营人的赔偿责任

9.5.1 多式联运经营人为其受雇人、代理人和他人所负的赔偿责任

多式联运是由多式联运经营人将货物从一国境内接管货物的地点运至另一国境内指定地点交付货物。这里重要的是必须订立多式联运合同。由于多式联运全过程要通过各种代理人、实际承运人等共同来完成，因而各有关方之间的法律关系十分复杂。其中，既有多式联运经营人与托运人之间的合同关系，又有多式联运经营人与其受雇人之间的雇佣关系、与其代理人之间的代理关系、与分包承运人之间的承托关系，以及托运人、收货人与多式联运经营人及其受雇人、代理人、分包人之间可能发生的侵权行为关系。对于如此错综复杂且权利、义务又各不相同的法律关系，应掌握一点，即多式联运下的法律结构是调整多式联运经营人与托运人之间合同关系的，而其他法律关系都附着在这一合同关系上，并比照这一合同关系统一其权利和义务。

根据《多式联运公约》的有关规定，多式联运合同的一方是多式联运经营人，包括其本人或通过其代表订立多式联运合同的任何人，他是事主，而不是托运人的代理人或代表或参加多式联运的承运人的代理人或代表，并且，负有履行合同的责任。多式联运合同的另一方是托运人，这也是指其本人或通过其代理与多式联运经营人订立多式联运合同的任何人。多

式联运经营人和他的受雇人、代理人和分包人的关系都适用代理关系，货物交由他们掌管应视为与交给多式联运经营人掌管具有相同效力。所以，《多式联运公约》规定：多式联运经营人应对他的受雇人或代理人在其受雇范围内行事时的行为或不行为负赔偿责任，或对他为履行多式联运合同而使用其服务的任何其他人在履行合同的范围内行事时的行为或不行为负赔偿责任，一如他本人的行为或不行为。

同样，虽然托运人和收货人与多式联运经营人的代理人、受雇人没有合同关系，但可依据侵权行为提起诉讼。在这种诉讼中，经营人的代理人、受雇人可享受与经营人同样的辩护理由和责任限制。这样，既有利于货主与承运人之间行使追偿的权利，又使承运人一方得到应有的保护，而且也保障了以各种形式起诉都能得到同一法律效果，达到法律的统一性和公正性。

9.5.2　多式联运经营人的赔偿责任基础

目前对承运人赔偿责任的基础，各单一运输公约的规定不一致，但大致可分为严格责任制和过失责任制两种。严格责任制是指排除了不可抗力等有限的免责事由外，无论有无过失，承运人对于货物的灭失或损坏均负责赔偿。《关于铁路货物运输的国际公约》、《国际公路货物运输合同公约》都采用了该种责任制。过失责任制是当承运人和其受雇人在有过失时负赔偿责任。这种责任制为《海牙规则》和《华沙公约》所采用。但海运过失责任制并不是完全过失，它附有一部分除外规定，如航行过失（船舶碰撞、触礁、搁浅）。《汉堡规则》则实行过失推定原则，这才实现了较完整的过失责任制。

《多式联运公约》对多式联运经营人规定的赔偿责任基础包括以下内容。

(1) 多式联运经营人对于货物的灭失、损坏和延迟交付所引起的损失，如果造成灭失、损坏或延迟交付的事故发生于货物由其掌管期间，应负赔偿责任，除非多式联运经营人证明其本人、受雇人或代理人或其他人为避免事故的发生及其后果已采取一切能符合要求的措施。

(2) 如果货物未在明确议定的时间交付，或者如无此种协议，未在按照具体情况对一个勤奋的多式联运经营人所能合理要求的时间内交付，即为延迟交付。

(3) 如果货物未在按照上述条款确定的交货日期届满后连续 90 天内交付，索赔人即可认为这批货物业已灭失。

从上述规定可以看出，《多式联运公约》在赔偿责任基础仿照了《汉堡规则》实行的推定过失责任制。此外，如果货物的灭失、损坏或延迟交付是由多式联运经营人、其受雇人、代理人或有关其他人的过失或疏忽与另一原因结合而产生的，根据《多式联运公约》规定，多式联运经营人仅对灭失、损坏或延迟交货可以归之于此种过失或疏忽的限度内负赔偿责任，但多式联运经营人必须证明不属于此种过失或疏忽的灭失、损坏或延迟交货的部分。

在国际货物运输中，一般的国际货运公约对延迟交货均有相应的规定，如《关于铁路货物运输的国际公约》、《国际公路货物运输合同公约》、《华沙公约》等，对延迟交货的规定较明确。但有的对此则无明确规定，如海上运输，由于影响海上运输的因素很多，较难确定在什么情况下构成延迟交货，因而《海牙规则》对延迟交货未做任何规定。相比之下，《多式联运公约》的规定是明确的。

在运输实务中，延迟交货的情况一旦发生，收货人通常会采取以下处理办法。

(1) 接收货物，再提出由于延迟交货而引起的损失赔偿。

(2) 拒收货物，并提出全部赔偿要求。

在上述第一种情况下，收货人提出的仅是由于运输延误而引起的损失赔偿，如由于延误造成工厂停工、停产、市场价格下跌等引起的损失，以及由于延迟交货使收货人积压资金而产生的损失。

第二种情况的发生通常是指延迟交货超过《多式联运公约》规定的期限，即超过“确定的交货日期届满后连续 90 天”仍未交货，收货人则视该货物已经灭失。对此，收货人必须以书面形式通知多式联运经营人；否则，多式联运经营人对延迟交货造成的损失不予赔偿。

9.5.3 多式联运经营人的赔偿责任限制

在现有的国际货运公约中，对于承运人的赔偿责任限制（Limitation of Liability）采用的赔偿标准都不尽相同。《海牙规则》采用的是单一标准的赔偿方法，即只对每一件或每一货运单位负责，而不对毛重每千克负责。这种规定方法在实际应用中存在较大缺陷，不符合国际贸易和运输业发展的需要。为此，《维斯比规则》把双重标准的赔偿方法列入公约，即既对每一件或每一货运单位负责，又对毛重每千克货物负责。同时，对集装箱、托盘或类似的成组工具在集装或成组时的赔偿也作了规定。《汉堡规则》也采用了这种赔偿方法。

《多式联运公约》仿照了《汉堡规则》的规定，也将这种双重赔偿标准列入其中。不同的是，《多式联运公约》不仅规定了双重标准的赔偿方法，同时也规定了单一标准的赔偿方法。

《多式联运公约》按国际惯例规定多式联运经营人和托运人之间可订立协议，制定高于公约规定的经营人的赔偿限额。在没有这种协议的情况下，多式联运经营人按下列赔偿标准赔偿。

(1) 如在国际多式联运中包括了海上或内河运输，也就是在构成海陆、海空等运输方式时，多式联运经营人对每一件或每一货运单位的赔偿按 920 个特别提款权（SDR），或毛重每千克 2.75 个特别提款权，两者以较高者为准。

关于对集装箱货物的赔偿，《多式联运公约》基本上采用了《维斯比规则》规定的办法。因此，当根据上述赔偿标准计算集装箱货物的较高限额时，公约规定应适用以下规则。

① 如果货物是采用集装箱、托盘或类似的装运工具集装，经多式联运单证列明装在这种装运工具中的件数或货运单位数应视为计算限额的件数或货运单位数。否则，这种装运工具中的货物视为一个货运单位。

② 如果装运工具本身灭失或损坏，而该装运工具并非为多式联运经营人所有或提供，则应视为一个单独的货运单位。

《多式联运公约》的这一赔偿标准中还包括了延迟交付赔偿限额的计算方法。根据其规定，不管多式联运是否包括海上或内河运输，经营人对延迟交货造成损失所负的赔偿责任限额，相当于被延迟交付的货物应付运费的两倍半，但不得超过多式联运合同规定的应付运费的总额。同时，延迟赔偿或延迟与损失综合赔偿的限额，不能超过货物全损时经营人赔偿的最高额。

由此可见，《多式联运公约》对运输延误的赔偿是建立在运费基础上的，与运费基数成正比。如延迟交付货物的运费没有超过运费总额的 40%，则按该票延误货物的运费乘以 2.5

倍；反之，如果超过运费总额的 40%，则 2.5 倍的标准失效，其最高运输延误赔偿不超过多式联运合同规定的应付运费的总额。关于货物延迟交付的赔偿限额，各个国际货运公约均有不同规定，如表 9-1 所列。

表 9-1 各国际公约关于货物延迟交付赔偿责任限额的规定

公约	赔偿责任限额	赔偿责任总额	公约	赔偿责任限额	赔偿责任总额
多式联运公约	应付运费的 2.5 倍	不超过合同应付运费总额	汉堡规则	应付运费的 2.5 倍	不超过合同应付运费总额
华沙公约	无限额规定	无限额规定	CMR（公路）	延迟交付货物运费总额	无限额规定
海牙规则	无限额规定	无限额规定	CIM（铁路）	应付运费的 2 倍	无限额规定

(2) 如在国际多式联运中根据合同不包括海上或内河运输，即构成陆空、铁公等运输方式时，多式联运经营人的赔偿责任限制，按毛重每千克 8.33 个特别提款权。

《多式联运公约》采用不包括海运或内河运输在内时的单一标准赔偿方法，实际上是对其所奉行的统一责任制作出一种例外，这是非常必要的。因为多式联运如果不包括海上或内河运输，其风险就比较小，多式联运经营人收取的运费也比较高，所以采用高限额赔偿是理所当然的。但实际上，《多式联运公约》确定的限额并不高，8.33 SDR 的赔偿限额与国际公路货运公约下承运人的赔偿限额 25 金法郎相等。这说明对不包括水运的多式联运，多式联运经营人是按最低限额施行赔偿的，因为事实上多式联运不可能只由公路运输组成，它必须与铁路运输或航空运输一起组成，否则就称不上多式联运。而《关于铁路货物运输的国际公约》和《华沙公约》下的承运人的赔偿责任限额均高于公路货运公约。

此外，《多式联运公约》采用这一赔偿标准，显然也是为了有利于与除海上或内河运输外的其他运输方式下承运人的赔偿责任制保持一致，以避免问题的复杂化。因为，《华沙公约》、《关于铁路货物运输的国际公约》及《国际公路货物运输合同公约》都采用的是毛重每千克单一标准的赔偿方法。

(3) 如果货物的灭失或损坏已确定发生在多式联运的某特定的区段，而这一区段所适用的国际公约或强制性国家法律规定的赔偿限额高于上述两个标准，则多式联运经营人的赔偿应以该国际公约或强制性国家法律予以确定。

之所以规定这一赔偿标准，是因为上述第一赔偿标准的限额有时会显得很低。例如，海空联运时，空运赔偿限额按《华沙公约》是很高的，但采用《多式联运公约》的有关标准赔偿却较低，故按区段赔偿实际上可弥补第一赔偿标准的不足。至于第二赔偿标准，如按有关国际公约衡量，对货主不利，因而这一赔偿标准的采用无疑也是起了一种平衡作用。

9.5.4 非合同赔偿责任与赔偿责任限制权利的丧失

1. 非合同赔偿责任

《多式联运公约》的第二十条是对非合同赔偿责任（Non-Contractual Liability）的规定。该条的第（1）款规定：本公约规定的辩护理由和赔偿责任限制，应适用于因货物灭失、损坏或延迟交付造成损失而对多式联运经营人提起的任何诉讼，不论这种诉讼是根据合同、侵权行为或其他。

在一些国家的法律规定中，允许受损方享有双重诉讼请求权，即受损方既可根据合同提出诉讼，也可根据侵权行为提起诉讼。在这种情况下，多式联运经营人将受到双重诉讼，而这种不同的诉讼，将使多式联运经营人不能享受《多式联运公约》中他应享受的责任限制，随之诉讼时效也不适用了。如果是这样，将使《多式联运公约》的制定失去实际意义。根据《多式联运公约》第二十条第（1）款的规定，无论是根据违约行为提起诉讼，还是根据侵权行为或其他理由提起诉讼，都将适用本公约的规定，而且，必须按本公约规定的责任限制、诉讼时效执行。

《多式联运公约》第二十条第（2）款是关于多式联运经营人的受雇人或代理人是否有权援用本公约的辩护理由和赔偿责任限制的规定。该规定指出，如果由于货物灭失、损坏或延迟交付造成损失而对多式联运经营人的受雇人或代理人、或对经营人履行多式联运合同而使用其服务的其他人提起诉讼，该受雇人或代理人如能证明他是在受雇范围内行事，该其他人如能证明他是在履行合同的范围内行事，则该受雇人、代理人或其他人应有权援用多式联运经营人按本公约有权援用的辩护理由和赔偿责任限制。

2. 多式联运经营人赔偿责任限制权利的丧失

为了防止多式联运经营人利用赔偿责任限制的规定，对货物的运输安全掉以轻心，使货主遭受不必要的损失，影响国际贸易和国际运输业的发展，《多式联运公约》在第二十一条明确规定在下列情况下，多式联运经营人将丧失赔偿责任限制。

（1）如经证明，货物的灭失、损坏或延迟交付是由于多式联运经营人有意造成或明知可能造成而毫不在意的行为或不行为所引起，则多式联运经营人无权享受本公约所规定的赔偿责任限制的利益。

（2）虽有第二十条第（2）款的规定，如经证明，货物的灭失、损坏或延迟交付是由于多式联运经营人的受雇人或代理人或为履行多式联运合同而使用其服务的其他人有意造成或明知可能造成而毫不在意的行为或不行为所引起，则该受雇人、代理人或其他人无权享受本公约所规定的赔偿责任限制的利益。

9.6 集装箱多式联运与保险

国际货物运输保险是一种对被保险货物遭受承保范围内的风险而受到损失时由保险人（Insurer）负赔偿责任的制度。它通常分为两种类型：一是运输货物保险；二是运输工具保险。前者包括海上、陆上和航空等运输货物保险，以及国际货物多式联运保险等；后者包括船舶、火车、卡车、飞机，以及船东互保等。随着现代货物运输方式的不断变化，运输保险的内容、范围和方式也随之发生变化。运输保险已从原来的海上运输保险单一形式发展成为与现在的陆上运输、航空运输保险同时并存的综合运输保险体系。

国际货物运输保险是国际贸易业务中的一个重要交易条件。它是随国际贸易和国际航运业的发展而发展起来的。同时，国际货物运输保险的发展，又对国际贸易和国际航运业的发展起着重要的促进作用。

9.6.1 集装箱多式联运保险概述

集装箱多式联运的发展，在为货主提供便利的“门到门”服务，减少了部分集装箱货物运输风险的同时，也增加了一些新的风险，从而给运输保险提出了一些新的问题，如保险人责任期限的延长、承保责任范围的扩大、保险费率的调整，以及集装箱运输责任保险等。

与传统的运输方式相比，集装箱多式联运使得货物在运输过程中的许多风险得以减少，其中包括以下内容。

(1) 装卸过程中的货损事故。

(2) 货物偷窃行为。

(3) 货物水湿、雨淋事故。

(4) 污染事故。

(5) 货物数量溢短现象等。

然而，随着集装箱多式联运的开展也出现了以下风险。

(1) 由于货物使用集装箱运输，货物包装从简，因而货物在箱内易造成损坏。

(2) 由于货物在箱内堆装不当、加固不牢造成损坏。

(3) 在发生货物灭失或损坏时，责任人对每一件或每一货损单位的赔偿限额大为增加。

(4) 装运舱面集装箱货物的风险增大等。

由于上述原因，尤其是舱面装载集装箱，运输风险增大，保险公司会据此提出缩小承保责任范围，或对舱面集装箱征收高保险费率，或征收保险附加费。

与此同时，在多式联运下，保险利益所涉及的范围也有所变化，主要有以下变化。

(1) 海运经营人。从某种意义上讲，由谁投保集装箱，与谁拥有集装箱或对集装箱承担责任有关。如果该集装箱由船公司拥有，则应该由船公司进行投保，可采取的投保方式包括延长集装箱船舶保险期、扩大承保范围、单独的集装箱保险等。在实际保险业务中，单独的集装箱保险比延长船舶保险期应用得更为广泛。

(2) 陆上运输经营人。陆上运输经营人通常是指国际货运代理人、公路承运人、铁路承运人等。当他们向货主或用箱人提供集装箱并提供全面服务时，必须对集装箱进行投保，以保护其巨额资金投入。

(3) 租箱公司。在租箱业务中，不仅要确定租赁方式，同时确定由谁对集装箱进行投保也是十分重要的。根据目前的实际情况看，无论是集装箱的长期租赁，还是程租，较为实际的做法是由租箱公司继续其保险，而向承租人收取费用。

(4) 第三者责任。在集装箱多式联运过程中，除因集装箱损坏而产生经济损失外，还有可能对第三方引起法律责任。如集装箱运输过程中造成人身伤亡及其他财产损失等。由于对第三者的损失责任可能发生在世界任何用箱地，因此其签订的保险单也必须是世界范围内的。

9.6.2 集装箱多式联运保险的特征

集装箱多式联运保险承保的是运输货物从一国（地区）到另一国（地区）之间的“位移”风险。由于所承保的保险标的在整个运输过程中，无论是地理位置，还是运输工具，以及操作人员等均频繁变更，使得承保标的时刻暴露在众多的自然或人为的风险之中。因此，与其他财产保险相比，多式联运运输保险有着下列不同的特征。

1. 事故发生的频度高，造成损失的数量大

集装箱多式联运以其安全、简便、优质、高效和经济的特点已广为国内外贸易界和运输业所接受，业务量迅猛增加。与此同时，由于其覆盖面广、涉及环节多，因而不可避免地使得货物在运输过程中发生事故的频率增加，造成的损失也大。

2. 集装箱多式联运保险具有国际性

集装箱多式联运保险的国际性主要表现在它涉及的地理范围超越了国家的界限。多式联运所涉及的保险关系方不仅包括供箱人、运箱人、用箱人和收箱人，而且包括不同国家和地区的贸易承运人和货主等。因此，运输保险的处理，必须依赖于国际间公认的制度、规则和方法。这是集装箱多式联运保险的一个显著特征。

3. 运输保险人责任确定的复杂性

集装箱多式联运保险涉及多种运输方式。一般以海运为主体，铁路运输、公路运输，以及内河运输等为辅助。在承运过程中，保险人对被保险货物所遭受的损失是否负赔偿责任，首先应以导致该损失的危险事故是否属于保险合同上所约定的承保事项为依据。也就是说，只有因保险合同上所约定的危险事故造成的损失，保险人才负赔偿责任。其次是货物受损的程度限制。当损失尚未达到保险合同约定的程度时，保险人也不负赔偿责任。由此可见，多式联运下货物损失赔偿的确定是一个非常复杂的问题。它不仅涉及保险合同本身的承保范围，同时也涉及与运输有关的货物承运人的责任问题。因此，为了划清损失的责任范围，必须深入了解各国，以及国际上公认的法律和惯例。

9.6.3 集装箱多式联运与海上货物运输保险

无论是从保险的基本概念，还是从保险合同条款的内容来看，海上货物运输保险与多式联运的风险保护，从某种意义上说是一致的。

目前，以国际贸易运输货物为承保对象的英文保险单大都是以英国1906年《海上保险法》为准的。该法第3条第1款规定："海上保险合同可以根据明文规定或商业习惯，扩大其承保范围，向被保险人赔付因海上航行前后发生于海上或陆上的风险所造成的损害。"也就是说，在货物运输过程中，货运保险应就运输全程所发生的危险，向被保险人提供连续、不间断的保险。从这一传统的海上货物运输保险的基本概念来看，海上货物运输保险与保护因集装箱化而出现的真正意义上的多式联运过程中所发生的货物风险，从体制上讲是相适应的。

此外，从构成保险合同的条款和保险期限等方面看，海上货物运输保险也能提供适用于集装箱化和多式联运下的"门到门"运输的全程货物保险体制。以目前世界各国保险市场上广泛使用的英国保险协会货物条款为例，根据该条款第1条（运输条款）中所规定的"仓到仓"条款（Warehouse to Warehouse Clause），不论贸易当事人之间对于货物的风险、责任转移的时间和地点等的约定有什么差异，从货物离开起运地仓库或其他场所时开始，至进入最终目的地的仓库时止（但有时有卸船后60天的限制或其他约束），货物保险均应对货物运输给予全程保险。

9.6.4 多式联运经营人的责任限制与保险

在保险实务中，货物的损坏或灭失首先是由货物保险人予以赔偿的。根据国际保险法有关代位追偿权（Subrogation）的规定，与支付保险金相对应，保险人可以代位继承（保险代位）被保险人对第三者享有的权利。多式联运经营人责任制的主要作用就是确定保险人对多式联运经营人行使代位追偿的权利。

对于多式联运经营人的责任制，如前所述，《多式联运公约》采用了“修正的统一赔偿责任制”。也就是说，在责任原则方面，遵循由债务人（经营人）承担举证责任的严格责任，采用统一责任制。而在责任限额方面，则采用网状责任制。

很显然，多式联运经营人的赔偿责任将会超过其分承运人，而且难以从其分承运人那里得到与其支付给索赔人（货主）数额相同的赔偿金额。因为多式联运经营人对其分承运人的追偿请求不能适用《多式联运公约》，只能适用多式联运某运输区段所对应的单一运输国际公约，而有些单一运输方式所适用的国际公约规定的赔偿责任却低于《多式联运公约》的规定，如上述的《海牙规则》或《汉堡规则》。为弥补此差额，多式联运经营人除提高运费外，只得向保险公司进行责任保险，以避免此类损失。

由此可见，随着多式联运经营人责任的严格化和扩大化，以多式联运经营人的责任为对象的货物赔偿责任保险的保险费将会大幅度提高，而这种保险费本来就是包括于运费之中的。所以，多式联运经营人的责任制对其运输成本所产生的影响是很大的。

9.6.5　多式联运经营人的责任保险和货物保险之间的关系

运输保险可以分为两种形式：一种是由货主向货物保险公司投保的货物保险；另一种是由承运人（经营人）向互保协会投保的责任保险。

在多式联运条件下，多式联运经营人作为多式联运单证的签发人，当然应对该多式联运负责。不过，多式联运经营人对于运输过程中造成的货物损坏或灭失的赔偿责任，通常都是以货物赔偿（Cargo Indemnity）责任保险（简称责任保险）向保险公司或保赔协会投保。当然，多式联运经营人的责任保险所承担的风险，取决于他签发的单据中所规定的责任范围，即货物保险承保的是货主所承担的风险，而责任保险所承保的则是多式联运经营人所承担的风险。

尽管很难确切地说明货物保险和责任保险的全部关系，但根据有关的国际公约和规则的规定可以看出，两者之间既存在着互为补充的关系，也有共同承保货物运输风险的关系。也就是说，尽管以多式联运经营人所签发的单据上规定的赔偿责任为范围的责任保险和以与货主（托运人或收货人）的可保利益（除作为所有人利益的货物的 CIF 价格外，还包括预期利益、进口税、增值利益等）有关的各种损害为范围的货物保险之间存在着各种各样不同领域的保护范围，但是两者之间的相互补充作用也是很明显的。例如，在多式联运单据下由于不可抗力，以及罢工、战争原因所造成的损害是免责的，而在全损险和战争险、罢工险条件下的货物保险则包括上述事项。换句话说，无论把多式联运经营人的责任扩大到什么范围，或严格到什么程度，货主都不会不需要货物保险。

另外，责任保险是以由运输合同约束的货主与承运人（经营人）之间的权利、义务为基础的保险。与此相对，货物保险则是由有无损害发生的事实约束的货主与保险人之间以损害赔偿合同约定的保险。因承运人保留权利而不得不由货主负担的各种风险，属于货物保险的范围。这一点不但是货物保险的实质功能，而且也是国际贸易中货物保险之所以不可缺少的重要原因。

9.6.6　货物保险和责任保险的特点

在货物保险中，保险人面临着激烈的自由竞争。货物保险的保险费率是在考虑了该种货物的性质、数量、包装、运输船舶或其他运输工具的详细情况、运输区间、港口条件、季节和其他自然条件、签约人（被保险人）过去承保的得失等因素后精确地计算出来的。由于签约人可以直接和保险人交涉保险条件和费率，所以他可以将商品的运费和保险费置于自己的管理之下。发生索赔时，只要损害是由保险所承保的危险造成的，就能迅速地从分布于世界各地、港口的理赔代理人那里得到保险金。

与此相对，在责任保险中，承运人以一定的赔偿责任限额为基础，将根据运输合同应由自己承担的责任，向保险人投保。因此，这种保险费率的确定，难以考虑各种货物和不同货主的差别，只能以承运人的责任限额和船舶吨位为基准统一决定。如果从货主的角度来看这一问题，这种做法对货主是很不利的，因为即使货主在包装、托运、运输工具、保管方法或其他方面都采取了确实非常细致的防止损害的措施，他也不能直接享受到因采取这些措施而取得的实效。而且，这种保险不论对过去索赔保险费比率（损失率）低的货主，还是比率高的货主、都是以同一的保险费率承保。另外，即使货主是与承运人签订运输合同的当事人，对于承运人承保的责任保险来说，他也是局外人，所以发生损害时，仅由承运人举证证明所发生的损害属于运输合同所规定的承运人的责任范围，而货主则只能通过承运人间接地享受责任保险的利益。

因此可以说，虽然同属于保险制度，货物保险和货物损害赔偿责任保险却是功能完全不同的两种保险。作为国际贸易主体的货主，在责任保险中只能通过承运人间接地享受保险利益。而在货物保险中，货主本身就是保险合同的当事人，他可以直接享受全部保险范围内的利益。

如果从多式联运的货主（托运人或收货人）、多式联运经营人和保险公司之间的关系来看，货物保险和责任保险之间也存在差别。在货物保险中，通过签发保险单，保险公司与托运人和收货人建立了关系，不过，索赔求偿则是仅由收货人与保险公司的索赔代理人直接发生关系。而在责任保险中，保险公司与托运人和收货人之间并无直接关系，通常只是以承运人（经营人）为媒介，享受保险赔偿的利益。

9.7 多式联运与集装箱综合保险

9.7.1 集装箱综合保险的特征

集装箱保险，就是集装箱的所有人或租借人对因在集装箱运输过程中的各种危险而产生的集装箱箱体的损坏或灭失进行的保险。或者，当因集装箱运输事故而使集装箱对第三者（人或物）造成损害时，由于集装箱所有人负有法律上的责任，因此有必要预先对此赔偿责任进行保险。进而，由于集装箱运输中的事故，也可能使装在箱内的货物发生损害，此时，由于集装箱承运人负有法律上的，以及运输合同上的赔偿责任，因此承运人也必须把对货主的损害赔偿责任进行保险。

由此可见，集装箱保险是上述所提及的各类保险的总称。由于这一名称与集装箱自身的保险易于混同，所以在此作为总称，称之为集装箱综合保险。集装箱综合保险包括下列 3 种类型。

(1) 集装箱自身保险。

(2) 集装箱所有人（包括租借人）对第三者的赔偿责任保险。

(3) 集装箱承运人（包括多式联运经营人）的货物损害赔偿责任保险。

这 3 种保险，可以一并在一张保单（Blanket Policy）上加以承保，但一般应签订特约书（Open Contract）形式的综合预定保险合同。除这 3 种保险外，还可根据投保人的要求签订清除残骸、消毒、检疫费用等的特约。

在上述 3 类保险形式中，由于第（1）类保险占集装箱综合保险的绝大部分，因此可以仅就集装箱自身保险进行单独投保。但是第（2）类和第（3）类保险原则上不能单独投保，必须与第（1）类保险相配套，组合成（1）与（2）或（1）与（3）的形式加以投保。这是因为集装箱自身保险与责任保险的关系是密不可分的，而且集装箱自身保险是责任保险的基础。

集装箱综合保险主要具有以下几个方面的特征。

1. 保险期间与责任范围

一般的货物海上保险的保险期间和责任范围，根据该货物的运输期间，以及买卖条件，是有长短差别的。原则上，都是以航次（一个或几个）为单元办理保险的。而集装箱的保险是以一年为单位签订期间合同（亦称流动合同）的，这是因为集装箱保险的对象很多，同时又伴随着频繁的运输，因此不可能在集装箱的每次海上营运时都签订保险合同，而是像船舶保险一样，以一定的期间为限制签订合同，对在合同所商定的这一期间中所发生的损害进行综合保险。

对于船公司、货主等的短期或特定的航行，在其投保集装箱险的时候，也可以签订航次保险合同。另外，还可以对不满一年的短期保险合同减免一定比例的保险费。

集装箱保险的责任范围，则包括集装箱在保险期间的世界各地与各港口间的运输过程、保管过程，甚至也包括修理检查过程，以及因此所进行的搬运过程。

2. 保险对象

作为保险合同对象的集装箱，是指符合国际标准化组织（ISO）标准的、用于国际运输的大型集装箱。至于各国国内运输的集装箱保险，则另外规定有关的受理办法。

3. 损害赔偿限额

在国际集装箱运输中，经营人保险标的的累加额是极为巨大的，这是由集装箱运输特点所决定的。因此，在签订保险合同时，保险人在与投保人协商的基础上，将赔偿限额分别按不同的保险类别加以设定：集装箱自身、对第三者的赔偿、对货物的赔偿等。

这里的赔偿限额，包括一次事故的赔偿限额与对一个被保险人总的责任赔偿。

4. 小额损害免责特约

为避免因逐一查验、索赔小额损害（Petty Claims）而给保险公司和被保险人带来各种手续上的烦琐，集装箱综合保险在适当降低保险费率的基础上，通常签订关于集装箱小额（通常都控制在一定的金额范围内）损害免责的特约。由于集装箱运输过程中，特别是集装箱自身，每一航次多少都会受到一点损害，而且不属于偶然性保险事故的自然损耗也时常发生，因此设定一个小额损害免责额也是一个合理的保险受理条件。通常，一次事故中的单个集装箱都有一定的扣除免责额。

5. 保单流通受限制

以在国际间买卖的各种商品为保险对象的一般货物保单，是可以在商品买卖的当事人之间流通的。但是，在集装箱保险中，对于投保人乃至于被保险人所拥有（或租赁）的众多集装箱而言，不可能将它们都记入一张保险单中予以综合承保，不仅如此，将它们一次性买卖通常也是不可能的。所以，集装箱的保单就不具备转让性。

9.7.2 集装箱自身保险

集装箱自身保险是赔偿因集装箱箱体的灭失、损坏而产生的经济损失的保险，占集装箱保险的主要部分。

一般而言，集装箱自身保险是以一切险或全损险承保条件受理的。这里的一切险承保条件是以伦敦保险人协会制定的一切险条款为基础的。而全损险承保条件则是以伦敦保险人协会制定的全损承保条款为蓝本的。

集装箱自身的保险，一般是由集装箱所有人作为投保人。而在租赁集装箱情况下，则由租借人（Lessee）作为准所有人（Quasi owner）签订合同。另外，租借人也可以把其对所有人的赔偿责任加以投保。此时，租借人须签订赔偿责任保险的特约。

9.7.3 集装箱所有人对第三者的赔偿责任保险

集装箱所有人或租借人，当因集装箱的有关事故而使他人的身体遭受伤害或财物受到损坏时，在法律上便有赔偿的义务。通过此种保险，可以使集装箱所有人或租借人因之而蒙受的损失得到赔偿。另外，施救费用、为保全权利的费用，以及得到保险人同意的有关诉讼、仲裁等费用也可以得到赔偿。

此种保险分两种情形：一是只承保集装箱所有人或租借人的赔偿责任；二是承保包括集装箱所有人的责任在内的集装箱经营人的赔偿责任。但是无论是哪一种情形，一旦判明是集装箱制造者对集装箱自身的制造缺陷所造成的责任，则本保险不予赔偿。

此外，对于清除集装箱内部残骸的费用及消毒费用等，可以依据保险特约对依法必须支付的费用损失加以保险。或者，如果在集装箱经营人的货物损害赔偿责任保险合同中加订特约，对于集装箱内部的货物进行特别检疫、消毒所需费用也可以得到赔偿。不过，此种保险对于某些赔偿责任是免责的。这些免责事项包括：因合同而加重的赔偿责任；从事被保险人方面业务的工作人员所遭受的身体伤害；被保险人所有、使用管理的财物或由被保险人所运输的货物的损害，等等。此外，由被保险人的故意或重大过失，由战争、暴动、叛乱、罢工等危险所造成的损害，由地震、火山爆发、风暴、洪水、涨潮等天灾所造成的损害，以及由与核动力相关的放射性污染等所造成的损害也是免责的。

9.7.4 集装箱经营人的货物损害赔偿责任保险

通常，船舶所有人在船舶航行过程中，对第三者的赔偿责任，以及货物赔偿责任，一直是由船东保赔协会（P&I Club）受理的。但是，随着集装箱运输的发展，集装箱运输过程中的各种责任保险只由保赔协会负责是不够的。因此，在集装箱保险中，对于货物损失投保赔偿责任险具有极为重要的作用，尤其是没有自己的保赔协会的货运代理人，其作为集装箱的所有人或租借人应负的责任，更可以通过集装箱保险加以全面的保护。

由前述可知，当货主采用集装箱进行货物运输，并由其投保海上运输货物保险时，根据货物保险条款规定，在货主所得到的赔偿中，如有承运人的赔偿责任，则货物保险人可以根据代位求偿原则向承运人索赔。由此，集装箱经营人（承运人）投保的货物赔偿责任保险便发挥了它的作用。它使得货物运输中的危险与责任通过货物保险和责任保险得到充分的保险保障。

集装箱经营人的货物损害赔偿责任保险通常涉及以下几个方面的问题。

1. 货物损害赔偿责任保险的标准条款

作为集装箱经营人的承运人，根据法律及运输合同的规定，负有对货主赔偿货物灭失或损坏的责任，因此承运人会遭受损失。集装箱经营人的货物损害赔偿责任保险就是承保这种损失，以及与之相关的各种费用、责任、损失的保险。

对于此种保险，通常是通过货物损害赔偿责任保险标准条款进行受理的。该条款包括赔偿责任的范围，承保的责任、损害、费用，对高价品的处理，免责事项，被保险人的义务，仲裁，保险代位求偿，以及准据法等主要内容。

2. 保险费率

以集装箱运输为前提的多式联运的货物赔偿责任保险，核定费率的因素是极为复杂的，大致有以下一些因素。

(1) 主要运输区域、运输区间和经由路线，以及货物的种类。这些因素是判明货物运输过程中危险的依据。

(2) 被保险人（承运人）签发使用的联运单据背书中规定的具体的责任内容（责任原则、责任限额、免责事项等）。

(3) 被保险人在其经营年度内的集装箱数量，以及集装箱的类型。

确定保险费时，一般将每一集装箱、每一次的保险费按集装箱的种类和运输区域分别计算决定，之后再乘上每月实际运输的集装箱的个数，即得出应支付的保险费。同时，由于保险是期间性的，所以可以分期支付保险费。

3. 保险的受理方式

保险的受理方式也是集装箱保险的一个组成部分。通常，集装箱保险的受理以一年为期限。但是，集装箱自身保险合同也有很多是以航次为期限的，对此，以之为准的货物赔偿责任保险也应以航次为单位签订合同。

4. 经营人与实际承运人之间的内部求偿关系

货物赔偿责任保险所保的是联运单据背书所规定的承运人的责任。但是，如果作为货运代理人的多式联运经营人与为其提供服务的实际承运人之间有内部求偿关系的话，视其求偿关系，实际承运人也应相应地投保其对多式联运经营人的货物赔偿责任保险。

在联运单据中，从多式联运经营人与实际承运人之间的内部求偿关系出发，对货主作了如下关于求偿方面的规定。

(1) 实际承运人与多式联运经营人享受同一免责事项。

(2) 货主就多式联运合同中规定的承运人的责任提起诉讼时，只能以多式联运经营人为对象。

5. 特殊责任

受理集装箱保险的专业保险公司通常也对一些特殊责任予以承保。这些特殊责任包括以下内容。

(1) 货物的错送与误投的赔偿责任。由于在集装箱货运站的搬运错误，本来应该向A地投送的集装箱却被送到了B地。或者，本应在C港卸下的集装箱却被送到D港。像这样将联运集装箱错投误送的现象是十分普遍的。因此，集装箱保险公司对有关错投、误送事件发生后的事故处理与改正手续所需的各项费用（如运费、搬运费、保管费等）也予以承保。

(2) 业务上的过失赔偿责任。多式联运经营人有时会在制定和签发多式联运单据方面犯一些业务性的过失，或是在货物运输方面误解了货主的意图，或是违反了有关货物进出口运输的规则等。对于多式联运经营人因此而承担的赔偿责任，保险公司也予以承保。

(3) 延迟责任。集装箱多式联运是由海上、陆上各运输区间，以及联结这些区间的集装箱港站和仓库等构成的长距离、多环节的“门到门”运输。很显然，运输过程中的任何一环出了问题，就会引起连锁反应，致使全部运输延迟。在多式联运中，有的合同规定，对于延迟，要按运费的一定比例甚至是一定倍数的金额限度向货主支付违约金。对于这种由延迟而支付的违约金费用也可以得到保险赔偿。

不过，在多式联运过程中，即使能够确定货物达到最终目的地的延误时间，但要准确确定运输环节中各运输区间的具体延误时间从而向实际承运人索赔，这是十分困难的。所以，对多式联运经营人来讲，重要的是有无延迟责任。在一般情况下，多式联运经营人对因延迟而引起的直接、间接的损害是免责的，并且在保险受理上也是免责的。但是，对于特别规定的延迟，多式联运经营人则以支付的运费为基准承担责任，并将之加以保险。

专业术语

协作式多式联运　衔接式多式联运　多式联运经营人　承运人型多式联运经营人　无船承运人型多式联运人　多式联运合同　分段责任制　统一责任制　网状责任制　责任期间　赔偿责任基础　赔偿责任限制　集装箱多式联运保险

复习思考题

1. 简述协作式、衔接式多式联运的运输组织方法的基本内容。
2. 什么是多式联运经营人？简述多式联运经营人应具备的条件。
3. 简述承运人型和无船承运人型多式联运经营人的区别。
4. 什么是多式联运合同？简述多式联运合同的特点。
5. 简述多式联运经营人的业务范围。
6. 解释运输代理的含义。按代理业务的性质和范围，运输代理人可分为哪几类？
7. 根据《多式联运公约》的规定，赔偿责任期间如何确定？如何规定赔偿责任基础？
8. 简述目前在多式联运中的主要赔偿责任形式。
9. 国际货物运输保险通常分为哪几种类型？
10. 与传统的运输方式相比，简述集装箱多式联运保险基本情况。

11. 简述集装箱多式联运保险的特征。

12. 集装箱综合保险包括哪些方面的内容？简述集装箱综合保险的特征。

知识窗

货物运输的基本险

货物赔偿责任范围主要根据保险人与被保险人订立的保险合同中的保险条款和保险种类来确定。常见的基本险有3种：平安险、水渍险和一切险，其责任范围如下。

1. 平安险的责任范围

(1) 被保险的货物在运输途中因恶劣气候、雷电、海啸、地震、洪水等自然灾害造成货物全部损失或推定全损。

(2) 由于运输工具遭遇搁浅、触礁、沉没、碰撞、火灾、爆炸等意外事故造成货物全部或部分损失。

(3) 在货物装卸或转运时，由于一件或数件货物落海造成的全部或部分损失。

(4) 被保险人对承保责任内的货物遭受危险时采取抢救，或为防止或减少货损的措施而支付的合理费用，但以不超过该批货物的保险金额为限。

(5) 运输工具遇难后，在避难港由于卸货所引起的损失，以及在中途港、避难港由于卸货、储存、运送所产生的特殊费用。

(6) 共同海损分担和救助费用。

(7) 运输合同或提单上订有“船舶互碰责任”条款，根据该条款应由货方偿还船方的损失。

2. 水渍险的责任范围

(1) 平安险的各项责任。

(2) 被保险货物由于恶劣气候、雷电、海啸、地震、洪水等自然灾害造成的部分损失。

3. 一切险的责任范围

(1) 平安险、水渍险的各项责任。

(2) 被保险货物在运输途中由于外来因素所致的全部或部分损失。

对于下列原因造成的货损，保险人不予赔偿。

(1) 被保险人的故意行为或过失造成的货损。

(2) 属于发货人的过失责任。

(3) 在保险责任开始前，被保险货物已经存在品质不良或货物数量短缺。

(4) 被保险货物的自然损耗、自然特性、内在缺陷、市价跌落、运输延误引起的损失或费用。

(5) 附加险条款规定的责任范围和除外责任。

案例分析

案例一　多式联运保险理赔的代位求偿

1. 基本案情

保险人：A公司

多式联运经营人兼被保险人：B公司

国内区段契约承运人：C公司

国内区段实际承运人：D公司

2000年7月，B公司承揽一批2 000吨货物从台湾的台中港经过上海、重庆运至自贡，并且向A公司投保了海洋货物运输保险和国内水路、陆路货物综合险。

该批货物国内运输区段由C公司承揽后，C公司委托D公司负责上海到重庆的江段运输。

2000年7月4日，D公司的船队行驶到三峡一带，突遇上游普降暴雨导致涨水后发生断缆沉驳，导致1 344吨货物沉没灭失。

A公司向B公司赔偿后，依据某港监《关于三峡船队断缆沉驳重大事故的调查处理通知》，于2000年11月27日在武汉海事法院起诉C公司和D公司，要求赔偿损失共7 361 197元。

2002年5月16日武汉海事法院判决，C公司赔偿A公司损失5 977 799.62元。驳回A公司对实际承运人D公司的诉讼请求。

2. 法律分析

B公司承揽从台中港经上海、重庆至自贡的货物运输，属于国际多式联运；B公司作为托运人将货物的国内区段的水路运输和陆路运输交给C公司，双方所签订的合同实质上属于多式联运合同。则B公司与C公司之间是多式联运经营人与区段契约承运人之间的运输合同关系；C公司将运输委托实际承运人D公司负责水路和陆路运输，C公司与D公司之间是运输代理合同关系；B公司与D公司间无任何合同关系。则A公司可对C公司提出合同违约索赔，但无权直接对D公司提出索赔。（C公司对A公司赔偿后，可以根据C公司、D公司间的运输代理合同再向D公司索赔，属于另案）

案例二　集装箱破损致使货物湿损引起保险代位求偿案

1. 基本案情

1988年6月，托运人中国土产畜产进出口公司上海分公司委托上海外运外贸运输公司（以下简称上海外运）、上海远洋运输公司（以下简称上海远洋），所属“汉江河”船将333个纸箱的男士羽绒滑雪衫（分装在3个集装箱内）运往卸货港日本神户。上海外运在收货后签发了提单号为B/L No. CS194的清洁联运提单（单上载明货物数量为333个纸箱）。

1988年6月29日，“汉江河”船抵达神户港，并于同日将集装箱驳卸到岸。1988年7月6日，收货人在港口装卸公司仓库开箱，当即发现有11个纸箱的滑雪衫有程度不同的湿损。1988年7月7日，3个集装箱由汽车拉至东京收货人的仓库，同日由新日本商检协会检验。该协会于1988年10月11日出具商检报告称，11个纸箱中有5个纸箱货物严重湿损，6个纸箱货物轻度湿损，经将湿损衣服之残值冲抵后，实际货损约为1 868 338日元。商检报告又称，在东京进行货损检验时曾邀船方派员共同勘察，被船方以“出港后检验无意义”为由拒绝。检验报告认为货物湿损系箱号为FWIU 9301197的集装箱里档左侧顶部破损造成。事后，收货人依据检验报告从货物保险人AIU保险公司处得到了赔偿。AIU保险公司因此取得代位求偿权。AIU保险公司曾先后在香港和北京委托代理人与上海外运联系处理货损赔偿问题。上海外运除同意将时效展期至1989年9月29日外，未提出任何有关损害赔偿的处理意见。AIU保险公司为此起诉至法院，法院于1989年12月5日受理此案。

2. 各方争议

AIU保险公司认为：造成服装湿损是上海外运、上海远洋所属“汉江河”船的过错，AIU保险公司在赔偿收货人损失后依据取得代位求偿权及上海外运签发的清洁提单，请求上海外运、上海远洋赔偿损失的1 868 338日元及利息，并承担律师费、诉讼费及其他费用。

上海外运认为：造成货损非承运人过错，另外，AIU保险公司对货损程度举证不力，上海外运无法确认货物实际损害程度及其原因。

上海远洋主张应依提单条款承运人享受货损最高赔偿额的权利。

3. 法院认定

法院在审理过程中查明：上海外运与上海远洋分别于1982年4月与1986年6月订有集装箱运输协议及补充协议。该两协议书议定（若造成货方损害），先对外赔付然后内部再分责任。另根据提单条款，承运人对因其责任造成货损的对外最高赔偿额每件人民币700元，或每公斤（毛重）人民币3元。

法院认为：根据提单和协议书，上海外运和上海远洋对11纸箱服装的湿损有相当的责任牵连。但收货人与实际承运人上海远洋在开箱交货时交割不清，收货人聘请的商检又在港口外进行，故AIU保险公司对货损索赔及损害确切数额的请求举证不力。另根据《中华人民共和国民法通则》及提单条款的有关规定，法院对上海外运与AIU保险公司代理人之间自行签订的延长时效的协议也不予准许。

4. 处理结果

上海外运、上海远洋注意到AIU公司的索赔请求，愿根据事实及提单条款的规定，赔付AIU保险公司人民币8 000元整（其中300元作为补偿AIU保险公司诉讼费用支出）。上海外运与上海远洋之间的责任分担及赔付，由双方自行协商解决。案件受理费1 961.44元由AIU保险公司负担。

案例三　多式联运运费支付纠纷

1. 基本案情

发货人：某汽车公司，简称A公司

发货人代理人：杏花公司武汉代理处（王某），简称B代理

承运人：某运输公司，简称C公司

1992年5月中旬，C公司收到B代理送来的由A公司签章的出口托运单两份，要求C公司将A公司的108.502吨钢板弹簧从武汉运往美国达拉斯。C公司接受委托后，于5月24日在武汉江岸火车站货场收货装载。5月30日和6月1日，C公司签发了提单两套，并将两套正本提单（各3份）交付给A公司。提单上注明，货物托运人为A公司。C公司完满地履行了自己的义务，将货物通过铁路运至香港，从香港运至每股洛杉矶，再从洛杉矶陆运至达拉斯，最终交至收货人手中。

1992年5月18日、6月2日和6月19日，A公司通过银行转账给B代理分别支付了一程运费4 475.20元、1 599元、77 599元人民币，（约合1万美元左右），B代理开具了正式发票。6月26日，C公司从B代理收到28 999元人民币，并向B代理开具了收据。

在运输过程中，该批货物在香港的中转超重附件费、香港至洛杉矶的海运费，以及从洛

杉矶到达拉斯的陆运费，共计 18 077.81 美元，全部由C公司垫付，扣除6月26日从B代理收到的28 999元人民币，C公司向A公司索要其余运费时，A公司一直拒绝支付。理由是A公司委托B代理承运该批货物，且运费以全部付清，与C公司之间不存在运输承运关系，不应支付其运费。

为维护合法权益，C公司于1992年10月向某海事法院提起诉讼，要求A公司支付拖欠的运费及利息损失共计18 511.68美元。经过审理，法院判决A公司如数支付运输公司约定运费。

2. 法律分析

由于签发提单且对A公司承担全程运输责任的是C公司，而B代理只是将A公司的托运单和货物转交给C公司，所以C公司才是真正的承运人，而B代理只是A公司的代理人。所以A公司作为托运人，当其支付运费时，应将运费支付给有权收取运费的人，否则会带来因错交而承担再次支付运费的法律后果。一般情况下，提单签发人才是运输合同的当事人，才有资格收取运费。

案例四　多式联运无单放货责任案

发货人：仁和贸易公司，简称A公司

收货人：朝鲜真诚公司，简称B公司

多式联运经营人：天华运输公司，简称C公司

2000年6月7日，A公司委托C公司向朝鲜出运印染布，委托书载明，发货单位为A公司，收货单位为B公司，装货港天津，卸货地朝鲜新义州。

同年6月20日，托运人A公司向C公司出具声明，声明中指定B公司为唯一收货人，提单只作议付单据。同年6月26日，C公司签发了多式联运提单，提单声明：托运人为A公司，指示人为“TO ORDER OF THE CHINA STATE BANK LTD., HONGKONG.（凭香港中行指示）”，细目一栏中注有“FOR NEGOTIABLE ONLY（仅作议付用）”，货物品名为印染布，运费预付。

C公司如约将货物从海路运至大连，后转公路运至丹东，6月27日安排货物利用铁路运输出境。铁路运单载明装货地为丹东，卸货地为朝鲜新义州，收货人为B公司。6月28日，朝鲜铁路部门凭铁路运单记载将货物交付B公司。

货物出境后，B公司拒付货款，A公司结汇未果，遂以C公司未凭正本提单放货给B公司为由提起诉讼，要求C公司赔偿其货物损失约20万美元。

法院判决，C公司已经完成运输合同，且无凭正本提单放货的义务，C公司不对A公司承担赔偿责任。

第10章 集装箱运输的经济分析

【本章内容概要】

本章重点介绍了集装箱运输市场的供求规律，集装箱运输的运费组成和海上运输、铁路运输、公路运输和多式联运的运费计算方法。通过本章的学习，能够为从事运价分析的工作打好理论基础。本章的主要内容框架如图10-1所示。

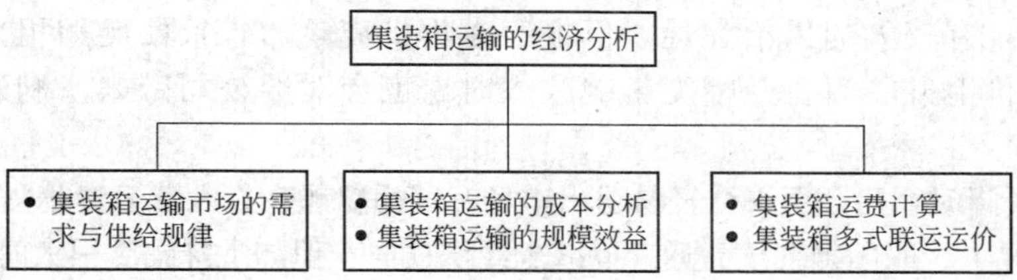

图10-1　本章的主要内容框架

【本章学习重点与难点】

学习重点：成本构成、规模效益的规律、运费计算和运价。

学习难点：运费计算方法。

10.1　集装箱运输市场的供求关系

10.1.1　集装箱需求及需求规律

集装箱运输需求是货主在一定的运价条件下，愿意并交给运输企业运输的集装箱运量。运输必须具备两个条件：交运意愿和交运能力，即需要运送集装箱并具有支付运价的能力。集装箱运输市场上，当运价上升，则集装箱运输需求量减少；反之则增加。集装箱运价与集装箱运输需求量之间呈反比关系。

总地说来，集装箱运输需求弹性是较小的。这是因为以下原因。

(1) 集装箱运输货物依赖于海上运输，所以运价的变动不会引起需求量有很大的变化。

(2) 集装箱运输的货物价值高，承担运价的能力较强，它们在运价上升时被削减或取消运输需求的可能性很小。

(3) 由于货主在大多数情况下可以把运费增加的部分转加到贸易商品价格中去，所以运价的上升，不会影响外贸物资对集装箱运输的需求。

但是，在一定条件下，集装箱运输需求随运价变动而变化的情况还是比较明显的。

10.1.2 集装箱运输的供给及供给规律

集装箱运输供给是指集装箱船公司在一定运价条件下，愿意并能够提供集装箱运输能力。在集装箱运输市场上，运价上升时，运力供给会增加，运价下降时，运力供给就会减少，供给与价格之间的这种正比变动关系即为供给规律。

集装箱班轮运输通常是在航线垄断条件下经营，其航线、运价已事先规定，对市场的变化反应不是太敏感。集装箱运输市场供给能力随市场需求的变化作适应性调整的难度较大，其供给弹性较小。但并不是集装箱运输市场能力的供给不受市场运价水平高低的影响，只不过结合集装箱运输生产的特点，它有一些具体的规律性。

(1) 运价上升时，船公司将设法通过租船、购买旧船或从其他航线抽调运力等方式增加运力，如预见在较长时间内市场看好，可能会出现建造新船以增加供给的局面，以扩大供给量，有较大的供给弹性。但也存在为扩充运力，致使船舶租金费率、旧船卖价和新船造价上升，当上升幅度影响收入时，也会对船公司带来不利影响，影响供给弹性。

(2) 运价下降时，船公司不会轻易退出市场，因为船舶在投入营运时仍需开支封存维持费用，一般情况下，船舶仍继续营运，以减少经济损失。但如下降幅度很大时，可能使船公司采取措施，如封存部分船舶，减速航行，放慢船舶周转速度，缩减市场上船舶的实际运输能力，船舶吨位的供给并不强烈地随需求的减少而减少，与运价上升时的情况相比，供给弹性较小。

10.2 集装箱运输的成本分析

10.2.1 集装箱运输成本分析的意义

集装箱运输成本是集装箱运输企业实现集装箱空间转移所支出的一切费用的总和，是集装箱运输企业生产耗费补偿的尺度。企业为了实现再生产，每一次运输生产耗费不仅要有实物形态的补偿，而且要有价值形态的补偿。这种价值形态补偿具体表现为企业资金耗费的补偿，而企业运输生产过程所耗费的资金形成集装箱运输成本，成本的高低也就反映出需要补偿的资金数额大小。因此，集装箱运输成本就成为衡量企业运输生产耗费补偿的尺度。企业的运输收入能够补偿成本时，才能收回运输生产中所耗费的资金，维持简单再生产的起码条件。

集装箱运输成本是集装箱运输企业生产耗费的表现，在一定程度上反映了企业运输生产经营活动的经济效果。它反映了企业工作质量及经营管理水平，是一个综合性的指标。

集装箱运输成本还是制定集装箱运价的重要依据。它关系到运价水平的高低，关系到在国际运输市场上的占有率和市场的竞争能力，将影响企业的经济效益。

集装箱运输企业应努力降低运输成本，尽量节约运输支出，就可以用较少的支出完成同样的集装箱运输任务，或用同样的支出完成更多的集装箱运量，从而提高企业经济效益和社会综合效益。

10.2.2　集装箱运输成本构成

对于一般集装箱船公司而言，如果没有开展全球范围的集装箱多式联运，限于海运段的集装箱运输成本项目及构成通常包括以下内容。

(1) 变动费用：燃料费、港口使用费、中转费、垫料费、货物装卸费、速遣费、事故费、其他费用等（如临时变更挂靠港口产生的倒箱费）。

(2) 船舶固定费用：船员费用、船舶用品费、润滑油费、船舶保险费、船舶修理费、杂费、船舶折旧费、船舶贷款利息、船公司与此有关的管理费等。

(3) 集装箱费用：购箱、租箱、修箱，以及因集装箱管理而产生的费用等。

(4) 企业管理费。

如果开展全球集装箱多式联运，船公司除支付以上费用外，还应支付支线船与转船费用、内陆运输费用、内陆货运站费，如果码头是船公司自己经营，还包括码头的折旧、贷款利息等费用。

10.2.3　集装箱运输成本构成的特点

从集装箱运输成本构成可看出，其具有以下突出的特点。

1. 成本范围大，成本构成复杂

由于国际集装箱运输已超出了“港—港”的海段运输，甚至船公司作为多式联运经营人时，成本范围可包括从发货人工厂（仓库）到收货人的仓库，其中有内陆货运站，各种运输方式，中转码头、车站，以及代理网和各种通信、管理设施等全部费用，而船舶营运成本仅为总成本中的一部分，据有关资料显示，约在 20%～25%。

2. 资本成本在总成本中的比例大

由于集装箱运输是资本高度密集型产业，集装箱船舶远比传统船舶的造价高，集装箱港口码头投资昂贵，各种类型的集装箱造价也很高，还有与集装箱运输相关的其他设施的投资也相当高，因而决定了集装箱运输总成本中，资本成本所占的比例很大，高达 45%以上，约为传统班轮的 4 倍。由此可知，为了提高船公司在国际集装箱运输市场的竞争能力，必须拥有雄厚的资本，应具有一定的投资规模，才能实现规模经济效益。

3. 固定成本在总成本中比例较大

根据我国某集装箱运输船公司多年经营实绩资料显示，各项成本在总成本所占的比例分别为船舶固定费用为 29%、燃料费 11%、港口使用费 10%、货物装卸费（含中转费用）为 32%、集装箱使用费占 17%、其他占 1%（含管理费、速遣费、垫料费等）。可见，集装箱运输的固定成本占总成本中高达 46%，有的船公司所占比例更大。

由于资本成本、固定成本比例大，这就决定了集装箱运输成本具有相对的稳定性。船公司应从集装箱运输成本的特点分析，应优化投资决策，充分利用各种设施，加速船、箱周转，以提高企业的经济效益。

10.2.4 降低集装箱运输成本的途径

(1) 实行目标成本管理，是降低集装箱运输成本的有效手段。目标成本管理是根据规定的目标成本进行企业管理的一种方法。所谓目标成本，是指船公司各个部门、船舶，以及各个工作岗位在一定时期要达到的成本水平。实行目标成本管理要形成一种宏观与微观、公司与部门、部门（船舶）与职工（船员）的上下左右相互协调的保证指标体系，以便指标分解下达、考核、监督及执行。

(2) 改善经营管理，节约各项物资消耗，缩减费用的支出。要在全面加强企业管理和实行经济核算的基础上，加强物资消耗定额管理，制定和实行先进合理的物资消耗定额，推广先进用料经验，严格控制各项开支标准，尽量压缩管理费用和减少非生产开支。

(3) 走技术进步的道路，提高运输生产技术水平，降低燃料费，减少船舶维修费的支出。要优化航线和船型，提高船舶运输效率，开展船舶节能研究，加强日常船舶维护保养，努力降低燃料费和维修费，这对降低集装箱运输成本具有重要意义。

(4) 提高劳动生产率，力求以较少的人力消耗完成较多的生产任务。这样做不仅可减少单位运输产品的工资支出，而且还可节省与人员数有关的其他费用。为了不断提高劳动生产率，就要广泛发动群众，开展以增产节约为中心的劳动竞赛，充分发挥职工群众的积极性和创造性。同时，应改善劳动组织，加强定额与定员管理，并加强技术教育和船员培训工作，提高职工技术水平和整体素质。这些，都有利于降低运输成本。

(5) 节约港口费用，是降低集装箱运输成本的重要途径。由于港口费用占集装箱运输成本的比例相当大，因而降低港口费用有重要意义。通过加强与港口代理的联系，必要时派出驻港代表，提高代理质量等，均能起到一定作用。

(6) 加强安全质量管理，保证航行安全。通过减少机损、海损和箱损事故，可以减少事故赔偿费用及事故修理费用，对于降低运输成本有重要作用。

(7) 做好箱管工作，降低集装箱费用。合理确定船舶集装箱配备量。自备量和租箱量，做好空箱调运及集装箱配积载工作。加强损坏箱的修理工作，实现现代化集装箱跟踪管理等，对降低与集装箱有关的费用，从而降低集装箱运输成本具有重要作用。

10.3 集装箱运输的规模效益

10.3.1 集装箱运输的规模经济效益特点

规模经济效益是指一定的生产规模与平均收益（或平均成本）之间的关系。通过它可以研究在生产规模发生变动，如投入要素增加时，收益的变动情况。通常，规模经济效益可分为 3 种类型。

第一种类型：收益增加幅度大于投入要素增加幅度，这种类型称为规模经济效益递增。

第二种类型：收益增加幅度等于投入要素增加幅度，这种类型称为规模经济效益不变。

第三种类型：收益增加幅度小于投入要素增加幅度，这种类型称为规模经济效益递减。

从集装箱运输的宏观分析上看，它既存在递增的规模经济效益，也存在递减的规模经济效益。这主要体现在以下两个方面。

(1) 船舶大型化，增加船舶载箱量。随着船舶载箱量的增加，船舶单位运输成本明显下降，从而呈现出递增的规模经济效益。当然，随着船舶规模增大的同时，港口也相应提高装卸效率，其他运输环节不断完善，这样才能实现规模经济效益递增。

(2) 提高船舶航速。由于航速的提高，必将造成燃油成本的上升，则单位运输成本将提高，而且，航速较高的船舶，在港维持成本也较高，显示出递减的规模经济效益，亦即航速提高在规模上并不经济。然而，集装箱船舶仍以较高的航速在营运，其主要原因是由于船舶航速的提高，船舶往返航次时间缩短了，航线配船数可减少，从而节约船舶投资。并且，为了吸引货源和保证班期，以及提高运输服务质量，通过技术经济论证选择合理的较高航速也是符合规模经济效益的。

纵观集装箱运输的发展历史，集装箱船舶的大型化和高速化已成为发展的趋势，只要合理处理好集装箱船舶的载箱量、航速、港口装卸效率、船舶需要量、航程、集装箱及有关设备利用率等关系，将实现规模经济效益递增。

10.3.2 集装箱船舶载箱量、航速与规模经济效益的关系

不同载箱量的集装箱船在各种航速条件下与规模经济效益的关系如图10-2所示。

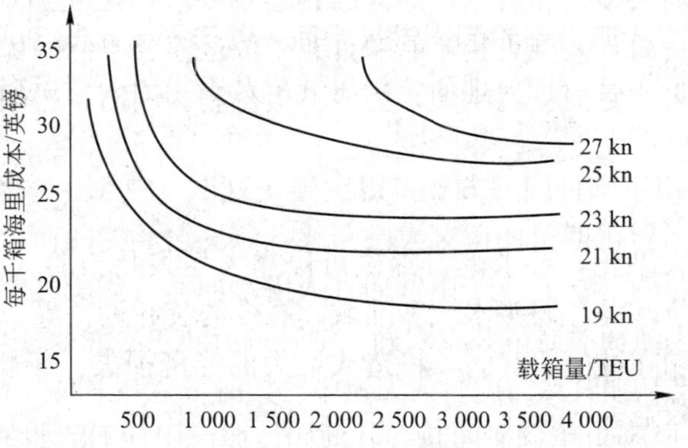

图10-2 船舶载箱量、航速与规模经济效益关系曲线

图10-2说明以下两个问题。

(1) 增加船舶载箱量呈递增的规模经济效益。在一定航速条件下，船舶单位运输成本均向右下方倾斜，即随着船舶载箱量的增加，其单位运输成本逐渐降低。

(2) 增加船舶航速呈递减的规模经济效益。在船舶载箱量一定的条件下，每箱单位运输成本随航速的提高逐次向上增加，反映了航速提高缺乏规模经济效益的情况。

目前，随着集装箱船舶大型化、航速普遍提高，减少了航线配船数，从而减少船舶投资，并且有利于提高运输服务质量提高集装箱有关设备的利用率，这是有利的一面。但随着

航速的提高，必然引起燃油成本上升，从而导致单位运输成本提高，这是不利的一面。必须经技术经济论证并综合分析后确定最佳的航速。

10.3.3 集装箱船舶载箱量、航速与在港成本之间的关系

船舶单位在港成本随船舶载箱量的提高而递增，呈递减的规模经济效益。由于港口装卸效率并不随船舶载箱量的增大而提高，因而导致大型集装箱船在港停留时间比中小型集装箱船长，造成停港损失增加。并且由于集装箱船舶投资很大，其资本成本也高，因此大型集装箱船舶单位在港成本（即在港停泊成本）要高。

在不同装卸效率条件下，随着船舶载箱量的增加，船舶的单位在港停泊成本呈递增趋势。当装卸效率呈相同变化幅度时，不同规模（载箱量）的船舶成本及在港天数下降比例是一致的，因此大型船舶的单位在港成本下降幅度要明显高于中、小型船舶。但是，在既定装卸效率下，大型船舶因在港停留时间长，造成大型船舶的单位在港成本要高于中小型船舶。

综上，港口装卸效率应随船舶大型化而提高。为了实现集装箱运输的规模经济效益，在适箱货源充足稳定的条件下，提高船舶载箱量和船舶航速，同时提高港口装卸效率，增加航线航程，就可以取得最佳的规模经济效益。

10.3.4 影响集装箱船舶规模经济效益的因素

影响集装箱船舶规模经济效益的因素很多，归纳起来，主要有以下因素。

1. 集装箱运输的适箱货源

提高集装箱运输的规模经济效益，首先必须在集装箱航线上具有充足而稳定的货源。这是因为随着集装箱船舶大型化和载箱量的提高，客观要求与之相适应的货源也要不断增加，如果没有充足的适箱货源，大型集装箱船舶具有单位运输成本低的优势也就发挥不出来。由于缺少货源，船舶越大，亏损也就越大，更谈不上盈利。因而，船舶规模扩大也就失去了其经济意义。

2. 港口条件

随着集装箱船舶大型化，要求港口提供可停靠大型集装箱船（如第 4、5、6 代集装箱船）的靠泊设施、泊位水深、码头水域和陆域、高效的装卸设备等。否则，大型船舶无法挂靠，也延长集装箱船舶在港停留时间，将造成巨大的经济损失。船舶越大，损失也就越大，也就丧失了规模经济效益。

3. 航路条件

航路条件主要是指航道水深及苏伊士运河和巴拿马运河对船舶吃水、船长、船宽等方面的限制，如果受到限制，就要另选其他航路。这就影响了船舶大型化，影响船舶的规模经济效益。

4. 航程因素

理论分析和实践都表明，航程越长，大型船舶的规模经济效益越佳；反之，则越差。这是因为航线距离较短，船舶在港时间的比例就较大，航行时间的比例相应就会减小，使船舶的生产效率受到影响；反之，如航程较长，船舶的航行率相对较高，航行时间的比例增加，船舶越大，其规模经济效益越佳。所以，航程的长短，对集装箱船舶规模经济效益有密切

关系。

5. 装卸效率

港口装卸效率较低，则船舶在港停留时间增加，船舶往返航次时间也就增加，船舶周转速度降低，影响航线船舶运输能力和船舶配备量增加，带来不利的经济效果。船舶越大，如果装卸效率不随之提高，则船舶规模经济效益越差。所以，应该随着船舶大型化的同时，不断提高港口装卸效率，实现集装箱码头装卸作业高效化。

10.4　集装箱运费计算

集装箱运费是集装箱运输承运人根据运输合同，在完成集装箱货物运输后，从货主那里取得的报酬。集装箱运价是集装箱运费的单位价格或费率，或者说，运价是指承运人为完成某一计量单位货物运输所收取的运费。在国际多式联运下，承运人对货物的风险和责任有所扩大，集装箱货物的运费一般包括内陆运输、码头堆场或货运站装卸服务、海运在内的全程费用。从总的方面来看，集装箱运费是由海运运费加上各种集装箱运输有关的费用而形成，这是集装箱运费构成的基本概念。

10.4.1　集装箱运费的基本结构

从集装箱运输的过程看，集装箱运输费用的基本结构如图 10－3 所示。

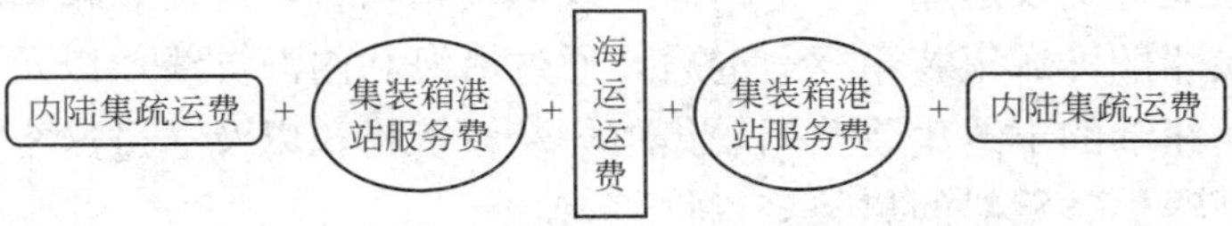

图 10－3　集装箱运输费用的基本结构

1. 集装箱海运运费

集装箱海运运费是指海上运输区段的集装箱运输费用，一般为远洋干线集装箱运输，主要采取大型和超大型集装箱船舶装运，集装箱货运量大，运输距离长，风险责任大，是集装箱运费收入最主要部分。根据班轮公会或班轮公司运价本的规定，集装箱海运运费向托运人或收货人计收。

习惯上，海上承运人将海运运费、集装箱船边装卸费，以及堆场作业费都包括在集装箱的海运运费之中，形成了承运人的包箱运价。不过，各个船公司都根据具体情况规定不同的收取办法，有的按上述费用结构逐项计收，有的将某几项费用合并计收。

2. 集装箱港站服务费

港口既为船方服务，又为货方服务，主要是为船舶服务。所以码头经营人收取的是他为集装箱运输提供服务的费用。集装箱港站服务费包括集装箱码头堆场服务费和集装箱货运站拼、装箱服务费。

1）集装箱码头堆场服务费

集装箱码头堆场服务费也称为码头服务费。装货港集装箱码头堆场服务费包括接收出口的集装箱、在堆场按规定分类堆存、搬运至码头前沿装船的费用。卸货港集装箱码头堆场服务费包括从船上卸下进口集装箱、搬运、在堆场按规定分类堆存、交付进口集装箱的费用。

集装箱码头堆场服务费一般按集装箱装卸包干费向船方计收。重箱堆存费分别向收、发货人计收，空箱堆存费向船方计收。

2）集装箱货运站服务费

集装箱货运站按完成下列服务项目计收服务费。

(1) 出口装箱方面。将空箱从堆场运至货运站，并办理集装箱设备交接手续；将货物从货方车上卸到集装箱货运站并办理货运交接手续；将出口集装箱货物分类归垛，联系海关、商检和理货等业务；货物在货运站正常搬运；对货物进行装箱并对箱内货物进行一般加固；编制“集装箱装箱单”，并签发“场站收据”和“集装箱装箱单”等单证；对装好的集装箱进行封箱，做标记；把重箱运往集装箱码头堆场，并办理集装箱进场交接手续等。

(2) 进口拆箱方面。办理集装箱进站的货运交接手续；将集装箱从车上卸到集装箱货运站，联系海关、商检和理货等业务；将进口箱进行拆箱，做好拆箱记录，并分类归垛；将货物在货运站正常搬运；联系收货人支付进口货物，并收回“正本提单”，签署“提货单”；把空箱送回海上承运人或其代理人指定的集装箱堆场，并办理空箱进场设备交接手续等。

对集装箱货运站的拆、装箱服务费，一般采用拆装箱包干费计收。对“提单”列明集装箱货运站交付的，拆装箱包干费向船方计收；应货方要求进行拆装箱的，拆装箱包干费向货方计收。

3. 集装箱集疏运运费

集装箱集疏运又称支线运输，是对远洋干线集装箱而言，是集装箱运输的一种运输组织方式。干线集装箱船舶停靠集装箱枢纽港后，通过沿海和内河支线，以及公路、铁路支线网络系统向集装箱枢纽港的干线集装箱船舶集中集装箱货物，以及通过这个支线网络系统向集装箱枢纽港疏散干线集装箱船的集装箱货物。

1）水路支线运费

水运支线集装箱班轮运输包括沿海支线集装箱班轮运输和河内支线集装箱班轮运输，是采用固定船舶，在国内港口之间按照公布的船期表或有规则地与干线船舶衔接的固定航线上，从事国际集装箱集疏运输。水路支线船公司根据支线运价表向托运人或收货人计收支线运费。

如水路支线由干线船公司统一经营，可由干线船公司向托运人或收货人连同干支线运费一起计收，进行内部核算和统一结算，也可以由支线船公司单独向托运人或收货人计收支线运费，进行独立核算；如水路支线运输由支线船公司单独经营，按该支线船公司运价本计收运费，并应与干线船公司签有支线运输协议。在开展集装箱多式联运条件下，水路支线作为干线船公司的分包承运人，则由干线船公司向托运人或收货人收取全程运输费用，然后再由干线船公司根据包转运输合同或协议支付给水路支线承运人运费。

2）内陆公路运费

公路运费主要有4种情况：第一种是由干线船公司负责运输，如中国远洋运输（集团）总公司集装箱由该集团的中国汽车运输总公司承运，根据有关规定向货方计收公路支线运费；第二种是由干线船公司委托地方汽车运输企业承运，按照规定向货方计收公路支线运费；第三种是干线船公司作为多式联运经营人，公路汽车运输企业作为分包承运人，则由干线船公司向托运人或收货人一次收取全程运输费用，然后按分包运输协议支付给公路汽车运输企业；第四种是由货主自己负责运输，干线船公司可根据事先商定的协议和有关规定，在指定的场站将集装箱及其设备出租给货主，并按规定计收费用。主要的收费内容如下。

(1) 区域运费，即承运人按货主的要求，在所指定的地点间进行重箱或空箱运输所收取的费用。

(2) 无效托运费，在承运人将集装箱空箱按货主要求运至指定地点而货主却没有发货，且要求将箱子运回的情况，承运人将收取全区域费用，以及货主宣布运输无效后可能产生的任何延迟费用。

(3) 变更装箱地点，如承运人应货主的要求同意改变原集装箱交付地点，货主要对承运人由此引起的全部费用给予补偿。

(4) 装箱时间与延迟费，装箱时间的长短与延迟费的大小主要视港口的条件、习惯、费用支付情况而定，差别甚大。如在发货人工厂、仓库装箱时，免费允许时限为 20 ft 箱为 2 小时，40 ft 箱为 3 小时。上述时间均从驾驶员将箱子交货主时起算，即使是阴天、雨天或恶劣气候也不能超出规定的时限，如超出规定的时限，对超出时间计收延迟费。

(5) 清扫费，使用集装箱结束后，货主有责任清扫集装箱，将清洁无味的集装箱归还给承运人。如此项工作由承运人负责，货主仍应负责其费用。

如果内陆运输由货主自己负责，承运人则可根据自己的选择和事先商定的协议，在他所指定的场所将集装箱或有关机械设备出借给货主，并按有关规定计收费用。在货主自己负责内陆运输时，其费用主要包括集装箱装卸费、超期使用费、内陆运输费。

3) 内陆铁路运费

根据铁道部有关规定计收运费。其情况与公路支线大致相同。

对应集装箱货物交接的 9 种形式，集装箱运费的计算内容如表 10－1 所示。

表 10－1　对应集装箱货物交接方式的运费组成

装港					海上	卸港				
交接地	A	B	C	D	E	交接地	D	C	B	A
Door (FCL)		B		D	E	Door (FCL)	D		B	
Door (FCL)		B		D	E	CY (FCL)	D	C		
Door (FCL)		B		D	E	CFS (LCL)	D		B	A
CY (FCL)			C	D	E	Door (FCL)	D		B	
CY (FCL)			C	D	E	CY (FCL)	D	C		
CY (FCL)			C	D	E	CFS (LCL)	D		B	A
CFS (LCL)	A	B		D	E	Door (FCL)	D		B	
CFS (LCL)	A	B		D	E	CY (FCL)	D	C		
CFS (LCL)	A	B		D	E	CFS (LCL)	D		B	A

注：A 为集装箱货运站（非码头内）服务费；B 为内陆运输费；C 为装卸费；D 为集装箱码头堆场服务费；E 为海上运费。

10.4.2　集装箱运价的按箱计费

在货物运输过程中，运费计收具有按距离、按货物重量或体积而异的特点。传统散件杂货运价是以吨公里费率来表示的，称为吨公里运价。虽然目前有些国家在集装箱公路或铁路运输中仍然沿用散件杂货的吨公里运价，没有专门制定集装箱运价，但大多数集装箱运输较为发达国家对整箱货物都采用了箱公里运价。对于拼箱货则采用以货物重量或体积为计费标准并包括拆装箱费在内的拼箱货运价。

目前，对于集装箱海运运价，世界上大多数集装箱船公司对集装箱整箱货物都采用包箱费率（Commodity Box Rates）。这种费率形式分别按货物种类和不同箱型制定不同的包干费率。这种包箱费率一般包括集装箱海上运输费用、集装箱在装船港和卸船港的码头装卸费用（Terminal Handling Charges）。包箱运价的费率水平定得比较低，体现了货物整箱托运的优惠，是船公司吸引集装箱货源的一种重要手段。

港口集装箱装卸费也是以箱为单位计收的。该费用主要有两种：一种是集装箱装卸包干费，是指“船—堆场”之间的所有作业费用，这其中包括了一定天数的免费堆存；另一种是集装箱中转包干费，是指“船—岸—船”之间的所有作业费用。国外主要集装箱港口为了吸引中转箱，中转包干费一般都低于装卸包干费。例如，新加坡港，港口的中转包干费只为装卸包干费的60%左右；美国旧金山港，中转包干费为装卸包干费的75%左右。

10.4.3 集装箱海运运价的确定原则

国际海运运价大体可以分为两种类型：不定期船运价和班轮运价。其中，前者的费率水平随航运市场的供求关系而波动。在市场繁荣时期，不定期船运费率就会上涨；在市场不景气时，就会随之下跌。后者由班轮公会和班轮经营人确定，它们多与经营成本密切相关，在一定时期内保持相对稳定。

由于海上集装箱运输大都是采用班轮营运组织方式经营的，因此集装箱海运运价实质上也属班轮运价的范畴。通常，班轮公会或班轮经营人对其确定班轮运费率的基本原则并不是公开的。一般来说，传统的“港—港”或称“钩—钩”交接方式下海运运价的确定，通常基于下列3个基本原则。

1. 运输服务成本原则

所谓运输服务成本原则（The Cost of Service），是指班轮经营人为保证班轮运输服务连续、有规则地进行，以运输服务所消耗的所有费用及一定的合理利润为基准确定班轮运价。根据这一原则确定的班轮运价可以确保班轮运费收入不至低于实际的运输服务成本。该原则被广泛应用于国际航运运价的制定。

2. 运输服务价值原则

运输服务价值原则（The Value of Service）是从需求者的角度出发，依据运输服务所创造的价值的多少进行定价。它是指货主根据运输服务能为其创造的价值水平而愿意支付的价格。运输服务的价值水平反映了货主对运价的承受能力。如果运费超过了其服务价值，货主就不会将货物交付托运，因为较高的运费将使其商品在市场上失去竞争力。因此，如果说按照运输服务成本原则制定的运价是班轮运价的下限的话，那么，按照运输服务价值原则制定的运价则是其上限。因为基于运输服务价值水平的班轮运价可以确保货主在出售其商品后能获得一定的合理收益。

3. “运输承受能力”原则

“运输承受能力”原则是较为普遍的运价确定原则。考虑到航运市场供求对班轮运输的巨大影响，“运输承受能力”原则（What the Traffic Can Bear）采用的定价方法是以高价商品的高费率补偿低价商品的低费率，从而达到稳定货源的目的。按照这一定价原则，承运人运输低价货物可能会亏本，但是，这种损失可以通过对高价货物收取高费率所获得的盈利加以补偿。

价值较高货物的运价可能会高于价值较低货物的运价很多倍，但从运价占商品价格的比重来看，高价货物的运价所占比例比低价货物运价所占比例要低得多。根据联合国贸发会的资料统计，低价货物的运价占该种货物 FOB 价格的 30%～50%，而高价货物运价仅占该类货物 FOB 价格的 1%～28%。因此，尽管从某种意义上说，运输承受能力定价原则对高价商品是不大公平的，但是这种定价方法消除或减少了不同价值商品在商品价格与运价之间的较大差异，从而使得低价商品不致因运价过高失去竞争力而放弃运输，实现了稳定货源的目的，因而对于班轮公司来说，这一定价原则具有十分重要的意义。

上述定价原则在传统的散件杂货海上运输价格的制定过程中确实起了十分重要的作用。然而，随着集装箱运输的出现，如何确定一个合理的海运运价，确实是集装箱班轮运输公司面临的全新课题。在过去，由于零散的散件杂货种类繁多，实际单位成本的计算较为复杂，因而“运输承受能力”原则比运输服务成本原则更为普遍地被班轮公会或船公司所接受。但是，使用标准化的集装箱运输使单位运输成本的计算更加简化，特别是考虑到竞争的日趋激烈，现在承运人更多地采用运输服务成本原则制定运价。在具体的定价过程中，应该是以运输服务的成本为基础，结合考虑运输服务的价值水平，以及运输承受的能力，综合地运用这些定价原则。孤立地运用某一个原则，都不可能使定价工作做得科学合理。

由于集装箱班轮运输已进入成熟期，运输工艺的规范化使各船公司的运输服务达到均一化程度，尤其是随着集装箱船舶的大型化，船舶运输的损益平衡点越来越高，使得扩大市场占有率，迅速突破损益平衡点，成为集装箱船公司获利的基础。因此，维持一定水平的服务内容，合理地降低单位运输成本，以低运价渗透策略迅速扩大市场占有率，应是合理制定集装箱海运运价的重要前提。

10.4.4　集装箱海运运价的基本形式

目前，集装箱海上运输，有多种运价形式，其中主要有均一费率（FAK）、包箱费率（CBC），以及运量折扣费率（TVC）等。

1. 均一费率

均一费率（Freight for All Kinds Rates，FAK）是指对所有货物均收取统一的运价。它的基本原则是集装箱内装运什么货物与应收的运费无关。换句话说，所有相同航程的货物征收相同的费率，而不管货物价值如何。它实际上是承运人将预计的总成本分摊到每个所要运送的集装箱上所得出的基本的平均费率。

均一费率运价形式从理论上讲是合乎逻辑的，因为船舶装运的及在港口装卸的都是集装箱而非货物，且集装箱占用的舱容和面积也是一样的。但是，采用这种运价形式，对低价值商品的运输会产生负面影响，因为低费率货物再也难以从高费率货物那里获得补偿。这对于低费率商品的货主来说可能难以接受。例如，集装箱班轮公司对托运瓶装水和瓶装酒的货主统一收取同样的运价，尽管瓶装酒的货主对此并不在意，但瓶装水的货主则会拒绝接受这种状况，最终，船公司被迫对这两种货物分别收取不同的运价。因此，在目前大多数情况下，均一费率实际上还是将货物分为5～7个费率等级。

2. 包箱费率

包箱费率（Commodity Box Rates，CBR）也称货物包箱费率，是为适应海运集装箱化和多式联运发展的需要而出现的一种运价形式。这种费率形式是按不同的商品和不同的箱型，规定了不同的包干费率，即将各项费率的计算单位由“吨”（重量吨或体积吨）简化为按“箱”计。对承运人来说，这种费率简化了计算，也减少了相关的管理费用。

按不同货物等级制定的包箱费率，等级的划分与散件杂货运输的等级分类相同（1～20级）。不过，集装箱货物的费率级别，大致可分为4组，如：1～7级、8～10级、11～15级和16～20级，或1～8级9级、10～11级以及12～20级等，但也有仅分3个费率等级的。

3. 运量折扣费率

运量折扣费率（Time volume Rates，又称Time volume Contracts，TVC）是为适应集装箱运输发展需要而出现的又一费率形式。它实际上就是根据托运货物的数量给予托运人一定的费率折扣，即托运货物的数量越大，支付的运费率就越低。这种费率可以是一种均一费率，也可以是某一特定商品等级费率。由于这种运量激励方式是根据托运货物数量确定运费率，因而大的货主通常可以从中受益。

起初，这种折扣费率的尝试并不十分成功，原因是有些多式联运经营人在与承运人签订TVC合同时，承诺托运一定数量的集装箱货物，从而从承运人那里获得了一定的费率折扣，但到合同期满时，他们托运的集装箱并未达到合同规定的数量。显然，承运人就会认为自己遭受了损失。正因如此，产生了“按比例增减制”的运量折扣费率计算方式，即拥有500 TEU集装箱货物的货主，当他托运第一个100 TEU集装箱时支付的是某一种运价，当他托运第二个100 TEU集装箱时支付的比第一次低的运价，而他托运第三个100 TEU集装箱时支付的是一个更低的运价，以此类推。目前，这种运量折扣费率形式采用得越来越广泛，尤其是多式联运经营人可以充分利用这种方式节省费用，不过，采用TVC形式并非都是有利可图的。对一个新的、经营规模也可能是较小的多式联运经营人来说，如果采用TVC费率形式，由于其集装箱运量十分有限而不得不支付较高的运费率，与大的多式联运经营人相比，将处于不利的局面。

10.4.5 集装箱海运运费的计算

集装箱海运运费的计算可采用按箱费率计算和采用普通杂货班轮运费的计算两种。采用按箱费率计算可按照均一费率、包箱费率和运量折扣费率等计算办法；采用普通杂货班轮运费的计算办法，需要考虑在集装箱货运站装箱的拼箱货及由货主自行装箱的整箱货两种情况，在运费计算方式上有所不同。

1. 拼箱货海运运费的计算

目前，各船公司对拼箱货运费的计算，基本上是依据件杂货运费的计算标准，按所托运货物的实际运费吨计费，即尺码大的按尺码吨计费，重量大的按重量吨计费；另外，在拼箱货海运运费中还要加收与集装箱有关的费用，如拼箱服务费等。由于拼箱货涉及不同的收货人，因而拼箱货不能接受货主提出的有关选港或变更目的港的要求。所以，在拼箱货海运运费中没有选港附加费和变更目的港附加费。对拼箱货的起码运费是按每张“提单”规定计收的。

2. 整箱货海运运费的计算

对于整箱托运的集装箱货物运费的计收，一种方法也是目前采用较为普遍的方法，根据集装箱的类型按箱计收运费；另一种方法是同拼箱货一样，按实际运费吨计费。

在按实际运费吨计收费用的情况下，如整箱托运集装箱货物所使用的集装箱为船公司所有，承运人则有按集装箱最低利用率（Container Minimum Utilization）和集装箱最高利用率（Container Maximum Utilization）支付海运运费的规定。

1）按集装箱最低利用率计费

一般来说，班轮公会在收取集装箱海运运费时通常只计算箱内所装货物的吨数，而不对集装箱自身的重量或体积进行收费，但是对集装箱的装载利用率有一个最低要求，即最低利用率。但对有些承运人或班轮公会来说，只是当采用专用集装箱船运输集装箱时，才不收取集装箱自身的运费，而当采用常规船运输集装箱时则按集装箱的总重（含箱内货物重量）或总体积收取海运运费。

规定集装箱最低利用率的主要目的是，如果所装货物的吨数（重量或体积）没有达到规定的要求，则按该最低利用率对应的计费吨计算运费，以确保承运人的利益。在确定集装箱的最低利用率时，通常要包括货板的重量或体积。最低利用率的大小主要取决于集装箱的类型、尺寸和集装箱班轮公司所遵循的经营策略。当然，在有些班轮公会的费率表中，集装箱的最低利用率通常仅与箱子的尺寸有关，而不考虑集装箱的类型。目前，按集装箱最低利用率计收运费的形式主要有3种：最低装载吨、最低运费额，以及上述两种形式的混合形式。

最低装载吨可以是重量吨或体积吨，也可以是占集装箱装载能力（载重或容积）的一个百分比。以重量吨或体积吨表示的最低装载吨数通常是依集装箱的类型和尺寸的不同而不同，但在有些情况下也可以是相同的。而当以集装箱装载能力的一定比例确定最低装载吨时，该比例对于集装箱的载重能力和容积能力通常都是一样的，当然也有不一样的。

最低运费额则是按每吨或每个集装箱规定一个最低运费数额，其中后者又被称为“最低包箱运费”。

至于上述两种形式的混合形式则是根据下列方法确定集装箱的最低利用率：一种是集装箱载重能力或容积能力的一定百分比加上按集装箱单位容积或每集装箱规定的最低运费额；第二种是最低重量吨或体积吨加上集装箱容积能力的一定百分比。

2）按集装箱最高利用率计收运费

集装箱最高利用率的含义是，当集装箱内所载货物的体积吨超过集装箱规定的容积装载能力（集装箱内容积）时，运费按规定的集装箱内容积计收，也就是说超出部分免收运费。至于计收的费率标准，如果箱内货物的费率等级只有一种，则按该费率计收；如果箱内装有不同等级的货物，计收运费时通常采用下列两种做法：一种做法是箱内所有货物均按箱内最高费率等级货物所适用的费率计算运费；另一种做法是按费率高低，从高费率起往低费率计算，直至货物的总体积吨与规定的集装箱内容积相等为止。如果货主没有按照承运人的要求，详细申报箱内所装货物的情况，运费则按集装箱内容积计收，而且，费率按箱内装货物所适用的最高费率计。如果箱内货物只有部分没有申报数量，那么，未申报部分运费按箱子内容积与已申报货物运费吨之差计收。

规定集装箱最高利用率的目的主要是鼓励货主使用集装箱装运货物，并能最大限度地利用集装箱的内容积。为此，在集装箱海运运费的计算中，船公司通常都为各种规格和类型的集装箱规定了一个按集装箱内容积折算的最高利用率。例如，20 ft 集装箱的最高利用率为 31 m^3，而 40 ft 集装箱的最高利用率为 67 m^3。最高利用率之所以用体积吨而不用重量吨为计算单位，是因为每一集装箱都有其最大载重量，在运输中超重是不允许的。因此，在正常情况下，不应出现超重的集装箱，更谈不上鼓励超重的做法。

3. 特殊货物海运运费的计算

集装箱装载的特殊货物是指超重、超长、超宽、超高的货物、成组货物、搬家货物、箱内挂衣货物等。

1) 集装箱超重、超长、超宽、超高货物运费及其有关费用

根据运输集装箱货物风险责任和交接方式，对集装箱装载超重、超长、超宽和超高货物的运费及附加费一般有以下规定。

(1) 对整箱接货、整箱交货的，只计收运费，不再计收超重、超长、超大件货物的附加费。

(2) 对按件接货并装箱、拆箱按件交货的，按集装箱班轮公司运价本的规定，除收取运费外，还计收超重、超长和超大件货物的附加费。

(3) 对整箱接货、拆箱按件交货的，或按件接货并装箱、整箱交货的，根据集装箱班轮公司运价本的规定，除收取运费外，还对超重、超长和超大件货物加收 50%的附加费。

(4) 装载超重、超长和超大件的集装箱，一般为非标准集装箱。因此托运人或集装箱班轮公司在货物订舱前应向港口提出申请，经确认后方能装运。

2) 集装箱的成组货物运费及有关费用

(1) 按件接货再按件交货的交接方式，或按件接货再整箱交货的交接方式，或按整箱接货再按件交货的交接方式，均需海上承运人装拆箱，或装箱，或拆箱。而成组货物会加快装拆箱速度和减轻装拆箱劳动强度。因而，对符合集装箱班轮公司运价本和承运成组货物的规定及要求的，对按拼箱货托运的成组货物，均给予运费的优惠。

(2) 基于上述的原因，对按整箱托运的成组货物不给予运费的优惠。

(3) 凡按成组托运的集装箱托运的货物，不论是按整箱货还是按拼箱货托运的成组货物，在计算运费时，一般都扣除货盘本身的重量或尺码，但这种扣除在习惯上不应超过货物加货盘重量或尺码的 10%。对超过部分仍按货盘上货物的费率计收运费。

(4) 有些集装箱班轮公司运价本规定，在某些航线上，对按整箱货托运的成组货物，在计算运费时不扣除货盘的重量或尺码。

3) 挂衣集装箱运费

集装箱装运挂在箱内的服装时，一般按以下规定计收运费。

(1) 集装箱班轮公司可承接“门到门”、“门到场”、“场到门”和“场到场”交接方式的整箱货物运输。

(2) 挂衣箱的运费一般按集装箱内容积的 85%计收。但托运人必须提供衣架或其他必要的挂衣装箱的物料。

(3) 托运人可在同一挂衣箱内运载其他的集装箱货物。在这种情况下，其运费按集装箱内容积的 85%，再加上其他货物的实际尺码计收，但总的收费尺码不得超过集装箱内容积的 100%。对此托运人应提供经集装箱班轮公司同意的公证单位出具的货物衡量证书。

4) 回运货物

回运货物是指在卸货港或交货地卸货后的一定时间以后，由原承运人运回原装货港或发货地的货物。对于这种回运货物，承运人一般给予一定的运费优惠。例如，当货物在卸货港或交货地卸货后 6 个月由原承运人运回原装货港或发货地，对整箱货（原箱）的回程运费按原运费的 85%计收，拼箱货则按原运费的 90%计收回程运费。但货物在卸货港或交货地滞留期间发生的一切费用均由申请方负担。

5) 搬家货物运费

对搬家货物、家具和行李装运集装箱，除把它们组装或包装再装入集装箱按实际运费吨计收运费和有关费用外，其余均按集装箱内容积的 100%计收运费及集装箱有关费用。

4. 集装箱超期使用费和滞期堆存费的计收方法

1) 集装箱超期使用费的计收

为了提高对集装箱的使用效率，加快集装箱的周转，降低运输成本，集装箱班轮公司给集装箱使用单位规定了对集装箱可以享受的免费的使用期限，如果集装箱的使用单位不能在规定的免费使用期内将装好货的重箱或拆箱后的空箱运回船公司指定的堆场，集装箱班轮公司则按集装箱超期使用的天数向集装箱使用单位计收集装箱超期使用费。

计收集装箱超期使用费的单位：一是从集装箱码头堆场提离进口重箱超过免费使用期后归还空箱的收货人；二是从空箱堆场提取空箱后超过免费使用期将重箱运至集装箱码头堆场的发货人；三是集装箱班轮公司指定的集装箱货运站超期装拆箱的经营人。

集装箱班轮公司制定集装箱超期使用费一般采用以下原则和标准。

(1) 不同种类的集装箱免费使用期标准不同，一般来说，冷藏集装箱和罐式集装箱等特殊用途集装箱造价高，免费使用期比较短，一般为 4 天；而干货集装箱和开顶集装箱等免费使用期比较长，一般为 10 天。这个标准不是绝对的，必须根据港口腹地范围大小和内地运输系统完善程度等因素来确定。

(2) 不同种类集装箱和不同规格标准集装箱超期使用费标准也不一样，如 12.2 m（40 ft）集装箱高于 6.1 m（20 ft）集装箱（不是成倍数），冷藏集装箱等特种用途集装箱高于普通干货集装箱等。

(3) 集装箱超期使用费计算的时间可以按天数单位计算，如免费使用期为 4 天，则从第 5 天开始计算超期使用费，每天一个收费标准，并采取累进计收办法。也可以按时间段作为计算单位，如果免费使用期为 4 天，则从第 5 天开始计算超期使用费，每个时间段为 5～10 天、11～20 天等，或规定的其他时间段作为计费时间单位，同样也采取累进的计收办法。星期天和节假日也包括在内。

(4) 必须规定集装箱免费使用期起算时间，一般是在“提单”上列明交货地点，集装箱班轮公司将集装箱运至交货地点的次日零时起算。例如，“提单”列明班轮公司指定的集装箱货运站拆箱交货（包括门—站、场—站、站—站）的进口集装箱，其免费使用期是自集装箱卸至集装箱货运站的次日零时起算。

(5) 由于集装箱运输的国际性对集装箱超期使用费一般收取国际通行的货币，如美元等。

2) 集装箱货物滞期保管费的计收

在集装箱货物运输中，如货方未能在规定的免费期限内前往集装箱班轮公司经营的堆场提取重箱或集装箱货运站提货，集装箱班轮公司则按超期的天数向货方收取集装箱或集装箱货物的滞期堆存保管费。集装箱、集装箱货物免费堆存保管期及滞期堆存保管费计收的指导思想和计收方法大致与上述集装箱超期使用费的有关规定基本相同。

如果集装箱码头堆场和货运站不是由集装箱班轮公司经营，而是公共集装箱码头堆场经营，进、出口重箱滞期保管费，应根据交货条款或合同的规定向货方计收或者向船方计收，进、出口空箱的滞期保管费一般是向船方计收。

5. 附加费的计算

附加费的标准与项目，根据航线和货种的不同而有不同的规定。集装箱海运附加费通常包括以下几种形式。

1) 货物附加费 (Cargo Additional)

某些货物，如钢管之类的超长货物、超重货物、需洗舱（箱）的液体货等，由于它们的运输难度较大或运输费用增高，因而对此类货物要增收货物附加费。对集装箱运输来说，计收对象、方法和标准有所不同。例如，对超长、超重货物加收的超长、超重、超大件附加费（Heavy - lift and over - length Additional）只对由集装箱货运站装箱的拼箱货收取，其费率标准与计收办法与普通班轮相同。如果采用 CFS - CY 条款，则对超长、超重、超大件附加费减半计收。

2) 变更目的港附加费

变更目的港仅适用于整箱货，并按箱计收变更目的港附加费。提出变更目的港的全套正本提单持有人，必须在船舶抵达提单上所指定的卸货港 48 小时前以书面形式提出申请，经船方同意变更。如变更目的港的运费超出原目的港的运费时，申请人应补交运费差额；反之，承运人不予退还。由于变更目的港所引起的翻舱及其他费用也应由申请人负担。

3) 选卸港附加费 (Optional Additional)

选择卸货港或交货地点仅适用于整箱托运整箱交付的货物，而且一张提单的货物只能选定在一个交货地点交货，并按箱收取选卸港附加费。

选港货应在订舱时提出，经承运人同意后，托运人可指定承运人经营范围内直航的或经转运的 3 个交货地点内选择指定卸货港，选卸范围必须按照船舶挂靠顺序排列。此外，提单持有人还必须在船舶抵达选卸范围内第一个卸货港 96 小时前向船舶代理人宣布交货地点，否则船长有权在第一个或任何一个选卸港将选卸货卸下，即应认为承运人已终止其责任。

4) 服务附加费 (Service Additional)

当承运人为货主提供了诸如货物仓储、报关或转船运输，以及内陆运输等附加服务时，承运人将加收服务附加费。对于集装箱货物的转船运输，包括支线运输转干线运输，都应收取转船附加费（Transshipment Additional）。

除上述各项附加费外，其他有关的附加费计收规定与普通班轮运输的附加费计收规定相同。这些附加费包括因港口情况复杂或出现特殊情况所产生的港口附加费（Port Additional)，因国际市场上燃油价格上涨而增收燃油附加费（Bunk Adjustment Factor，BAF），为防止货币贬值造成运费收入上的损失而收取货币贬值附加费（Currency Adjustment Factor，CAF），因战争、运河关闭等原因迫使船舶绕道航行而增收绕航附加费（Deviation Surcharge），因港口拥挤致使船舶抵港后不能很快靠卸而需长时间待泊所增收的港口拥挤附加费（Port Congestion Surcharge）等。此外，对于贵重货物，如果托运人要求船方承担超过提单上规定的责任限额时，船方要增收超额责任附加费（Additional for Excess of Liability）。

随着世界集装箱船队运力供给大于运量需求的矛盾越来越突出，集装箱航运市场上削价竞争的趋势日益蔓延，因此，目前各船公司大多减少了附加费的增收种类，将许多附加费并入运价当中，给货主提供一个较低的包干运价。这一方面起到了吸引货源的目的，同时也简化了运费结算手续。

10.4.6　铁路集装箱运费的计算方法

铁道部为增加价格透明度，规范收费行为，满足货主需要，开拓铁路集装箱运输市场，制定了《集装箱运输一口价实施办法》。

(1) 集装箱运输“一口价”，是指集装箱自进发站货场至出到站货场，铁路运输全过程各项价格的总和，包括“门到门”运输取空箱、还空箱的站内装卸作业，专用线取送车作业，港站作业的费用和经铁道部确认的转场费用。集装箱运输“一口价”按发、到站分箱型列明于集装箱运输“一口价”中。车站应在集装箱营业场所公布《集装箱运输一口价实施办法》和本站的《集装箱运输一口价表》。

(2) 集装箱运输“一口价”中包括铁路基本运价、建设基金运费、电气化附加费、特殊运价、杂费等符合国家规定的运价和收费，但不包括以下费用。

① 要求保价运输的保价费用。

② 快运费。

③ 委托铁路装掏箱的装掏箱综合作业费。

④ 专用线装卸作业的费用。

⑤ 集装箱在到站超过免费暂存期间产生的费用。

⑥ 托运人或收货人责任发生的费用。

(3) 下列运输不适用集装箱“一口价”，仍按一般计费规定计费。

① 集装箱国际铁路联运。

② 集装箱危险品运输（可按普通货物条件运输的除外）。

③ 冷藏、罐式、板架等专用集装箱运输。

(4) 实行“一口价”运输的集装箱，不办理在货物中途站或到站提出的运输变更。

(5) 集装箱运输“一口价”由发站费用、到站费用和铁路运输收入 3 部分组成。

① 铁路运输收入：包含国铁运费、国铁临管费用、铁路建设基金、特殊加价、电气化附加费、铁道部规定核收的代收款，铁路集装箱使用费或自备集装箱管理费，印花税等。

② 发站其他费用：包括组织服务费、集装箱装卸综合作业费、护路联防费、运单表格费、货签表格费、施封材料费等。

③ 到站其他费用：包括到站集装箱装卸综合作业费、铁路集装箱清扫费。

10.4.7 公路集装箱运费的计算方法

集装箱汽车运输收费是根据价值规律制定的。基本上与集装箱汽车运输的社会平均成本相适应。集装箱运输已经成为独立的运输形式，不仅有国际通用标准集装箱，同时还要有专用设备和专用车辆经营。公路集装箱运输是改货为箱，以箱为对象的运输，因此公路集装箱的运价不能以被送货物的重量或被运送货物的容积计价，而应以箱计价。

1. 集装箱汽车运输的计费箱型

集装箱汽车运输收费是根据不同箱型的基本运价为基础计算的，对于超出了标重的集装箱和非标准箱，都要在规定的收费上实行加价，箱型的确定是集装箱汽车运输收费的基本要素之一。按照ISO标准和我国国家标准的规定，集装箱的计费箱型主要有以下几种。

(1) 国际集装箱的计费箱型：6.1 m（20 ft）箱型和12.2 m（40 ft）箱型。

(2) 非标准箱型：外形尺寸超过标准箱型的集装箱，如超高、超宽、超长，以及特殊用途的集装箱。

2. 集装箱汽车运输的计费里程

(1) 计费里程的计算。计费里程的依据是各省、自治区、直辖市制定的营运路线里程图。涉及市区内的计费里程的确定以市区交通主管部门制定的营运路线里程图为依据。未列入营运路线里程图的计费里程可由承、托运双方协商确定。计费里程包括运输里程和装卸里程。运输里程按装箱地点到卸箱地点的实际里程计算，装卸里程按发车点到装卸点往返空驶里程的50%计算。

(2) 包干计费里程。在进行国际集装箱的批量运输或同一地区、同一线路内进行多点运输时，为简化里程计算，可以根据不同运次的运送里程差异计算综合平均运距，作为每次运输的距离，平均运距是包干计费里程。只要是批量运输，在规定区域分布点上，均可按平均运距收费。包干计费里程一般用于港口区域至城市区域内的多点运输。每批运输量不大时，不使用包干计费里程。

(3) 起码计费里程。根据我国港口国际集装箱的集疏运条件和内陆中转站的布局情况，国家规定起码计费里程为5 km，以km为单位，不足1 km按1 km计算。

3. 国际集装箱公路运输其他费收项目

(1) 车辆延滞费。当车辆（包括挂车）按规定时间到达装卸箱地点后，由于托运人或收货人责任造成装箱、卸箱、掏箱、拆箱、冷藏箱预冷超过规定时间，装卸箱落空的等待时间，现场和途中停滞时间，都应按计时运价的25%核收车辆延滞费。由于承运人责任延误的运输时间，按承托双方协议支付延滞赔偿费，最高不得超过运费收入的15%。

延误时间累计不足0.5小时者免收延滞费，超过0.5小时以0.5小时为单位，递进计收。

(2) 车辆装箱落空损失费。汽车（包括挂车）按预定时间到达指定地点后，因托运人的直接责任引起的装箱落空，应按车辆自车场（站、车辆驻地）至装、卸箱地点的往返行驶里程和计程运价的50%计收装箱落空费。装箱落空又同时延误时间的，还要核收车辆延滞费。

(3) 过渡费。过渡费是指车辆过渡、过桥、过隧道和通过收费路段的费用，均由托运人负担。承运人按当地规定的费收标准代收代付。

(4) 计箱装卸费。汽车运输国际集装箱的计箱装卸费以 20 ft 国际标准集装箱装载普通货物的基本费率为基础，按不同箱型、箱装货物类别和重、空箱分别计费。装有危险货物的集装箱和冷藏箱在基本费率的基础上增加 30%～50%，装载放射性、易燃、易爆货物的集装箱增加 75%～100%。40 ft 国际标准箱的计箱装卸费在 20 ft 箱各项费率基础上增加 50%。

空箱计箱装卸费按重箱装卸基本费率的 80%计收。非标准集装箱和特殊集装箱的计箱装卸费由承托双方协议定价。

(5) 装卸机械计时包用费。在国际集装箱汽车运输的装卸过程中，根据托运人要求及作业条件的限制，需要包用装卸机械的，收取装卸机械计时包用费。

该项费用按包用时间和装卸机械计时费率计费。装卸机械的计时费率，应分别按不同的机械操作能力制定，其计费单位为每标记吨位吨小时。包用时间是指装卸机械到达任务地点起至完成任务时止的全部时间。作业时间内机械发生故障进行修理、工人用饭时间应予扣除。包用时间以 4 小时为起码计费时间，以 0.5 小时为单位递进计费。

(6) 装卸机械走行费。自行或牵引的装卸机械自出场、站（驻地）至装卸地点作业，应按发车点至作业点往返行驶时间或行驶里程折算时间和装卸机械计时费率的 50%核收装卸机械的走行费。

(7) 装卸机械延滞费。装卸机械按规定时间到达指定作业地点后，由于托运人或收货人直接责任引起的超过额定装卸时间、装卸箱落空时间、中途的停滞时间，都要按装卸机械实际操作能力和计时费率的 25%核收装卸机械延滞费。

上述延误时间不足 0.5 小时者免收延滞费，超过 0.5 小时以上，以 0.5 小时为单位递进计费。

(8) 掏箱费。国际集装箱在汽车货运站内拆、装箱应按港口费收规定向船方或货方收取掏、装箱费。站外拆、装箱向收、发货人计收。

装有危险货物的集装箱和冷藏箱在基本费率基础上增加 50%；装有放射性、易燃、易爆危险货物的集装箱在基本费率基础上增加 100%。

(9) 人工延滞费。凡随车工人（包括单独约用）至约定地点掏、装箱或进行其他劳务作业，由于托运人或收、发货人直接责任引起不能作业或延误作业时间，应核收人工延滞费。延误时间不足 0.5 小时者免收延滞费，超过 0.5 小时以上的，以 0.5 小时为单位递进计费。

(10) 辅助装卸费。在装卸、掏、装箱作业中，涉及码垛、铺垫、遮盖、分包、超高、超远和加固作业的，应另收辅助装卸费或包干费。

此外，对于国际集装箱汽车货运站内的中转作业还有集装箱堆存费、货物堆存费、搬移费、清洗费、熏蒸费、修理费用及劳务作业包干费等费收项目。

10.5　集装箱多式联运运价

虽然目前在有些国际班轮航线上，如泛太平洋航线及泛大西洋航线，班轮公会实际上实行的是“点到点”运费率，但大多数国际集装箱海上承运人还没有真正采用“门到门”运费率形式。然而，随着国际集装箱运输及多式联运的发展，采用“门到门”运价正变得越来越普遍，这种费率形式的大规模应用只是时间问题。因此，有必要在此就制定集装箱多式联运运价的基本原则及运费计收方式等方面的问题进行讨论。

10.5.1 国际集装箱多式联运运价的制定

国际集装箱多式联运经营人有无船承运人和有船承运人两种主要类型，在很多方面具有不同的特征。然而，从多式联运运价表的内容与结构来看，这两种多式联运经营人并无大的区别。任何一个多式联运经营人，在制定多式联运运价表之前，首先必须确定出具体的经营线路，并就有关各运输区段的各单一运输方式作好安排；在此基础上，依据各单一运输方式的运输成本及其他有关运杂费，估算出各条营运线路的实际成本，从而制定出一个真正合理的多式联运运价表。

1. 集装箱多式联运运价制定要考虑的问题

集装箱多式联运运价表从结构上讲，可采用以下两种形式：一种是城市间的“门到门”费率，这种费率结构可以是以整箱货或拼箱货为计费单位的货物等级费率，也可以是按TEU或FEU计费的包箱费率，这是一种真正意义上的多式联运运价；另一种形式与海运运价表相似，是“港到港”间费率加上内陆运费率，这种费率结构形式较为灵活，但从竞争的角度来看，由于这种形式将海运运价与内陆运价分开，因而于竞争不利。

在多式联运运价分为海运运价和内陆运价两部分的情况下，应注意运价表的内陆运价部分必须包括下列内容。

(1) 一般性条款，如关税及清关费用、货物的包装、无效运输，以及更改运输线路与方向等。

(2) 公路、铁路及内河运输的装箱时间及延滞费。

(3) 额外服务及附加费的计收，如因货主原因而使用有关设备等。

内陆运价应真实反映各种运输方式的成本状况及因采用集装箱运输而增加的成本项目。同时，在确定内陆运价时，既要考虑集装箱的装载能力，也要考虑运输工具的承载能力。这在有些时候会发生货主利益与承运人利益相互冲突的情况。例如，由于集装箱载重能力或内容积的限制，承运人在运输集装箱货物时不能达到运输工具的允许最大承载能力，进而给承运人造成一定的亏载损失。

由于目前集装箱多式联运运价的制定倾向于只限定在特定的一些运输线路上，即从海港到内陆消费中心或生产中心，因此在制定内陆运价时可以考虑在不影响整个费率结构及其水平的情况下，采用较为优惠的内陆集装箱运输费率，对处于区位劣势的港口给予一定的补偿，从而提高这些港口的竞争力，促进这些港口腹地的集装箱多式联运的发展。

2. 集装箱多式联运运价的及时调整

根据国际集装箱运输市场运价的变化及时调整费率水平，确保集装箱多式联运运价始终处于一种最新的状态，是多式联运经营人的一项十分重要的任务。通常，内陆运费率及有关费用的变化，相比海上运费率要频繁得多。因此，当内陆运费率及有关费用发生变化时，多式联运运价必须尽快作出相应的调整。如果内陆运输成本上升而多式联运运价仍保持在原有的水平，那么，多式联运经营人的盈利就会减少。相反，如果内陆运输费用降低，而集装箱多式联运运价不相应降低，多式联运经营人的竞争地位就会受影响。

3. 降低集装箱多式联运成本的途径

为充分发挥集装箱多式联运的优越性，多式联运运价应该比分段运输的运价对货主更具吸引力，而绝对不能是各单一运输方式运费率的简单相加，因为这将使得多式联运经营人毫无竞争力可言。众所周知，运输时间和运输成本是与多式联运经营人竞争力密切相关的两个因素。对于组织、管理水平较高的多式联运经营人来说，运输时间是比较容易控制的，因此重要的是如何降低运输成本。目前，多式联运经营人，主要是无船承运人大多采用“集并运输”（Consolidation）方式来减少运输成本。“集并运输”有时也称为“组装化运输”（Groupage），它是指作为货运代理人的无船承运人将起运地几个发货人运往同一目的地几个收货人的小批量、不足一箱的货物汇集起来，拼装成整箱货托运。货物运往目的地后，由当地集并运输代理人将它们分别交付各个收货人。其主要目的是从海上承运人较低的整箱货运费率中获益，从而降低海上运输成本。多式联运经营人降低海上运输成本的另一个途径是采用前述的运量折扣费率（TVC）形式，通过与海上承运人签订 TVC 合同，获取较低的海运运费率。此外，多式联运经营人还可以通过向非班轮公会会员船公司托运货物的方式来降低海运成本，因为相比之下，非会员船公司的费率水平通常要比会员船公司的低。

除海上运输外，集装箱多式联运经营人也可采用类似的方法来降低内陆运输（包括航空运输）成本，如采用运量折扣费率。此外，还可以通过加强与公路、铁路等内陆运输承运人之间的相互合作，获得较低的优惠费率。实际上，这种有效的合作对双方都是有利的。对于公路或铁路运输承运人来说，由于采用集装箱运输，车辆在一定时期内完成的周转次数比散件运输要多得多。或者说，运输同样数量的货物，采用集装箱运输所需的车辆数量要少得多，因而可以减少公路或铁路运输承运人的资本成本。

10.5.2 国际集装箱多式联运的计费方式

如前所述，国际集装箱多式联运全程运费由多式联运经营人向货主一次计收。目前，多式联运运费的计收方式主要有单一运费制和分段运费制两种。

1. 按单一运费制计算运费

单一运费制是指集装箱从托运到交付，所有运输区段均按照一个相同的运费率计算全程运费。在西伯利亚大陆桥（SLB）运输中采用的就是这种计费方式。前苏联从 1986 年起修订了原来的 7 级费率，采用了不分货种的以箱为计费单位的 FAK 统一费率。陆桥运输开办初期，从日本任何一个港口到布列斯特（前苏联西部边境站）的费率为 1 385 卢布/TEU，陆桥运输的运费比班轮公会的海运运费低 20%～30%。

2. 按分段运费制计算运费

分段运费制是按照组成多式联运的各运输区段，分别计算海运、陆运（铁路、汽车）、空运及港站等各项费用，然后合计为多式联运的全程运费，由多式联运经营人向货主一次计收。各运输区段的费用，再由多式联运经营人与各区段的实际承运人分别结算。目前大部分多式联运的全程运费均采用这种计费方式。例如，欧洲到澳大利亚的国际集装箱多式联运，日本到欧洲内陆或北美内陆的国际集装箱多式联运等。

专业术语

集装箱运输成本　变动费用　船舶固定费用　集装箱费用　企业管理费　集装箱集疏运运费　集装箱港站服务费　规模经济效益　均一费率　包箱费率　运量折扣费率　尺码吨计费　重量吨计费　集装箱超期使用费　滞期堆存费

复习思考题

1. 为什么集装箱运输需求的弹性较小?
2. 为什么集装箱运输供给弹性较小?
3. 简述集装箱运输成本构成的特点。
4. 简述降低集装箱运输成本的途径。
5. 简述集装箱运输的规模经济效益特点。
6. 简述集装箱运价的基本结构。
7. 港口集装箱装卸费以箱为单位计收，该费用主要有哪几种?
8. 简述集装箱海运运价的基本形式。
9. 简述海运集装箱运价的基本原则。
10. 简述集装箱公路运价与费用计收的方法。

案例分析

案例一　运费预付条件下货代垫付运费案

1. 基本案情

发货人：某工艺品进出口公司，简称工艺品公司

货代1：北京某船务有限公司，简称船务公司

货代2：温州某物流公司，简称温州物流公司

船代：某外轮代理公司，简称船代公司

承运人：某集装箱运输公司，简称集装箱公司

1993年3月，某工艺品进出口公司将1 200双麻底鞋和10 200双布胶鞋出运到安特卫普，委托船务公司安排出运，船务公司委托温州物流公司向船代公司订舱。船代公司接受委托后，将两票货拼装在一个40 ft集装箱内，安排同年3月30日“H”轮出运，并分别签发了提单，托运人均为工艺品公司，载明运费预付。船代公司将运费3 700美元垫付给承运人集装箱公司。货物安全抵达目的港。

工艺品公司拒绝向船代公司支付运费，坚持称，其未与船代公司签过任何委托订舱协议，货物是通过船务公司配载“H”轮出运的，且已将两票货物的运费3 900美元支付给船务公司。

船代公司向某海事法院提起诉讼，法院判令工艺品公司支付船代公司运费 3 700 美元和逾期付款滞纳金。

2. 法律分析

(1) 托运人支付运费前应弄清楚谁是有资格收取运费的承运人，船务公司是货代，不应将运费支付给货代。

(2) 托运人不直接将运费付给承运人而委托货代将运费支付给承运人时，要谨慎从事。否则，一旦出现货代收到应转付承运人的运费而不转付，或赖账，或倒闭，甚至携款潜逃时，托运人须再次向承运人支付运费。

(3) 船代向承运人预先垫付运费后，签发了提单，应该收回运费后再交出提单，避免不必要的经济纠纷。

案例二 与承运人有关的运费纠纷案

1. 基本案情

托运人：山西某外贸公司

承运人 1：某运输公司

承运人 2：海通公司

承运人 3：中远公司，实际承运人

1996 年 9 月，山西某外贸公司委托某运输公司办理一批出口货物的运输，双方签订了运输合同；某运输公司又与海通公司签订了背靠背的运输合同，条款与前述合同基本相同；海通公司又与中远公司签订运输合同，承运货物运送到泰国。

合同签订后，外贸公司将运费支付给某运输公司，某运输公司随后将运费支付给海通公司，但海通公司收到运费后携款潜逃。中远公司依约将货物运送到目的港后，因一直未收到运费，于 9 月下旬致电货主，称由于未收到运费将在泰国港对货物行使留置权。某运输公司迫于货主的压力，向中运公司出具了一张承诺函，承诺在卸货后 5 日内支付运费。中运公司得到承诺后才向收货人交付货物。收货人收到货物后，某运输公司认为自己与中远公司之间并没有订立运输合同，不应该向中运公司支付运费，中远公司应该向海通公司收取运费，并坚持承诺函是在中远公司的胁迫下，为防止其非法留置货物而出具的，不是其真实的意思表达，应认为无效。中远公司在天津海事法院对某运输公司提起诉讼，要求该依据承诺函内容支付运费。

法院判决：某运输公司出具承诺函是其自愿行为，且其已经从外贸公司收取了全额运费，故应当向实际承运人支付运费。(至于运输公司向海通公司追讨违约合同责任，属于另案)。

2. 经验教训

运输的中间环节多，风险也就随之增大。所以在选择合作对象时要格外谨慎、小心，注重考查对方的资信。切勿为了赚取运费差额转包给实力小的下家，以避免不必要的风险和经济纠纷。

案例三 货运代理垫付海运运费案

1. 基本案情

1997 年 11 月，A 公司委托某运输公司出运一批货物，该运输公司完成委托并垫付运费XXX元人民币，A公司业务员C在货运确认书上盖章（B公司某办事处的章）、签字，确认海运费XXX元人民币向其结算。1998年6月，A公司法定代表人又出具确认书。之后运输公司多次要求A公司付清垫款，但A公司均以发货人未付运费为由不付。1999年运输公司起诉A公司，A公司却提出其未与运输公司发生业务往来，与运输公司发生往来的是B公司。

2. 处理结果

A公司在一审未到庭、法院支持运输公司的诉讼请求中缺席判决，后不服提起上诉。二审法院决定，A公司与运输公司之间的货运代理合同关系成立，运输公司垫付海运费后有权向B公司追偿。鉴于A公司员工C明确海运费向上诉人结算，A公司法定代表人又确认上述费用，可以认定C系代表上诉人与被上诉人发生本案民事关系。由于B公司已作出其办事处停止对外经营的通知，且B公司将运输公司的催款函转交给A公司法定代表人，所以不应凭货运确认书及欠款确认件中出现B公司办事处公章的表象，而改变本案委托关系的实质。故驳回上诉，维持原判。

3. 法律分析

在本案中C是以B公司办事处的名义委托运输公司出运货物，并在货运确认书上签字、盖章，从表面上看是B公司与运输公司发生委托合同关系。但是C是以A公司的信笺向运输公司传真，A公司法定代表人在另一份确认件上签字，加盖B公司办事处的公章。根据《民法通则》第三十八条规定："依照法律或者法人组织章程规定，代表法人行使职权的负责人，是法人的法定代表人"，法定代表人的签字应该视为公司对外签约，业务员C的行为也代表A公司。而且B公司提出与运输公司并无业务往来，相关办事处早已公告停止营业，两份催款函也转交给A公司法定代表人。运输公司还举证证明A公司实际已收取了货主（相关单据显示）支付的海运费，更进一步证实了双方的委托关系。因而根据案件的实际情况户可以认定是A公司与运输公司建立了委托关系。

第11章 集装箱多式联运的信息化

【本章内容概要】

本章重点介绍了集装箱多式联运的信息化及EDI技术和RFID技术的在信息化中的应用。通过本章的学习，能够对集装箱运输与多式联运的信息化有一个整体的认识，为今后实际业务处理作基础的知识准备。本章的主要内容框架如图11-1所示。

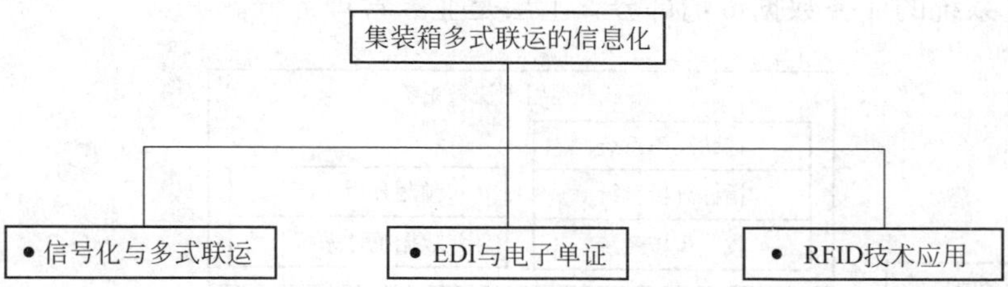

图11-1　本章的主要内容框架

【本章学习重点与难点】

学习重点：EDI、RFID技术。

学习难点：RFID技术标准。

11.1 信息化与多式联运

11.1.1 信息化与多式联运

货物运输过程包括两个方面的内容：一是货物的移动，包括货物运输的承运组织、运送组织和交付组织；二是货物信息的传递，包括货物本身的信息和货物运输信息的传递。货物运输的物流、信息流如图11-2所示。

货物运输效率是货物运输全过程各个环节服务水平的综合体现。有效、迅捷地将货物及其运送信息在其各个运输环节中进行传递，将物流运输及信息流传输作为一个整体，是实现提高货物运输效率的有效途径。没有信息的有效传递，多式联运业务很难进行。

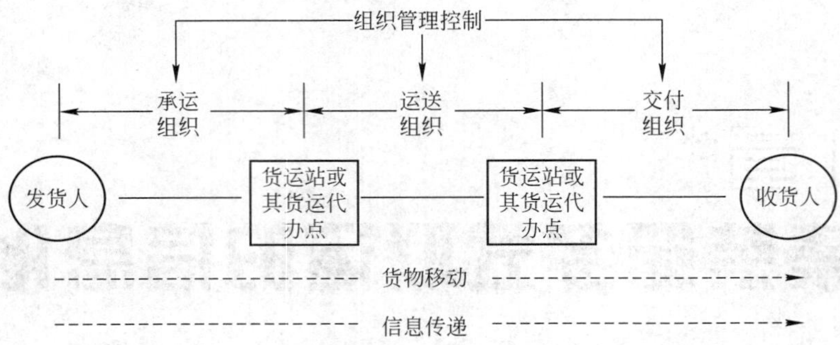

图 11-2 货物运输的物流、信息流示意图

11.1.2 多式联运信息系统

多式联运信息系统的逻辑结构如图 11-3 所示。它包括 3 个层次，底层是数据通信支撑系统，中间是系统的业务数据传输部分，上层是业务管理部分。

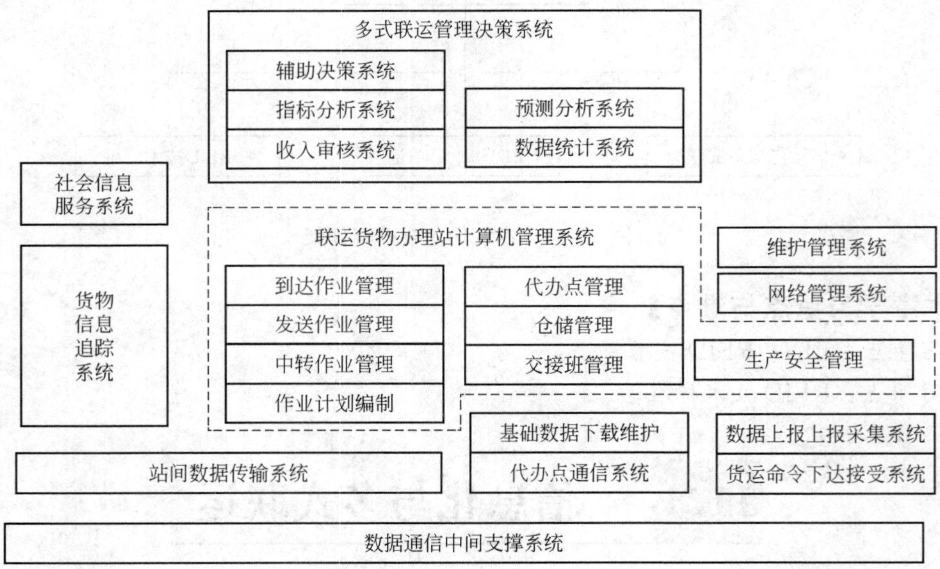

图 11-3 多式联运信息系统的逻辑结构示意图

1. 数据通信中间支撑系统

数据通信中间支撑系统是支持系统业务数据传输的环境，作为中间件，该部分是应用软件和操作系统之间的桥梁，为应用系统提供应用程序接口，并为上层应用提供可靠的基础。

2. 业务数据传输部分

业务数据传输部分作为中间层，构筑在底层支撑环境之上，为上层应用系统之间的数据通信提供服务，向上提供调用级的接口。

该部分包括运输方式内部及运输方式间的数据传输系统、货运代办点通信系统、基础数据维护/下载系统、数据采集/上报系统、货运命令下达/接收系统。负责实现运输方式内部、运输方式之间、运输企业与代办点之间、运输企业与其管理部门之间的数据传输。

3. 业务管理部分

业务管理部分用于实现货物运输业务的计算机管理和面向货主或社会的信息服务。该部分包括货物运输办理站计算机管理系统、联运管理层的管理与决策系统、货物信息追踪系统和社会信息服务系统。该部分完成多式联运业务管理的自动化，为各级运输管理部门提供数据管理、数据处理和决策支持功能，并以此为基础，实现多式联运货物信息的追踪管理，进而向货主或社会提供信息服务，达到改善业务管理和市场营销手段的目的。

按照这种层次进行划分，底层是支持环境，中间层是实现多式联运业务计算机处理的基础，上层在下层的支持下完成多式联运生产和管理的各项工作。

11.1.3　信息与运输生产组织

1. 多式联运货物的受理、发送作业

多式联运货物的受理、发送作业的信息处理主要包括联运货物受理、发送的数据录入、制票、发送外勤作业，以及发送作业查询。

2. 多式联运货物到达作业

多式联运货物到达作业的信息处理主要包括货物到达数据采集、货物到达交付通知、到达交付、到达查询。

3. 中转交接作业

中转交接作业的信息处理主要包括中转交接外勤作业、中转交接数据采集核实、中转交接数据传输等内容。

11.1.4　信息与运输生产管理

1. 货物信息追踪系统

货物信息追踪系统包括多式联运货物追踪数据的生成、货物状态更新及轨迹记录、货物追踪数据转储和追踪查询。这些功能依靠从各多式联运货物中转交接站和终到站传输的到达确认数据，触发始发站保存的多式联运货物状态的变化来实现。

2. 代办点管理系统

代办点管理系统实现各多式联运代办点基础数据、权限、通信参数等的管理。提供各代办点上载数据的接口和转换功能。通过数据传输系统向代办点发送各类通知（如停限办规定）、公告和基础数据（如品类价格、里程票价）等。管理代办点票据、票签使用情况，管理代办点收入、运量等作业数据并进行审核。

3. 仓储管理系统

仓储管理系统主要包括对发送、中转交接和到达货物的基本信息及仓储货位信息的管理。

4. 生产统计系统

生产统计系统既服务于多式联运企业内部的生产组织，也为上级提供汇总报告准备数据。系统功能主要包括：按时间、作业、方向类别进行多式联运货物运量和收入统计；

货物运输作业指标统计及分析；各品类别流量流向统计与分析；各运输方式的容积、载重利用率统计分析；运输作业历年同期比较分析；货源与货主统计分析；上报汇总数据准备。

5. 生产安全管理系统

生产安全管理系统记录多式联运企业每日（班）货物运输作业的事故发生情况，累计安全生产情况，形成事故统计和分析报告。

6. 数据采集汇总与上报系统

数据采集汇总与上报系统可进行两方面的数据汇总：一是通过数据采集系统接收各多式联运企业上报数据；二是对上报数据进行加工整理，形成企业内的货物运输作业统计报告（包括运量、收入、运力利用统计等），并将数据加工处理后存储于统计信息数据库。数据采集包括两种基本形式：一种是定点接收各多式联运企业的上报数据，以批处理方式进行统计计算；另一种是随机向需要统计的多式联运企业发送采集要求，然后收集多式联运企业当时汇总的数据。

7. 收入审核系统

收入审核系统可以对多式联运货物运输的收入进行统计和审核，并向运输收入管理的相关职能部门提供多式联运货物运输收入的数据接口。

8. 基础数据下载系统

基础数据下载功能实现联运企业从联运管理部门下载货物联运基础数据，实现日常接收有关基础数据的变更信息。

11.1.5 信息与运输方案制订

1. 数据通信与货物多式联运的预确报

信息系统数据通信系统保证各个多式联运企业之间、多式联运企业与各管理部门、各代理点、各货主之间的数据双向传输。数据通信支持两种模式，阻塞模式（通信中的数据发送方须等待对方立刻响应）和非阻塞模式（数据发送方不等待应答方立刻响应）。数据通信系统完成以下功能：多式联运货物确报发送、到达确认发送与接收。

2. 联运命令接收

联运企业计算机系统中的联运命令接收进程作为守护进程运行，当联运企业下达联运命令后，该功能实现联运命令的接收，并产生提示信息通知联运企业值班人员。

3. 货位预留请求确认

信息系统可以实现装运货物的载运工具经过的各办理站向始发站传输货位预留申请数据（包括货物重量、体积、请求装运车次和时间），并完成接收从始发站传输的货位预留确认。

11.1.6 信息与运输决策支持

1. 指标分析

根据统计数据库中的数据，对联运货物作业指标进行计算，进而形成供管理人员进行生产分析使用的指标分析报告。

2. 预测分析

根据多式联运货物生产统计数据库中历年的资料，预测分析功能可以进行货物流量、流向、货源分布、品类分布等的预测分析，并提供多种预测分析方法的预测结果比较，为生产组织提供决策依据。

3. 辅助决策

辅助决策功能在数据汇总统计、指标分析和预测分析的基础上，通过建立决策支持系统，通过利用各种模型对货运生产各个环节进行评估，分析作业过程中的瓶颈，并通过预测计算分析，给出对未来生产和营销的决策指标和建议。

11.1.7 信息的社会增值服务

社会信息服务功能主要通过联运企业的服务器向社会及货主以超文本形式提供信息服务。具体功能如下。

1. 站点的超文本信息发布

实现以超文本方式向社会发布与联运企业市场营销相关的多媒体信息。其中包括联运企业形象宣传、与多式联运相关的货物运输规章制度、运输法律法规、运输常识、联运企业及代办点运输服务措施、运输承诺、联运企业与代理点分布及联系方式等。

2. 联运货物到发通知公告

通过建立服务器与联运企业货物追踪信息的接口，由应用程序定时检索多式联运货物追踪数据库，形成超文本格式的报告，更新和发布发送货物公告、到达货物预报通知。

3. 货主追踪查询

在 Web 服务器上建立货主查询接口，接受货主查询检索多式联运货物追踪数据库或历史数据库，反馈查询结果。

4. 运输价格、里程径路及费用模拟计算

提供多式联运货物运输价格、计价方式、运费里程计算规则，根据用户输入的货物重量、品类等数据进行多式联运货物运输的运费模拟计算，供货主进行比选参考。

5. 货主货物运输预约请求及回复

对长期或大宗货物货主建立会员制度。会员用户经身份认证后，允许其通过网络提交联运货物运输的预约请求。联运企业作业人员收到预约要求后，作为制定多式联运货物发送计划的参考，系统提供接口协助对确认的请求以电子邮件的形式予以回复。

6. 网络结算

在银行机制成熟后，允许会员类货主与联运企业间通过网络进行运费转拨和结算。

11.2 EDI 与电子单证

在国际贸易过程中，大量的与贸易、运输有关的合同和文件需要签署、审核、发送、接收、处理。传统的作业方式是通过纸面形式进行记录、传输与处理。这种方式不仅速度慢，容易出现差错，而且费用高。随计算机技术、电子传输技术的发展，利用计算机自动化技术及网络技术进行商业、贸易信息的处理与传输，逐渐成为信息处理的发展趋势。

11.2.1 电子单证的优势

电子数据交换（Electronic Data Interchange，EDI）是指有关当事人按照协议或规定，用约定的标准编排有关的数据，通过信息网络传输业务往来信息。其实质是通过约定的商业数据表示方法，实现数据经由网络在贸易伙伴所拥有的计算机应用系统之间的交换和自动处理，达到迅捷和可靠的目的。利用 EDI 技术传输、处理的单证称为电子单证。

EDI 技术在国际商业贸易中的应用，促使国际商业贸易方式产生重大变革。由于使用 EDI 技术可以减少甚至消除贸易过程中的纸面单据，因而应用 EDI 技术进行的贸易方式被称为“无纸贸易”。目前，在发达国家已经建立了大量的连接各子公司、同行业竞争者、相关合作伙伴（如海关、货运代理、船公司、集装箱运输经营人）的 EDI 系统。EDI 技术的应用水平已经成为衡量一个企业在国际国内市场竞争能力的重要标志。在一些国家，甚至对不使用 EDI 的行业和企业采取一定的限制和制裁措施。电子单证的优势有以下几个方面。

（1）避免数据的重复录入，节约办公费用；同时提高信息处理的准确性，降低出错率。

（2）改善企业的信息管理及数据交换水平，有助于企业实施“适时管理（Just in time）”或“零库存管理”等全新的经营战略。

（3）确保有关票据、单证的处理安全、迅速，从而加速资金周转。

（4）提高“一关三检”部门的工作效率，加速货物的验放速度。

11.2.2 EDI 技术的核心问题

1. EDI 的工作流程

1）文件的结构化和标准化处理

用户首先将原始的纸面商业和行政文件经计算机处理，形式符合 EDI 标准的、具有标准格式的 EDI 数据文件。

2）传输和交换

用户用自己的本地计算机系统将形成的标准数据文件经由 EDI 数据通信和交换网络，传输到登录的 EDI 服务中心，继而转发到对方用户的计算机系统。

3）文件的接收和自动处理

对方用户计算机系统收到发来的报文后，立即自动进行处理。越是自动化程度高的系统，人的干扰就越少。必要时，可输出纸面文件。

2. 实现 EDI 技术的核心问题

1）数据通信技术

实现 EDI 技术的通信功能，受到通信技术的制约。目前，最重要的通信协议标准为 ISO OSI（International Standards Organization Open System Interconnection，国际标准化组织开放系统互联）。要使 EDI 技术成为全球性商业贸易工具，必须建立用户统一的标准网络环境，即开放系统互联，以满足不同计算机系统、不同行业、不同国家在信息交换方面的需要。

2）标准化

为实现数据在网络中的有效传输和处理，需要制定电子数据交换标准——EDI 标准。电子数据交换网络中的每位计算机用户必须按照 EDI 标准的规定在通信中建立统一的标准化通信线路、传输速度。通信中认可的固定程序（如协议、数据格式）、各种传递的商贸文件、使用的语言等，需要采用统一的编码单证格式、标准语言规则、标准通信协议等，从而使参与贸易的各方均能对传递的数据进行接收、认可、处理、复制、提取、再生和服务，实现整个环节的自动化。标准是实现 EDI 的保证，也是 EDI 的语言。

实现 EDI 所使用的标准包括单证标准、EDI 报文标准、通信协议标准及网络标准。报文标准是 EDI 技术的核心，它是单证标准的 EDI 实现形式。

3）计算机应用技术

EDI 技术的优势在一定程度上取决于 EDI 网络的应用规模。EDI 网络的建立和使用，受企业、行业、整个社会的计算机综合应用水平的影响。将 EDI 与办公自动化、管理自动化、各种管理信息系统、数据库系统，以及计算机辅助设计、计算机集成制造系统等结合起来，才能发挥预期的作用。

11.2.3　集装箱运输的电子单证

电子单证是 EDI 的数据交换标准。根据我国交通部 1997 年 5 月 1 日发布的《海上集装箱运输电子数据交换管理办法》，用以替代纸面单证的电子单证格式、代码数据应采用联合国欧洲经济委员会颁布的《行政、商业和运输电子数据交换规则》（UN/EDIFACT）国际标准或国家技术监督局颁布的国家标准。无国际标准或国家标准时，可采用行业标准或协议标准。

每一电子单证构成一笔完整业务的信息载体，适应某一业务功能，并与某一业务单证全部或部分对应。与《海上集装箱运输电子数据交换管理办法》同时发布的《海上集装箱运输电子数据交换电子报文替代纸面单证管理规则》，结合我国国际集装箱运输的实际业务需要和 UN/EDIFACT 报文的功能，确定了 23 种电子单证替代相应的纸面单证，并规定电子单证替代纸面单证时，电子单证与纸面单证具有同等的效力。

11.3　RFID 技术

11.3.1　RFID 技术概述

射频识别（Radio Frequency Identification，RFID）技术是一项利用射频信号通过空间耦合（交变磁场或电磁场）实现无接触信息传递并通过所传递的信息达到识别目的的技术。它综合了自动识别技术和无线电射频技术，采用无线广播的方式来发射和接收数据，利用射频信号及其空间耦合、传输特性，实现对静止的、移动的待识别物品的自动识别。射频识别技术具有以下很多突出的优点。

(1) 读取方便快捷。数据的读取无须光学可视，可以透过外包装来进行，有效识别距离长。

(2) 识别速度快。标签一进入磁场，阅读器就可以即时读取其中的信息，能够同时处理多个标签，实现批量识别。

(3) 数据容量大。一维条形码的容量是 50 字节，二维条形码最大的容量可储存 2～3 000字符，RFID 最大的容量则有数百万字节。

(4) 应用范围广，使用寿命长。RFID 的无线通信方式，使 RFID 可以应用于粉尘、油污等高污染环境和放射性环境，RFID 的封闭式包装使得使用寿命大大超过印刷的条形码。

(5) 标签数据可动态更改。利用编程器可以向电子标签里写入数据，从而赋予 RFID 标签交互式便携数据文件的功能，写入时间比打印条形码更短。

(6) 数据安全性更高。RFID 电子标签不仅可以嵌入或附着在不同形状、类型的产品上，而且可以为标签数据的读写设置密码保护，具有更高的安全性。

(7) 动态实时通信。标签以每秒 50～100 次的频率与阅读器进行通信，所以只要 RFID 标签所附着的物体出现在阅读器的有效识别范围内，就可以对其位置进行动态的追踪和监控。

通过将 RFID 技术应用在集装箱运输管理过程中，实现对集装箱运输物流和信息流的实时跟踪，消除集装箱在运输过程中可能产生的错箱、漏箱事故，加快通关速度，提高集装箱运输管理的安全性和可靠性，提升集装箱运输管理的效率和服务水平，实现集装箱运输管理自动化、智能化、现代化。

11.3.2 RFID 技术的基本原理

1. RFID 系统构成

射频识别系统通常由电子标签、阅读器、计算机通信网络 3 部分组成。如图 11－4 所示。

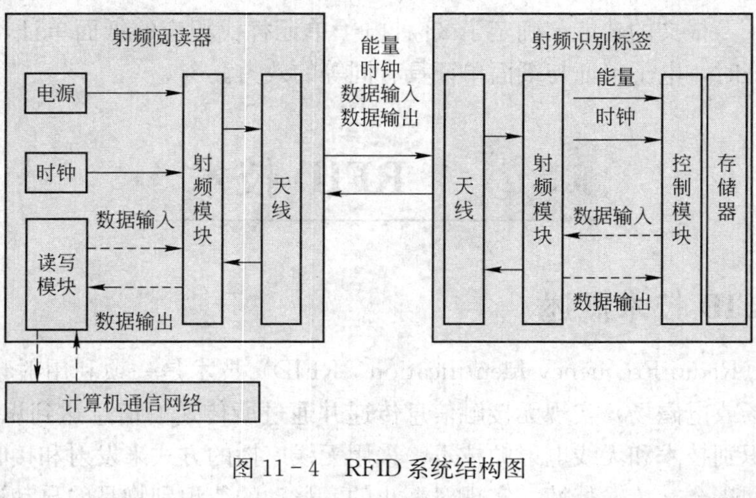

图 11－4 RFID 系统结构图

(1) 电子标签。电子标签存储需要被识别物品的相关信息，通常被放置在需要识别的物品上，它所存储的信息可被射频阅读器通过非接触式方式读/写获取。

(2) 阅读器。阅读器是可以利用射频识别技术读/写电子标签信息的设备。阅读器读出的标签信息可以通过计算机，以及网络系统进行管理和信息传输。

(3) 计算机通信网络。计算机通信网络通常用于对数据进行管理，完成通信传输功能。阅读器可以通过标准接口与计算机通信网络连接，以便实现通信和数据传输功能。

2. RFID 的耦合方式

射频标签与阅读器之间的电磁耦合可以分为近距离的电感耦合和远距离的电磁反向散射耦合两种。

1）电感耦合

变压器模型，依据电磁感应定律，通过空间高频交变磁场实现耦合。电感耦合方式一般适合于中低频率工作的近距离射频识别系统，典型的工作频率有 125 kHz、225 kHz 和 13.56 MHz。识别作用距离小于 1 m，典型作用距离为 10～20 cm。

2）电磁反向散射耦合

雷达原理模型，发射出去的电磁波碰到目标后反射，同时带回目标信息，依据的是电磁波的空间传输规律。电磁反向散射耦合一般适用于高频、微波工作的远距离射频识别系统，典型的工作频率有 433 MHZ、915 MHz、2.45 GHz 和 5.8 GHz。识别作用距离大于 1 m，典型作用距离为 3～10 m。

3. RFID 的工作频率

RFID 系统的工作频段划分为以下频段。

(1) 低频（LF，频率范围为 30 kHz～300 kHz）：工作频率低于 135 kHz，最常用的是 125 kHz。

(2) 高频（HF，频率范围为 3 kHz～30 kHz）：工作频率为 13.56 MHz±7 kHz。

(3) 特高频（UHF，频率范围为 300 MHz～3 GHz）：工作频率为 433 MHz，806 MHz～960 MHz和 2.45 GHz。

(4) 超高频（SHF，频率范围为 3 GHz～30 GHz）：工作频率为 5.8 GHz 和 24 GHz，但目前 24 GHz 基本没有采用。

在 RFID 技术的术语中，有时称无线电频率的 LF 和 HF 为 RFID 低频段，UHF 和 SHF 为 RFID 高频段。

4. RFID 系统的基本工作流程

RFID 系统的基本工作流程如下。

(1) 阅读器将载波信号经过发射天线向外发射。

(2) 当电子标签进入发射天线的工作区时，电子标签被激活，将自身信息的代码经天线发射出去。

(3) 接收天线接收电子标签发出的载波信号，经天线的调节器传输给阅读器。阅读器对接收到的信号进行调制解码，送往后台的计算机控制器。

(4) 计算机控制器根据逻辑运算判断该标签的合法性，针对不同的设定作出相应处理和控制，发出指令信号控制执行结构动作。

(5) 执行机构按照计算机的指令动作。

(6) 通过计算机通信网络将各个监控点连接起来，构成总控信息平台，可以根据不同的项目设计不同的软件来完成要实现的功能。

11.3.3 基于 RFID 技术的集装箱港口电子标签系统的构建

构建基于 RFID 技术的港口信息平台，不仅能够优化港口作业组织、提高作业效率，同时还能够整合港口 EDI 信息，为集装箱物流各环节的服务对象提供实时信息查询服务，为实现国际集装箱全程实时在线监控的一体化管理奠定了基础。

1. 系统架构

基于 RFID 技术的集装箱港口信息平台按信息的流通过程可分为物理层、通信网络层、数据传输层、应用层，如图 11－5 所示。

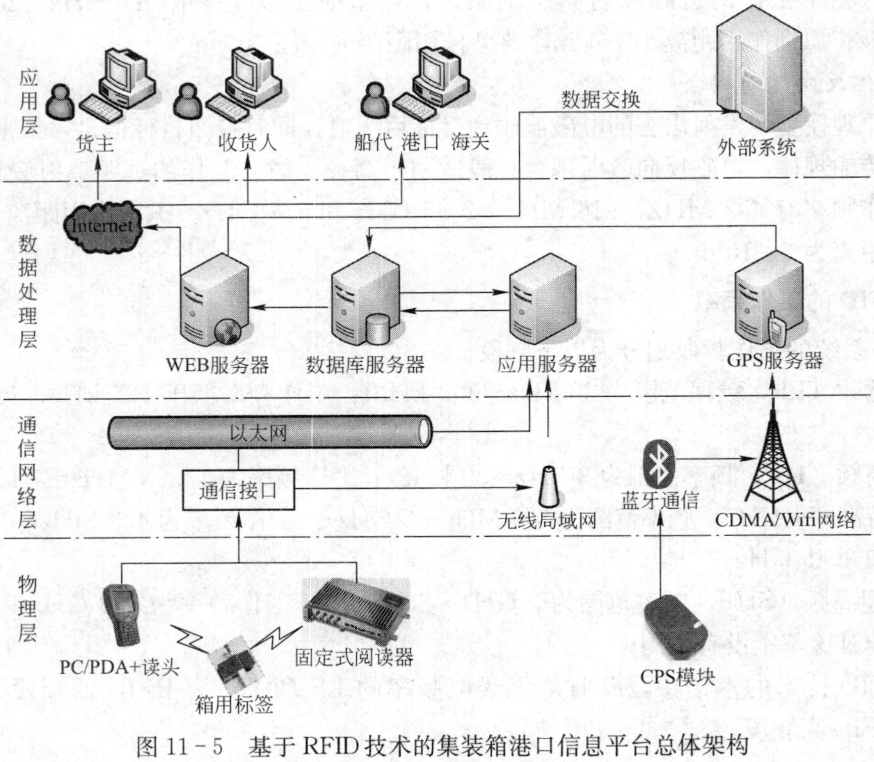

图 11－5　基于 RFID 技术的集装箱港口信息平台总体架构

1) 物理层

物理层主要完成车辆信息和集装箱信息的实时采集和自动识别，保证车辆和集装箱数据信息能自动、快速、可靠地采集与识别。硬件设备包括电子标签、读写器、PC 机、PDA、读头、GPS 模块等。其中固定式阅读器＋电子标签方式可实现检查桥、堆场、码头前沿等处标签信息的采集；手持式阅读器＋电子标签方式可应用于标签信息需要更改而人工录入的非固定场所，如港区车辆违规信息录入、堆场温控箱温度录入、码头前沿理货录入等；GPS 模块用来跟踪定位集卡和集装箱的地理位置坐标。

2) 通信网络层

通信网络层包括 RS 232/RS 485 通信设备、自有/通用的通信协议、有线/无线网络设备、蓝牙通信方式、以太网传输设备等。数据包经由 RS 232/RS 485 通信设备和通信协议，在以太网或无线局域网的环境下，与电子标签的控制软件相交互。GPS 模块是安装在应用服务器上的，控制软件通过蓝牙和 GPS 模块进行交互，获取当前的 GPS 坐标，然后通过 CDMA/Wifi 网络发至 GPS 服务器，服务器通过地名解析后将数据保存、备份到数据服务器。

3）数据处理层

数据处理层包括电子标签控制软件的应用服务器，Web 服务器，GPS 服务器和数据库服务器。GPS 服务器完成地址的解析功能，应用服务器对从通信层实时接收到的数据进行分类、分析处理、存储等工作，将处理完的数据与数据库服务器交互，并通过 Web 服务器表现在网页上。同时，Web 服务器和数据库服务器还具备与应用层的外部系统交换数据的功能。

4）应用层

集成了外部系统（如码头生产管理系统）。系统向服务对象（如货主、收货人、货代、船代）提供查询和应用接口，服务对象共同监控集装箱的货运和安全信息。

2. 系统功能模块

基于 RFID 技术的集装箱港口电子标签系统的功能模块如图 11－6 所示

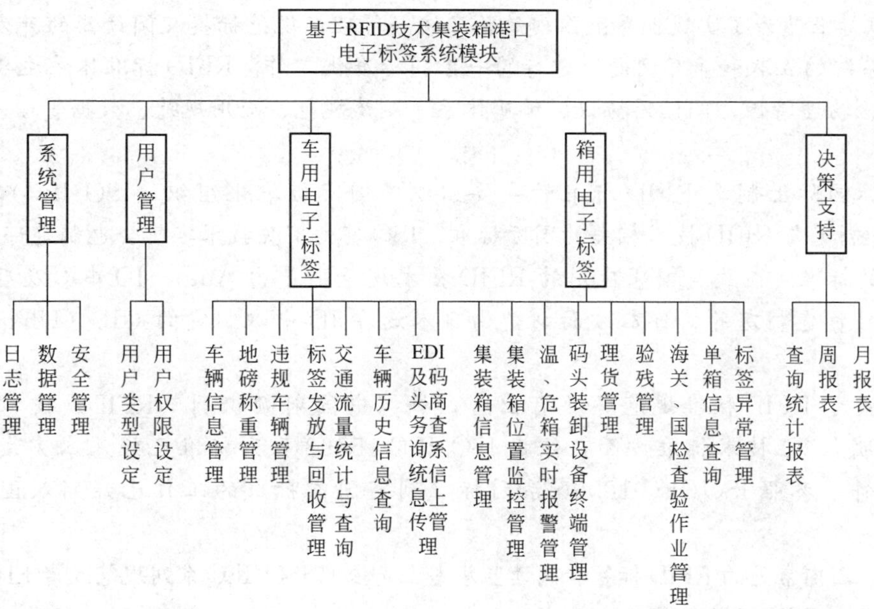

图 11－6　基于 RFID 技术的集装箱港口电子标签系统的功能模块

专 业 术 语

电子数据交换（EDI）电子单证　射频识别技术（RFID）

复习思考题

1. 简述信息化与多式联运的关系。
2. 简述电子单证的优势。
3. 简述 EDI 技术的核心问题。
4. 集装箱运输的电子单证主要有哪些?
5. 简述集装线运输对多式联运参与方的信息需求。
6. 简述 RFID 技术的优势。
7. 简述 RFID 技术的基本原理。
8. 简述基于 RFID 技术的集装箱港口电子标签系统的系统架构中各层内容。

知识窗

RFID 技术标准

RFID 标准是为了实现世界范围内的物品统一管理，规范标签及阅读器的开发工作，解决 RFID 系统的互联和兼容问题所进行的一系列标准化工作。RFID 标准体系主要包括空中接口规范、物理特性、阅读器协议、编码体系、测试规范、应用规范、数据管理、信息安全等内容。

目前，国际上制定 RFID 标准的主要组织是国际标准化组织（ISO/IEC），ISO/IEC JTC1 负责制定与 RFID 技术相关的国际标准，ISO 其他有关技术委员会也制定部分与 RFID 应用有关的标准。在欧美国家应用的 RFID 技术规范则是由 Auto－ID 中心及后台成立的 EPC global 负责制定的。日本方面则是由日本泛在 ID 中心制定的 UID（Ubiquitous ID）规范。

国内关于 RFID 标准规范还没有出台，据《中国射频识别（RFID）技术政策白皮书》的说明，“在技术标准方面，依据 ISO/IEC 15693 系列标准已经基本完成国家标准的起草工作，参照 ISO/IEC 18000 系列标准制定国家标准的工作已经列入国家标准制订计划”。

目前，国内常见的 RFID 标签和阅读器基本上是依照 ISO/IEC 系列规范或者 EPC global 规范。符合日本 UID 规范的产品比较少。

1. ISO/IEC 的 RFID 标准体系

ISO/IEC 已出台的 RFID 标准主要关注基本的模块构建、空中接口、涉及的数据结构及其实施问题。ISO/IEC 的 RFID 标准体系由 4 部分构成：ISO/IEC 技术标准、ISO/IEC 数据内容标准、ISO/IEC 性能标准、ISO/IEC 应用标准。

1）ISO/IEC 技术标准

ISO/IEC 技术标准规定了 RFID 标签的有关技术特性、技术参数和技术规范等，主要包括：ISO/IEC 18000（空中接口参数）、ISO/IEC 10536（密耦合非接触集成电路卡）、ISO/IEC 15693（疏耦合非接触集成电路卡）、ISO/IEC 14443（近耦合非接触集成电路卡）。

ISO/IEC 技术标准体系结构如图 1 所示。

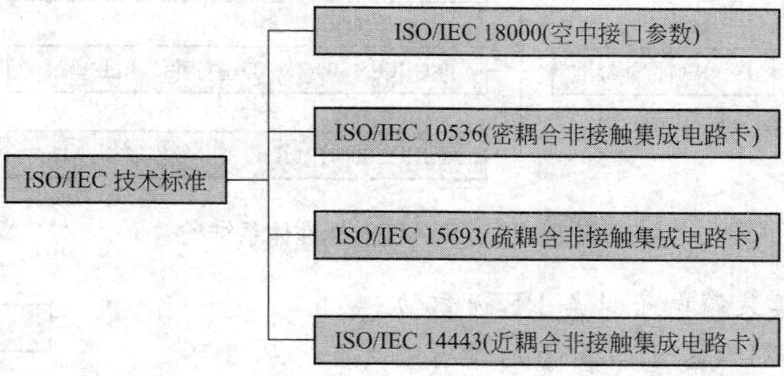

图 1　ISO/IEC 技术标准体系结构

2) ISO/IEC 数据内容标准

ISO/IEC 数据内容标准包括：ISO/IEC 15424（数据载体/特征标识符）、ISO/IEC 15418（EAN/UCC 应用标识符）、ISO/IEC 15434（大高容量 ADC 媒体用的传送语法）、ISO/IEC 15459（物理管理唯一标识符）、ISO/IEC 15961（数据协议/应用接口）、ISO/IEC 15962（数据编码规则和逻辑存储功能协议）、ISO/IEC 15963（电子标签的唯一标识符）。ISO/IEC 数据内容标准体系结构如图 2 所示。

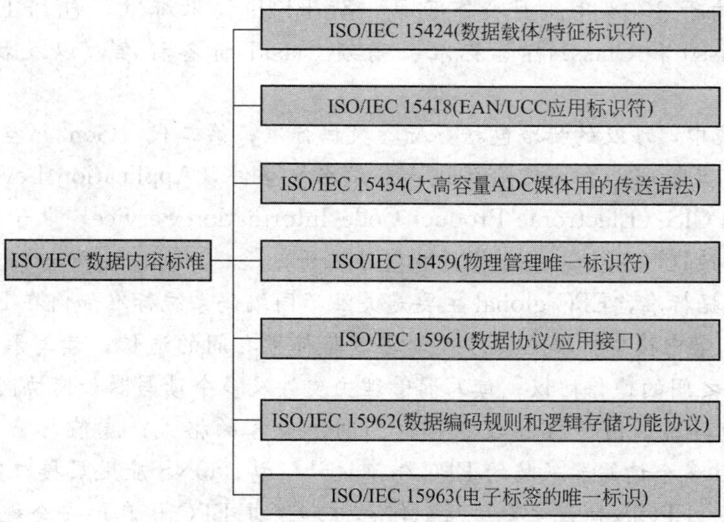

图 2　ISO/IEC 数据内容标准体系结构

3) ISO/IEC 性能标准

ISO/IEC 性能标准包括：ISO/IEC 10373（IC 卡的测试方法）、ISO/IEC 18046（RFID 设备性能测试方法）、ISO/IEC 18047（RFID 设备一致性测试方法）。ISO/IEC 性能标准体系结构如图 3 所示。

4) ISO/IEC 应用标准

ISO/IEC 应用标准主要包括 RFID 在动物识别、交通管理、集装箱运输和项目管理领域的相关标准。其中，已有的标准包括 ISO/IEC 10374（货运集装箱标签-自动识别）、ISO/

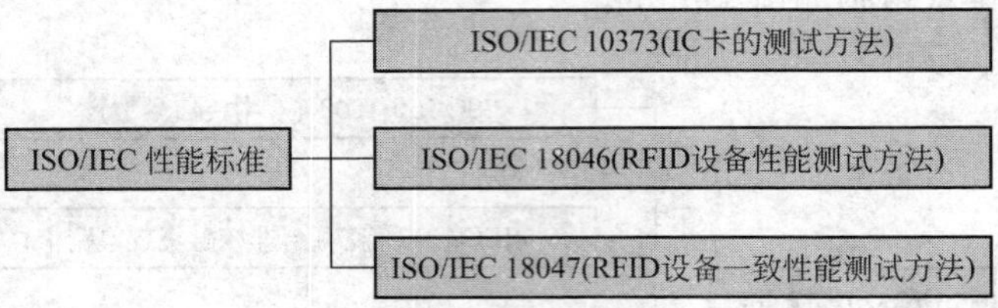

图 3 ISO/IEC 性能标准体系结构

IEC 18185（货运集装箱电子封条 RF 通信协议）、ISO/IEC 11784（基于动物的无线射频识别的代码结构）、ISO/IEC 11785（基于动物的无线射频识别的技术准则）、ISO/IEC 17358（应用需求）ISO/IEC 应用标准体系结构如图 4 所示。

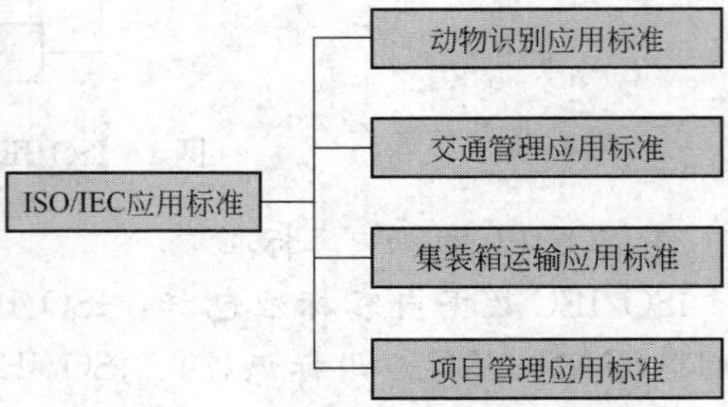

图 4 ISO/IEC 应用标准体系结构

2. EPC global 标准体系

EPC global 是由 UCC 和 EAN 共同组建的 RFID 标准研究机构。EPC global 成立伊始，就致力于建立一套全球中立的、开放的、透明的标准，并为此进行了艰苦的努力。该机构于 2004 年 4 月公布了第一代 RFID 技术标准，包括 EPC 标签数据规格、超高频 Class0 和 Class1 标签标准、高频 Class1 标签标准，以及物理标识语言内核规格。

在 EPC 系统中，涉及的标准包括：标签数据标准；第二代（Gen2）空中接口标准；读写器协议；读写器管理；数据传输协议；应用水平事件（Application Level Event，ALE）功能与控制；EPCIS（Electronic Product Code Information Service，电子产品代码信息服务）协议；应用接口（API）；安全规范和事件注册等。

对于标签数据标准，EPC global 主要是关注不同编码系统标准如何在 EPC 标签上应用；第二代（Gen2）空中接口标准主要涉及读写器与标签之间的通信；读写器协议主要是关注中间件和读写器之间的通信协议；读写器管理主要涉及多个读写器如何协同工作；数据传输协议主要关注读写器如何将标签数据转换到网络兼容的格式；滤值与采集应用水平事件（ALE）主要关注多个读写器采集的 EPC 信息统计汇总；ONS 应用层接口主要关注 EPC 代码所涉及的信息；EPCIS 协议主要关注如何存储和恢复 EPC 信息；安全规范则主要关注如何保证 EPC 信息的安全

EPC global 标准体系将标签细分为 Class0～5 六类标签。Class0 是只读无源标签，标签信息由生产厂商写入，用户无权修改。Class1 是写一次读多次无源标签，标签信息可以由用户更改一次，然后多次使用。Class0 和 Class1 标签存储空间只有一个 ID 位置，可以存储最多 96 位电子产品编码（EPC 编码），没有更多的用户信息空间。Class0 和 Class1 采用不同的空中接口，两类标签不能互操作。Class2 标签是无源读写标签，可以多次改写标签的内容，而且增加了部分存储空间允许用户附加自己的数据，同时 Class2 标签允许加入安全与访问控制、感知网络和 Adhoc 网络等功能。Class3 是半无源标签，Class3 标签可以宽频通信。Class4 是有源标签，他们能够与统一频段上的其他有源标签和阅读器进行

对等通信。Class5 实际上是阅读器，他们可以与其他几类标签，以及彼此之间以无线方式通信。

EPC global 标准体系还包括以下内容。

(1) EPC 电子标签数据标准（EPC Tag Data Standard)。

(2) EPC 电子标签数据转换标准（EPC Tag Data Translation Standard)。

(3) 阅读器协议标准（Reader Protocol Standard)。

(4) 应用级事件标准（Application Level Events Standard)。

(5) 对象名服务标准（Object Naming Service Standard)。

(6) EPC global 证书标准（EPC global Certificate Profile Standard)。

附录A

模拟试题

A1 模拟试题一

一、单项选择题（10分，每题1分）

1. 下列不属于集装箱必备标记的是（　　）。

   A. 箱主代号　　B. 自重标记　　C. 超高标记　　D. 核对数字标记

2. 在FOB的贸易术语下，由（　　）负责租船订舱。

   A. 买方　　B. 卖方　　C. 船舶代理人　　D. 承运人

3. 下列保险不属于集装箱综合保险内容的是（　　）。

   A. 集装箱所有人对第三者的赔偿责任保险

   B. 集装箱自身保险

   C. 集装箱承运人的货物损害赔偿责任保险

   D. 集装箱运输时限保险

4. 集装箱货物的交付形式中CFS to CFS的交接方式是（　　）。

   A. 场到场　　B. 站到场　　C. 场到站　　D. 站到站

5. 下列属于集装箱出口货运特有的单证是（　　）。

   A. 交货记录　　B. 场站收据　　C. 设备交接单　　D. 装箱单

6. 设备交接单的当事人是（　　）。

   A. 发货人与承运人　　B. 收货人与承运人

   C. 用箱人与箱主　　D. 租箱人与租箱公司

7. 多式联运经营人对货物承担的责任期限是（　　）。

   A. 自己运输区段　　B. 全程运输

   C. 实际承运人运输区段　　D. 第三方运输区段

8. 承运人应当在集装箱装上船并在开船后（　　）内签发装船提单。

   A. 2小时　　B. 6小时　　C. 12小时　　D. 24小时

9. 收货人是指（　　）。

   A. 船公司代理　　B. 提单持有人

   C. 无船承运人　　D. 货运代理人

10. 在国际海上集装箱班轮运输中，运价本中没有的内容是（　　）。

    A. 条款和规定　　B. 船期　　C. 基本运价　　D. 附加运价

二、判断题（正确的打√，错误的打×，10分，每题1分）

1.（　　）冷藏集装箱是箱内带有冷动机的集装箱。

2.（　　）集装箱空箱大部分应当在堆场和货运站堆存。

3.（　　）国际运输的集装箱装载时，应请海关派员监装，装箱完毕后应施加海关标志。

4.（　　）集装箱运输的作业方式分为直达作业和接驳作业两种。

5.（　　）集装箱装箱单是详细记载箱内所载货物情况的唯一单证。

6.（　　）在集装箱提单条款规定，有关的承运人运价本是提单的组成部分，运价本与提单内容发生矛盾时，以运价本为准。

7.（　　）集装箱船的箱位号用行、列、层三维空间就可表示出集装箱在船上的位置。

8.（　　）国际多式联运提单中的副本提单和正本提单一样，都具有法律效力。

9.（　　）在国际货物运输中，对需要进行拼箱处理的货物，在CY处将不同发货人的货物拼装在一个集装箱内。

10.（　　）北美大陆桥是世界上历史最悠久、影响最大、服务范围最广的陆桥运输线。

三、名词解释（每题4分，计20分）

1. 整箱货
2. 班轮运输
3. 多式联运经营人
4. 集装箱运输需求
5. 统一责任制

四、简答题（计60分）

1. 简述集装箱自重、载重、额定重量的含义及三者之间的关系。(10分)
2. 集装箱运输与多式联运系统由哪几个子系统组成？(8分)
3. 选择集装箱时需要考虑哪些因素？(10分)
4. 集装箱出口的货运单证主要有哪些？请举出至少5种单证。(5分)
5. 通过哪些途径可以降低集装箱运输成本？(7分)
6. 简要说明铁路集装箱运输的装运方式。(5分)
7. 说明国际集装箱多式联运的计费方式的种类。(10分)
8. 多式联运经营人通常提供哪些服务？(5分)

A2 模拟试题二

一、单项选择题（10分，每题1分）

1. 下列哪一项不是集装箱运输的特点（　　）。
   A. 可以“门到门”运输　　B. 只需少量投资
   C. 适合组织多式联运　　D. 运输效率高
2. 目前，我国大陆集装箱吞吐量最大的港口是（　　）。
   A. 上海　　B. 青岛　　C. 深圳　　D. 宁波

3. 罐式集装箱属于（　　）。

A. 通用集装箱　　B. 折叠集装箱　　C. 框架集装箱　　D. 特种集装箱

4. 集装箱箱主代号由（　　）字符组成。

A. 2个　　B. 3个　　C. 4个　　D. 5个

5. 20 ft 标准箱属于国际集装箱规格第一系列中的（　　）。

A. A型　　B. B型　　C. C型　　D. D型

6. 某船公司某年某月完成的集装箱货运量为：40 ft 箱 2 500 个，20 ft 箱 4 000 个，10 ft 箱 6 000 个，该公司完成的集装箱货运量为（　　）TEU。

A. 12 500　　B. 15 000　　C. 12 000　　D. 9 500

7. 集装箱整箱货的缩写是（　　）。

A. FCL　　B. CFS　　C. CY　　D. LCL

8. 收货人到集装箱堆场提货时，堆场与收货人在（　　）上签字办理交接。

A. 正本提单　　B. 提货单　　C. 交货记录　　D. 装箱单

9. 按照船舶结构，集装箱船可分为半集装箱船、（　　）和全集装箱船。

A. 吊装式集装箱船　　B. 滚装式集装箱船

C. 集装箱两用船　　D. 浮装式集装箱船

10. 集装箱进口货运业务中，如果贸易价格条件为 FOB，负责租船订舱的是（　　）。

A. 发货人　　B. 收货人　　C. 船公司　　D. 船公司代理

二、判断题（正确的打√，错误的打×，10 分，每题 1 分）

1.（　　）大陆桥运输是指利用横贯大陆的铁路作为中间桥梁把大陆两端的海洋运输连接起来组成的运输方式。

2.（　　）集装箱货运站的业务之一是拆箱和装箱。

3.（　　）设备交接单是集装箱船公司与托运人之间交接货物的凭证。

4.（　　）集装箱预配图由 3 幅图组成，分别是字母图、封面图、行箱位图。

5.（　　）如果进口货物是以 CFR 价格成交的，发货人必须支付海上货运保险费。

6.（　　）集装箱提单与传统的海运提单没有区别。

7.（　　）FCS 包箱费率即对每一集装箱不细分箱内货类，不计货量（在本箱型规定的质量限额之内）只按箱型统一规定的费率计费。

8.（　　）集装箱货物装箱时应避免集重和偏载。

9.（　　）多式联运经营人仅对无法确认事故区段的隐藏损害负责理赔，能确认运输区段的货主可向实际承运人索赔。

10.（　　）集装箱货物“门到门”交接方式全程运费包括：发货地集散运费＋装货港集装箱码头堆场服务费＋海运运费＋卸货港集装箱码头堆场服务费＋收货地集散运费。

三、名词解释（每题 4 分，计 20 分）

1. 国际集装箱多式联运
2. 班轮运输
3. 驮背运输
4. 场站收据
5. 网状责任制

四、简答题（计 60 分）

1. 集装箱运输与多式联运系统由哪几个子系统组成？(10 分)
2. 为什么要对集装箱制定标准？根据使用范围，集装箱标准有哪几种？(7 分)
3. 简述集装箱运输进口货运程序。(8 分)
4. 海运提单的性质是什么？(5 分)
5. 集装箱码头装卸工艺方案有哪些？简述各种装卸工艺方案的机械组合？(10 分)
6. 多式联运经营人通常提供哪些服务？(10 分)
7. 简述集装箱海运运价确定的基本原则。(5 分)
8. 简述集装箱综合保险的内容。(5 分)

附录 B

世界主要船公司与箱主代码

表 B-1 世界主要船公司信息

序号	缩写	船公司名称（中）	简称	船公司名称（英）	官方网址	船公司标志
1	ANL	澳大利亚国家航运公司	澳国航运	ANL CONTAINER LINE PTY LIMITED	http://www.anl.com.au	
2	APL	美国总统轮船有限公司	美国总统	AMERICAN PRESIDENT LINES LIMITED	http://www.apl.com	
3	CCNI	智利航运国际有限公司	智利航运	COMPANIA CHILENA DE NAVEGACION INTEROCEANICA S. A	http://www.ccni.cl	
4	CHINJ	中日国际轮渡有限公司	中日轮渡	CHINA-JAPAN INTERNATIONAL FERRY CO., LTD.	http://www.chinjif.com/	
5	CK	天敬海运株式会社	天敬海运	CKLINE CO., LTD.	http://www.ckline.co.kr	
6	CSAV	南美邮船公司	南美轮船	COMPANIA CHILENA DE NAVEGACION INTEROCEANICA S. A.	http://www.csav.com/	
7	CMA	法国达飞轮船有限公司	达飞轮船	CMA CGM S. A	http://www.cma－cgm.com	

续表

序号	缩写	船公司名称（中）	简称	船公司名称（英）	官方网址	船公司标志
8	CO-HE	京汉航运有限公司	京汉航运	CO HEUNG SHIPPING CO.，LTD.	http://www.heung－a.co.kr	
9	COSCON	中远集装箱运输有限公司	中远集运	COSCO CONTAINER LINES CO.，LTD.	http://www.cosco.com.cn	
10	C-P	中波轮船股份公司	中波	CHINESE-POLISH JOINT STOCK SHIPPING CO MPANY	http://www.chipolbrok.com.cn/	
11	CSCL	中海集装箱运输股份有限公司	中海集运	CHINA SHIPPING CONTAINER LINES CO.，LTD.	http://www.chinashipping.com.cn	
12	DELMAS	达贸国际轮船公司	达贸轮船	DELMAS S.A	http://www.delmas.com	
13	GFNG	金发船务有限公司	金发船务	GOLDEN FORTUNE SHIPPING CO.，LTD.	http://www.gofor.com	
14	HKMW	香港明华船务有限公司	香港明华	HONG KONG MING WAH SHIPPING CO.，LTD.	http://www.hkmw.com.hk	
15	NS	南星海运株式会社	南星海运	NAMSUNG SHIPPING CO.，LTD.	http://www.namsung.co.kr	
16	NSCSA	沙特阿拉伯国家航运公司	沙特航运	THE NATIONAL SHIPPING COMPANY OF SAUDI ARABIA	http://www.nscsa.com	
17	SFCO	上海国际轮渡有限公司	国际轮渡	SHANGHAI LNTERNATIONL FERRY CO.，LTD.	http://www.suzhouhao.com	

续表

序号	缩写	船公司名称（中）	简称	船公司名称（英）	官方网址	船公司标志
18	ZOSCO	浙江远洋运输公司	浙江远洋	ZHEJIANG OCEAN SHIPPING CO.，LTD.	http://www. zosco. com	
19	BTL	孟虎航运船公司	孟虎航运	BENGAL TIGER LINE	http://www. btl - feeders. com	
20	BSL	巴拉基船务有限公司	巴拉基船务	BALAJI SHIPPING (U. K.) CO.，LTD.	http://www. balajiship. com	
21	BEN LINE	边航轮船有限公司	边航轮船	BENLINE AGENCIES LTD.	http://www. benlineagencies. com	
22	AAL	荷兰澳亚航运有限公司	澳亚航运	AUSTRAL ASIA LINE	www. australasialine. com	
23	CULines	洋浦中诚联合航运有限公司	中联航运	CHINA UNITED LINES，. LTD.	http://www. culines. com	
24	CNC	正利航业有限公司	正利航业	CHENG LIE NAVIGATION (HONG KONG) CO.，LTD.	http://www. cncline. com	
25	DJS	东进商船株式会社	东进商船	DONGJIN SHIPPING CO，LTD.	http://www. djship. co. kr	
26	DONGYOUNG	东映海运株式会社	东映海运	DONG YOUNG SHIPPING CO.，LTD.	http://www. pcsline. co. kr	
27	DOOWOO	韩国大宇船公司	大宇船务	DOOWOO SHIPPING CORPORATION		

续表

序号	缩写	船公司名称（中）	简称	船公司名称（英）	官方网址	船公司标志
28	EAS	达通国际航运有限公司	达通航运	EAS INTERNATIONAL SHIPPING CO.，LTD.	http://www.easline.com	
29	EMC	长荣海运股份有限公司	长荣海运	EVERGREEN MARINE CORP.（TAIWAN）LTD.	http://www.evergreen-marine.com	
30	EP	新加坡先锋航运	先锋航运	EP CARRIERS PTE LTD.	http://www.ep-carriers.com	
31	ESL	阿联酋航运	阿联酋航运	EMIRATES SHIPPING LINE	http://www.emiratesline.com/sc/index.html	
32	FESCO	俄罗斯远东海洋轮船公司	远东船务	FAR-EASTERN SHIPPING COMPANY LTD.	http://www.fesco.com	
33	FPMC	台塑海运股份有限公司	台塑海运	FORMOSA PLASTICS MARINE CORP	http://www.msckobe.com/links/fpmc/	
34	HAMBURG SUD	汉堡南美航运公司	汉堡南美	HAMBURG SUDAMERIKA-NISCHE DAMPFSCHIFFF-AHRTS-GESELLSCHAFT KG	http://www.hamburgsud.com	
35	HANGTAI	恒泰航运（国际）有限公司	恒泰航运	HANG TAI MARITIME（INTL）LTD.	http://www.hangtai.net	
36	HANJIN	韩进海运株式会社	韩进海运	HANJIN SHIPPING CO.，LTD.	http://www.hanjin.com	
37	HANSUNG	韩星海运株式会社	韩星海运	HANSUNG LINE CO.，LTD.		

续表

序号	缩写	船公司名称（中）	简称	船公司名称（英）	官方网址	船公司标志
38	HARBOUR - LINK	马来西亚港业航运有限公司	港业航运	HARBOUR - LINK LINES SDN. BHD.		Harbour
39	HASCO	上海海华轮船有限公司	海华	SHANGHAI HAIHUA SHIPPING CO.，LTD.	http://www.hasco.com.cn	HASCO
40	HATSU	荣升海运有限公司	荣升船务	HATSU MARINE LIMITED	http://www.shipmentlink.com/cn	HATSU 荣升船务
41	HDS	伊朗船务	伊朗船务	HAFIZ DARYA SHIPPING LINSE		HDSLINES
42	HEUNG - A	兴亚海运株式会社	兴亚海运	HEUNG - A SHIPPING CO.，LTD.	http://www.heung - a.co.kr	HEUNG-A
43	HMM	现代商船株式会社	现代商船	HYUNDAI MERCHANT MARINE CO.，LTD.	http://www.hmm21.com	HMM
44	HPL	赫伯罗特货柜航运有限公司	赫伯罗特	HAPAG - LLOYD CONTAINER LINE GMBH	http://www.hapag - lloyd.com	Hapag-Lloyd
45	HUBLINE	德利航运有限公司	德利航运	HUB SHIPPING SDN BHD	http://www.hubline.com	HUBLine
46	IAL	亚川船务公司	亚川船务	INTERASIA LINES	http://www.interasialines.com	Interasia lines
47	IRISL	伊朗伊斯兰航运公司	伊朗航运	IRAN LSLAMIC SHIPPING COMPANIES	http://www.irisl.net	IRISL

续表

序号	缩写	船公司名称（中）	简称	船公司名称（英）	官方网址	船公司标志
48	JINJIANG	上海市锦江航运有限公司	锦江航运	SHANGHAI JINJIANG SHIPPING CO.，LTD.	http://www.jjshipping.cn chinese/index.jsp	
49	K-LINE	川崎汽船株式会社	川崎汽船	KAWASAKI KISEN KAISHA LTD.	http://www.kline.com	
50	KAMBARA	神原汽船株式会社	神原汽船	KAMBARA KISEN CO.，LTD.	http://www.kambara-kisen.co.jp/c/overview	
51	KMTC	高丽海运株式会社	高丽海运	KOREA MARINE TRANSPORT CO.，LTD.	http://www.kmtc.co.kr	
52	KUANG MING	光明海运股份有限公司	光明海运	KUANG MING SHIPPING CORP.	http://www.yml.com.tw/	
53	LT	意大利邮船公司	意大利邮船	LLOYD TRIESTINO DI NAVIGAZIONE S. P. A.	http://www.italiamarittima.it/default.html	
54	LUFENG	鲁丰航运有限公司	鲁丰航运	LUFENG SHIPPING CO.，LTD.		
55	LYKES	美国莱克斯轮船有限公司	莱克斯轮船	LYKES LINES LIMITED，LLC	http://www.lykeslines.com	
56	MAERSK	马士基（海陆）航运有限公司	马士基航运	MAERSK（SEALAND）SHIPPING CO.，LTD.	http://www.maerskline.com	
57	MARIANA	玛丽亚那班轮有限公司	玛丽亚那	MARIANA EXPRESS LINES LIMITED	http://www.mariana-express.com/	

续表

序号	缩写	船公司名称（中）	简称	船公司名称（英）	官方网址	船公司标志
58	MARUBA	马鲁巴航运有限公司	马鲁巴航运	MARUBA S. C. A.	http://www. maruba. com. ar	MARUBA
59	MATSON	美国美森轮船有限公司	美森轮船	MATSON NAVIGATION COMPANY	http://www. matson. com	Matson
60	MCC	MCC 运输新加坡有限公司	MCC 运输	MERCANTILE CARGO CONSOLIDATORS	http://www. mcc. com. sg/index. cfm	MCC TRANSPORT
61	MISC	马来西亚国际船运有限公司	马航	MALAYSIA INTERNATIONAL SHIPPING CORPORATION BERHAD	http://www. misc. com. my	misc MISC BERHAD
62	MOL	商船三井株式会社	商船三井	MITSUI O. S. K. LINES LTD.	http://www. mol. co. jp	MOL 商船三井
63	MOSK	大阪商船三井船舶株式会社	大阪三井	MITSUIO. S. K. LINES LTD.	http://www. mol. co. jp	MitsuiO.S.K. Lines
64	MSC	地中海航运公司	地中海航运	MEDITERRANEAN SHI-PPING COMPANY S. A.	http://www. mscworldwide. com	msc
65	NAMSUNG	南星海运株式会社	南星海运	NAMSUNG SHIPPING COMPANY LIMITED		Namsung
66	NCL	北欧亚货柜航运有限公司	北欧亚	NORASIA CONTAINER LINES LTD.	http://www. csavNORASIA. com	N NORASIA A member of the CSAV Group
67	NDS	尼罗河航运	尼罗河航运	NILE DUTCH AFRICA LINE	http://www. niledutch. com	NileDutch

续表

序号	缩写	船公司名称（中）	简称	船公司名称（英）	官方网址	船公司标志
68	NGPL	太古船务	太古船务	SWIRE SHIPPING		
69	NJS	尼捷航运有限公司	尼捷航运	NJS CORPORATION LIMITED	http://www.nijieshipping.com/shipping	
70	NOL	新加坡东方海皇集团	东方海皇	NEPTUNE ORIENT LINES	http://www.nol.com.sg	
71	NOS	新东船务有限公司	新东船务	NEW ORIENT LINES		
72	NOSCO	宁波远洋运输公司	宁波远洋	NOSCO		
73	NYK	日本邮船株式会社	日本邮船	NIPPON YUSEN KABUSHIKI KAISHA	http://www.nykline.com	
74	OOCL	东方海外货柜航运有限公司	东方海外	ORIENT OVERSEAS CONTAINER LINE LTD.	http://www.oocl.com/schi	
75	PERMA	普洱马箱运有限公司	普洱马箱运	PERMA CONTAINER (UK) LINE LTD.	http://permacontainerline.com	
76	PHL	浦海航运有限公司	浦海航运	SHANGHAI PUHAI SHIPPING CO., LTD.	http://www.puhaishipping.com	
77	PIL	太平船务有限公司	太平船务	PACIFIC INTERNATIONAL LINES (PTE) LTD.	http://www.pilship.com	

续表

序号	缩写	船公司名称（中）	简称	船公司名称（英）	官方网址	船公司标志
78	POSA	海南泛洋航运有限公司	海南泛洋	HAINAN P O SHIPPING CO.，LTD.	http://www.poshipping.com/cn	
79	RCL	宏海箱运有限公司	宏海箱运	REGIONAL CONTAINER LINES	http://www.rclgroup.com	
80	SAFMARINE	南非航运公司	南非航运	SAFMARINE CONTAINER LINES N.V.	http://mysaf.safmarine.com	
81	SAMUDERA	萨姆达拉船务公司	萨姆达拉	SAMUDERA SHIPPING LINE LTD.	http://www.samudera.com	
82	DYS	东映海运株式会社	东映海运	DONG YOUNG SHIPPING CO.，LTD. SBL	http：//www.pcsline.cokr	
83	SCI	印度国家航运公司	印度国航	THE SHIPPING CORPORATION OF INDIA LTD.	http://www.shipindia.com	
84	SENATOR	德国胜利航运公司	德国胜利	SENATOR LINES GMBH	http://www.senatorlines.com	
85	SIMATECH	西马泰克航运公司	西马泰克	SIMATECH SHIPPING & FORWARDING L. L. C.	http://www.simatech.com	
86	SINOKOR	长锦商船株式会社	长锦商船	SINOKOR MERCHANT MARINE CO.，LTD.	http://www.sinokor.co.kr	
87	SINOTRANS	中外运集装箱运输有限公司	中外运	SINOTRANS CONTAINER LINES CO.，LTD.	http://www.sinotrans.com.Sg	

续表

序号	缩写	船公司名称（中）	简称	船公司名称（英）	官方网址	船公司标志
88	SITC	新海丰航运有限公司	山东海丰	SITC CONTAINER LINES（HK）COMPANY LIMITED	http://www. sitc. com	
89	SPEEDA LINES	新加坡速达	新加坡速达	SPEEDA SHIPPING LINES	http://www. speeda. com. sg	
90	SPLIETHOFF	荷兰西特福船运公司	西特福	SPLIETHOFF	http://www. spliethoff. com	
91	STX	韩国世腾船务有限公司	世腾船务	STX PAN OCEAN	http://www. stxpanocean. com	
92	SYMS	山东省烟台国际海运公司	烟台海运	SHANDONG PROVINCE YANTAI INT'L MARINE SHIPPING CO.	http://www. symssh. com	
93	T. S. LINES	德翔航运	德翔航运	T. S. LINES LTD.	http://www. tslines. com	
94	TAL	通亚	通亚	TRANS ASIA LINE	http://www. tassgroup. com	
95	TASMAN	荷兰塔斯曼东方航运公司	塔斯曼东方	TASMAN ORIENT LINE C. V.	http://www. tasmanorient. com	
96	TCC	挪威天熙箱运有限公司	挪威天熙箱运	THE CONTAINERSHIP COMPANY ASA	http://www. containership-company. com	
97	TMM	墨西哥航运有限公司	墨西哥航运	TRANSPORTACION MARITIME MEXICANA SOCIEDAD ANONIA		

续表

序号	缩写	船公司名称（中）	简称	船公司名称（英）	官方网址	船公司标志
98	TOHO	东航船务有限公司	东航船务	TOHO LINE SHIPPING LTD.	http://www.toholine.com	
99	UASC	阿拉伯联合国家轮船公司	阿拉伯轮船	UNITED ARAB SHIPPING CO.（S. A. G.）	http://www.UASC.com.kw	
100	WANHAI	万海航运股份有限公司	万海航运	WAN HAI LINES LTD.	http://www.wanhai.com.tw	
101	YITONG	亿通航运股份有限公司	亿通航运	YI TONG LINES CO.，LTD.		
102	YML	阳明海运股份有限公司	阳明海运	YANG MING MARINE TRANSPORT CORP.	http://www.yml.com.cn	
103	YSC	韩国阳海海运	阳海海运	YANGHAI SHIPPING CO. LTD.	http://www.yscline.com	
104	ZIM	以星综合航运有限公司	以星航运	ZIM INTEGRATED SHIPPING SERVICES LTD.	http://www.zim.co.il	
105	MSH	民生轮船有限公司	民生轮船	MINSHENG SHIPPING CO.，LTD.	http://www.minshengdl.com	
106	PENAVICO	中国外轮代理总公司	中国外代	CHINA OCEAN SHIPPING AGENCY	http://www.penavico.com.cn	
107	P&O Nedlloyd	铁行渣华船务有限公司	铁行渣华	P&O NEDLLOYD LTD.	http://www.ponl.com	
108	Translink	美国美商纵横联运有限公司	美商纵横	TRANSLINK SHIPPING INC.	http://www.translinkshipping.com	

表 B-2 主要集装箱箱主代码

序号	箱主代码	公司名称或简称
1	ALI	亚利安莎航运
2	ANL	澳国航运
3	APL、APN	美国总统
4	APY	APL 查验
5	BNM	邦拿美
6	BSL	巴拉基船务
7	CGM、CMA	达飞轮船
8	C10、C11、C12	达飞中转
9	CM1、CM2、CM3、CM4、CM5、CM6、CM7、CM8、CM9	达飞支线中转
10	CMY	达飞查验
11	CAM、CAN	加拿大海运
12	CAX	浙江长鑫海运
13	CCL、CLH、CRX、CSC、SCZ、SHX、TEX、TRI、TRL	中海集运
14	CS1、CS2、CS3、CS4、CS5、CS6、CS7、CS9	中海支线中转
15	CSN	中国海运内贸线
16	CSY	中海查验空箱
17	CTZ	中海退租箱
18	SCC、SOC、SON、SOY	中海 SOC 箱
19	CHC、YZJ	中国扬子江轮船股份有限公司
20	CHJ	长锦
21	CMC、CNC、CHK、CHL	正利航业
22	CHY	香港正利查验箱
23	CKL	天敬海运
24	CLA	南美邮船
25	COH	京汉航运
26	COL	德国哥伦布航运
27	COS	中远集运
28	COY	中远查验箱
29	CON	中远（内贸）
30	CO9	中远支线中转
31	CPJ	中波
32	CPP、CPS	加拿大太平洋航运
33	CSA	南美航运

续表

序号	箱主代码	公司名称或简称
34	CSH	上海远洋
35	CVY	CSV 空箱查验用
36	CUL	中联航运
37	CYS	朝阳海运
38	CYY	CYS 查验
39	CZJ	浙江远洋
40	CZY	浙江远洋查验箱
41	ZOS	浙江 OSCO
42	DJL	东进商船
43	DMS、MDV	达贸轮船
44	DMY	DMS 空箱查验箱
45	DNA	韩国东南亚海运
46	DN9	东南亚线中转
47	DSR	德国胜利
48	DXF	大连信风船务有限公司
49	DYL	东映海运株式会社
50	DY9	东映支线中转
51	DYS	东映海运
52	DYY	DYS 查验箱
53	EAS	达通航运
54	EG、EGL、EGN、EMA、EMB、EMC、EVG	长荣海运
55	EMY	EMC 查验箱
56	EPC	先锋航运
57	EP1	先锋中转
58	ESL	阿联酋航运
59	ESY	ESL 查验箱
60	FDS	远东船务
61	FMS	台塑海运
62	FYY	福建源远船务
63	GOR	戈尔诺沙奥斯克
64	GTC、GTS、GTX	宁波市镇海港通船务有限公司
65	NGT	镇海港通自有港通箱
66	HAH、HHS	海华
67	HAS、HXS	上海海星
68	HFH	海南福海船务有限公司

续表

序号	箱主代码	公司名称或简称
69	HJL、HJP、HJS	韩进海运（中国）
70	HJ1、HJ2、HJ3、HJ4、HJ5、HJ6、HJ9	韩进支线中转
71	HJY	韩进查验箱
72	HL1、HL2、HL3、HL4、HLC、HLX、HPD	赫伯罗特
73	HLY	赫伯罗特查验箱
74	HML	荣升船务
75	HMM	现代商船
76	HMY	现代查验箱
77	HRS	南京恒瑞海运
78	HSD、HSL	汉堡南美
79	HSY	HSD查验用
80	HTX	海棠箱
81	HUB	德利航运
82	HWS	香港 WSD
83	IRS	伊朗航运
84	IRY	伊朗查验箱
85	ISA	国际航运公司
86	ITC、ITD	山东海丰
87	IT1、IT9	海丰中转
88	ITY	ITC查验箱
89	JSS	宁波均胜远大海运有限公司
90	JSW	江苏中外运有限公司集装箱运输分公司
91	JZC、SJJ	锦江航运
92	KHL	台湾建恒海运
93	KHY	KHL查验
94	KKC	神原汽船
95	KKK、KKL、KLN	川崎汽船
96	KL9	川崎支线中转
97	KLY	KLN查验
98	KMD	高丽海运
99	KM1、KM2、KM9	高丽支线中转
100	KMT	高丽海运
101	LIF	联丰船务
102	LTP、VGM	意大利邮船
103	LT1、LT2、LT3、LT4、LT5、LT6、LT9	意邮支线中转

续表

序号	箱主代码	公司名称或简称
104	LYK	莱克斯航运
105	LYY	LYK 查验箱主
106	MAE、MAR、MBG、MSK	马士基航运
107	MLU	马士基铝箱
108	MLY	马士基铝箱查验
109	MPO	马士基指定箱
110	MPY	MPO 查验箱
111	MAY、MTY	MAR 查验箱
112	USL、USY	马士基美线
113	MAT	美森轮船
114	MCL	塞浦路斯迈捷箱运
115	MCY	MCL 查验箱
116	MDY	MDV 查验箱
117	MIS	马航
118	MIY	MIS 查验箱
119	MNS	民生神原
120	MOL	商船三井
121	MOY	MOL 查验箱
122	MRB、MRS	马鲁巴
123	MRY	马鲁巴空箱查验用
124	MSC	地中海航运
125	MSY	地中海查验箱
126	MSL	民生轮船
127	NBO、NOS	宁波远洋
128	NB9、NO1、NO9	宁波远洋中转
129	NBY	NBO 查验箱
130	NOY	NOS 空箱查验用
131	NOT	宁波远洋退租箱
132	NON	代码转换通用公司
133	NOR	北欧亚
134	NR1、NR2、NR3、NR4、NR5	北欧亚中转
135	NRY	NOR 查验箱主
136	CSV	北欧亚船务代理
137	NQC	海口南青集装箱班轮公司
138	NQ1、NQ2、NQ3	南青集装箱
139	NQM	南青麦芽

续表

序号	箱主代码	公司名称或简称
140	NSC	沙特航运
141	NSS	南星海运
142	NSY	NSS空箱查验用
143	NSL	韩国南星海运株式会社宁波代表处
144	NTL	南泰航运
145	NV1、NV2、NV3、NV4、NVC、VCT	宁波胜利
146	NWO	新东船务
147	NWY	NWO查验
148	NYK	日本邮船
149	NYY	日邮查验箱
150	OEL	东方快递
151	ONT	安通国际株式会所
152	OOL	东方海外
153	OOY	东方海外查验箱
154	PAN、PAS、PCL	泛洋商船
155	PEN	中国外代
156	PGL	泛洋全球
157	PHS	浦海
158	PIL	太平船务
159	PI9	太平支线中转
160	PIY	太平查验箱
161	PON	铁行渣华
162	POY	铁行渣华查验箱
163	NED	铁行渣华航运
164	PRS、SNL、SNT、SIN、SIT	中外运
165	QHQ	青岛华青船务有限公司
166	QHY	华青查验箱
167	RCL	宏海箱运
168	RCY	RCL查验箱
169	RC9	宏海支线中转
170	RIC、RSL	瑞克玛斯
171	RSY	RSL查验箱
172	SAF、SCL	南非航运
173	TMT	SAF海运
174	SCI	印度国航

续表

序号	箱主代码	公司名称或简称
175	SCY	SCI 查验箱主
176	SCO	香港边行（中国）有限公司
177	SEA	美商海陆联运有限公司
178	SEN	德国胜利船务（中国）有限公司
179	SEY	SEN 查验箱主
180	SES	七星轮船
181	SHB	上海华比
182	SIF	上海仁川国际渡轮有限公司
183	SFY	SIF 查验箱
184	SKR、SNK	长锦
185	SNH	上海新瓯海运有限公司
186	STL	泰利船务
187	STX	世腾船务
188	SUD	萨姆达拉
189	SSL	萨姆达拉船务宁波代理
190	SWE、SWP	香港永顺
191	SWT	SWT 海运
192	SXC	洋浦中良
193	SXL	上海中谷新良海运有限公司
194	SYM	烟台海运
195	YTH	烟台海运
196	SYY	SYM 查验箱
197	SY9	烟台支线中转
198	SYN	烟台国际海运（内贸）
199	SZD、ZDX	上海振东
200	TJH	天津海运
201	TLC、TSB、TSL	德翔航运
202	TLY	德翔航运查验箱
203	TMM	墨西哥航运
204	TMY	TMM 查验箱
205	TMS	天海货运
206	TSY	TMS 查验箱
207	TNC	台湾航业有限公司
208	TOL	塔斯曼东方
209	TRN	宁波泛洋
210	TYL	太荣商船株式会社

续表

序号	箱主代码	公司名称或简称
211	UAS	阿拉伯轮船
212	UAY	UAS空箱查验用
213	UCM	宁波联合集装箱海运有限公司
214	UGL、UGM	立荣海运
215	USC	联合船代
216	WAI	香港伟航
217	WAN、WHL	万海股份
218	WH1、WH2、WH3、WH4、WH5、WH6	万海中转
219	WHY	万海查验空箱
220	WIN、WLD	大连威兰德船务有限公司
221	WLN	威尔森航运
222	WSA	台湾华丰
223	WTP	威裕海运
224	XHS	山东新和海运
225	XLS	中谷新良海运有限公司
226	XON	上海新瓯宁海运有限公司
227	YMC、YML、YMM	阳明海运
228	YM1、YM2、YM9	阳明中转
229	YMY	阳明查验箱
230	YNC	南美洲轮船公司（智利）
231	YPH	洋浦惠隆海运有限公司
232	YTL	台湾亿通巴商海运
233	ZHS、ZHX	洋浦正和航运公司
234	ZIM	以星航运
235	ZIY	以星查验箱
236	ZM1、ZM2、ZM3、ZM4	ZIM中转
237	ZM5、ZM6	以星中转
238	ZM9	以星支线中转

参考文献

[1] 吴永富. 国际集装箱运输与多式联运. 北京：人民交通出版社，1998.
[2] 蒋正雄，刘鼎铭. 集装箱运输学. 北京：人民交通出版社，1997.
[3] 张敏. 集装箱运输业务. 北京：人民交通出版社，1997.
[4] 武德春. 集装箱运输实务. 北京：机械工业出版社，2004.
[5] 朱晓宁. 集装箱多式联运通道规划理论与方法. 北京：中国铁道出版社，2002.
[6] 杨志刚. 国际集装箱多式联运实务与法规. 北京：人民交通出版社，2001.
[7] 真虹. 集装箱运输学. 大连：大连海事大学出版社，1999.
[8] 索占鸿. 铁路集装运输. 北京：中国铁道出版社，1995.
[9] 刘鼎铭. 国际集装箱及其标准化. 北京：人民交通出版社，1998.
[10] 陈京亮，崔云洪. 国际铁路货运联运. 北京：中国铁道出版社，1998.
[11] 陈茂源. 集装箱码头业务管理. 大连：大连海事大学出版社，1999.
[12] 林祖乙. 国际集装箱运输. 北京：人民交通出版社，1997.
[13] 杨志刚. 国际货运代理业务指南. 北京：人民交通出版社，1997.
[14] 于永成，顾炎秋. 物流技术用语. 北京：人民交通出版社，1993.
[15] 袁志耕. 集装箱码头. 上海：中国纺织大学出版社，1999.
[16] 中国国际货运代理协会. 国际多式联运与现代物流理论与实务. 北京：中国对外经济贸易出版社，2003.
[17] 中国国际货运代理协会. 国际货运代理理论与实务. 北京：气象出版社，2001.
[18] 赵刚. 国际航运管理. 大连：大连海事大学出版社，2006.
[19] 孟于群. 国际货物运输物流案例分析集. 北京：中国对外经济贸易出版社，2005.
[20] 赵宏. 集装箱运输与海关监管. 北京：海关出版社，2009.
[21] 杨长春. 国际航运欺诈案例集. 北京：对外经济贸易大学出版社，2004.
[22] 冯毅. 进出口商品报检实物. 北京：中国商务出版社，2005.
[23] 黄中鼎. 报关与报检实务. 北京：中国物资出版社，2007.
[24] 编写组. 1972 年集装箱海关公约及国际集装箱安全公约. 北京：人民交通出版社，1975.
[25] 国家经贸委世界银行国际集装箱多式联运系统研究组. 中国国际集装箱多式联运系统研究. 北京：中国经济出版社，1996.
[26] 联合国亚太经社理事会. 货运代理. 大连：大连海事大学出版社，1997.
[27] 陈广，蔡佩林. 集装箱运输实务. 北京：中国经济出版社，2010.
[28] 林敬松，黄细洋. 集装箱运输管理理论与实务. 北京：北京交通大学出版社，2011.
[29] 段满珍. 国际集装箱运输与多式联运. 北京：北京交通大学出版社，2011.